国家出版基金项目
"十四五"时期国家重点出版物出版专项规划项目

三峡工程运行后若干重大泥沙问题研究

三峡工程泥沙专家组　编著

中国水利水电出版社
www.waterpub.com.cn
·北京·

内 容 提 要

本书根据"十三五"期间三峡工程重大泥沙问题研究项目成果编写而成，主要内容包括三峡入库泥沙过程与变化趋势、三峡水库泥沙淤积特性与减淤调度、三峡水库中小洪水调度影响与控制指标、三峡水库坝下游河道水沙情势变化与冲淤预测、三峡库区和坝下游重点河段航道治理、长江水沙变化对河流健康的影响等，并对三峡工程运行后的若干重大泥沙问题进行了综合分析，提出了应对措施和建议，为三峡工程安全运行和综合效益拓展、维护长江河流健康提供技术支撑。

本书可供从事泥沙运动力学、河床演变与河道治理、水库调度、防洪减灾、航道整治等领域的研究、规划、调度、设计和管理人员及高等院校相关专业的师生参考使用。

图书在版编目（CIP）数据

三峡工程运行后若干重大泥沙问题研究 / 三峡工程泥沙专家组编著. -- 北京 ：中国水利水电出版社，2023.2
ISBN 978-7-5226-1381-9

Ⅰ. ①三… Ⅱ. ①三… Ⅲ. ①三峡水利工程－水库泥沙－研究 Ⅳ. ①TV145

中国国家版本馆CIP数据核字(2023)第027766号

书　　名	三峡工程运行后若干重大泥沙问题研究 SANXIA GONGCHENG YUNXING HOU RUOGAN ZHONGDA NISHA WENTI YANJIU
作　　者	三峡工程泥沙专家组　编著
出版发行	中国水利水电出版社 （北京市海淀区玉渊潭南路 1 号 D 座　100038） 网址：www.waterpub.com.cn E - mail：sales@mwr.gov.cn 电话：(010) 68545888（营销中心）
经　　售	北京科水图书销售有限公司 电话：(010) 68545874、63202643 全国各地新华书店和相关出版物销售网点
排　　版	中国水利水电出版社微机排版中心
印　　刷	北京印匠彩色印刷有限公司
规　　格	184mm×260mm　16 开本　20.75 印张　505 千字
版　　次	2023 年 2 月第 1 版　2023 年 2 月第 1 次印刷
印　　数	0001—1500 册
定　　价	**228.00 元**

编 写 委 员 会

主任： 胡春宏　三峡工程泥沙专家组组长
委员： 王光谦　三峡工程泥沙专家组专家
　　　 王　俊　三峡工程泥沙专家组专家
　　　 王桂仙　三峡工程泥沙专家组专家
　　　 卢金友　三峡工程泥沙专家组专家
　　　 刘怀汉　三峡工程泥沙专家组专家
　　　 孙志禹　三峡工程泥沙专家组专家
　　　 李义天　三峡工程泥沙专家组专家
　　　 曹文洪　三峡工程泥沙专家组专家
　　　 曹叔尤　三峡工程泥沙专家组专家
　　　 窦希萍　三峡工程泥沙专家组专家
　　　 谭　颖　三峡工程泥沙专家组专家
　　　 方春明　三峡工程泥沙专家组工作组组长
　　　 李丹勋　三峡工程泥沙专家组工作组副组长
　　　 范　昭　三峡工程泥沙专家组工作组成员
　　　 胡向阳　三峡工程泥沙专家组工作组成员
　　　 史红玲　三峡工程泥沙专家组工作组成员
　　　 许全喜　长江水利委员会
　　　 陈　立　武汉大学
　　　 姚仕明　长江科学院
　　　 杨胜发　重庆交通大学
　　　 曹民雄　南京水利科学研究院

前　言

　　自 2003 年三峡水库蓄水运用以来，随着入库水沙条件的变化、水库上下游冲淤演变的发展，以及经济社会的进步，三峡工程面临泥沙新问题、新情况和新需求。为促进长江流域社会、生态、环境、经济可持续协调发展，保障三峡工程"安全、健康、高效"运行，进一步提高工程的综合效益，水利部三峡工程管理司于 2018 年启动了《三峡工程泥沙重大问题研究计划（2016—2035 年）》第一阶段的研究任务，包括 6 个研究项目，分别为：项目 1，未来三峡水库入库水沙变化趋势研究，由长江水利委员会水文局、清华大学和北京林业大学承担；项目 2，三峡水库优化调度与长期有效库容研究，由中国水利水电科学研究院和长江科学院承担；项目 3，三峡水库中小洪水调度的影响及控制指标研究，由武汉大学、长江勘测规划设计研究有限责任公司和长江水利委员会水文局承担；项目 4，库区和坝下游重点河段航道治理措施研究，由重庆交通大学、长江航道规划设计研究院和四川大学承担；项目 5，坝下游河道长期冲刷演变及其影响研究，由长江科学院和中国水利水电科学研究院承担；项目 6，水沙变化对长江河流健康的影响研究，由南京水利科学研究院、清华大学和浙江大学承担。三峡工程泥沙专家组指导协调了研究的全过程。经过 3 年的研究工作，取得了以下主要成果。

　　（1）分析预测了未来 30 年三峡入库水沙变化趋势。2013 年以来，三峡入库泥沙来源发生了明显变化，横江、岷江中下游、沱江、嘉陵江中下游及其支流涪江和渠江，以及向家坝—寸滩未控区间和三峡区间将是今后三峡入库泥沙的主要来源，部分支流暴雨洪水集中输沙较为突出。通过揭示长江上游水沙异源、输沙不平衡现象，解析了长江上游输沙量减小的原因，得到了各因素的贡献率。预测了未来 30 年三峡入库悬移质沙量为 0.5 亿～2.0 亿 t/a，平均约为 1.0 亿 t/a，并建议了未来 30 年研究采用的水沙系列。

　　（2）提出了三峡水库泥沙调控关键水位与排沙比控制指标。阐明了入库洪峰和沙峰相位关系及沙峰输移过程中的形态变化，建立了场次洪水排沙比公式；确定了启动三峡水库消落期库尾减淤调度和汛期沙峰排沙调度的水沙条件，提出了梯级水库运行条件下三峡库尾减淤和沙峰排沙调度措施。新水沙条件下三峡水库泥沙淤积与调度方式的响应关系模拟结果表明，坝前水位150m左右是典型洪水过程水库有效库容内出现淤积的临界水位。为了提高三峡水库的综合效益，提出了保证水库长期使用的排沙比控制指标和优化水库运用方式的措施建议。

（3）预测了新水沙条件和新的运用方式下三峡水库的长期有效库容。通过不同水库淤积类比分析和概化模型试验，完善了一维泥沙数学模型断面形态变化模拟方法，提高了模拟长期有效库容的可靠性，模拟了新水沙条件下未来300年水库淤积过程，并预测了三峡水库现行调度方式和综合优化运行方式，水库有效库容将分别保留率91%和85%。

（4）预测了未来30年三峡水库入库推移质来沙量及对航道的影响。研发了压力法与音频法耦合的卵砾石输移实时监测系统（GPVS），通过观测分析，揭示了三峡水库库尾卵石运动特性。未来30年，三峡水库入库推移质沙量将维持在2013年以来的水平，朱沱站入库推移质沙量平均约为5万t/a。变动回水区段不会出现新的淤积部位，洛碛、长寿、青岩子等重点河段推移质最大淤积厚度为0.36～1.12m，对现有航道通航的影响集中在航道边界10～100m的范围内。

（5）评估了三峡水库中小洪水调度的影响，提出了中小洪水优化调度控制指标。三峡水库现状中小洪水调度对库区淤积影响不大，坝下游宜昌至大通河段冲刷量略有增加。中小洪水调度降低了坝下游河道洪水漫滩概率，增大了荆江河段洲滩出露频率，导致植被发育，阻力增大。虽然坝下游河道由于主槽冲刷下切，平滩以上河槽变形较小，但阻力增加及比降调平，同过水面积下的河道过洪能力将减小，从而造成河道萎缩。为防止滩地及主槽阻力增大，提出了三峡水库中小洪水调度控制指标为枝城流量大于$36400\text{m}^3/\text{s}$的年均天数不少于18天。

（6）分析了三峡水库坝下游河道冲刷的影响因素，预测了新水沙条件下三峡水库坝下游河道冲刷演变趋势。三峡水库蓄水运用以来，坝下游河道的冲刷比论证阶段的预测量大，向下游发展的速度快。研究表明，其主要原因有：论证阶段采用的20世纪60年代水沙系列与实际入库水沙过程差别较大，预测的三峡出库含沙量偏大，影响最大；断面法统计坝下游河道冲刷量引起的误差影响次之；人工采砂量、数学模型精度等也是重要影响因素。在新的水沙条件下，未来30年，宜昌至枝城河段冲淤基本平衡，枝城至长江口段仍保持冲刷态势，中游主要控制站的中枯水位下降速率有所减缓。

（7）评估了三峡水库坝下游河道冲刷效应，提出了重点河段航道治理措施。三峡水库蓄水运用以来，长江中下游干流河道总体河势基本稳定，部分河段河势发生一定调整，对局部河段堤岸稳定和航道条件造成不利的影响，对公铁隧道、输油管道、管廊等地下穿河工程及沿江取水口构筑物带来潜在威胁，通过实施河道与航道整治工程，保障了堤防安全，通航条件明显改善。针对部分航道条件趋向不利局面变化的航段，研究提出了治理思路和石首河段、镇扬河段及澄通河段的治理措施。

（8）构建了水沙变化对长江河流健康影响评价指标体系，研究了细颗粒泥沙减少对长江河流生境的影响。三峡水库蓄水运用引起的水沙变化对长江上游河流健康总体影响在蓄水初期有所不利，除对通航影响变好和对防洪影响不大外，对河道演变、水质和生态影响有所变差；蓄水运用后期至今逐渐好转。坝下游河道冲刷使床面细颗粒泥沙减少，不利于床面生物膜量的积累，影响底栖动物生存，导致生境单一，微生物群落分布变得更不均匀。

以上研究成果为三峡工程高效、安全运行提供了技术支撑，提出了在提高三峡工程综合效益的基础上控制三峡水库淤积和优化中小洪水调度等具体建议，也提出了需要继续跟踪研究的重点问题。

本书由多个研究单位的科研人员共同努力完成。在研究过程中，参与研究的全体人员密切配合，相互支持，圆满地完成了任务。三峡工程泥沙专家组对研究任务、工作大纲、阶段成果、最终成果进行了确定，对研究工作进行了全程指导。该项目研究工作得到了水利部三峡工程管理司、中国长江三峡集团有限公司、长江水利委员会、长江航道局等单位的大力支持与帮助，在此表示诚挚的感谢！

本书是在上述研究成果的基础上总结提炼而成，全书共分8章内容，各章主要编写人员为：第1章、第8章胡春宏、方春明，第2章许全喜、张欧阳、袁晶、李思璇，第3章方春明、史红玲、赵瑾琼，第4章陈立、孙昭华、邓金运，第5章姚仕明、孙贵洲、王敏，第6章杨胜发、胡江、李明，第7章曹民雄、许慧、范红霞。全书由胡春宏审定统稿。

三峡工程泥沙问题具有长期性、偶然性和复杂性，随着三峡水库的运行，水库淤积和坝下游河道冲刷将不断累积发展，还将有新的情况和问题出现，我们需密切关注，进行长期的跟踪监测与研究。书中内容存在欠妥和不足之处，敬请读者批评指正。

三峡工程泥沙专家组组长

胡春宏

2022 年 5 月 1 日

目　录

第 1 章

绪　　论

1.1　三峡工程及运行基本情况

1.1.1　三峡工程基本情况

三峡工程是长江治理和开发的关键性骨干工程，坝址位于湖北省宜昌市三斗坪镇，距下游已建成的葛洲坝水利枢纽约 40km，控制流域面积约 100 万 km^2，设计多年平均年径流量 4510 亿 m^3，多年平均年输沙量 5.3 亿 t。水库正常蓄水位 175m，防洪限制水位 145m，枯期消落低水位 155m，总库容 393 亿 m^3，其中防洪库容 221.5 亿 m^3，调节性能为季调节，具有巨大的防洪、发电、航运、供水等综合利用效益。三峡水库库区 175m 蓄水位的回水影响长度（大坝至江津）约 660km，其中大坝至涪陵库段为常年回水区，长约 500km，涪陵至江津库段为变动回水区，长约 160km。初步设计考虑坝下游防洪和水库"蓄清排浑"需求，三峡水库每年汛期 6 月 10 日至 9 月 30 日维持汛限水位 145m 运行。当来较大洪水（流量大于 55000m^3/s）时，水库拦蓄，水位升高，洪水过后，库水位复降至汛限水位，腾空库容，以迎接下一场洪水。

1.1.2　三峡工程运行情况

1994 年 12 月 14 日，三峡工程正式开工建设，2003 年 6 月进入围堰发电期，坝前水位汛期按 135m 运行，枯季按 139m 运行，初步发挥发电、通航效益；2006 年汛后，蓄水至 156m，进入初期运行期，坝前水位汛期按 144m 运行，枯季按 156m 运行；2008 年汛末，进入 175m 试验性蓄水期，坝前水位汛期按 145m 运行，枯季按 175m 运行，工程开始全面发挥防洪、发电、航运、供水等综合利用效益。

2009 年开始实施的水库优化调度方案明确了在防洪允许的情况下，三峡水库汛期实时库水位最高可上浮至 146.5m 运行。从 2009 年开始，三峡水库汛后蓄水时间由初步设计时的 10 月初提前到了 9 月中旬，提高了水库蓄满率，缓解了蓄水期对坝下游的影响。2010 年三峡水库明确了在确保防洪安全的前提下，汛期实施"中小洪水调度"的运用方式。2019 年三峡工程通过整体竣工验收，进入正常运行期。2020 年，水利部批准了《三峡（正常运行期）—葛洲坝水利枢纽梯级调度规程》（2019 年修订版），其中汛期实时调度时库水位在防洪水位上下变动的范围又有所提高，汛末蓄水从不早于 9 月 10 日开始。三峡水库不同运行时期坝前水位变化过程如图 1.1.1 所示。

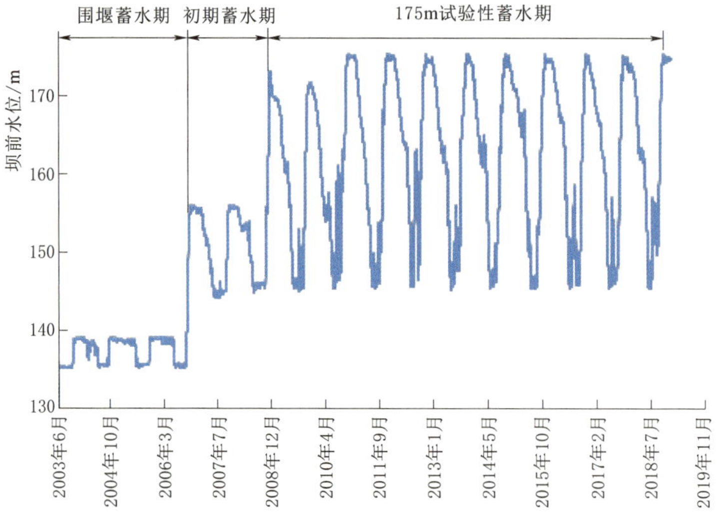

图 1.1.1　三峡水库不同运行时期坝前水位变化过程

三峡水库蓄水运用以来，防洪、发电、航运和水资源利用等综合效益显著。水库常年回水区水深增大，水流流速减缓，滩险消除，航道条件得到根本性改善。变动回水区上段的航道、港区较建库前也有明显改善。截至 2019 年底，水库累计拦洪运用 51 次，拦蓄洪水总量共计 1533 亿 m^3，三峡水电站累计发电量 1.29 万亿 $kW \cdot h$，船闸过闸货物 14.01亿 t，累计为下游补水 2664 亿 m^3，实施了 13 次生态调度试验。特别是 2020 年汛期，三峡水库拦洪至建库以来最高调洪水位 167.65m，削减洪峰逾 30%，避免了荆江分洪区的运用。

泥沙问题是三峡工程的关键技术问题之一，论证阶段、初步设计阶段和运行阶段开展的有关泥沙问题的研究成果和提出的工程措施的效果等已得到水库蓄水运用至今观测结果的初步检验，为工程综合效益的发挥提供了重要的科技支撑。鉴于三峡水库淤积与坝下游河道冲刷是一个长期发展变化的过程，同时三峡入库水沙情势等也在不断变化，相关泥沙问题的解决大多是要分期进行的，不同阶段都会出现一些新情况、新问题和新需求。

1.2　三峡工程运用后泥沙冲淤情况与研究概况

三峡工程运用以来的泥沙冲淤情况主要表现为：上游来沙量显著减少，水库淤积量和排沙比都小于论证预测值，坝下游河道冲刷向下游发展的速度较预期要快。社会各方面对三峡工程综合利用提出了更高的要求，泥沙相关生态环境问题成为关注的热点。本节重点对三峡工程运行以来的泥沙新情况、新问题和新需求及相关研究工作加以概述。

1.2.1　入库泥沙与水库淤积情况

1.2.1.1　入库泥沙大幅减少

长江上游流域面积达 100 万 km^2，水文气象和地质地貌条件多样，产输沙条件十分复杂，时空差异明显，水沙时空分布极为不均，是长江流域径流和泥沙的主要来源地，与三峡水库入库水沙变化直接相关。20世纪90年代以来，随着大量水库的修建，"长治工程""天保工程"等水土保持工程的实施，退耕还林和劳动力转移，生产生活方式改变、土地利用变化等带来的生态环境持续改善，全球气候变化导致的降雨变化，以及河道采砂、筑路开矿活动的大规模开展，地质灾害的频发等，长江上游产输沙环境发生显著变化，水沙变化十分显著[1]。一方面，长江上游在径流量小幅减少的背景下，输沙量大幅减小，尤其是在金沙江中下游梯级电站相继运行后，2011—2018年三峡水库年均入库水量变化不大，但年均入库沙量则进一步减小至0.92亿t，2015年、2016年、2017年更是分别减小至0.34亿t、0.46亿t、0.36亿t。另一方面，长江上游水沙异源、输沙不平衡现象十分突出。近年来，受降水、水库拦沙、水土保持等影响，泥沙地区来源发生了显著变化，特别是受金沙江中下游梯级水电站拦沙等的影响，金沙江来沙所占比重减小至2%，嘉陵江及区间来沙比重明显增大，尤其是暴雨洪水期间，局部暴雨区域集中输沙现象频繁发生，如岷江、沱江、嘉陵江等支流一些低水头航电枢纽已部分达到淤积平衡，拦沙作用减弱，遇到大洪水时输沙量会突然增大，短短几天的输沙量能占全年输沙量的80%。输沙量的锐减对于三峡水库来说，有利于减缓水库的泥沙淤积，为提前蓄水提供了条件，但长江上游暴雨集中输沙对三峡水库的泥沙淤积和调度运行管理带来了较大的影响。此外，长江上游滑坡、泥石流等地质灾害频发，如2008年发生的"5·12"汶川特大地震，产生了上百亿立方米的松散体，随着时间的推移，松散体中的细小颗粒泥沙会逐渐向下游地区输移，遇暴雨侵蚀，极有可能诱发局部高强度输沙现象，导致入库泥沙增多，从而对水库淤积和调度运行带来影响。长江上游水沙变化的影响因素众多，各影响因素对三峡水库入库泥沙的作用机制十分复杂，弄清近年来三峡水库入库水沙变化的原因，预测其未来发展变化趋势，不仅可为三峡水库调度和泥沙问题相关研究提供基本水沙条件，也是制定水库调度方案所要考虑的重要制约因素，对充分发挥三峡工程的综合效益具有重要作用。

国内外学者在不同时期对长江流域和不同河段及支流水沙变化特征、变化规律、时间序列特征、泥沙组成特性及输移特性等进行了大量的研究，并对不同驱动力变化，如降水变化、植被破坏与恢复、植被覆盖变化、人类活动方式与程度、水土流失治理、水利工程拦沙和工程建设增沙等进行了较为深入的研究。结合三峡工程建设，众多学者还对三峡水库入库条件、减沙措施和减沙途径等进行了研究，寻求减轻三峡水库淤积及坝下游河道冲刷的措施，还有学者对人类活动影响下的长江推移质输沙特性和入海泥沙变化及其环境影响等进行了研究。在三峡工程论证阶段和"七五"至"十三五"期间，长江水利委员会、清华大学、中国水利水电科学研究院、武汉大学、北京师范大学、南京大学、北京林业大学等单位对长江上游地区水土流失治理措施及其效应、滑坡与泥石流分布、降雨分布与输沙量之间的关系等进行了较为深入的调查与分析，对三峡工程来水来沙条件、长江上游水库群对三峡工程拦沙作用、嘉陵江流域水土保持对三峡工程来沙量影响等问题进行了较为深入的研究，取得了丰硕的研究成果[2-4]。但在新的水沙产输条件下，特别是金沙江、岷江、嘉陵江等河流大型控制性水利枢纽建成后，长江上游泥沙输移规律、降水因素对侵蚀产沙的影响以及水土保持减蚀减沙、水利工程拦沙作用与减沙效益等问题都发生了很大的变化，仍需要进一步深入研究，才能更为准确地预估未来三峡水库入库水沙变化趋势，特别是在暴雨导致的高强度产输沙机理方面的研究仍是长江上游水沙变化研究的薄弱环节。

长江上游产输沙与暴雨强度、落区、范围等密切相关，也与水利水电工程拦沙、水土保持工程等的减沙作用有关。近几十年来，在气候、降雨等自然条件变化的背景下，水土保持工程、水利水电工程、河道采砂等频繁、剧烈的人类活动通过改变流域下垫面等对流域环境和水文过程产生了较大的影响，长江上游和三峡入库泥沙时空分布与产输过程发生了重大变化。这些影响因素在不同时期、不同区域，对水沙变化的影响程度和作用形式也有所差别。如人类活动对侵蚀产沙影响类型多样，作用机理复杂，对中、小尺度流域而言，泥沙对单项人类活动的响应比较敏感，而大尺度上不同人类活动相互作用，影响互相平衡。水土保持工程是通过改善下垫面条件而从源头上减少泥沙，水利枢纽工程则是阻隔一定河道范围内的泥沙输移。因此，需在系统辨识、解析环境变化和多类别人类活动影响的前提下，研究长江上游泥沙来源与分布特性，揭示水沙变化对自然条件和人类活动的响应机理，系统把握长江上游水沙变化关键因素及其调整方向，才能准确预测未来三峡水库入库水沙变化趋势。

本书对三峡水库入库泥沙变化进行了系统的研究，调查分析了长江上游地区重点产沙区水土保持情况、土地利用情况和气候条件变化等，研究了降雨-径流-产沙规律，明晰了长江上游泥沙来源情况和主要影响因素；分析了自然产沙变化和人为影响作用，长江上游典型区域暴雨产沙及输沙机理，支流出现高含沙水流的原因及条件；调查了"5·12"汶川特大地震、人类建设等造成的流域潜在产沙量，以及支流突发洪水对三峡水库入库水沙的影响，预测了未来 30 年三峡水库入库泥沙变化趋势，提出了新的水沙系列。

1.2.1.2　水库淤积减缓

三峡水库泥沙淤积涉及水库寿命、库区淹没、库尾段航道和港区的演变等，广受社会关注[5]。在三峡工程论证阶段，研究提出了三峡水库采用"蓄清排浑"的运用方式作为长期保留三峡水库有效库容的基本措施，经过技术经济综合分析，设计最终选定正常蓄水位为 175m 的水库规模和 175m-145m-155m 的水库蓄清排浑运用方案。三峡水库蓄水运用以来，由于入库沙量大幅减少，水库泥沙淤积特征发生变化，水库泥沙输移规律、减淤调度措施、水库运行方式优化等成为重要研究内容。

三峡工程围堰发电期，水库泥沙研究工作侧重研究了围堰水库上下游的变化，检验以往的研究成果，修正或作出新的预测[6]。随着库区水文泥沙观测资料的积累，"十一五"期间开展了水库淤积分布和排沙比变化规律分析[7]，提出了水库排沙比的主要影响因素、库区洪峰和沙峰输移不同步现象、重庆主城区河段泥沙冲淤规律等。"十二五"期间，重点研究了库区洪峰和沙峰输移规律、库区细颗粒泥沙絮凝规律等[8]。

三峡水库蓄水运用至 2019 年，水库累积淤积泥沙量为 18.3 亿 t，年均淤积量为 1.1 亿 t，只有初步设计预测的 40%，水库年平均排沙比为 23.8%，低于初步设计预测 33.3%。从水库泥沙淤积分布看，变动回水区总体略有冲刷，淤积主要集中在常年回水区。随着水库淤积的发展和观测资料的积累，需要对三峡水库泥沙淤积和输移规律做进一步的研究。本书主要分析了水库沿程冲淤与断面形态变化、不同运用阶段水库淤积特点、有效库容损失等与入库水沙条件和运行方式的影响关系等。同时选取运用时间较长、泥沙淤积特性与三峡水库相似的丹江口水库进行类比，研究两者在纵横向泥沙淤积分布上的异同，类比水库不同河段淤积平衡过程中的基本趋势。

在水库运用方式方面，三峡工程论证时采取了"分期蓄水"的建设方针，水库初期蓄水位定为156m，经过一段时间的观察和研究后，再提高正常蓄水位至175m。随着入库泥沙的减少，"十五"期间三峡工程泥沙专家组组织开展了水库提前175m蓄水试验运行相关泥沙问题的研究，认为2008年汛后水库正常蓄水位抬升到175m是可行的，建议得到了决策部门的采纳，较初步设计提前了5年，提前发挥了三峡工程的防洪、发电、航运、供水等综合效益。同时，及时开展了重庆主城区河段冲淤变化与整治方案试验研究等，为三峡水库调度运行、重庆港区治理提供了技术支撑。175m试验性蓄水运用后，随着入库泥沙继续减少和社会对三峡水库需求的提高，为了进一步提高三峡工程的综合效益，水库泥沙研究工作重点是水库提前蓄水、中小洪水调度、汛限水位上浮等优化调度措施的相关泥沙问题[9]，为2009年后水库优化调度方案的实施提供了坚实的基础。随着上游干支流上更多水库的建成投运及纳入联合调度的水利工程的增加，进一步研究了三峡水库淤积与运用方式的响应关系，提出了保证三峡水库长期有效库容的合理排沙比与库容损失控制指标。

在三峡水库减淤调度措施方面，研究工作始于"十二五"期间，2012年以来，三峡水库根据来水来沙变化情况，进行了库尾减淤调度和汛期沙峰排沙调度试验，取得了一定的减淤效果。近年来，一些单位进行了相关研究，其中"十二五"国家科技支撑计划项目"三峡水库和下游河道泥沙模拟与调控技术"的研究比较系统。三峡水库消落期库尾冲淤变化与入库水沙条件、消落过程、河段前期淤积量等诸多因素有关，影响因素复杂，对其机理的认识尚显不足。2012年之后，由于向家坝和溪洛渡水电站的蓄水运用，三峡水库入库水沙条件有所变化，重要支流突发较高含沙洪水已成为入库泥沙的主要来源，需要对新水沙条件下三峡水库的减淤调度措施进行深入研究。本书进一步分析总结了新水沙条件下库尾减淤调度和沙峰排沙调度措施，以及溪洛渡、向家坝、三峡梯级水库联合沙峰排沙调度措施。

水流泥沙数学模型一直是模拟研究三峡水库泥沙淤积的重要手段，三峡水库蓄水运用以来，主要是采用三峡水库蓄水运用后的水沙观测资料验证和改进完善泥沙数学模型。"十一五"和"十二五"期间，中国水利水电科学研究院和长江科学院等采用三峡水库泥沙观测资料对水流泥沙数学模型进行了系统验证，分析了影响模拟精度的因素，重点改进了水库泥沙絮凝作用、恢复饱和系数取值方法，完善了库区支流和区间来水来沙、模型库容曲线等。本书重点分析了三峡水库趋于淤积平衡时的断面宽深比，完善了泥沙数学模型断面形态调整模式，可以更好地满足三峡水库长期库容预测的需要。根据新的入库水沙条件和新的水库优化运用方式，采用进一步完善后的水流泥沙数学模型对三峡水库长期有效库容进行新的预测。

1.2.2 坝下游河道冲刷与过流能力变化

三峡水库泥沙淤积和坝下游河道冲刷是一个不断累积和发展的过程，随着水库持续运行，其对坝下游河道局部河段河势变化、堤防安全、取水安全、江湖关系和生态环境的影响等将不断显现。

1.2.2.1　坝下游河道冲刷向下快速发展

三峡水库蓄水运用后，受上游水土保持减沙、水电枢纽蓄水拦沙及河道采砂等因素的共同影响，坝下游水沙情势发生了显著的改变，具体表现为：三峡出库径流过程发生明显"坦化"现象，洪峰流量消减，中低水历时延长，汛后因三峡水库蓄水引起中下游干流流量减小，枯水期因三峡水库补水致使坝下游流量增大；来沙量锐减，2003—2018 年宜昌站年均输沙量仅为蓄水前年均值的 7.3%。新水沙条件下，长江中下游河道面临长时期、长距离、大强度的冲刷新形势，根据三峡水库下游河道观测资料分析，水库运用后至 2018 年，宜昌至湖口干流河道累计冲刷约 24.06 亿 m^3（含采砂影响），年均冲刷约 1.42 亿 m^3，河床平均冲深 $1\sim3m$，且冲刷范围及强度逐步向下游发展的趋势明显。以三峡水库为核心的长江上游水库群建成投运后，对中下游干流河道演变产生长期性、累积性影响，进而对中下游地区防洪安全、河势稳定、航运通畅、岸线利用与保护、水生态安全与供水安全等带来一系列深远的影响，直接关系到长江中下游干流河道综合服务功能的正常发挥。鉴于三峡水库下游河道冲刷问题十分复杂，研究难度颇大，以往研究相关预测成果与实际河道冲刷发展尚存在一定的差异，本书在以往研究成果的基础上，深入研究了坝下游河道冲刷演变及其对防洪、航运、沿江基础设施等的影响，预测了新水沙条件下长江中下游未来30 年河道冲刷与演变趋势，为中下游河道治理与保护提供科技依据。

1.2.2.2　坝下游河道水流阻力增大

三峡水库蓄水运用后坝下游河道冲刷下切并没有明显降低大流量期间的水位。造成洪水位不下降的可能原因是：三峡工程汛期拦蓄洪水，使得对河道行洪能力较为重要的河漫滩以上泄洪断面长期得不到洪水塑造，阻力增加，造成洪水河槽泄流能力萎缩。特别是三峡水库实施中小洪水调度以来，增加了水库发电效益，但也导致了 2009 年以来水库连续多年在汛期超 145m 的设计汛限水位运行，枝城下泄流量多在 $45000m^3/s$ 以下，沙市最高水位在 42m 左右。除了对下游河道演变及防洪的影响外，由于三峡水库中小洪水调度提前占用了防洪库容，遭遇大洪水时还可能存在水库防洪安全风险。此外，中小洪水调度改变坝前水位过程，无疑将对库区淤积造成影响，上述影响的大小及变化趋势也需进一步明确。

随着 2009 年后三峡水库开始实施中小洪水调度，许多学者采用实测资料分析和数值模拟等多种手段，围绕中小洪水调度以及可能造成的影响开展了一些分析研究[10]，包括中小洪水动态调度的必要性、可行性和调度方法，中小洪水调度可能存在的风险，中小洪水调度对水库淤积和库尾重庆主城区泥沙冲淤的影响等。这些研究成果为推动三峡水库优化调度、进一步实施中小洪水调度实践提供了重要的参考，但关于中小洪水标准、长期实施中小洪水调度对库区的影响，仍未形成清晰的认识。

相对于中小洪水调度对库区淤积影响的少量研究，对坝下河道影响的研究更为少见。从欧美各国修建水库后的坝下游长期河床调整来看，由于洪峰削减、流量过程调平，洪水槽萎缩、洪水位抬升是较为常见的现象。例如，Graf 对全美 36 条建坝河流变化的统计表明，深泓下切导致枯水槽平均增大 32%，而洪水河槽平均萎缩达 50%，枯水位明显下降、洪水位抬升。英国、意大利和波兰等国的资料表明，水沙调控之下，河床由分汊或游荡变为单一的趋势较为明显，枯水位普遍下降，洪水位抬升。坝下河道萎缩以及洪水位抬升，在许多河流上造成了洪灾风险增大、生态栖息地恶化等不利局面，有些水库的防洪效益甚至被完全抵消。对这些现象背后深层次机理的研究表明，洪水位抬升由洪水河槽淤积、河漫滩萎缩、洲滩植被发育、河槽阻力增大等多种因素综合引起，这些过程均与来流的人为调控有关，往往在水库运行较长时间后才呈现出累积效应。三峡水库蓄水运用时间尚短，中小洪水调度的影响尚未充分显现，为了能够防患于未然，从避免坝下河道萎缩的角度对中小洪水调度方式提出优化策略，是亟须开展的工作。

本书研究了三峡水库中小洪水调度对下游河道长期演变的影响机理、长江中下游同流量下洪水位变化和发展的趋势，提出了缓解坝下游河道过洪能力萎缩的三峡水库中小洪水调度标准及方案。

1.2.3 航道条件变化与治理

三峡水库蓄水运用后，库区及坝下游水沙输移特性的改变，极大地改变了河床演变的特点，对航道条件及航道维护与治理产生直接影响。总体而言，三峡水库蓄水运用对库区及坝下游航道的影响利大于弊，21 世纪以来，基于新水沙条件的航道治理也取得了巨大的成效，库区及坝下游航道条件改善明显，促进了干线航运的快速发展，为沿江地区的社会经济发展提供了强力支撑[11]。近年来，随着产业结构转型升级，沿江地区及西南腹地对长江干线航道提出了高质量发展的新需求。在新的需求形势下，新水沙条件对库区及坝下游航道影响的认识需提升到新的层次，干线航道也需要围绕改善沿线尺度标准的统一性、连续性继续开展建设。

目前，将库区航道维护尺度随着蓄水位的抬高逐步提高，航道水深和航道宽度均有大幅度提升；变动回水区上段（江津—重庆）主航道累积性淤积不明显；变动回水区中段（重庆—长寿）航道最小维护水深和航道尺度较蓄水初期有较大幅度的提升，175m 试验性蓄水运用后该河段出现卵石推移质微淤，在汛前消落期水位快速降低，汛期淤积的卵砾石冲刷不及时，部分河段出现水深和航宽不足的碍航情况[12]。三峡水库 175m 试验性蓄水运用以来，将坝下游航道枯水期最小下泄流量逐步提升至 6000m³/s 左右，加之航道部门陆续实施的航道整治措施，坝下游各航段航道最小维护水深均有不同程度的提高。航道的进一步发展，主要涉及两大类问题：一是砂卵石河段受自身不均匀冲刷以及下游水位下降溯源传递的影响，局部坡陡流急、水浅问题突出；二是沙质河段滩槽调整较为复杂，部分浅滩水道冲淤调整较剧烈，甚至存在滩槽转换现象，影响航道条件进一步提升的空间[13]。因此，为进一步发挥三峡工程的综合效益，服务于推动长江经济带发展的国家战略，有必要在已有研究成果的基础上，进一步开展新航道标准新水沙条件下库区变动回水区卵石推移质输移规律、坝下游沙质河段（安庆以上，主要是荆州—武汉河段）滩槽转换及调整机制、重点航道演变趋势及航道维护治理措施等方面的研究。

本书基于 2010 年以来重点河段航道疏浚区的河床地形变化实测资料与 GPVS（gravel pressure and voice synchronous observation system）原型观测数据，分析了三峡水库库尾航槽卵石推移质运动特性，总结了三峡库区和坝下游重点河段演变特点及碍航特性研究成果，提出了维护与治理措施。

1.2.4 泥沙相关生态环境问题

水库对作为生源物质和污染物载体的泥沙的拦蓄，将对生态环境产生一定的影响。"共抓大保护，不搞大开发"已成为治理开发长江的新方略，长江生态环境大保护需要多学科联合系统地研究泥沙问题。

河流上兴建具有调节能力的大型梯级水库后，改变了下游河段的来水来沙过程。水沙过程变化及其引起的河床边界调整，将影响到河流最基本的属性，对水资源开发利用、防洪、航运、供水等河流社会服务功能产生复杂的影响，同时也对水质和水生境条件等生态环境状况产生作用，从而对河流健康产生影响。河流开发者和生态环境学家围绕河流健康问题开展了大量研究，但对于水利水电工程治理开发与河流健康的关系、如何实现河流的整体健康等关系到河流能否可持续利用的重大问题，目前在有些认识上观点基本一致，在有些认识上尚存在较大的分歧，还有待进行深入的研究。

泥沙是河流物质循环和水质控制的重要组成部分，它对河道的稳定及河岸带栖息地的创建至关重要。大坝切断了河流的正常泥沙输送，导致下游河道侵蚀、生物栖息地退化，进而影响水生物的生长和繁殖。河床冲刷对河流生态系统的作用大致可分为两类：一类是直接作用于生物，如：河床冲刷将破坏坝下游水生植物区，导致植物被剥离或根除；水底无脊椎动物在水流直接作用下向下游推移；鱼类产卵场被破坏，使得大量的鱼苗被激流冲走等。另一类是改变生物敏感的生存条件，如：河床冲刷导致床面粗化，使得大量水生生物失去庇护；由于细颗粒泥沙对生源物质迁移转化的重要作用，河床冲刷粗化将导致有机质和营养盐含量的降低，影响水生生物生存。水沙过程作用下的河床形态变化，造就了河流地貌及生境的多样性（如深潭、浅滩、河漫滩和三角洲等），促使了各种类型栖息地的自然演替，构成了生态系统的自然扰动，具有极其重要的生态意义。Yi 等[14] 以葛洲坝坝下至宜昌江段之间的河流为背景，以中华鲟为研究对象，论述了三峡大坝不同下泄流量对中华鲟栖息地的影响；陈永柏[15] 指出恢复河流生态主要是恢复河流物理过程和形态的完整性。此外，水沙变化还会直接或间接影响水生生态系统中的其他元素。如：通过水温、流量过程变化等影响鱼类产卵；改变水体透明度，影响浮游植物生长；影响底栖动物、沉水植物等的生境条件等。

事实上，水生生态的概念特别宽泛，包括水沙输移及微地形演变的物理过程、营养盐和污染物质随泥沙输移的化学过程，以及水体中及床面处各类生物过程，形成了"水沙—营养盐—生物膜—浮游植物—底栖动物—鱼类"的复杂链式/网状结构。水沙变化可作用于该结构中的各个组分，从而对整个水生生态系统产生影响。生物膜普遍存在于泥沙颗粒等固体表面，作为一个高度复杂的微型生态系统，能吸附、转化和分解有机物，促进河流碳、氮和磷的循环。同时，生物膜是水生生态系统初级生产力的重要组分，支撑着河流食物网结构，在水生生态系统中起着承上启下的作用，连接着水环境与水生物生态。上游梯级水库运行导致清水下泄、河床冲刷，破坏床面固有特性，使得生物膜量减少、微生物群落结构和功能改变等，同时还会影响下泄的营养物质通量，进而对底栖动物、鱼类等水生生物的生存带来影响，威胁整个水生生态系统的健康。

以往对三峡工程库区与坝下游河道生态环境影响的研究，多集中在水质、污染源的监测、分析和计算方面，对水沙变化与生态环境耦合作用及修复的研究相对较少。虽然近年来相关研究逐渐增多，但受多种因素的限制，对三峡工程建设前后的水沙变化和水生态环境影响的研究相对独立，对库区与坝下河道的生态响应研究多处于宏观和定性阶段，对泥沙与磷等营养盐作用机理的研究尚显不足，有些认识也存在一定的分歧。

20世纪80年代，欧洲和北美等国家逐渐认识到河流不仅是供人类利用的资源，也是河流生态系统的生命载体，人们不仅应该关注河流的资源功能，更要关注它的生态功能，从此人们开始了保护河流的行动，河流健康的概念应运而生。河流健康评价不仅应该包括对河流生态系统的结构与功能、整体性和可持续性等自然特性的客观评价，而且应该包括河流满足人类生存需求和社会经济需求的能力等的主观评价。

国内学者对于河流健康的理解建立在国外相关研究成果的基础上，并结合中国河流的实际情况作了延伸和丰富。随着研究的不断深入，逐步形成了目前较为普遍认可的定义，即河流健康是生态价值与人类服务价值的统一体，健康不仅意味着生态学意义上的完整性，还强调河流生态服务功能的正常发挥。

目前，在水利水电枢纽工程运行对河流健康的影响方面，存在不同的研究结论，特别是因河流健康指标的选取存在差别导致研究侧重点不同。而长时间尺度上枢纽运行对自然河流的拦截影响需要长时期的监测才会显现，加上叠加了紧密的人类活动干扰，对河流健康的总体影响变得较为复杂，需从不同的河流健康影响层面上加以区分。

首先，水利水电枢纽工程的运行对人类社会发展方面具有正面影响，可满足人类社会发展对水资源的需求，同时满足供水、防洪、灌溉、发电、航运、渔业及旅游等方面的需求，推动了经济发展和社会进步，对维护生态环境和河流健康具有积极作用。主要表现在四个方面：一是有利于水资源的统一调度和合理配置，提高河流水沙调控能力，协调水沙关系；二是有利于充分发挥河流的调蓄作用，通过调节水量丰枯，可抵御洪涝对生态系统的冲击，实现洪水资源化，增强防洪抗旱能力，减轻水旱灾害损失，改善缺水地区生态环境；三是有利于防止河道断流，排解水污染，改善水质；四是有利于统筹协调和充分发挥河流的各种服务功能，促进社会经济不断发展。

其次，应该认识到，水利水电枢纽工程的运行为人类社会发展带来福祉的同时，也对河流健康可能产生各种负面的影响。人类为了自身安全和经济利益，在疏导河流、整治河道、筑坝壅水等方面，不仅明显地改变了流域地形、河流自然形态和水文泥沙天然过程，在不同程度上降低了河流形态多样性，破坏了河床、水流和生态系统的连续性，造成河流形态的均一化和非连续化，导致水域生物群落多样性降低，河流生态系统退化，服务功能下降，使流域整个生态系统的健康和稳定性都受到不同程度的影响，也会带来溃坝和征地移民等问题，直接影响流域的可持续发展。总之，主要产生两方面的影响：一是对自然环境的影响。工程兴建，对水文条件的改变，对水域床底形态的冲淤变化，对水体、小气候、地震、土壤和地下水的影响，对动植物、水域中细菌藻类、鱼类及其水生物的影响，对景观和河流上、中、下游及河口的影响等，使河道的流态、水文特征和水动力条件发生变化，影响流域的水循环，减少了河水对滨河湿地和地下水的补给，改变了河道来水来沙条件和输沙的动力，影响河流的自净能力，导致新的河床冲淤变化，水库泥沙淤积，河道萎缩，滩地、湿地与河口三角洲的消长演变，以及河流水生态系统的失衡等。二是对社会文化环境的影响。兴建枢纽工程不仅对人口迁移、土地利用等带来影响，还会对人群的健康和文物古迹等造成不利影响。

水利水电枢纽工程的运行对河流健康影响的研究尚不充分，对河流水环境、底质环境、河滨岸带地貌形态、生物群落结构、珍稀鱼类、洄游性鱼类等水生生态系统组成的发展、生态服务功能和社会服务功能等方面影响的研究不足，未来需要在上述方面的影响机制、评价方法、生态修复技术等方面加强研究。

本书围绕长江上游干支流水库群建设条件下水沙变化新形势对长江河流健康的影响，探求了三峡水库磷等物质的循环规律、长江流域细泥沙生态作用，通过建立水沙变化对长江河流健康影响评价指标体系，综合评价了水沙变化对长江上、中、下游河流健康的影响。

1.3　三峡工程重大泥沙问题研究的目标与主要内容

由于三峡水库入库水沙情势等的变化，水库淤积与坝下游河道冲刷是一个长期变化发展的过程，其对水库和长江中下游的各种影响将不断显现；同时社会对三峡工程和长江流域的要求还在不断提高，三峡工程相关泥沙问题需要长期跟踪研究。2015 年原三峡工程建设管理委员会办公室组织制定了《三峡工程泥沙中长期研究计划（2016—2035 年）》，对新水沙条件下与调度运行直接相关的泥沙问题、长江黄金水道建设急需解决的泥沙问题、其他已引起社会广泛关注的泥沙问题等开展研究，同时纳入了三峡工程竣工验收提出的相关问题研究、与长江健康有关宏观和基础性泥沙问题研究等。三峡工程泥沙中长期研究计划需要分阶段实施，水利部三峡工程管理司于 2018 年组织启动了第一阶段（2017—2020 年）的研究任务，三峡工程泥沙专家组负责技术指导。

第一阶段研究任务的目标是：针对泥沙问题出现的新情况，优先研究面临的迫切重大泥沙问题，确保安全运行；根据水库运行调度的需要，研究进一步提高综合效益的措施和保持长江健康的相关泥沙问题；为三峡工程泥沙中长期研究计划奠定基础，开展全局基础性泥沙问题的研究工作。

第一阶段研究内容包括 6 个项目：项目 1，未来三峡水库入库水沙变化趋势研究；项目 2，三峡水库优化调度与长期有效库容研究；项目 3，三峡水库中小洪水调度的影响及控制指标研究；项目 4，库区和坝下游重点河段航道治理措施研究；项目 5，坝下游河道长期冲刷演变及其影响研究；项目 6，水沙变化对长江河流健康的影响研究。项目 1 由长江水利委员会水文局、清华大学和北京林业大学承担，项目 2 由中国水利水电科学研究院和长江科学院承担，项目 3 由武汉大学、长江勘测规划设计研究有限责任公司（以下简称长江设计院）和长江水利委员会水文局承担，项目 4 由重庆交通大学、长江航道规划设计研究院和四川大学承担，项目 5 由长江科学院和中国水利水电科学研究院承担，项目 6 由南京水利科学研究院、清华大学和浙江大学承担。

经过 3 年的研究，各项目均圆满完成了研究任务，达到了预期目标：揭示了长江上游输沙量减少的主要影响因素与贡献率，提出了未来 30 年三峡入库沙量与水沙代表系列；提出了水库汛期泥沙调度关键水位和场次洪水排沙比控制指标，预测了新水沙条件下三峡水库长期有效库容；揭示了中小洪水调度对三峡水库库区和坝下游河道演变的影响，提出了避免坝下游河道过洪能力萎缩的三峡水库中小洪水调度控制指标；预测了三峡水库坝下游河道冲刷演变发展趋势，分析了冲刷效应；阐明了长江干流泥沙变化对主要污染物输移的影响和对床面生物膜的影响，以及对库区及坝下干流水生态的影响等。本书归纳和总结了上述 6 个项目的研究成果，重点内容包括取得的新的理论方法及新的成果和认识、提出的三峡水库调度运行中泥沙相关问题的应对措施、提高三峡工程运行综合效益及维持长江健康的建议等。

参 考 文 献

［1］ 许全喜. 长江上游河流输沙量变化规律研究［D］. 武汉：武汉大学，2007.

［2］ 杨艳生，史德明，杜榕桓. 三峡库区水土流失对生态与环境的影响［M］. 北京：科学出版社，1989.

［3］ 陈显维. 嘉陵江流域水库群拦沙量估算及拦沙效应分析［J］. 水文，1992（4）：34－38.

［4］ 长江上游水库泥沙调查组. 长江上游水库泥沙淤积基本情况资料汇编［R］. 武汉：长江水利委员会水文局，1994.

［5］ 郑守仁. 三峡水利枢纽工程安全及长期使用问题研究［J］. 水利水电科技进展，2011，8：1－7.

［6］ 国务院三峡工程建设委员会办公室泥沙专家组，中国长江三峡工程开发总公司三峡工程泥沙专家组. 长江三峡工程泥沙问题研究（2001—2005）：第 6 卷［M］. 北京：知识产权出版社，2008.

［7］ 方春明，董耀华. 三峡工程水库泥沙淤积及其影响与对策研究［M］. 武汉：长江出版社，2011.

［8］ 胡春宏，李丹勋，方春明，等. 三峡工程泥沙模拟与调控［M］. 北京：中国水利水电出版社，2017.

［9］ 任实，刘亮. 三峡水库泥沙淤积及减淤措施探讨［J］. 泥沙研究，2019，44（6）：40－45.

［10］ 郑守仁. 三峡水库实施中小洪水调度风险分析及对策探讨［J］. 人民长江，2015，46（5）：7－12.

［11］ 陈怡君，江凌. 长江中下游航道工程建设及整治效果评价讨［J］. 水运工程，2019，551（1）：7－11.

［12］ 刘长俭，袁子文. "十四五"期长江口航道建设发展重点思考［J］. 水运工程，2020，574（10）：106－109.

［13］ 余大杰，江媛媛，廖阳. 长江中游下临江坪至陈二口河段航道尺度提升可能性探析［J］. 水运工程，2020，573（9）：142－145.

［14］ YI Yujun，WANG Zhaoyin，YANG Zhifeng. Two-dimensional habitat modeling of Chinese sturgeon spawning sites［J］. Ecological Modelling，2010，221（5）：864－875.

［15］ 陈永柏. 三峡水库蓄水运用影响中华鲟繁殖的生态水文学机制及其保护对策研究［R］. 武汉：中国科学院研究生院（水生生物研究所），2007.

第 2 章

三峡入库泥沙过程与变化趋势

近年来，随着长江上游水土保持减沙和水库拦沙作用的增强，三峡水库入库泥沙大幅减少，地区组成也发生了明显的变化。本章以长江上游为研究对象，通过收集整理长江上游干支流 20 世纪 50 年代以来水文、泥沙、气象、遥感、水土保持、水库拦沙、河道采砂等资料，以重点产沙区、主要支流为重点，采用现场调查、原型观测、类比分析、数理统计、数学模型等多种手段，分析了长江上游产输沙环境的变化特征，研究了长江上游降雨-径流-产沙规律以及典型支流暴雨产输沙特性和机理、水库蓄水拦沙效应及水土保持、河道采砂等减沙机制，定量评估了这些因素对三峡水库来水来沙变化的综合影响，预测了未来 30 年三峡水库入库水沙变化的趋势。研究成果为三峡水库调度和泥沙问题相关研究提供了基本水沙条件。

2.1 三峡入库水沙量及来源变化

三峡入库水沙量一般来自金沙江、岷江、沱江、嘉陵江、乌江等主要支流。近年来，随着长江上游水库拦沙作用的增强，三峡水库入库泥沙大幅减少，地区组成发生了明显变化，三峡区间和向家坝至寸滩区间（以下简称向—寸区间）来沙占比逐渐增大。

2.1.1 入库径流量和悬移质输沙量变化

在三峡工程论证和设计阶段，三峡入库水沙量采用寸滩站＋武隆站实测资料统计。三峡水库蓄水运用后，在围堰发电期、初期运行期仍采用寸滩站＋武隆站的水沙资料计算三峡水库入库水沙量；175m 试验性蓄水运用以来，考虑到水库回水对寸滩站的影响，也采用朱沱站＋北碚站＋武隆站作为入库控制站。以下的分析中，在不考虑三峡区间时，一般使用的入库代表站为寸滩站＋武隆站或朱沱站＋北碚站＋武隆站；考虑三峡区间时，使用的入库代表站为寸滩站＋武隆站＋三峡区间，其水沙特征值见表 2.1.1。

三峡区间由于水文站代表性不足，水沙量为估算值，多年平均年径流量为 387.5 亿 m^3，多年平均年输沙量为 3730 万 t，多年平均年含沙量为 0.96kg/m^3。1991 年以来，三峡区间径流量略有增大，但输沙量总体减小，特别是 2013 年以来，区间径流量增大，但输沙量显著减小。

表 2.1.1 三峡水库入库水沙特征值

统计年限	三峡区间			寸滩站＋武隆站			朱沱站＋北碚站＋武隆站			寸滩站＋武隆站＋三峡区间		
	年径流量/亿 m³	年输沙量/万 t	年含沙量/(kg/m³)	年径流量/亿 m³	年输沙量/万 t	年含沙量/(kg/m³)	年径流量/亿 m³	年输沙量/万 t	年含沙量/(kg/m³)	年径流量/亿 m³	年输沙量/万 t	年含沙量/(kg/m³)
1950—1990 年	382.6	4520	1.18	4015	49100	1.22	3858	48000	1.24	4398	53620	1.22
1991—2002 年	416.3	3550	0.85	3870	35700	0.92	3733	35100	0.94	4286	39250	0.92
2003—2012 年	312.4	2330	0.74	3701	19200	0.52	3606	20300	0.56	4013	21530	0.54
1991—2005 年	401.3	3320	0.83	3890	33100	0.85	3761	32800	0.87	4291	36420	0.85
2006—2012 年	301.5	2290	0.76	3587	17800	0.50	3493	18900	0.54	3889	20090	0.52
2013—2020 年	482.7	1700	0.35	3968	8640	0.22	3877	8700	0.22	4451	10340	0.23
1950—2002 年	391.0	4270	1.09	3943	45200	1.15	3815	44700	1.17	4334	49470	1.14
2003—2020 年	376.9	2090	0.55	3820	14500	0.38	3726	15100	0.41	4197	16590	0.4
1950—2020 年	387.5	3730	0.96	3909	36800	0.94	3789	35800	0.95	4297	40530	0.94

注 1. 朱沱站径流量缺 1968—1970 年资料，输沙量缺 1954 年、1955 年、1967—1971 年资料。

    2. 寸滩站统计年限为 1953—2020 年，北碚站统计年限为 1954—2020 年，武隆站统计年限为 1955—2020 年。

寸滩站＋武隆站＋三峡区间多年平均年径流量为 4297 亿 m³，多年平均年输沙量为 40530 万 t，多年平均年含沙量为 0.94kg/m³。1998 年后径流量变化不明显，输沙量大幅度减小。2003—2012 年和 2013—2020 年径流量水沙特征值与 1950—1990 年相比，年均径流量由 4398 亿 m³ 减小为 4013 亿 m³ 和增加至 4451 亿 m³，分别减小 8.7% 和增加 1.2%；年均输沙量由 53620 万 t 减小为 21530 万 t 和 10340 万 t，分别减小 59.8% 和 80.7%。2013—2020 年与 2003—2012 年比较，年均径流量增加 10.9%，而年均输沙量减小 52.0%。

2.1.2 入库推移质输沙量变化

推移质输沙量包括沙质推移质（粒径 1～2mm）、砾石推移质（粒径 2～10mm）和卵石推移质（粒径大于 10mm）。自 20 世纪 80 年代以来，进入三峡水库的推移质泥沙数量总体呈下降趋势。以干流的寸滩站为例，其 1991—2002 年实测沙质推移质和砾卵石推移质年均输沙量分别为 25.83 万 t 和 15.44 万 t，合计约为同期悬移质输沙量的 0.11%，如图 2.1.1 所示。三峡水库蓄水运用后的 2003—2012 年和 2013—2018 年，年均沙质推移质输沙量仅分别为 1.58 万 t 和 0.17 万 t，较 1991—2002 年分别减少 94% 和 99%；年均砾卵石推移质输沙量为 4.44 万 t 和 3.95 万 t，较 1991—2002 年分别减少 71% 和 74%。

导致三峡入库推移质泥沙数量减小的原因，主要是上游干流及各支流梯级水库的拦截。同时，近年来长江干支流河道的大规模采砂也对三峡库区推移质泥沙数量有较大的影响。

由于推移质的数量远远小于悬移质，故其数量的变化对水库淤积量的影响较小。三峡水库朱沱站和寸滩站实测多年平均推移质输沙量见表 2.1.2。

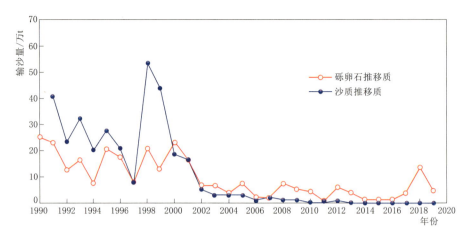

图 2.1.1　寸滩站沙质推移质和砾卵石推移质历年输沙量变化

表 2.1.2　　　　　　三峡水库朱沱站和寸滩站实测多年平均推移质输沙量　　　　　单位：万 t

统计年限	朱　沱　站		寸　滩　站	
	砾卵石年推移质输沙量	沙质年推移质输沙量	砾卵石年推移质输沙量	沙质年推移质输沙量
1975—1991	31.61	—	22.37	47.93
1991—2002	20.73	—	15.44	25.83
2003—2012	14.44	2.76	4.44	1.58
2013—2018	2.88	0.50	3.95	0.17

　　近年来的原型观测资料表明，受三峡水库上游干支流水库建设、水土保持、河道采砂、降水等因素的综合影响，三峡水库上游来沙量（包括悬移质和推移质）大幅减小，进入重庆河段卵砾石推移质数量极少，未出现在三峡库尾推移质严重淤积的局面。随着上游干支流水电站的建设和运用，三峡入库沙量将继续维持较低水平。值得注意的是，在三峡水库总体来沙量减小的同时，地震产沙进入河道的潜在威胁依然存在，流域内基建工程的产沙也不能忽视，部分支流仍有可能出现特大洪水挟带大量泥沙入库的情况。

2.1.3　入库水沙来源构成

　　长江上游金沙江、横江、岷江、沱江、嘉陵江及乌江的入库水沙量分别以向家坝、横江、高场、富顺、北碚及武隆等水文站的水沙测验资料为依据，三峡区间和向家坝至寸滩区间则以区间来沙估算成果为依据进行计算，得到三峡入库水沙不同组成部分不同时期的水沙量及比例见表 2.1.3 和表 2.1.4。表中时段的划分适当考虑了典型大型水库的运行时间，如 1976 年碧口水库开始运行，1998 年二滩水库开始运行，2003 年三峡水库开始蓄水运用，2013 年溪洛渡、向家坝水库开始运行。结果表明：①从径流量和输沙量组成多年平均（1956—2020 年）情况来看，长江上游水沙异源现象十分突出。径流主要来自金沙江、岷江和嘉陵江等流域，分别占 32.5％、19.3％和 15.0％，不同来源区不同时段径流量比例变化不大；输沙量主要来自金沙江和嘉陵江，分别占 45.6％和 20.5％，两者合计约占总量的 2/3。②长江上游径流量的各个来源区域在不同时段占比变化不大，但输沙量在不同时段的区域分布存在很大的差异，主要因水库建成后蓄水拦沙影响所致。2012年以前输沙量以金沙江和嘉陵江所占比例最大，2013年后，随着金沙江流域大型水库相继建成蓄水，三峡入库泥沙来源发生了根本性的变化。在所统计的8个区域中，金沙江输沙量2003—2012年占比最大，2013—2020年占比最小，所占比例由56.9%减小为1.4%；嘉陵江和岷江输沙量所占比例则大幅增加，分别由2003—2012年的11.7%和11.7%增加到2013—2020年的31.4%和22.5%，合计达到53.9%；三峡区间和向一寸区间所占比例合计增加到25.3%。沱江流域富顺站2013年由于发生滑坡和泥石流，输沙量达到3600余万t，是该站年均输沙量的6倍多，占三峡入库泥沙比例由0.8%增大到10.6%。

表2.1.3　　　　　　　　　　　长江上游不同水沙来源区径流量

区间	集水面积		1956—1990年		1991—2002年		2003—2012年		2013—2020年		1956—2020年	
	面积/km²	占比/%	径流量/亿m³	占比/%	径流量/亿m³	占比/%	径流量/亿m³	占比/%	径流量/亿m³	占比/%	径流量/亿m³	占比/%
屏山（向家坝）	458800	45.6	1440.0	31.9	1506.00	34.3	1391.00	34.1	1395.00	31.2	1425.00	32.5
横江	14781	1.5	90.0	2.0	76.71	1.8	71.55	1.8	85.28	1.9	83.82	1.9
高场	135378	13.4	882.0	19.5	814.70	18.6	789.00	19.4	866.10	19.3	846.40	19.3
富顺	19613	2.0	129.0	2.9	107.80	2.5	102.50	2.5	136.50	3.0	120.00	2.7
向一寸区间	81845	8.1	389.0	8.6	399.00	9.1	321.00	7.9	362.00	8.1	377.00	8.6
北碚	156142	15.5	704.0	15.6	529.40	12.1	659.80	16.2	659.60	14.7	656.90	15.0
武隆	83053	8.3	495.0	11.0	531.70	12.1	422.40	10.4	492.40	11.0	485.60	11.1
三峡区间	55889	5.6	382.6	8.5	416.30	9.5	312.40	7.7	482.70	10.8	388.90	8.9
合计	1005501	100.0	4511.6	100.0	4382.00	100.0	4071.00	100.0	4479.00	100.0	4384.00	100.0

注　屏山水文站于2012年6月改为水位站，其后的径流、输沙资料采用向家坝水电站下游2km的向家坝水文站的，该站集水面积为458800km²，较屏山站集水面积458592km²增加208km²，增幅不足0.1%。

表2.1.4　　　　　　　　　　　长江上游不同水沙来源区输沙量

区间	集水面积		1956—1990年		1991—2002年		2003—2012年		2013—2020年		1956—2020年	
	面积/km²	占比/%	输沙量/万t	占比/%	输沙量/万t	占比/%	输沙量/万t	占比/%	输沙量/万t	占比/%	输沙量/万t	占比/%
屏山（向家坝）	458800	45.6	24600	42.5	28100	61.6	14200	56.9	152	1.4	20600	45.6
横江	14781	1.5	1370	2.4	1390	3.0	547	2.2	653	6.0	1140	2.5
高场	135378	13.4	5260	9.1	3450	7.5	2930	11.7	2430	22.5	4190	9.3
富顺	19613	2.0	1170	2.0	372	0.8	210	0.8	1140	10.6	856	1.9
向一寸区间	81845	8.1	4530	7.8	3030	6.6	1270	5.1	1040	9.6	3200	7.1
北碚	156142	15.5	13400	23.1	3720	8.2	2920	11.7	3390	31.4	9230	20.5
武隆	83053	8.3	3040	5.3	2040	4.5	570	2.3	302	2.8	2100	4.7
三峡区间	55889	5.6	4520	7.8	3550	7.8	2330	9.3	1700	15.7	3800	8.4
合计	1005501	100.0	57890	100.0	45652	100.0	24977	100.0	10807	100.0	45116	100.0

2.1.4　各流域泥沙来源分析

2.1.4.1　金沙江流域

金沙江多年平均径流量主要来自攀枝花上游及雅砻江，占比81.4%，输沙量主要来源于攀枝花至向家坝区间，占比 62.8%。1998 年前后径流量地区分布变化不大，输沙量地区组成变化较大，1998 年前攀枝花至向家坝区间输沙量占流域输沙量的 59.7%，1999—2012 年占流域输沙量的 60.2%，2013—2018 年占流域输沙量的 92.7%，这种变化主要是受雅砻江二滩水电站及金沙江中游梯级水电站的建设运行及拦沙影响所致。

2.1.4.2　岷江和沱江流域

岷江径流量和输沙量均主要来自大渡河，径流量的占比与流域面积占比基本一致。1960—2003 年，岷江上游、大渡河、青衣江平均径流量占比分别为 25.6%、56.1% 和 18.3%，平均输沙量占比分别为 44.7%、35.7% 和 19.6%；2004—2018 年平均径流量占比分别为 24.4%、56.9% 和 17.1%，平均输沙量占比分别为 29.1%、48.4% 和 27.8%。青衣江处于雅安暴雨区，径流模数和输沙模数均较岷江干流和大渡河为大。

沱江输沙量集中，泥沙主要来自龙门山所在的源头地区，输沙模数从上游向下游减小。登瀛岩站多年平均径流量占富顺站的 77.4%，输沙量占 85.6%。1956—1990 年、1991—2004 年和 2005—2018 年，登瀛岩站输沙量分别占富顺站的 76.7%、77.8% 和 111.0%，不同时段输沙量减小，但占比增大，主要受中下游河道淤积和采砂的影响。

2.1.4.3　嘉陵江流域

嘉陵江径流量占比与面积占比较为一致，径流分布较均匀，且年际变化不大。嘉陵江泥沙来源集中，且地区组成年际变化大，输沙量主要来自亭子口以上，占比 49.9%，西汉水为少水多沙区，是嘉陵江流域的重点产沙区。2003 年后嘉陵江不同水沙来源区输沙量大幅度减小，但干流输沙量减小的幅度更大。1956—1990 年、1990—2002 年、2003—2018 年嘉陵江干流输沙量分别占北碚站的 49.4%、42.0% 和 32.9%（三江汇流区输沙量占比变化尤为明显，1990 年前占比 19.5%，1991—2002 年占比 2.4%，2003—2018 年占比 −2.2%），罗渡溪和小河坝输沙量虽然也减小，但其占比大幅度增加，2003—2018 年占北碚站输沙量百分比分别为 38.9% 和 30.5%。

2.1.4.4　乌江流域

乌江径流量分布较均匀，多年平均径流量主要来自江界河以下，占比 55.0%，输沙量主要来自思南下游，占比 58.5%。三岔河、六冲河产沙强度大，但源区面积小，径流量和输沙量比例小；乌江下游面积大，径流量和输沙量比例大，产沙强度也较大。2004 年后，流域输沙量受水库拦沙影响大，乌江渡上游地区泥沙占比大幅度减小，其输沙量占武隆站输沙量的 40.4%，中下游占比则有所增加，其输沙量占武隆站输沙量的 59.5%。

2.2　三峡水库入库泥沙变化的影响因素分析

2.2.1　主要影响因素

2.2.1.1　降水

（1）长江上游降水变化特征。

长江上游属于典型的季风气候，主要受西南季风控制，同时也受东南季风影响，水汽较为充沛，受地形影响大，降水集中，空间分布极为不均。年降水量从南向北随纬度的增加而减小，而年降水量在东西方向的变化则是由两侧向腹部减少，而且东侧往往大于西侧，呈明显的西低东高变化趋势，如图 2.2.1 所示。

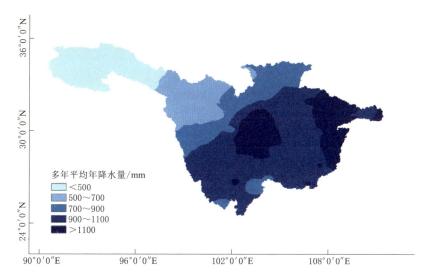

图 2.2.1　长江上游多年平均降水量空间分布

长江上游面雨量统计区域包括金沙江、岷沱江、嘉陵江、乌江及干流宜宾至宜昌区间，长江上游及寸滩以上区域面雨量以金沙江、岷沱江、嘉陵江、乌江及干流宜宾至宜昌面雨量面积加权求得。长江上游不同区域不同时段年均降水量见表 2.2.1，由表可见，长江上游金沙江降水量最小，长江干流宜宾至宜昌区间和乌江流域最大。不同区域降水量的年际变化趋势也有一定的差异，金沙江、寸滩上游总体上略减小，宜宾至宜昌区间有减小的趋势，岷沱江流域则变化很小，2013 年后降水量略有增大。

表 2.2.1　　　　　　　　　　　　长江上游不同区域不同时段年均降水量

时　段	年均降水量/mm						
	金沙江	岷沱江	嘉陵江	宜宾—宜昌	乌江	寸滩上游	长江上游
1954—1990 年	711.5	1092.0	959.7	1152.6	1151.4	868.7	899.0
1991—2002 年	734.1	1035.0	844.7	1116.8	1164.1	845.7	879.1
2003—2012 年	691.0	1016.1	932.3	1068.8	1048.0	830.6	854.2
1991—2005 年	730.0	1040.8	866.9	1115.8	1144.0	848.5	879.8
2006—2012 年	681.4	995.6	922.2	1050.4	1041.4	818.1	842.1
2013—2018 年	686.0	1037.7	914.9	1137.4	1102.4	835.2	864.4
1954—2002 年	717.0	1078.8	931.4	1144.5	1154.5	862.1	894.2
2003—2018 年	689.1	1024.2	925.8	1094.5	1068.7	832.3	858.0
1954—2018 年	710.1	1065.4	930.1	1132.2	1132.4	855.5	885.3

（2）降水-径流关系。

降水对流域来水来沙有重要的影响。不同时间尺度的降水-径流关系较为复杂，长江

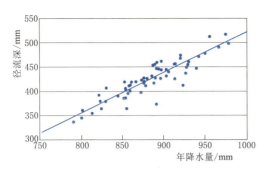

图 2.2.2　长江上游年降水量-径流深关系

上游年降水量-径流（以径流深表示）关系如图 2.2.2 所示，由图可见，长江上游年降水量-径流深相关关系较好，复相关系数在 0.8 以上。

（3）降水量-输沙量关系。

长江上游不同时段年降水量-年输沙量相关关系如图 2.2.3 所示，由图可见，受人类活动的影响，不同时段关系差异较大。在 1954—2018 年的不同时段，相同降水量条件下，长江上游输沙量减小，特别是 2013 年后输沙量大幅度减小。1954—1990 年和 1991—2002 年两个时段输沙量与降水量的相关性较好。2013 年后，受水库蓄水的影响，输沙量的大小几乎与降水量无关。

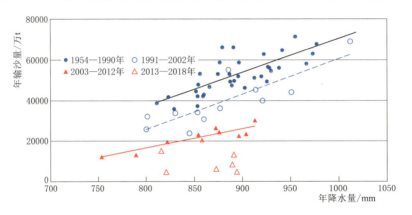

图 2.2.3　长江上游年降水量-年输沙量相关关系

（4）暴雨洪水影响。

1）典型暴雨洪水对汶川地震影响区域输沙特性的影响。2008 年 "5·12" 汶川地震震中位于汶川县映秀镇西南方，主要区域位于岷江、嘉陵江、沱江上中游，本书选取沱江和涪江作为对象，研究典型暴雨洪水条件下地震影响区的输沙特性。

a. 沱江。沱江登瀛岩和富顺水文站有较为完整的泥沙观测资料，可据此分析汶川地震对沱江流域侵蚀产沙的影响。其中，登瀛岩水文站位于沱江中游，沱江水沙经过沱江上游冲积平原区河道调节，出龙泉山后到达登瀛岩水文站。从给出的水沙关系（图 2.2.4）来看，2008 年前后，登瀛岩站水沙关系在不同时段并无明显差异。由于 2008 年后沱江流域水土保持减沙量和水库拦沙量较 2008 年之前增加，输沙量理应减小，而实际并未减小，说明地震对登瀛岩站输沙量有较大的影响。此外，由图 2.2.4 还可以看出，径流量较小的年份，同径流量条件下，登瀛岩站 2008 年之后较之前输沙量小，可以解释为水土保持、水库拦沙的影响；径流量很大的年份，同径流量条件下，登瀛岩站 2008 年之后较之前输沙量大，应为前期因地震而堆积于山坡、河道、库区的泥沙在大洪水作用下发生坡面强烈侵蚀和河道冲刷，流域来沙量大增所致。

富顺站水沙关系与登瀛岩站较为相似，但其受汶川地震影响程度较登瀛岩站略小，如图 2.2.5 所示。

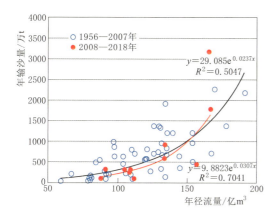

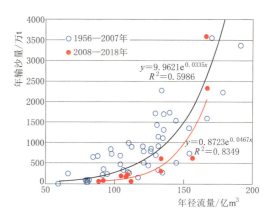

图 2.2.4　登瀛岩站水沙相关关系　　　　　图 2.2.5　富顺站水沙相关关系

以上分析表明，汶川地震后，沱江流域多年平均产沙量增加，但由于水库的拦沙作用，出口断面输沙量略有减小。在枯水年和大洪水年，由于水流挟沙能力不同，河道泥沙输移特征完全不同。在小水年份，流域侵蚀产沙量较小，沱江泥沙沿程淤积于河道或低坝水库内，向下游方向输沙量减小，汶川地震对沱江输沙量影响较小；大水年份，地震期间产生的大量松散堆积体被重新侵蚀，在大洪水期间输移至下游，伴随着河床和河岸的冲刷，低坝水库库区淤积的泥沙也发生部分冲刷，向下游方向输沙量沿程增大，大量泥沙进入长江干流，最后进入三峡库区，汶川地震对沱江输沙量影响较大。

从输沙量的年内分配来看，沱江输沙量主要集中在年内大洪水期间的几天时间内。如登瀛岩站 2017 年 8 月 17 日至 9 月 2 日的输沙量为 95.2 万 t，占年输沙量的 82.8%，2018 年 7 月 11—13 日 3d 的输沙量为 1162 万 t，占年输沙量的 65.7%。富顺站 2013 年 7 月 10—15 日 6d 的输沙量为 2711 万 t，占年输沙量的 75.4%，2018 年 7 月 11—14 日 4d 的输沙量为 1379 万 t，占年输沙量的 59.2%。2013 年及 2018 年，登瀛岩站和富顺站的洪峰过程几乎完全对应（图 2.2.6 和图 2.2.7），虽然富顺站的径流量和输沙量更大，但水沙均主要来自登瀛岩站以上区域。

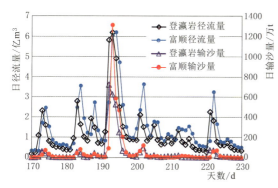

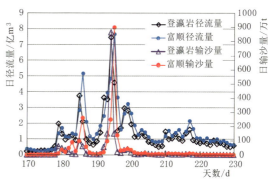

图 2.2.6　沱江 2013 年洪水水沙过程　　　　图 2.2.7　沱江 2018 年洪水水沙过程

b. 涪江。涪江流域涪江桥、射洪和小河坝水文站均有较为完整的水沙观测资料，可以进行地震前后水沙关系的对比分析。

涪江桥站 2008 年前后水沙关系点据（图 2.2.8）分层较为明显，2008 年后的点据和拟合线在 2008 年之前点据和拟合线的上方，地震后同径流量条件下产沙量增大。涪江桥站 1963—2007 年年均径流量为 81.99 亿 m^3，年均输沙量为 1099 万 t，2008—2018 年年均径流量为 89.54 亿 m^3，年均输沙量为 2006 万 t。2008 年后涪江桥站径流量略有增加，输沙量大幅度增加，但 2008 年后流域内水土保持减沙量和水库拦沙量较 2008 年之前增加，输沙量理应减小，而实测资料分析结果却为增大，说明地震使涪江桥站输沙量增大。从图 2.2.8 还可以看出，无论径流量较大的年份还是较小的年份，同径流量条件下，涪江桥站 2008 年之后均较之前输沙量增大，且大水年份输沙量增加的幅度更大，说明受地震的影响明显。

射洪站 2008 年后小水年份的点据和之前混杂，大水年份的点据明显在之前点据之上（图 2.2.9），表明地震后同径流量条件下产沙量增大。射洪站 1961—2007 年年均径流量为 126.6 亿 m^3，年均输沙量为 1438 万 t，2008—2018 年年均径流量为 130.4 亿 m^3，年均输沙量为 2299 万 t。2008 年后射洪站径流量较 2008 年之前略有增加，输沙量大幅度增加，且 2008 年后流域内水土保持减沙量和水库拦沙量较 2008 年之前增加，表明地震对射洪站输沙量有较大的影响。

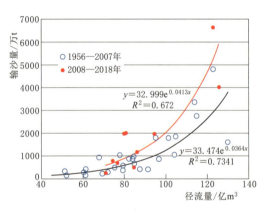

图 2.2.8　涪江桥站水沙相关关系

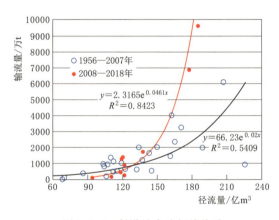

图 2.2.9　射洪站水沙相关关系

小河坝站为涪江出口控制站，2008 年前后水沙关系点据分层不明显（图 2.2.10），与涪江桥和射洪站的水沙关系有一定差异。2008 年之后小水年份的点据在 2008 年之前的点据之下，输沙量略减小；大水年份的点据在之前的点据之上，输沙量略有增大。可见，由于区间水库拦沙的影响，地震影响程度沿程减小，对小河坝站输沙量的影响不及涪江桥站和射洪站明显。

在上述分析的基础上，点绘了武胜站 2008 年前后的水沙关系（图 2.2.11）。由图可见，2008 年以后的点据与 2008 年之前的点据存在明显的差异，输沙量明显减小，与小河坝站的关系差异明显，说明武胜站输沙量受地震影响较小，主要受水土保持和水库拦沙影响，2008 年后输沙量明显减小。

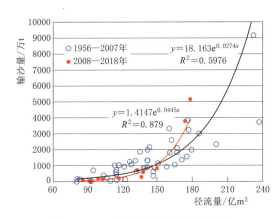

图 2.2.10 小河坝站水沙相关关系

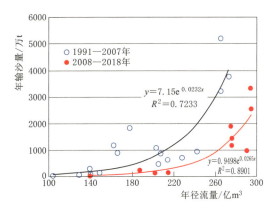

图 2.2.11 武胜站水沙相关关系

综上所述，汶川地震对涪江桥站和射洪输沙量的影响最大，对河口的小河坝站及嘉陵江武胜站的影响较小。涪江桥站 2008 年之后较之前年均输沙量增加 908 万 t，射洪站增加 861 万 t，而小河坝站则减小 333 万 t。可见汶川地震对涪江流域产沙量增加的影响主要在中上游地区，下游地区由于水库的拦沙作用，对输沙量变化的影响已经不大。汶川地震对涪江输沙量的影响主要表现在水库拦沙量增加，减少水库运用年限，对三峡水库入库沙量的影响相对较小。此外，汶川地震影响区对三峡水库入库泥沙的影响主要表现在大洪水期间。

2）暴雨洪水对三峡入库泥沙的影响。为了进一步分析长江上游暴雨洪水输沙特性，统计了 1980 年以来共 341 场次洪水（寸滩站流量大于 30000m³/s）的输沙特性，平均每年统计的洪水天数为 25d，其中：1980—2002 年 101 场，年均 4.4 场，年均统计天数为 29d；2003—2008 年 21 场，年均 3.5 场，年均统计天数为 22d；2009—2019 年 30 场，年均 2.7 场，年均统计天数为 20d，见表 2.2.2。由表 2.2.2 可见，2002 年以后，特别是 2008 年以来，年均洪水场次有所减少，洪量相对全年径流量的比值有所减小，然而洪水期输沙量占比明显增大。2009—2019 年，洪水期间输沙量占全年的比重高达 61%，而径流比仅为 19%，长江上游场次洪水的输沙对三峡入库泥沙的影响更为突出。2018 年，洪水输沙量占全年的比例尤其高，7—9 月输沙量占全年的比例为 92%，洪水期间 30d 输沙量占全年的 84%。

表 2.2.2　　　　　长江上游寸滩站汛期及场次洪水径流量与输沙量占全年比例

时段	7—9 月		场 次 洪 水				全 年		占 比/%			
	径流量①/亿 m³	输沙量②/万 t	径流量③/亿 m³	输沙量④/万 t	天数/d	次数/次	径流量⑤/亿 m³	输沙量⑥/万 t	①/⑤	②/⑥	③/⑤	④/⑥
1980—2002 年	1816	31690	856	18753	29	4.4	3421	40200	53	79	25	47
2003—2008 年	1635	15530	743	8557	22	3.5	3265	19700	50	79	23	43
2009—2019 年	1668	8940	636	6511	20	2.7	3345	10600	50	84	19	61
2013 年	1708	10889	528	8384	18	3.0	3137	12100	54	90	17	69
2018 年	2015	12220	1033	11228	30	5.0	3873	13300	52	92	27	84

为了进一步分析暴雨洪水对三峡入库输沙的影响，选取 2018 年 7 月和 2020 年 8 月作为典型，期间长江上游重点产沙区域内均发生了较强的降水过程。

a. 2018 年 7 月暴雨。2018 年 7 月，长江上游径流量主要来源于屏山以下的岷江和嘉陵江流域，输沙量主要来源于涪江、嘉陵江上游和沱江，其月输沙量分别为 4240 万 t、2517 万 t 和 2172 万 t，占同期三峡入库沙量的 39％、23％和 20％，泥沙主要集中在 7 月11—17 日的大洪水过程，地震影响区水文控制站武胜、北碚、小河坝、罗渡溪及富顺站日均含沙量过程如图 2.2.12 所示。长江上游朱沱站月输沙量为 3857 万 t，主要来自岷江和沱江，其中，岷江高场站来沙量为 1658 万 t，沱江富顺站来沙量为 2178 万 t；寸滩站输沙量为 10071 万 t（2018 年全年为 13300 万 t），主要来自嘉陵江，北碚站输沙量为 6884万 t，其中，小河坝站为 4205 万 t，武胜站为 2504 万 t。

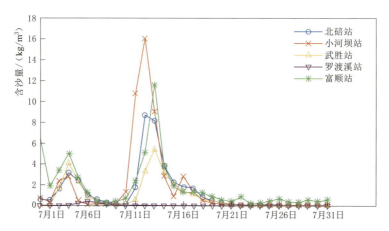

图 2.2.12　2018 年 7 月嘉陵江流域干、支流及沱江日均含沙量过程

7 月 11—17 日，三峡水库入库沙量达到了 7440 万 t，占全年沙量的 52％，泥沙主要来自嘉陵江和沱江，其沙量分别为 5540 万 t、1490 万 t，分别占全年沙量的 77％、64％。其中，小河坝站、武胜站输沙量分别为 3940 万 t、1800 万 t，分别占全年沙量的 76％、71％。2018 年三峡水库入库（寸滩站＋武隆站＋三峡区间）沙量为 15056 万 t，远较溪洛渡、向家坝蓄水后 2013—2017 年的入库沙量（平均值为 6240 万 t）大。其主要原因是 7月降雨带主要沿龙门山断裂带呈带状分布，与汶川地震影响区高度重合，诱发大量滑坡和泥石流，沱江、涪江、白龙江等河流来沙量大幅度增加，且沱江、涪江、白龙江的低水头水电工程淤积严重，拦沙能力较小，嘉陵江部分大中型水库前期淤积严重，拦沙能力减弱，且大洪水期间河道及库区以冲刷为主，前期淤积于河道及库区的泥沙被冲起并随洪水下泄，导致三峡水库入库泥沙大幅度增加。

b. 2020 年 8 月暴雨。8 月 11—13 日和 8 月 14—18 日，长江上游嘉陵江、岷江、沱江等流域接连发生两次强降雨过程，降雨集中、强度大、范围广，寸滩站以上区域累计面雨量 96mm，大于"81·7"洪水的 78mm，且强降雨带基本位于长江上游主要产沙区，如图 2.2.13 所示。

受持续强降雨影响，8 月中下旬，岷江、沱江、涪江、嘉陵江的上游发生了大或特大

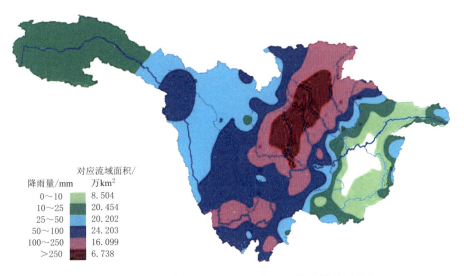

图 2.2.13　2020 年 8 月 11—18 日长江上游流域降雨分布

洪水，先后出现较大沙峰过程，其中岷江高场站、沱江富顺站、涪江小河坝站、嘉陵江北碚站沙峰含沙量分别为 7.54kg/m³、8.51kg/m³、22.7kg/m³、9.69kg/m³；寸滩站含沙量达 4.77kg/m³，如图 2.2.14 所示。

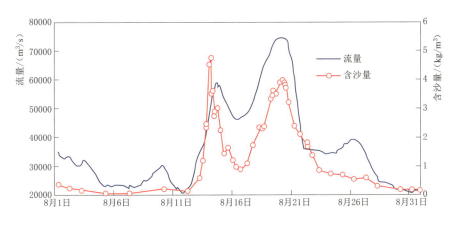

图 2.2.14　2020 年 8 月长江上游寸滩站流量和含沙量过程

寸滩站输沙量 8 月 12—16 日为 3260 万 t，8 月 17—25 日为 8630 万 t，两次洪水期间寸滩站总输沙量达 11890 万 t，大于 2018 年 7 月 11—17 日的入库沙量（7440 万 t），远大于 2014—2017 年、2019 年全年入库沙量（3200 万～6850 万 t）。

从 2018 年、2020 年的场次洪水输沙的来源情况来看：2018 年 7 月三峡水库入库泥沙为 10860 万 t，主要来源于涪江、嘉陵江上游和沱江，其输沙量分别为 4240 万 t、2517 万 t 和 2172 万 t，占同期三峡水库入库沙量的 39%、23% 和 20%；2020 年 8 月三峡水库入库泥沙为 14120 万 t，主要来源于涪江和岷江，分别占三峡水库入库沙量的 49% 和 36%，其次为沱江和嘉陵江上游，分别占三峡水库入库沙量的 14% 和 11%。

（5）降水对三峡水库入库泥沙变化的影响分析。

长江上游受降水、水库拦沙和水土保持建设等的影响，不同时段降水和输沙量的关系有较大的差异，不同时段降水对输沙量的影响也有较大的差异。考虑到水土保持治理统计时段问题，为保持数据的一致性，降水变化、水库拦沙、水土保持对输沙量影响分析的统计时段均为 1954—1990 年、1991—2005 年、2006—2012 年和 2013—2018 年。

长江上游流域各水文站及各区间降水量-输沙量关系较为复杂，不同时段的相关关系差别较大，受降雨、地质、植被及人类活动等因素的影响较大。因降水量减小幅度不同，不同区域降水变化对输沙量变化的贡献率也有差异。

为了分析降水对输沙量变化的影响，采用图 2.2.3 所示的 1954—1990 年年均降水量-输沙量关系式，相当于在 1954—1990 年下垫面条件下，估算 1991—2005 年、2006—2012 年和 2013—2018 年的可能输沙量。结果表明：长江上游（寸滩站＋武隆站＋三峡区间）1991—2005 年较 1954—1990 年年均降水量减小 2.1%，导致输沙量减小 3200 万 t；2006—2012 年较 1954—1990 年年均降水量减少 6.3%，导致输沙量减少 9500 万 t；2013—2018 年较 1954—1990 年年均降水量减少 3.9%，导致输沙量减少 5800 万 t，见表 2.2.3。

表 2.2.3　　　　　长江上游年均降水量引起的输沙量变化贡献率估算

时　段	年均降水量/mm	较 1954—1990 年年均降水量减少/%	实测径流量/亿 m³	实测输沙量/万 t	估算输沙量/万 t	降水引起的输沙量变化/万 t
1991—2005 年	879.8	2.1	4291	36400	50300	−3200
2006—2012 年	842.1	6.3	3888	20100	44000	−9500
2013—2018 年	864.4	3.9	4286	8890	47700	−5800

2.2.1.2　水土保持

（1）长江上游水土保持治理情况。

长江上游典型水土保持区域主要有金沙江下游区、嘉陵江流域上游、三峡库区和乌江上游地区四大片区。水土保持工程指植被、改土和拦沙等的一系列水土流失防治工程，包括长江上游水土保持重点防治工程（简称"长治"工程）、天然林资源保护工程和国债资金水土保持项目等，其中重点是"长治"工程。2005 年前的水土保持资料主要来源于长江水利委员会水土保持局及地方水土保持局整理的资料，2006 年后的资料来源于长江流域水土保持公报。

1）"长治"工程。1988 年，国务院批准将长江上游列为全国水土保持重点防治区，在长江上游水土流失最严重的金沙江下游及毕节市、嘉陵江中下游、陇南及陕南地区、三峡库区四大片首批开展重点防治。1989 年，长江上游水土流失重点防治区首批一期小流域综合防治工程（简称"长治"一期工程）正式启动，在金沙江下游及毕节市、嘉陵江上游的陇南和陕南地区、嘉陵江中下游、三峡库区等四大片首批实施重点防治，总面积 35.10 万 km²，其中水土流失面积 18.92 万 km²。

"长治"工程实施以来，防治范围不断扩大，治理进度逐步加快，截止到 2005 年，

"长治"工程已完成长江上游地区水土流失治理面积 6 万多 km^2，人工造林 600 多万 hm^2，长江流域水土流失最严重的四大片已治理完成 1/3，植被覆盖度明显提高，生态环境得到有效改善，水土流失减轻，拦沙蓄水能力有所提高，从整体上扭转了长江流域水土流失加剧和生态环境恶化的趋势。

2）"天保"工程。1998 年 6 月，朱镕基总理批示，要求四川抓紧实施天然林资源保护工程，早试点，提供经验；同年，国家林业局批复同意四川天然林保护工程方案。1998 年特大洪灾后，国家开始实施长江上游天然林资源保护工程（简称"天保"工程）和退耕还林还草工程，即对坡度在 25° 以上的坡耕地全部要求退耕还林。从 1998 年 9 月 1 日起，四川省甘孜藏族自治州、阿坝藏族羌族自治州、凉山彝族自治州三州，攀枝花、乐山、雅安三市，停止天然林商品性采伐。

3）2006—2015 年实施的水土保持项目。2006—2015 年，长江流域累计治理水土流失面积 14.73 万 km^2，其中国家水土保持重点工程合计治理水土流失面积 $59666km^2$，包括丹江口库区及上游水土保持重点工程 $20762km^2$、云贵鄂渝水土保持世界银行贷款/欧盟赠款项目 $2225km^2$、国家农业综合开发水土保持项目 $10338km^2$、坡耕地水土流失综合治理工程 $1042km^2$、国家水土保持重点建设工程 $8784km^2$、中央预算内投资水土保持项目 $16515km^2$。

图 2.2.15 给出的长江上游 2000—2015 年生长季年均归一化植被指数 NDVI 值变化过程，分析结果表明，16 年间整个流域的 NDVI 值呈上升趋势，植被覆盖面积总体来说是在增加的。说明通过自然恢复和人为修复，长江上游流域的生态有所改善，遏制住了环境恶化的趋势，特别是嘉陵江、乌江、渠江和雅砻江河口以下长江干流流域，植被覆盖程度改善面积远大于恶化面积。

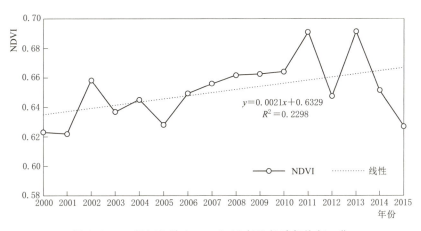

图 2.2.15　长江上游 2000—2015 年生长季年均归一化
植被指数 NDVI 值变化过程

（2）典型区域"长治"工程减沙作用调查。

1）金沙江流域。为便于与水沙资料相对应，便于分析水土保持工程对输沙量的影响，在进行资料分析时也将"长治"工程治理区分为攀枝花至华弹、华弹至屏山和横江流域三个区间。据不完全统计，攀枝花至华弹区间自实施治理以来累计治理总面积 $5575km^2$，占该区间流域总面积的 14.8%；华弹至屏山区间累计治理总面积 $4882km^2$，占该区间流域

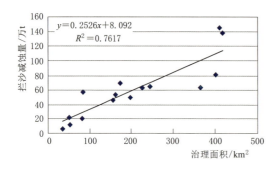

图 2.2.16 攀枝花—华弹区间拦沙减蚀量与流域治理面积的关系

总面积的 14.2%；横江流域累计治理总面积 3058km²，占该区间流域总面积的 10.5%。

从攀枝花至华弹区间的情况来看，拦沙减蚀量与流域治理面积之间存在着较好的关系，如图 2.2.16 所示，其关系表示为

$$y=0.2526x+8.092, R^2=0.7617 \tag{2.2.1}$$

结合水土保持部门估算的拦沙量来看，有如下的结果：

攀枝花至华弹区间二期"长治"工程年均拦沙减蚀量为 91 万 t，三期为 800 万 t，一期、四期拦沙减蚀量参照二期、三期的量，按式（2.2.1）计算，则一期每年拦沙减蚀量为 345 万 t，四期为 54 万 t，五期为 304 万 t，一～三期完成后为 1240 万 t，五期完成后每年的拦沙减蚀量约 1590 万 t。

华弹至屏山/向家坝区间，"长治"工程第二期拦沙减蚀量为 198 万 t，三期为 672 万 t。照此比例计算，一期每年拦沙减蚀量为 519 万 t，五期为 161 万 t，一～三期完成后约为 1390 万 t，五期完成后每年的拦沙减蚀量约为 1550 万 t。

横江流域"长治"工程第二期拦沙减蚀量为 118 万 t，第三期为 427 万 t。照此计算，一期每年拦沙减蚀量为 362 万 t，五期为 168 万 t，一～三期完成后为 907 万 t，五期完成后每年的拦沙减蚀量约 1080 万 t。

2）嘉陵江流域。嘉陵江流域是长江各大支流中水土流失比较严重的地区，从 1989 年起，嘉陵江中下游和陇南陕南地区被列为长江上游水土保持重点防治区之一。截至 1996 年底，流域内实施各种水保措施累计治理水土流失面积 21361.5km²，治理程度为 25.8%。根据全国 1999—2000 年进行的第二次遥感调查资料，嘉陵江流域水土流失面积为 79445km²，占流域总面积的 49.65%，年土壤侵蚀量为 2.03 亿 t，平均侵蚀模数为 3813t/(km²·a)。与 1988 年遥感普查资料相比，流域年侵蚀量减小 6300 万 t，减幅 23.7%，水土流失面积也减小了 4.09%[1]。

根据长江水利委员会水土保持局资料统计，1989—2003 年嘉陵江流域各县区实施水土保持治理的面积为 326.74 万 hm²，其中水土保持林草措施为 230.66 万 hm²（其中的水土保持林和封禁措施实施面积占比分别为 36% 和 39%）。三大类型措施的实施基本上形成了从侵蚀策源地的就地减蚀治理到沟坡就近拦蓄的防治体系。

根据水保法对嘉陵江流域水土保持措施减蚀作用的研究成果，1989—2003 年嘉陵江流域"长治"工程累计治理面积为 32674km²，占水土流失面积 92975km² 的 35.1%，各项水土保持措施共就地拦沙减蚀量 6.503 亿 t，年均减蚀量为 4340 万。按泥沙输移比 0.383 进行初步估算[2]，1991—2003 年流域水土保持对北碚站的年均减沙量约为 1662 万 t，占北碚站总减沙量的 15.7%。

3）三峡库区。三峡库区水土流失面积为 36400km²，占该区域总面积的 68%，地表侵蚀物质量为 1.558 亿 t，平均侵蚀模数为 2918t/(km²·a)[3]。三峡库区也是"长治"工

程的重点治理区域，从第一期开始直到第七期都进行了重点治理。另外，库区还大规模实施了封禁治理和天然林资源保护工程。据统计，1989—1996 年三峡库区共完成治理土壤侵蚀面积 9129.84km²，治理程度达到 25.1%。1989—2004 年三峡库区水土流失重点防治工作累计治理水土流失 1.77 万 km²，其中兴建基本农田 208 万亩❶，营造经济果林 288 万亩。

在水土保持治理前（1950—1988 年），三峡库区泥沙输移比为 0.32[2]。1989—1996 年各项措施综合治理总减蚀量为 1.237 亿 t，年均减蚀量为 1546 万 t；1996 水平年减蚀量为 3137 万 t[2,4]；1996 年后库区新增水土保持面积为 8570km²，按 1989—1996 年的拦沙减蚀率计，年均新增减蚀量为 1451 万 t，则 1997—2007 年年均减蚀量为 4588 万 t。以 1991—2007 年年均来看，减蚀量为 3915 万 t，泥沙输移比取 0.32，则 1991—2007 年三峡库区"长治"工程平均减沙量为 1253 万 t。

（3）水土保持减沙对三峡入库泥沙的影响。

2006—2018 年无分流域水土保持治理效益评估资料，根据水土保持公报数据，将分省治理面积粗略地分摊至各流域，见表 2.2.4。该表中的治理面积再加上 1989—2005 年的治理总面积，即为 1989 年以来的累计治理面积。根据 1991—2005 年治理面积与减沙量的比例，通过累计治理面积可以计算出 2006—2012 年和 2013—2018 年的水土保持减沙量，减沙量再乘以减沙作用系数 0.85[5]，即为水土保持减沙对三峡入库泥沙的影响，结果见表 2.2.5。

表 2.2.4　　　　　2006—2018 年长江上游水土保持治理累计面积

年份	累计面积/km²						
	金沙江	屏山上游	横江	岷沱江	嘉陵江	乌江	三峡区间
2006	1850.0	1572.5	277.5	1007.9	1545.5	1430.5	1401.5
2007	3700.0	3145.0	555.0	2015.8	3090.9	2860.9	2803.0
2008	5550.0	4717.5	832.5	3023.6	4636.4	4291.4	4204.6
2009	7400.0	6290.0	1110.0	4031.5	6181.8	5721.8	5606.1
2010	9250.1	7862.6	1387.5	5039.4	7727.3	7152.3	7007.6
2011	11100.1	9435.1	1665.0	6047.3	9272.8	8582.7	8409.1
2012	12950.1	11007.6	1942.5	7055.2	10818.2	10013.2	9810.6
2013	14800.1	12580.1	2220.0	8063.0	12363.7	11443.6	11212.2
2014	16650.1	14152.6	2497.5	9070.9	13909.1	12874.1	12613.7
2015	18500.1	15725.1	2775.0	10078.8	15454.6	14304.5	14015.2
2016	18500.1	15725.1	2775.0	10078.8	15454.6	14304.5	14015.2
2017	18500.1	15725.1	2775.0	10078.8	15454.6	14304.5	14015.2
2018	24936.8	21196.3	3740.5	12031.6	19115.4	16475.1	15478.6

❶　1 亩≈0.0667hm²。

表 2.2.5　　　　　　　　　　　　长江上游水土保持减沙量

区域	时段	年降水量 /mm	实测径流量 /亿 m³	实测输沙量 /万 t	累计治理面积 /km²	水土保持减沙量/万 t	
						估算值	系数调整值
金沙江 (屏山)	1954—1990 年	711.5	1430.3	24500			
	1991—2005 年	730.0	1521.0	25800	10457.0	1460	1390
	2006—2012 年	681.4	1308.0	13200	21460.0	3000	2550
	2013—2018 年	686.0	1372.0	169	31650.0	4420	3760
岷沱江	1954—1990 年	1093.0	1007.9	6380			
	1991—2005 年	1040.8	930.0	4010	2585.0	250	213
	2006—2012 年	995.6	862.3	2450	9640.2	932	792
	2013—2018 年	1037.7	944.5	2650	14616.6	1410	1200
嘉陵江	1954—1990 年	959.7	703.7	14600			
	1991—2005 年	866.9	557.1	3580	32674.0	2400	2040
	2006—2012 年	922.2	656.4	2870	43492.2	3190	2710
	2013—2018 年	914.9	597.5	2670	51789.4	3800	3230
乌江	1954—1990 年	1151.4	492.3	3010			
	1991—2005 年	1144.0	514.9	1830	4900.7	270	230
	2006—2012 年	1041.4	411.4	392	14913.9	822	698
	2013—2018 年	1103.4	467.8	262	21375.8	1180	1000
寸滩	1954—1990 年	868.7	3506.9	46000			
	1991—2005 年	848.5	3375.0	31300	47559.0	4280	3640
	2006—2012 年	818.1	3175.0	17400	78382.0	7050	6000
	2013—2018 年	835.2	3336.0	6930	103643.0	9330	7930
三峡入库	1954—1990 年	899.0	4348.2	52900			
	1991—2005 年	879.8	4291.0	36400	68731.2	5800	4930
	2006—2012 年	842.1	3888.0	20100	119378.4	10100	8560
	2013—2018 年	864.4	4286.0	8890	140080.8	11800	10000

由表 2.2.5 可见，长江上游 1991—2005 年水土保持治理面积和减沙量为金沙江（屏山以上＋横江）、岷沱江、嘉陵江、乌江及三峡库区之和，分别为 68731.2km² 和 5800 万 t，考虑减沙系数调整后为 4930 万 t。2006—2012 年、2013—2018 年长江上游累计水土保持治理面积分别为 119378.4km² 和 140080.8km²。根据 1991—2005 年治理面积与减沙量的比例，考虑减沙系数后，2006—2012 年、2013—2018 年长江上游水土保持减沙量分别为 8560 万 t 和 10000 万 t。

2.2.1.3　水库拦沙

1950—2018 年长江上游地区共修建水库 14592 座（不含三峡水库、葛洲坝水库及 1949 年前修建的水库），总库容约为 1209.4 亿 m³，见表 2.2.6。其中：大型水库 96 座，总库容约 987.0 亿 m³，约占总库容的 81.6%；中型水库 475 座，总库容约 132.6

亿 m³，约占总库容的 11.0%；小型水库 14021 座，总库容约 89.7 亿 m³，约占总库容的 7.4%。

表 2.2.6　　　　　　　　长江上游地区已建水库群分类统计

区　域	大型水库		中型水库		小型水库		合　计	
	数量/座	总库容/亿 m³	数量/座	总库容/亿 m³	数量/座	总库容/亿 m³	数量/座	总库容/亿 m³
金沙江（不含雅砻江）	14	270.370	99	20.423	2233	14.531	2346	305.324
雅砻江	7	157.780	9	4.385	175	1.427	191	162.593
岷江	19	75.932	41	9.744	801	6.972	861	92.648
沱江	2	2.783	37	9.701	1508	12.199	1547	25.683
乌江	24	168.758	125	41.482	4984	24.416	5133	234.656
嘉陵江	21	239.325	77	24.323	1322	11.628	1420	275.277
宜宾至三峡大坝（不含三峡及葛洲坝）	9	71.069	87	22.568	2998	18.558	3094	112.196
总计	96	987.018	475	132.627	14021	89.731	14592	1209.376

长江上游水库累计库容变化过程如图 2.2.17 所示。1950—1979 年，长江上游水库群的建设以中小型水库为主，其库容占总库容的 70.3%，大型水库仅占 29.7%；1980 年以来，长江上游水库的建设则以大型水库为主，1980—2018 年大型水库的库容占总建设库容的 90% 以上，尤其是 2013 年以来，大型水库的库容占总建设库容的比例高达 94%。

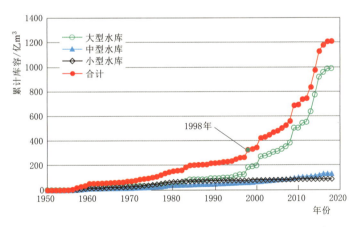

图 2.2.17　长江上游水库累计库容变化过程（不含三峡水库）

（1）上游水库拦沙量分析。

在"七五"期间，长江水利委员会水文测验研究所[4,6] 曾对长江上游各类水库的年淤积率进行了分析，大型水库的年淤积率为 0.023%～4.11%（平均为 0.65%）；中型水库的年淤积率为 0.018%～2.44%（平均为 0.4%）；小型水库的年淤积率平均为 0.9%，其中，小（1）型水库的年淤积率为 0.024%～9.91%，小（2）型水库的年淤积率为 0.093%～5.80%。

根据长江上游 1954—1987 年水库容积和年淤积量［不包括小（2）型水库和塘堰］变化来看，20 世纪 80 年代初水库年淤积量已达 1.0 亿 m^3/a（约 1.1 亿 t/a）。长江上游堰塘、堰群的年拦沙量也占相当大的比重，据不完全统计，岷江、沱江和嘉陵江 1956—1987 年 50.6 万余处塘堰的年拦沙量约为 5975 万 m^3。

对于 1954—1990 年水库的淤积拦沙资料主要沿用已有成果，1991—2005 年新建水库则主要结合水库淤积拦沙典型调查成果；当水库死库容淤满后，认为水库达到淤积平衡，其拦沙作用不计。假设 1991—2005 年新建小型水库的总淤积（拦沙）率与 1950—1990 年一致。大型水库库容占所有水库库容的 86.7%，计算水库拦沙量时，重点考虑大型水库拦沙。

中型、小型水库由于缺乏水文资料，其拦沙主要按拦沙率估算，并适当考虑区域输沙模数，先根据累积库容计算累积淤积量，再计算各时段的平均淤积量。金沙江、嘉陵江、宜宾至三峡大坝区间中型水库淤积率按 0.4% 计，小型水库按 0.9% 计；岷江、沱江中型水库淤积率按 0.3% 计，小型水库按 0.67% 计；乌江中型水库淤积率按 0.34% 计，小型水库按 0.22% 计[2,4,6-7]。

为与降水资料保持一致，水库拦沙统计时段为 1954—1990 年、1991—2005 年、2006—2012 年、2013—2018 年。金沙江、岷沱江、嘉陵江及乌江不同时段水库平均累积库容、平均累积淤积量及 1991—2005 年、2006—2012 年、2013—2018 年较 1954—1990 年增加的淤积量见表 2.2.7～表 2.2.10。由这些表可见，大型水库淤积量所占比重大，金沙江、岷沱江、嘉陵江和乌江大型水库淤积量占流域水库总淤积量的比重分别为 92.0%、76.3%、69.7% 和 65.5%。

（2）水库拦沙对三峡入库泥沙输移的影响。

综合长江上游金沙江、岷沱江、嘉陵江、乌江及向家坝至寸滩干流区间水库不同时段拦沙情况，得到三峡水库上游水库拦沙对三峡入库泥沙的影响，见表 2.2.11。表 2.2.11 中平均淤积量一栏为该时段水库的实际拦沙量，水库拦沙量一栏为该时段水库年均拦沙量较 1954—1990 年年均拦沙量的增加值，拦沙系数调整后的数值即为对三峡入库沙量的影响数值。

水库拦沙淤积后将对下游河道的输沙量在一定范围内产生一定的影响，但各流域水库拦截淤积的沙量并不等于是河流减少的沙量，因为水库拦沙淤积对其下游的影响是一个十分复杂的动态传递过程，在水库拦沙淤积的同时，库下游河道将发生泥沙调整，水库下泄水流含沙量变小，引起坝下游河床冲刷，含沙量也会沿程得到不同程度的恢复，下游河道输沙量相应有所增加，但河床冲刷强度也会沿程减弱，因此上游水库拦沙量的多少，并不意味着下游河道输沙量将减少多少，越往拦沙水库下游受到影响就越小。已有研究表明，水库淤积拦沙对流域出口的减沙作用系数可以表达为

$$C = \frac{S_t - S_a}{S_t} \qquad (2.2.2)$$

式中：S_t 为水库淤积拦沙量；S_a 为水库下游区间河床冲刷调整量。

水库减沙作用系数与其距河口距离的大小成负指数关系递减[5]，一般可取 0.85。

表 2.2.7　金沙江流域不同时段水库淤积量

时　段	平均累积库容/亿 m³				平均淤积量/万 m³				平均淤积量/万 t				较 1954—1990 年增加淤积量/万 t			
	大型	中型	小型	合计	大型	中型	小型	合计	大型	中型	小型	合计	大型	中型	小型	合计
1954—1990 年	2.37	6.99	7.05	16.41	283	280	635	1198	311	308	698	1317				
1991—2005 年	45.24	12.18	12.22	69.64	2770	487	1190	4447	3047	536	1309	4892	2736	228	611	3575
2006—2012 年	88.66	16.15	14.88	119.69	3980	366	704	5050	4378	403	774	5555	4067	95	76	4238
2013—2018 年	355.97	22.67	15.66	394.30	16200	627	775	17602	17820	690	852	19362	17509	382	154	18045

表 2.2.8　岷江、沱江不同时段水库淤积量

时　段	平均累积库容/亿 m³				平均淤积量/万 m³				平均淤积量/万 t				较 1954—1990 年增加淤积量/万 t			
	大型	中型	小型	合计	大型	中型	小型	合计	大型	中型	小型	合计	大型	中型	小型	合计
1954—1990 年	4.03	4.63	9.38	18.04	778	139	628	1545	856	153	691	1700				
1991—2005 年	11.70	12.63	17.80	42.13	1104	379	1193	2676	1214	417	1312	2943	358	264	621	1244
2006—2012 年	36.77	15.78	18.73	71.28	2270	334	627	3231	2497	368	690	3555	1641	215	-1	1855
2013—2018 年	60.57	18.46	19.10	98.13	3436	415	652	4503	3780	456	717	4953	2924	303	26	3253

表 2.2.9　嘉陵江不同时段水库淤积量

时　段	平均累积库容/亿 m³				平均淤积量/万 m³				平均淤积量/万 t				较 1954—1990 年增加淤积量/万 t			
	大型	中型	小型	合计	大型	中型	小型	合计	大型	中型	小型	合计	大型	中型	小型	合计
1954—1990 年	5.76	8.84	11.43	26.03	737	354	1028	2119	811	389	1131	2331				
1991—2005 年	42.22	24.10	22.96	89.28	2300	964	2066	5330	2530	1060	2273	5863	1719	671	1142	3532
2006—2012 年	94.88	32.50	22.97	152.35	3680	1340	2157	7177	4048	1474	2373	7895	3237	1085	1242	5564
2013—2018 年	158.59	39.18	24.28	222.05	5450	1213	1157	7820	5995	1335	1273	8603	5184	946	142	6272

表 2.2.10　乌江不同时段水库淤积量

时　段	平均累积库容/亿 m³				平均淤积量/万 m³				平均淤积量/万 t				较 1954—1990 年增加淤积量/万 t			
	大型	中型	小型	合计	大型	中型	小型	合计	大型	中型	小型	合计	大型	中型	小型	合计
1954—1990 年	12.37	1.94	2.96	17.27	620	66	87	773	682	72	96	850				
1991—2005 年	62.75	7.60	9.05	79.40	1210	259	199	1668	1331	284	219	1834	649	212	123	984
2006—2012 年	180.36	18.29	10.41	209.06	1290	556	142	1988	1419	612	156	2187	737	540	60	1337
2013—2018 年	230.55	22.91	11.30	264.76	1660	713	161	2534	1826	785	178	2789	1144	713	82	1939

三峡水库上游各支流水库大坝距出口地面的距离各不相同，拦沙作用系数也有较大的差异。干流宜宾至寸滩河段距离较长，水库拦沙后，下泄清水导致长江干流及支流出口控制水文站下游段河道冲刷，恢复一部分三峡入库沙量。三峡水库上游地区（不含三峡水库及葛洲坝水库）水库拦沙量为金沙江、岷沱江、嘉陵江、乌江和宜宾至寸滩干流区间之和，见表 2.2.11。可见，长江上游 1991—2005 年较 1954—1990 年增加拦沙量 9230 万 t，2006—2012 年较 1954—1990 年增加 13300 万 t，2013—2018 年较 1954—1990 年增加 29400 万 t。

表 2.2.11　　　　　　　　　　长江上游水库拦沙量引起的输沙量变化估算

区域	时段	年降水量/mm	实测径流量/亿 m³	实测输沙量/万 t	累积平均库容/亿 m³	平均淤积量/万 t	水库拦沙量/万 t	拦沙系数调整后/万 t
金沙江	1954—1990 年	711.5	1430	24500	17.4	1320		
	1991—2005 年	730.0	1521	25800	70.6	4890	−3570	−3570
	2006—2012 年	681.4	1308	13200	119.7	5560	−4240	−4240
	2013—2018 年	686.0	1372	169	394.3	19400	−18000	−18000
岷沱江	1954—1990 年	1093.0	1008	6380	18.0	1700		
	1991—2005 年	1040.8	930	4010	42.1	2940	−1240	−1060
	2006—2012 年	995.6	862	2450	71.3	3550	−1850	−1580
	2013—2018 年	1037.7	945	2650	98.1	4950	−3250	−2770
嘉陵江	1954—1990 年	959.7	704	14600	26.0	1330		
	1991—2005 年	866.9	557	3580	89.3	5860	−4530	−3530
	2006—2012 年	922.2	656	2870	152.3	7900	−6570	−5560
	2013—2018 年	914.9	598	2670	222.1	8600	−7270	−6270
乌江	1954—1990 年	1151.4	492	3010	19.3	850		
	1991—2005 年	1144.0	515	1830	79.4	1830	−980	−836
	2006—2012 年	1041.4	411	392	209.1	2190	−1340	−1140
	2013—2018 年	1103.4	468	262	264.8	2790	−1940	−1650
向家坝至寸滩干流	1954—1990 年	868.7	3507	46000	61.5	5350		
	1991—2005 年	848.5	3375	31300	202.0	13700	−8350	−8160
	2006—2012 年	818.1	3175	17400	343.3	17000	−11650	−11400
	2013—2018 年	835.2	3336	6930	714.5	32900	−27550	−27100
三峡水库上游	1954—1990 年	899.0	4348	52900	84.6	5400		
	1991—2005 年	879.8	4291	36400	250.7	14200	−8800	−9230
	2006—2012 年	842.1	3888	20100	426.5	18400	−13000	−13300
	2013—2018 年	864.4	4286	8890	823.3	34400	−29000	−29400

2.2.1.4　河道采砂等其他因素

（1）河道采砂的影响。

长江上游干流宜宾至宜昌河段采砂涉及四川、重庆、湖北 3 个省（直辖市）。进入 21

世纪以来，由于基建和房地产的快速发展，砂石需求量爆发式增长，采砂量统计见表2.2.12。根据长江水利委员会 2013 年的统计[8]，2011 年四川、重庆、湖北 3 个省（直辖市）共有采砂点 248 个，年度开采量为 2022 万 t。根据《长江上游干流宜宾以下河道采砂规划（2020—2025 年）》[9] 确定规划期内长江干流上游年度采砂控制总量为 935 万 t。今后，随着房地产建设及基建建设的逐渐减少，以及长江大保护战略的持续深入，总体河道采砂量可能减少，采砂对三峡入库沙量的影响亦将随之减小。

表 2.2.12 　　　　　　　　　　长江上游河道采砂量统计

区间	采砂量/万 t										
	1993 年	2002 年	2011 年	2013 年	2015 年	2016 年	2017 年	1991—2005 年	2006—2012 年	2013—2018 年	多年平均
向家坝—宜宾	—	—	62	—	—	—	—	—	62	—	62
宜宾—寸滩	565	1251	1459	611	8124	1318	623	908	1459	2669	1993
寸滩—云阳	650	—	501	105	2325	3718	2159	650	501	2077	1576
合计	1215	1251	2022	716	10449	5036	2782	1558	2022	4746	3631

长江上游除干流外，各级支流也存在大规模的采砂活动。但由于支流采砂点下游多有水库，采砂点采砂减小的输沙量多体现为水库拦沙量的减小，对三峡入库泥沙的影响不大。

寸滩站以上各支流出口断面（向家坝、横江、高场、富顺、北碚）输沙量之和与寸滩输沙量并不相等，受采砂等因素影响，各支流输沙量与向家坝—寸滩（简称向—寸）区间输沙量总和明显大于寸滩站，向家坝—寸滩区间河道总体上处于淤积状态，见表 2.2.13。由表 2.2.13 可见，1991—2005 年、2006—2012 年和 2013—2018 年，寸滩以上河道年均采砂量分别为 908 万 t、1521 万 t 和 2669 万 t，直接减少了三峡入库沙量。

表 2.2.13 　　　　　　　　　长江寸滩站以上采砂量 　　　　　　　　　单位：万 t

时 段	输 沙 量			寸滩上游河道采砂量	河道冲淤量	寸滩下游河道采砂量
	支流合计	向—寸区间	寸滩			
1954—1990 年	45873	4534	44390		6017	
1991—2005 年	28632	2439	26134	908	4029	650
2006—2012 年	19308	1355	17402	1521	1740	501
2013—2018 年	6231	1043	6930	2669	−2325	2077

（2）河道冲刷的影响。

金沙江下游向家坝和溪洛渡水库蓄水运用后，由于水库下泄泥沙大幅度减小，干、支流出库控制站以下河段发生冲刷，使三峡入库沙量大于上游干流各支流出口断面输沙量的值。向家坝水库蓄水前，受金沙江中游及主要支流梯级水库拦沙作用的影响，屏山站悬移质泥沙粒径已有所变细。溪洛渡和向家坝水库蓄水运用后，粗颗粒泥沙几乎被全部拦截在水库内，向家坝站悬移质泥沙粒径小于 0.062mm 的颗粒沙重占比由 1988—2012 年均值的 77.1% 增至 2013—2018 年的 94.3%，如图 2.2.18 所示。朱沱站悬移质泥沙粒径也有所变细，2003—2012 年朱沱站粒径小于 0.062mm 的悬移质泥沙沙重占比为 83.7%，至 2013—2018 年增加至 87.8%，增幅为 4.1 个百分点，如图 2.2.19 所示。

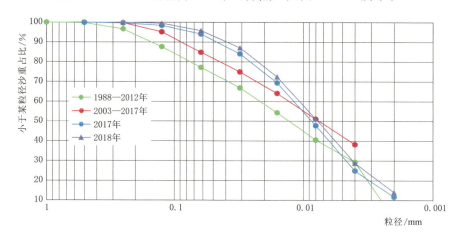

图 2.2.18 长江上游屏山（向家坝）站悬移质泥沙级配变化

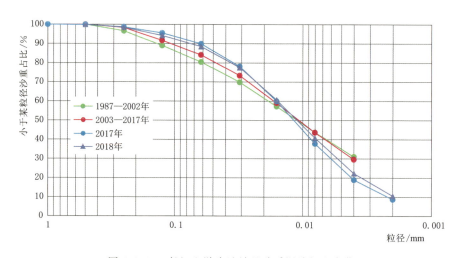

图 2.2.19 长江上游朱沱站悬移质泥沙级配变化

据统计，2008—2012 年，向家坝至铜锣峡河段年均冲刷量为 516 万 t，对三峡入库沙量的影响较小，2013—2018 年河段冲刷年均增加三峡入库沙量约 1200 万 t。由于上游水库的大量修建和水土保持减沙作用的增强，长江上游金沙江至寸滩区间及各支流出口控制站下游河道冲刷可能加剧，并且可能维持较长的一段时间才能达到冲淤平衡。

（3）其他因素的影响。

其他因素还包括长江上游的采矿和金沙江流域的公路建设等对水土流失的影响。

1）采矿。长江上游矿产资源丰富，矿山开采项目多、规模大，开矿、采石及开发性基本建设工程对加剧流域的水土流失具有一定的影响。开矿、采石一方面因为丢弃的尾矿砂直接造成增沙；另一方面，由于开矿、采石破坏地面植被，松动了地表土层，使地表更容易侵蚀，或导致地表失稳，诱发崩塌、滑坡，导致水土流失加剧，这种影响在金沙江地区表现较为明显。仅云南省昆明市东川区矿务局每年直接排入金沙江、小江的尾矿砂就达213 万 t，地方工业废渣排放量达 216 万 t，利用率仅为 1%。图 2.2.20 为东川区小江流域采矿留下的矿坑，都没有作后续处理。

20 世纪 90 年代以来，因公路等基建项目及房地产开发项目对砂石资源的需求量大增，长江上游规模达数万立方米的采石场数量很多。虽然单一采石场废弃的泥沙较小，但因采石场数量众多，若不采取水土保持措施，对水土流失的影响也较大。图 2.2.21 为美姑河上游一处采石场，留下许多弃土。相对来讲，采石的弃土量较矿场要小一些。

图 2.2.20　昆明市东川区小江流域采矿矿坑　　　图 2.2.21　美姑河上游一处采石场

2）公路建设。20 世纪 90 年代以来，长江上游公路建设处于高峰期，公路里程大幅度增加。金沙江流域地形高差大，公路建设对水土流失的影响较其他区域更加明显。

修建公路对水土流失的影响主要表现在两个方面：一方面是工程施工需要开挖土石方，造成大量弃土堆积在坡面，在重力或径流作用下进入河道，图 2.2.22 为雅砻江的一条支流修建乡村公路时的弃土致沙情况。另一方面是开挖路面时引起山体滑坡。金沙江流域地质构造活动强烈，地表破碎，许多地方松散堆积层深厚，在坡脚失去支撑的情况下很容易滑落，导致滑坡，形成大量更为松散的堆积物，在重力作用下直接进入河道，或在径流作用下发生侵蚀并被搬运至河道。

近年来已开始重视环保问题，公路施工特别是大型工程施工要求做环境评价报告，实施水土保持措施，注意弃土的处理，因而进入河道的泥沙量减少。图 2.2.23 为横江流域修建沿江公路致沙情况，在施工过程中修建了大量挡土工程，大大减少了因施工造成的入

图 2.2.22　雅砻江一条支流公路建设致沙情况　　　图 2.2.23　横江流域修建沿江公路致沙情况

河泥沙量。但乡村级公路建设对水土保持的重视程度还不够，可能还会有大量泥沙进入河道。

2.2.2 影响因素贡献权重

根据前文对长江上游降雨、水利工程拦沙以及水土保持措施减沙等方面的研究，长江上游不同影响因子对输沙量变化的贡献率定量分割情况见表 2.2.14，其他因素一栏包括增沙和减沙两种因素。另外，因水土保持减沙情况比较复杂，一方面减少土壤侵蚀量，另一方面使水库拦沙减少，存在水土保持减沙量与水库拦沙量重复计算的情况。

增沙因素主要包括：①工程建设增沙（包括道路建设、水利工程建设及水保施工引起的增沙，其中主要是道路建设）和采矿、采石增沙；②毁林开荒、植被破坏增沙；③降雨落区、降雨强度变化等的增沙；④河道冲刷增沙；⑤地震影响增沙。

减沙因素主要包括：①"天保"工程减沙（从实地考察的情况看，这是其他减沙因素中的主要因素）；②"长治"工程封禁治理后续水保功能增强的减沙；③其他水保工程减沙、公路拦沙；④降雨落区、降雨强度变化等因素导致的减沙。

由表 2.2.14 可见，降水、水土保持和水库拦沙等不同影响因子对三峡入库沙量变化的贡献率如下。

1991—2005 年三峡水库上游年均降水量、三峡入库年均径流量和输沙量分别较 1954—1990 年年均减小 19.2mm、57 亿 m³ 和 16500 万 t，减幅分别为 2.1%、1.3% 和 31.2%，输沙量减幅明显大于降水和径流量减幅。在减沙量中，降水、水土保持和水库拦沙分别减沙 3200 万 t、4930 万 t 和 9230 万 t，分别占减沙量的 18.4%、28.4% 和 53.2%。其他因素增沙 860 万 t，可能主要为计算误差等因素引起。

2006—2012 年上游降水量、三峡入库径流量和输沙量分别较 1954—1990 年减小 57.0mm、460.2 亿 m³ 和 32800 万 t，减幅分别为 6.3%、10.6% 和 62.0%，输沙量减幅明显大于降水和径流量减幅。在减沙量中，降水、水土保持和水库拦沙分别减沙 9500 万 t、8560 万 t 和 13300 万 t，分别占减沙量的 30.3%、27.3% 和 42.4%。其他因素减沙 1440 万 t，可能主要为计算误差等因素引起。

2013—2018 年上游降水量、三峡入库径流量和输沙量分别较 1954—1990 年减小 34.6mm、62.2 亿 m³ 和 44000 万 t，减幅分别为 3.9%、1.4% 和 83.2%，输沙量减幅明显大于降水和径流量减幅。在减沙量中，降水、水土保持和水库拦沙分别减沙 5800 万 t、10000 万 t 和 29400 万 t，分别占减沙量的 12.8%、22.1% 和 65.1%。其他因素增沙 1200 万 t，主要为地震影响、强降雨、降雨落区、低水头枢纽集中冲沙、河道冲刷等因素导致。

从表 2.2.14 可以看出，在大多数流域及时段，降水减沙、水库拦沙和水土保持减沙占总减沙的比例超过 100%。可能与计算误差、水土保持减沙和水库拦沙重复计算有关，还有其他因素也可能造成流域输沙量增加或减少，如地震、滑坡、泥石流、降雨强度、降雨落区等。水库拦沙和水土保持减沙重复计算的情况比较复杂，有待进一步深入研究。

表2.2.14　　不同影响因子对三峡水库输沙量变化的贡献率统计

区域	时　段	实测降水量/mm	实测径流量/亿m³	实测输沙量/万t	输沙量减增量实测输沙量差值/万t	其他因素增减沙量/万t	减沙量/万t	较1954—1990年增减沙量/万t 降水	水土保持	水库拦沙	占增减沙比例/% 降水	水土保持	水库拦沙
金沙江	1954—1990年	711.5	1430.0	24500									
	1991—2005年	730.0	1521.0	25800	1300	+3660	-2360	+2600	-1390	-3570	-110.2	58.9	151.3
	2006—2012年	681.4	1308.0	13200	-11300	-410	-10900	-4100	-2550	-4240	37.7	23.4	38.9
	2013—2018年	686.0	1372.0	169	-24300	+860	-25200	-3400	-3760	-18000	13.5	15.0	71.5
岷沱江	1954—1990年	1093.0	1008.0	6380									
	1991—2005年	1040.8	930.0	4010	-2370	+63	-2430	-1160	-213	-1060	47.7	8.7	43.6
	2006—2012年	995.6	862.3	2450	-3930	+592	-4520	-2150	-792	-1580	47.6	17.5	34.9
	2013—2018年	1037.7	944.5	2650	-3730	+1460	-5190	-1220	-1200	-2770	23.5	23.1	53.4
嘉陵江	1954—1990年	959.7	703.7	14600									
	1991—2005年	866.9	557.1	3580	-11000	-430	-10600	-5000	-2040	-3530	47.3	19.3	33.4
	2006—2012年	922.2	656.4	2870	-11700	-1410	-10300	-2020	-2710	-5560	19.6	26.4	54.0
	2013—2018年	914.9	597.5	2670	-11900	0	-11900	-2400	-3230	-6270	20.2	27.1	52.7
乌江	1954—1990年	1151.4	492.3	3010									
	1991—2005年	1144.0	514.9	1830	-1180	-64	-1120	-50	-230	-836	4.5	20.6	74.9
	2006—2012年	1041.4	411.4	392	-2620	+218	-2840	-1000	-698	-1140	35.2	24.6	40.2
	2013—2018年	1103.4	467.8	262	-2750	+330	-3080	-430	-1000	-1650	14.0	32.5	53.5
寸滩	1954—1990年	868.7	3507.0	46000									
	1991—2005年	848.5	3375.0	31300	-14700	+700	-15400	-3600	-3640	-8160	23.4	23.6	53.0
	2006—2012年	818.1	3175.0	17400	-28600	-2100	-26500	-9100	-6000	-11400	34.4	22.6	43.0
	2013—2018年	835.2	3336.0	6930	-39100	+1930	-41000	-6000	-7930	-27100	14.6	19.3	66.1
三峡入库	1954—1990年	899.0	4348.0	52900									
	1991—2005年	879.8	4291.0	36400	-16500	+860	-17400	-3200	-4930	-9230	18.4	28.4	53.2
	2006—2012年	842.1	3888.0	20100	-32800	-1440	-31400	-9500	-8560	-13300	30.3	27.3	42.4
	2013—2018年	864.4	4286.0	8890	-44000	+1200	-45200	-5800	-10000	-29400	12.8	22.1	65.1

注　＋为增沙，－为减沙。增减沙均为与1954—1990年比较的差值及比例。减少量为降水、水土保持和水库拦沙三项之和。

2.3　三峡入库泥沙变化趋势分析

自 2003 年三峡水库蓄水运用以来，长江上游水土保持治理工程的减沙作用逐渐显现，流域植被条件发生了很大的变化，一些拦挡工程在拦截泥沙方面发挥了积极作用，大量大型水库的修建使流域水库库容较前一时段大幅度增加，水库拦沙能力发生了根本性的变化。这些侵蚀产沙环境条件的改变，导致了长江上游产输沙量及地区组成发生了根本性变化，形成了一种新的侵蚀产沙和输沙环境。

2.3.1　影响因子变化趋势

2.3.1.1　自然环境

（1）地质地貌环境。

地质地貌条件的变化属于地质历史时间尺度的变迁，虽然金沙江流域等属于地壳抬升区，但百年时间尺度内不会发生大的变化，重点产沙区位于第一级阶梯和第二级阶梯、第二级阶梯和第三级阶梯的过渡带的属性不会变化。因此，地质地貌条件影响侵蚀产沙的空间分布，除地震外，对侵蚀产沙的年际变化影响较小。

大地震会使区域侵蚀产沙环境发生一定的改变。2008 年"5·12"汶川地震，在岷江、沱江、涪江等地震影响区形成了新的强产沙区。岷江上游都江堰至汶川段受地震影响强烈，地表物质变得松散，滑坡、崩塌特别是一些小型滑坡、崩塌极为发育。极震区山体破坏剧烈，松散固体物质丰富，对泥石流发生的促进作用强烈，为流域侵蚀产沙提供了大量的泥沙来源。长江上游扬子板块与青藏板块的缝合线是地震高发区，若发生强震，会对流域侵蚀产沙产生一定的影响。

（2）滑坡、泥石流。

长江上游滑坡分布广泛，常与泥石流伴生。泥石流主要发生在金沙江、岷江上游、嘉陵江等流域，其他流域较少。泥石流的发生主要取决于地质地貌环境条件及暴雨激发条件，同时，松散堆积物的聚集速率也会影响泥石流的规模和暴发频率。随着水土保持工程和拦挡工程持续发挥作用，长江上游泥石流虽然不会消失，但其暴发频率和规模可能有一定程度的减小，使长江上游地区重力侵蚀略减弱。岷江、沱江、涪江及白龙江上游地区受 2008 年"5·12"汶川地震及 2017 年"8·8"九寨沟地震影响，即使采取了拦挡工程等治理措施，泥石流暴发频率仍较大。考虑到地震等因素的影响，泥石流对今后输沙量变化的影响可能变化不大。

（3）气候。

1954—2012 年，长江上游不同区域不同时段年均降水量减小趋势较为明显，但2013—2018 年后径流量增大。由于降水变化具有较强的周期性，未来数十年降水量有可能增大到 1954—1990 年的数值，甚至更大。降水增加并不必然导致流域输沙量增大，还与降雨强度、落区与水库拦沙作用有关。若降雨强度大，水土保持措施发挥作用受限，流域侵蚀量大，虽然水库会拦截一部分泥沙，但产沙量仍较大。若降雨强度较小，降水比较均匀，则水土保持措施减沙作用较强，流域产沙量较小。重点产沙区的局部强降雨也会导致某些年份输沙量突然增大，如 2013 年、2018 年、2020 年岷江、沱江和嘉陵江大水，导致三峡入库（朱沱站＋北碚站＋武隆站）沙量分别达到 1.26 亿 t、1.43 亿 t、1.94 亿 t。

（4）植被。

自 1989 年实施"长治"工程，特别是 1998 年实施"天保"工程以来，流域植被得到一定程度的恢复，随着对林下枯枝落叶层水土保持功能认识的深入，枯枝落叶层也会得到一定程度的保护。小水电代能源政策的实施，也使当地对森林的破坏力减弱，有利于自然植被的恢复。通过自然恢复和人为修复，长江上游流域的生态有所改善，遏制住了环境恶化的趋势，特别是嘉陵江、乌江、渠江和雅砻江河口以下长江干流流域，植被覆盖程度改善面积远大于恶化面积。总体来说，整个长江上游流域的植被都处在恢复阶段，植被覆盖程度将继续增加。

2.3.1.2　人类活动

（1）水土保持。

自长江上游开展"长治"工程以来，长江上游水土流失治理面积不断扩大，长江上游水土流失治理面积已达水土流失面积的 62.3%，且今后水土保持治理仍将实施一段时间，但治理强度可能减弱，流域水土保持累积治理面积会继续增加，但增速可能减小。

一般情况下，水土保持减沙量主要取决于水土流失治理面积，治理面积越大，水土保持减沙量越大。表 2.3.1 为长江上游不同区域累积水土保持治理面积统计，1991—2018年，长江上游水土流失治理面积增加很快，金沙江流域 2013—2018 年累计治理面积较1991—2005 年增加了 2 倍，整个上游地区增加了 1 倍。但由于受地貌、土壤、植被、降水条件及堰塘、水库拦沙的影响，随着治理面积的增大，水土保持减蚀量也增大，但流域泥沙输移比可能减小，导致流域输沙量减小幅度大于水土保持导致的侵蚀量减小幅度。

由于长江大保护的政策定位，今后一段时间内，长江上游水土保持治理面积可能还会适当增加。小水电代能源政策的实施，农民工劳动力转移及农村薪柴及能源结构的调整，也使当地对森林的破坏力减弱，有利于自然植被的恢复。因此，若无特殊情况发生，长江上游生态环境将持续向好，今后水土保持治理因素导致的减沙量平均值将至少保持在目前的数量，或略有增加。

表 2.3.1　　　　　长江上游不同区域累积水土保持治理面积统计

区　　域		金沙江	岷江、沱江	嘉陵江	乌江	寸滩	长江上游
总面积/km²		479932.9	165326.9	159850.2	88689.9	866559.0	1005501.0
水土流失面积/km²		85485.5	35062.8	49808.9	27502.3	175724.1	221349.3
治理面积/km²	1991—2005 年	10457.0	2585.0	32674.0	4900.7	47559.0	68731.2
	2006—2012 年	21460.0	9640.2	43492.0	14912.9	78382.0	119378.4
	2013—2018 年	31650.0	14616.6	51789.4	21375.8	103642.0	140080.8
治理面积占水土流失面积比例/%		37.0	41.7	104.0	77.7	59.0	62.3
治理面积占总面积比例/%		6.6	8.8	32.4	24.1	12.0	12.9

（2）水库拦沙。

根据水库淤积量的调查结果，长江上游水库淤积比例见表 2.3.2。由表可见，1954—

2018 年，长江上游水库拦沙总量为 79.1 亿 m³，占水库总库容的 6.5%，还有很大的拦沙库容。金沙江水库淤积量占水库总库容的 5.4%，岷江、沱江水库淤积量占水库总库容的 12.4%，嘉陵江水库淤积量占水库总库容的 9.3%，乌江水库淤积量占水库总库容的 2.5%。

表 2.3.2　　　　　　　　　　　　长江上游水库淤积比例统计

区　域	总库容/亿 m³				总淤积量/亿 m³				淤积比例/%			
	大型	中型	小型	合计	大型	中型	小型	合计	大型	中型	小型	总比
金沙江	428.2	24.8	16.0	468.9	17.7	2.4	5.1	25.2	4.1	9.7	31.9	5.4
岷江、沱江	79.7	19.4	19.2	118.3	8.2	1.6	4.9	14.7	10.3	8.1	25.8	12.4
嘉陵江	239.3	24.3	11.6	275.3	12.0	4.4	9.1	25.6	5.0	18.2	78.3	9.3
乌江	168.8	41.5	24.4	234.8	6.0	1.4	0.8	8.3	2.6	2.5	2.3	2.5
宜宾—三峡大坝区间	71.1	22.6	18.6	112.2	2.8	1.1	1.5	5.4	2.9	4.8	8.1	4.8
合计	987.0	132.6	89.7	1209.4	46.7	10.9	21.5	79.1	4.7	8.2	22.9	6.5

长江上游大规模水库建设已基本接近尾声，在累积库容增加的同时，部分老水库将失去拦沙能力。由于长江上游水库群泥沙淤积量仅占总库容的 6.5%，还有很大的拦沙库容，即使中小型水库因淤积而失去拦沙能力，大型水库也还剩 900 余亿 m³ 的库容。扣除已淤积的库容，长江上游还有水库库容 1130 亿 m³，按 2013—2018 年年均淤积量 2.5 亿 m³ 计，淤满其 50% 的库容需要 160 余年。

（3）其他因素。

我国大规模的基建和房地产建设已过了高峰期，随着长江大保护战略的持续深入，总体河道采砂量也可能减少，采砂对三峡入库沙量的影响将减小。由于上游水库的继续修建和水土保持减沙作用的增强，长江上游金沙江至寸滩区间及各支流出口控制站下游河道冲刷可能加剧，并且可能维持较长的一段时间才能达到冲淤平衡，河道冲刷对三峡入库沙量的影响可能会略增大。

2.3.2　入库输沙量变化趋势

2.3.2.1　长江上游水沙来源区输沙量变化趋势

（1）金沙江流域。

金沙江流域（屏山以上地区）输沙量的变化主要取决于水库拦沙量的变化。乌东德水库上游来沙量受其上游水库群的拦截，来沙量会维持目前的数量。乌东德和白鹤滩水库蓄水运用后，水库拦沙能力大幅度增加。由于金沙江流域水库拦沙库容巨大，水库拦沙率大，金沙江水库淤积量占水库总库容的 5.4%，大型水库淤积量仅占其库容的 4.1%，按金沙江 2013—2018 年水库年均拦沙量 1.9 亿 m³ 计，金沙江流域大型水库还可拦沙 200 年以上。即使遇地震及特大暴雨洪水导致产沙量大幅度增加，所产生的泥沙也主要淤积在水库内，流域产沙量的增加主要是增大水库的淤积量，对向家坝站输沙量影响不大。在百年尺度上，无论降水变化情况如何，地震发生与否，在不垮坝的情况下，金沙江来沙量将基本淤积在水库内，向家坝站年均输沙量基本维持在目前的 200 万 t 左右，且年际变化波动不会太大。因此，未来 30 年，金沙江向家坝站年均输沙量可以保持在 200 万 t 左右。

横江流域降水量也可能呈周期性变化，水土流失治理面积也在不断增加，水库保持减沙作用持续增加，横江站 1991—2012 年径流量为 76.71 亿 m^3，输沙量为 1390 万 t，2013—2018 年径流量为 86.64 亿 m^3，输沙量为 732 万 t，径流量增加而输沙量减小，水土保持和水库拦沙是主要原因。考虑到未来 30 年横江降水量可能增加，水库拦沙库容减小，水土保持减沙量略增加，按 1950—1990 年的均值减去水土保持减沙量和水库拦沙情况估算，未来 30 年横江站年均输沙量可能变化不大，结果略大于 2013—2018 年的均值，约为 950 万 t。由于水库拦沙能力不是很大，横江站输沙量受降水和外界干扰因素的影响较大，可能出现较大的年际波动。

（2）岷江、沱江流域。

岷江流域水土保持面积将不断增加，使侵蚀产沙量减小，但降水量可能增加，又导致侵蚀产沙量增加，两者作用的结果在一定程度上相互抵消，使输沙量变化幅度减小。由于紫坪铺水库和瀑布沟水库及其上游水库的拦沙，岷江输沙量主要来源于大渡河瀑布沟水库下游及紫坪铺水库下游。瀑布沟水库及其上游水库库容大，拦沙能力强，且目前淤积率较低，瀑布沟水库上游石棉站 2008—2018 年年均输沙量为 360 万 t，相对上游来沙量，水库具有很大的拦沙能力，水库后续可拦沙时间超过 100 年，未来大渡河输沙量可以只考虑来自瀑布沟水库以下地区。瀑布沟水库于 2008 年开始蓄水拦沙，根据大渡河出口沙湾站的水文资料，沙湾站 2010—2018 年年平均输沙量为 1094 万 t，输沙量变幅较小，最大年均输沙量为 1790 万 t，最小年均输沙量为 473 万 t。未来 30 年，考虑流域降水量可能增加，大渡河年均输沙量大致可按 1200 万 t 计。

岷江紫坪铺水库 2003 年开始蓄水拦沙后，目前淤积量约占总库容的 16.3%，水库年均淤积量为 1350 万 t，淤积率约为 1.2%。则 30 年后，水库仍有较大拦沙能力，30 年后水库拦沙量约减小 50 万 t。紫坪铺水库拦沙后，彭山水文站输沙量主要来自紫坪铺水库下游地区。2003—2018 年，彭山站输沙量为 408 万 t，同期高场站输沙量为 2420 万 t，彭山站至高场站区间平均来沙量约 800 万 t。岷江小型水库目前累积淤积率已达 25.8%，1990 年前的水库已失去拦沙能力，新增小型水库年均拦沙量仅为 30 万 t。新增中型水库拦沙量约 400 万 t，30 年后仍有较大的拦沙能力。

2008 年瀑布沟水库蓄水运用后，高场站 2008—2018 年年均输沙量为 1780 万 t，最大年输沙量为 3150 万 t，最小年输沙量为 480 万 t，降雨落区及强度对输沙量有较大影响。紫坪铺水库受汶川地震的影响，淤积较为严重，考虑流域降水量可能增加，岷江高场站输沙量为彭山站、彭山站至高场站及大渡河沙湾站三部分之和，输沙量为 2400 万 t，加上水库拦沙损失约 50 万 t，则未来 30 年高场站年均输沙量约为 2450 万 t。

沱江流域泥沙主要来自上游龙门山区，来沙很集中，上游河道淤积严重，且中下游地区水库拦沙作用很有限，其拦沙量可不予考虑。富顺站 1985 年水沙双累积曲线发生转折，且输沙量年际变幅很大。1985 年后，2006 年输沙量最小，仅为 5.9 万 t，2013 年和 2018 年为大水大沙年，输沙量分别为 3590 万 t 和 2330 万 t，2013—2018 年年均输沙量为 1087 万 t，受 2008 年“5·12”汶川地震及大暴雨影响强烈，为输沙量较大的时段。未来，随着 2008 年“5·12”汶川地震导致的前期淤积物的不断减少，流域输沙量可能逐渐减小，年均输沙量很大可能小于 2013—2018 年的均值，富顺站未来 30 年年均输沙量可按 1950—2018 年的均值 850 万 t 计。富顺站输沙量受降水落区及强度的影响较大，年际波动幅度较大。

（3）嘉陵江流域。

在白龙江和嘉陵江上游水土保持重点治理区，由于嘉陵江流域治理度已较高，未来水土流失治理面积变化不大，降水量可能周期性增加。宝珠寺、亭子口及苗家坝等水库具有巨大的拦沙能力。亭子口水库总库容 41.16 亿 m³，2013 年亭子口水库建成后，若年均淤积量按 2013—2018 年的 2400 万 t 计，水库拦沙率接近 100%，水库年均淤积率为 0.58%，再加上亭子口水库上游的苗家坝和宝珠寺等水库的拦沙作用，未来 30 年内亭子口水库可以保持目前的拦沙能力。

亭子口水库修建后，嘉陵江干流泥沙主要来自亭子口水库以下区域。亭子口水库 2013 年拦沙后，武胜站 2013—2018 年年平均输沙量为 713 万 t。嘉陵江流域小型水库累积淤积率达 78.3%，已失去拦沙能力，中型水库目前累积淤积率达到 18.2%，30 年后也将损失部分拦沙库容，但嘉陵江流域亭子口至武胜区间流域面积占比为 11.9%，中型、小型水库拦沙能力损失量约为 130 万 t。考虑到未来一段时间内流域降水量可能增加，武胜站未来输沙量可按 2013—2018 年的平均值加上水库库容损失的拦沙量计，约为 900 万 t。

涪江上游受 2008 年"5·12"汶川地震影响较大，且水库库容较小，杨柳树（总库容约 1.9 亿 m³）等大型水库年均淤积量为 963 万 m³，2018 年射洪站输沙量为 9600 万 t，小河坝站输沙量为 5170 万 t，区间主要为杨柳树等水库拦沙，拦沙量约为 4430 万 t，水库淤积量较大。涪江来沙量较大，水库拦沙库容较小，淤积严重，可淤积年限较短，拦沙能力有限，在估算未来输沙量变化时，可不考虑涪江水库的拦沙。涪江水沙双累积关系曲线无明显的转折变化，小河坝站未来输沙量可按多年均值计，约为 1410 万 t。由于涪江受地震影响大，产沙区集中，水库拦沙作用较小，降水落区及强度对小河坝站输沙量有很大的影响，输沙量年际波动大。

渠江流域多年平均输沙量为 1970 万 t，流域侵蚀强度较小。从水沙双累积关系曲线看，1994 年后输沙量减小，2015 年后输沙量大幅度减小。富流滩（总库容 2.07 亿 m³）等大型水库拦沙对流域输沙量变化有较大的影响，相对于其来沙量，拦沙能力相对较大，水库拦沙年限能维持较长时间，降水量变化对输沙量变化也有一定的影响。未来渠江罗渡溪站输沙量可按 2003—2018 年的平均值计，约 1100 万 t。

嘉陵江武胜站、罗渡溪站和小河坝站输沙量合计约为 3410 万 t，草街水库总库容 22.18 亿 m³，水库拦沙率约为 27.0%，水库年均淤积率约为 0.5%，则北碚站未来年均输沙量约 2490 万 t。2003—2018 年年均输沙量 2800 万 t，大于 2490 万 t，主要是受涪江 2013 年和 2018 年大沙年的影响，使平均值增大。未来 30 年北碚站年均输沙量可按 2500 万 t 计。

（4）乌江流域。

相对于其输沙量，乌江水库具有巨大的拦沙库容，水库拦沙率高，淤积率低，目前水库淤积量仅占水库总库容的 3.5%。乌江流域大型、中型、小型水库淤积率均较小，还有很强的拦沙能力。未来乌江流域出口输沙量变化与降水量变化关系不大，降水导致的流域产沙量增大，绝大部分将被拦截于水库内，乌江流域输沙量将较长时间保持在目前的较低水平。2005 年是武隆站水沙双累积关系的主要转折点，且 2009 年后构皮滩水库开始拦沙，下游的思林、沙沱、彭水、银盘等水库相继开始拦沙，2019 年最下游一个梯级白马水库开始建设，总库容为 3.74 亿 m³。由于水库拦沙能力很大，乌江未来输沙基本不受降水及水土保持减沙等因素的影响，流域产沙量基本可淤积于水库内，武隆站输沙量保持较小的数值，且年际变化不大。因此，武隆站未来 30 年、50 年和 100 年输沙量均可按 2005—2018 年的平均值计，约为 340 万 t。

（5）向一寸区间及三峡区间。

向一寸区间输沙量无直接观测值，为估算值，且区间大型水库拦沙量有限，赤水河流域是水土保持重点区域。该区间未来年均输沙量可按 2003—2018 年的平均值计算，约为 1200 万 t。

三峡区间输沙量无直接观测值，为估算值。三峡区间 2013—2018 年降水和径流量增加，径流量平均值为 482.7 亿 m³，为所有时段的最大值，比 1950—1990 年平均值的 382.6 亿 m³ 多 26.2%，且三峡库区大型水库有较大的拦沙能力。因此，三峡区间未来 30 年平均输沙量可按 2013—2018 年的平均值计算，约为 1700 万 t。

（6）三峡水库入库沙量趋势分析。

根据上述长江上游水沙来源区金沙江流域，岷江、沱江流域，嘉陵江流域，乌江流域，向一寸区间及三峡区间输沙量变化趋势的综合分析后认为，未来 30 年三峡入库平均输沙量约为 1.0 亿 t。

2.3.2.2　基于水库拦沙模型的输沙量变化分析

三峡水库上游支流众多、河网纵横，水库群在各干流、支流以串联、并联等多种方式构成了复杂空间拓扑关系。由于水库群空间分布的复杂性和各支流水沙条件之间存在的较大差异，目前还难以建立精确的数学模型对如此庞杂的水库群拦沙效果进行准确计算。相较而言，基于经典经验公式（如 Brune 于 1953 年提出的单个水库拦沙率公式[10]、Vörösmarty 等于 2003 年提出的流域水库群综合拦沙率公式[11] 等）的概化模型方法则更为有效与可行。

（1）计算范围。

长江上游的强产沙区主要集中在金沙江中下游、雅砻江中下游、岷江（含大渡河）、嘉陵江和乌江流域，研究主要围绕以上区域的梯级水库拦沙作用展开。在选定 2003—2012 年水沙序列的基础上，结合研究区域内已建、在建和拟建水库的情况，对 2007 年前建成的水库（雅砻江二滩水库除外）、小库容水库和位于弱产沙区的水库等进行剔除，最终选定参与拦沙计算的水库共计 55 座，其空间分布如图 2.3.1 所示。

（2）三峡水库入库沙量变化趋势分析。

1）梯级水库群拦沙量及流域出口沙量。基于建立的梯级水库群拦沙计算模型，首先对三峡水库上游各支流梯级水库 2013—2120 年期间的拦沙量及对应流域出口沙量进行计算，金沙江的计算结果如图 2.3.2 所示。模型计算得到的 2013—2018 年各支流的出口沙量分别为：金沙江 600 万 t/a、岷江 1500 万～1600 万 t/a、嘉陵江 1200 万 t/a、乌江 130 万 t/a，与出口水文站 2013—2018 年实测沙量（金沙江 60 万～220 万 t/a、岷江 480 万～3100 万 t/a、嘉陵江 100 万～7200 万 t/a、乌江 90 万～630 万 t/a）大体吻合，证明

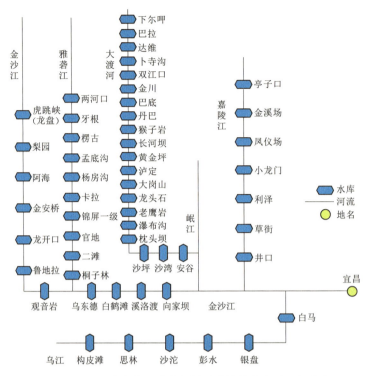

图 2.3.1　三峡水库上游参与拦沙计算的水库群空间分布

了模型计算的精度和结果的可靠性。

　　由计算结果可知，未来 100 年在梯级水库群拦沙作用下，金沙江、岷江、嘉陵江和乌江流域每年的出口沙量将长期维持在较低水平（金沙江 300 万 t/a、岷江 1300 万～1400 万 t/a、嘉陵江 1200 万 t/a、乌江 60 万 t/a），合计出口沙量约 3000 万 t/a。

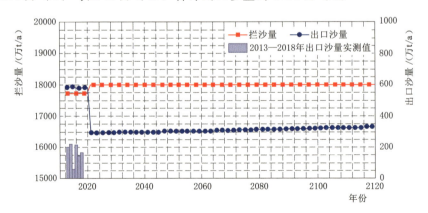

图 2.3.2　金沙江 2013—2120 年水库拦沙量及对应流域出口沙量的年际变化

　　2）未来三峡水库入库沙量分析。用金沙江＋岷江＋嘉陵江＋乌江的出口沙量 3000 万 t/a 加上（横江＋向家坝—寸滩区间＋沱江＋三峡区间）沙量 4360 万 t/a，得到三峡入库沙量为 7360 万 t/a，略高于段炎冲等[12] 的研究结果（5000 万～6000 万 t/a）。实测资料表明，金沙江下游梯级水库蓄水运用以来，2013—2018 年三峡水库入库（朱沱站＋北碚站＋武隆站）沙量变化范围为 4000 万～9000 万 t/a，如考虑三峡区间来沙（1700 万 t/a），其变化范围则为 5700 万～10700 万 t/a，预测结果与 2013—2018 年实测结果基本一致。

2.4 小结

1）长江上游水沙异源、输沙不平衡现象十分突出。1950—2020 年，长江上游径流量的 2/3 来自金沙江（32.5%）、岷江（19.3%）和嘉陵江（15.0%），年际变化小，多年来径流地区组成变化不大；输沙量主要来自金沙江、嘉陵江等重点产沙区，分别占 45.6% 和 20.5%。受降水、水库、水土保持等影响，年际变化大且呈明显减少趋势，地区来源也发生了显著变化，特别是 2013 年后，长江上游侵蚀产沙区域未发生大的变化，但受金沙江中下游梯级水电站拦沙等影响，三峡水库入库沙量来源发生明显变化，金沙江来沙所占比重减少至 1.4%，嘉陵江增加至 31.4%，三峡区间、向家坝—寸滩未控区间来沙比例明显增大至 25.3%。

2）长江上游径流量变化与降水量基本一致，但受人类活动的影响，降水量-输沙量关系发生明显变化，主要表现为同降水量条件下，各区域输沙量显著减小，在不同阶段和不同区域减小程度有所差异。与 1954—1990 年相比，1991—2005 年长江上游降水量减小 2.1%，降水减沙量占同期输沙量减少量的 19.4%；2006—2012 年较 1954—1990 年降水量减少 6.3%，降水减沙占 29.0%；2013—2018 年较 1954—1990 年降水量减少 3.9%，降水减沙占 13.2%。此外，降雨量大小、落区以及暴雨范围和强度对流域输沙量的影响较大，受地震导致地表破碎、松散物数量大等的影响，长江上游部分支流岷江、沱江、嘉陵江支流涪江和沱江等暴雨洪水集中输沙较为突出。

3）近 30 年来，长江上游植被覆盖面积不断增加，植被覆盖度不断提高。与 1990 年前相比，长江上游 1991—2005 年水土保持对三峡水库入库的减沙为 0.580 亿 t/a，占同期减沙量的 35.2%；2006—2012 年、2013—2018 年减沙量分别为 1.01 亿 t/a 和 1.18 亿 t/a，占同期减沙量的 30.8%、26.8%。

4）据不完全统计，1950—2018 年长江上游地区共修建水库 14592 座，总库容为 1209.4 亿 m³。与 1954—1990 年相比，长江上游 1991—2005 年水库拦沙量增加 0.923 亿 t/a，占三峡水库入库减沙量的 55.9%；2006—2012 年年均增加拦沙量 1.33 亿 t/a，占三峡水库入库减沙量的 40.5%；2013—2018 年年均增加拦沙量 2.94 亿 t/a，占减沙量的 66.8%。

5）长江上游不同因素在不同时期及不同区域对输沙量变化的贡献率有一定的差异，但总体上以水库拦沙占主导地位，水土保持次之。其中：①1991—2005 年三峡水库入库沙量较 1954—1990 年减小 1.65 亿 t，降水、水土保持和水库拦沙减沙量分别占总减沙量的 18.4%、28.4% 和 53.2%；②2006—2012 年三峡水库入库沙量较 1954—1990 年减小 3.28 亿 t，降水、水土保持和水库拦沙减沙量分别占总减沙量的 30.3%、27.3% 和 42.4%；③2013—2018 年三峡水库入库沙量较 1954—1990 年减小 4.40 亿 t，降水、水土保持和水库拦沙减沙量分别占总减沙量的 12.8%、22.1% 和 65.1%。

6）横江、岷江中下游、沱江、嘉陵江中下游及其支流涪江、渠江，以及向家坝—寸滩未控区间和三峡区间将是今后三峡水库入库泥沙的主要来源。未来 30 年三峡水库入库年均输沙量为 5700 万～10700 万 t。

参 考 文 献

［1］　黄诗峰，等. 嘉陵江流域水保措施减沙效益遥感分析［R］. 北京：中国水利水电科学研究院，2005.

［2］　许全喜. 长江上游河流输沙量变化规律研究［D］. 武汉：武汉大学，2007.

［3］　杨艳生，史德明，杜榕桓. 三峡库区水土流失对生态与环境影响［M］. 北京：科学出版社，1989.

［4］　长江水利委员会水文测验研究所. 三峡库区"长治"工程减沙效益研究报告［R］. 武汉：长江水利委员会水文局，1998.

［5］　陈显维. 嘉陵江流域水库群拦沙量估算及拦沙效应分析［J］. 水文，1992（4）：34-38.

［6］　长江水利委员会水文局，长江上游水库泥沙调查组. 长江上游水库泥沙淤积基本情况资料汇编［R］. 武汉：长江水利委员会水文局，1994.

［7］　长江水利委员会水土保持局. 长江上江上中游水土保持重点防治工程第 1～5 期验收报告［R］. 武汉：长江水利委员会水土保持局，2004.

［8］　水利部长江水利委员会. 长江上游干流宜宾以下河道采砂规划（2015—2019 年）［R］. 武汉：长江水利委员会，2013.

［9］　水利部长江水利委员会. 长江上游干流宜宾以下河道采砂规划（2020—2025 年）［R］. 武汉：长江水利委员会，2019.

［10］　BRUNE G M. Trap efficiency of reservoirs［J］. Transactions of American Geophysical Union，1953，34（3）：407-418.

［11］　VÖRÖSMARTY C J，MEYBECK M，FEKETE B，et al. Anthropogenic sediment retention：major global impact from registered river impoundments［J］. Global and Planetary Change，2003，39（1）：169-190.

［12］　段炎冲，李丹勋，王兴奎. 长江上游梯级水库群拦沙效果分析［J］. 四川大学学报（工程科学版），2015，47（6）：15-22.

第 3 章

三峡水库泥沙淤积特性与减淤调度

　　掌握三峡水库水沙运动规律是水库泥沙调控的基础。在已往研究成果的基础上，本章研究了入库沙峰与洪峰相位关系、影响库区沙峰与洪峰输移的主要因素、影响水库排沙比的主要因素、排沙比拟合公式等。通过对比三峡水库与丹江口水库的淤积，揭示了两库在库区淤积分布、断面形态塑造、河形变化趋势、汛限水位的控制作用等方面的共同和不同之处，对认识三峡水库泥沙淤积规律有重要的参考意义。在水沙运动规律研究的基础上，进一步提出了新水沙条件下三峡水库库尾减淤调度和沙峰排沙调度启动条件、关键参数与指标及溪洛渡、向家坝、三峡梯级水库联合沙峰排沙调度方式等。

　　水流泥沙数学模型一直是模拟研究三峡水库泥沙淤积的重要手段，本章分析了三峡水库趋于淤积平衡时的断面宽深比，提出了泥沙数学模型断面形态调整的两种新模式，进一步完善了三峡水库泥沙数学模型，更好地满足了三峡水库长期库容预测的需要。同时，由于三峡水库运用以来的泥沙淤积，库区河床阻力和形态阻力都有所减小，采用三峡水库2013—2018 年观测资料重新率定了水库糙率。

3.1　三峡水库泥沙淤积特性

3.1.1　三峡水库泥沙淤积量与分布

3.1.1.1　三峡水库泥沙淤积量

　　（1）三峡水库泥沙淤积总量。

　　三峡水库蓄水运用以来，2003—2018 年入库泥沙总量为 23.36 亿 t，出库泥沙总量为 5.62 亿 t，水库累计淤积量为 17.74 亿 t，年平均淤积量为 1.14 亿 t。近年来，由于金沙江下游溪洛渡和向家坝水电站的拦沙作用，三峡水库泥沙淤积强度减缓，如图 3.1.1 所示。

　　长江水利委员会水文局库区断面观测表明，干流库区淤积泥沙量占总淤积量的 89%，支流库区淤积量占总淤积量的

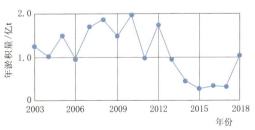

图 3.1.1　三峡水库实测年淤积量变化过程

11％。分时段看，三峡水库围堰发电期，2003 年 3 月至 2006 年 10 月库区累计淤积泥沙量为 5.436 亿 m³，年均淤积量为 1.81 亿 m³，泥沙主要淤积在丰都至奉节段和奉节至大坝段，而丰都—李渡镇库段冲淤基本平衡；初期运行期，2006 年 10 月至 2008 年 10 月库区累计淤积泥沙量为 2.502 亿 m³，年均淤积量为 1.25 亿 m³；进入 175m 试验性蓄水运用后，2008 年 10 月至 2018 年 11 月库区累计淤积泥沙量为 7.621 亿 m³，年均淤积量为 0.76 亿 m³。

三峡水库淤积量的主要影响因素有两个方面：一是来沙量的持续减少，二是水库运行方式的不断调整。三峡水库年淤积量与年入库沙量基本呈直线关系（图 3.1.2）。两个因素的综合影响表现为，水库年淤积量减少，淤积部位有所下移。

（2）不同河段输沙变化。

从三峡水库库区不同河段年排沙比来看，朱沱—寸滩河段和寸滩—清溪场河段的排沙比相对较大，其历年排沙比分别在 91.7％和 85.9％以上，多年平均排沙比分别为 95.3％和 95.6％；清溪场—万县河段的排沙比明显减小，历年排沙比为 35.0％～80.8％，多年平均排沙比约为 61.7％；万县—黄陵庙河段排沙比较小，其历年最大排沙为 2005 年的 50.3％，最小排沙比为 2006 年的 18.5％，多年平均排沙比仅为 39.1％。由此表明，受三峡水库运用方式的影响，入库悬移质泥沙在清溪场以上河段淤积相对较少，在清溪场—万县河段和万县—黄陵庙河段淤积相对较多。

3.1.1.2　三峡水库泥沙淤积分布

（1）沿程分布。

三峡水库蓄水运用以来，受上游来水来沙、河道采砂和水库减淤调度等的影响，干流库区变动回水区（江津—涪陵，长约 173.4km）总体呈冲刷状态，泥沙淤积主要集中在涪陵以下的常年回水区（涪陵—大坝，长约 486.5km）。根据长江水利委员会水文局的观测分析成果[1]，2003 年 3 月至 2018 年 10 月库区干流累计淤积泥沙量为 15.559 亿 m³，变动回水区累计冲刷泥沙量为 0.783 亿 m³（含水道采砂影响），常年回水区淤积量为 16.342 亿 m³，总体上看越往坝前淤积强度越大，如图 3.1.3 所示。

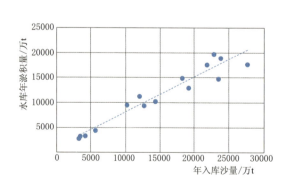

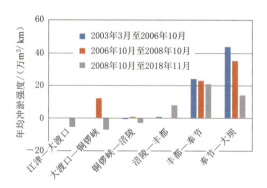

图 3.1.2　三峡水库年淤积量与年入库沙量关系

图 3.1.3　三峡水库库区各河段泥沙年均淤积强度对比

三峡库区支沟密布，长江水利委员会水文局根据实测地形和固定断面资料的计算表明，2003 年 3 月至 2017 年 11 月，库区 13 条主要支流累计淤积量为 1.35 亿 m³，占三峡库区同期淤积总量的9.1%，除嘉陵江段冲刷量为241万 m^3 外，其余各支流河口段均呈淤积状态。从沿程分布来看，绝大部分泥沙淤积均集中在常年回水区内支流（涪陵—奉节段内支流淤积泥沙量为3151万 m^3，占支流总淤积量的23%，奉节以下支流淤积泥沙量为10297万 m^3，占支流总淤积量的76%）；涪陵以上变动回水区内支流（乌江、龙溪河、嘉陵江）泥沙淤积量仅为45万 m^3，占支流总淤积量的1%。

（2）沿高程分布。

从库区泥沙淤积沿高程分布来看，2003年3月至2019年，145m高程下淤积泥沙量为16.72亿 m^3，占175m高程下库区总淤积量的92.8%，淤积在水库防洪库容内的泥沙量为1.28亿 m^3，占175m高程下库区总淤积量的7.2%，占水库防洪库容（221.5亿 m^3）的0.58%，水库有效库容损失较小，侵占防洪库容的泥沙主要淤积于大坝—庙河段和云阳—涪陵河段，如图3.1.4所示。

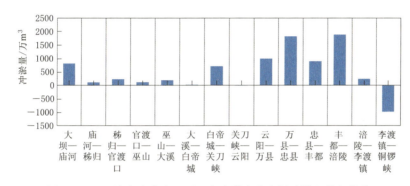

图3.1.4　三峡水库蓄水运用以来防洪库容内泥沙沿程淤积分布

3.1.2　三峡水库泥沙淤积形态

3.1.2.1　深泓纵剖面变化

与受三峡水库蓄水影响前相比，大坝—李渡镇河段深泓点平均淤积抬高7.8m，最深点和最高点的高程分别淤高10.3m和1.9m，如图3.1.5所示。近坝段河床淤积抬高最为明显，变化最大的深泓点为S34断面（位于坝上游5.6km），淤高66.8m，淤后高程为37.8m；其次为近坝河段S31+1断面（距坝2.2km），深泓点淤高59.8m，淤后高程为59.2m；第三为近坝河段S31断面（距坝1.9km），其深泓最大淤高57.9m，淤后高程为59.6m。

3.1.2.2　淤积横断面变化

从实测水库固定断面资料来看，水库泥沙淤积大多集中在分汊段、宽谷段内，断面形态多以U形和W形为主，主要有主槽平淤、沿湿周淤积、弯道或汊道段主槽淤积3种形式，如图3.1.6所示。其中沿湿周淤积主要出现在坝前段，且以主槽淤积为主，如S34断面；峡谷段和回水末端断面，蓄水后河床略有冲刷，如瞿塘峡S109断面。此外，受弯道平面形态的影响，泥沙主要落淤在弯道凸岸下段有缓流区或回流区的边滩，如S113断面。从库区部分分汊河段来看，由于主槽持续淤积，河型逐渐由分汊型向单一型转化，如S207断面。

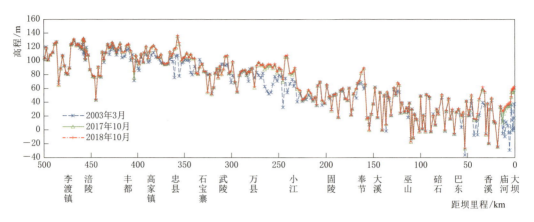

图 3.1.5　三峡库区李渡镇—大坝深泓纵剖面变化

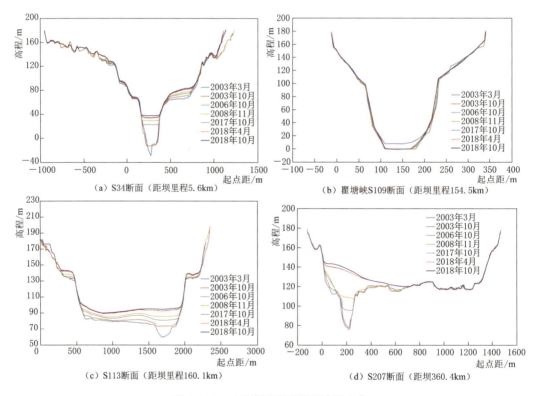

图 3.1.6　三峡库区典型断面冲淤变化

3.1.3　水库淤积类比

本节选取与三峡水库水沙特性相似的丹江口水库进行水库淤积类比分析，进一步揭示三峡水库泥沙淤积规律。

3.1.3.1　泥沙淤积特性类比

丹江口水库是一座具有防洪、发电、灌溉、运输、养殖、调水等综合利用效益的大型水利工程，1960 年滞洪，1967 年底正式蓄水，1968 年 10 月开始发电，南水北调大坝加高后，坝顶高程抬高到 176.6m，正常蓄水位为 170m，相应库容为 290.5 亿 m³。

（1）淤积量与排沙比。

三峡水库与丹江口水库淤积特性[2] 整体对比见表 3.1.1。两水库淤积相似之处为：库容大；干流淤积多，支流淤积少；受上游建库及水土保持等影响，入库沙量与设计值相比大幅减少；水库淤积速度减缓；库容损失少。两水库不同之处为：丹江口水库库容小于三峡水库；丹江口水库年均入库水沙量小于三峡水库；丹江口水库年均出库水沙量小于三峡水库；丹江口水库年均淤积量和淤积速度小于三峡水库；丹江口水库排沙比小于三峡水库。

表 3.1.1　　　　　　　　三峡水库与丹江口水库淤积特性整体对比

项　目	三峡水库	丹江口水库
总库容/亿 m³	393.0	174.5（加高后 290.5）
开始蓄水运用时间	2003 年	1968 年
蓄水运用后至 2018 年年均入库水量/亿 m³	3645	302
蓄水运用后至 2018 年年均入库沙量/亿 t	1.540	0.283
蓄水运用后至 2018 年年均出库沙量/亿 t	0.357	0.004
蓄水运用后至 2018 年年均排沙比/%	24.1	1.4
蓄水运用后至 2018 年年均淤积量/亿 t	1.138	0.279
蓄水运用后至 2018 年累积淤积量/亿 t	17.733	14.227
蓄水运用后至 2018 年累积淤积体积/亿 m³	17.43	16.18（1960—2003 年）
干流淤积体积/亿 m³	15.173	13.890（1960—2003 年）
支流淤积体积/亿 m³	2.257	2.290（1960—2003 年）
总库容淤损比/%	7.5	9.4（1960—2003 年）

注　2003—2011 年丹江口水库汉江干流库区淤积量为 1.6 亿 m³。

（2）纵向淤积分布。

丹江口水库汉江干流库区沿程深泓点淤积高程纵剖面如图 3.1.7 所示。纵向淤积分布特点与三峡水库比相似之处为：上游建库等原因造成来沙减少后库尾均呈冲刷状态；常年回水区均处于持续淤积状态；库区纵向淤积分布均受汛期防洪限制水位控制，汛限水位对应的回水末端均为纵向冲淤临界位置；泥沙主要淤积在宽谷段，峡谷段累积淤积量较少。两水库不同之处为：丹江口水库呈湖泊型与河道型库段相间的库形特征，而三峡水库为典型的河道型水库，故丹江口水库湖泊段的泥沙淤积量很大，起到了集中拦沙作用，水库排沙比也远小于三峡水库；丹江口水库坝前段为峡谷段，而三峡水库坝前段为宽谷段，故丹江口水库坝前段淤积强度明显小于三峡水库。

（3）横断面淤积特点。

丹江口水库汉江干流库区主要淤积河段的横断面已完成了重新塑造过程，大致可分成 4 个阶段，如图 3.1.8 所示。1982 年前为无槽平淤阶段，此阶段内无论是什么河型，都呈平淤或相似淤积形态，不显新河槽的槽型；1982—1988 年为塑槽淤滩阶段，断面淤

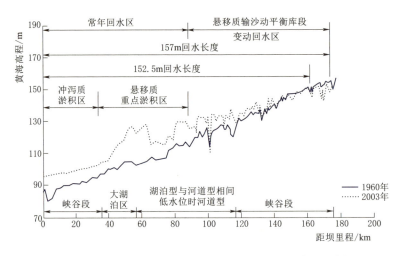

图 3.1.7　丹江口水库汉江干流库区沿程深泓点淤积高程纵剖面图

积滩、槽分明，河床显示出了新的槽位；1988—2001 年为槽平衡阶段，河槽已出现冲淤平衡现象，河槽内粗化变换明显，两岸边滩仍显累积性淤积，滩顶的淤积高程受坝前防洪限制水位 152.5m 控制；2001 年后为滩平衡阶段，即滩、槽全断面动平衡阶段。

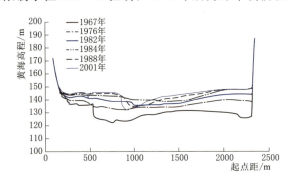

图 3.1.8　汉江干流库区主要淤积河段横断面重新塑造过程（汉库 26 断面，距坝 95.1km）

　　两水库类比，水库横断面淤积特点相似之处为：都有主槽平淤和以一侧淤积为主的不对称淤积的横断面淤积形态；水库淤积重新造床后，都呈单一河槽河型。两水库的不同之处为：丹江口水库运用时间更长，横断面淤积形态发展历程比三峡水库更完整；丹江口水库入库流量小于三峡水库，最大断面宽度远大于三峡水库的最大断面宽度，故丹江口水库水流输沙能力小于三峡水库，造成库区横断面形态有所不同，如没有

三峡水库的湿周淤积形态。

3.1.3.2　泥沙淤积平衡发展趋势类比

　　丹江口水库汉江干流沿程纵向淤积形态目前大致分为悬移质输沙动平衡库段、悬移质重点淤积库段、冲泻质（异重流）淤积库段这 3 段，如图 3.1.7 所示。距坝 91.95～159.5km 库长 67.55km 的河段处于悬移质输沙动平衡阶段，该河段随库水位及入库水沙变化处于周期性冲淤变化，冲淤基本接近，无明显的累积性淤积。距坝 91.95～37.3km 库长 54.65km 的河段为悬移质重点淤积库段。距坝 37.3km 至坝前的狭谷河段为冲泻质（异重流）淤积库段，属水库淤积的早期淤积阶段。丹江口水库为湖泊型与河道型库段相间的库形特征，丹江口水库库区湖泊段的泥沙淤积量很大，起到了集中拦沙作用，故丹江口水库排沙比极小。

　　与丹江口水库相比，三峡水库为典型的河道型水库，年入库水量远大于丹江口水库，水库淤积与水库调度方式有直接关系。三峡水库坝前为宽谷段，水库淤积也主要发生在宽谷段，故与丹江口水库两头少中间多的纵向淤积分布特点不同，三峡水库是坝前段淤积强度最大，库中段淤积量大，库尾呈冲刷状。与丹江口水库相同，受上游建库及水土保持等原因造成的入库沙量大幅减少的影响，三峡水库库尾将继续保持微冲状态，淤积将继续集中在常年回水区，且坝前段将继续保持较强的淤积强度。

3.1.3.3　断面宽深比类比

以三峡水库围堰水库、葛洲坝水库、丹江口水库及溪洛渡与向家坝围堰水库为对象，进行水库断面平衡形态分析，统计了接近平衡时断面宽深比的变化情况，为探讨三峡水库断面形态变化、改进三峡水库泥沙数学模型提供参考。

（1）三峡围堰水库。

三峡工程于 1994 年正式动工兴建，1997 年实现大江截流，至 2003 年 6 月开始下闸蓄水，围堰施工期共 9 年。由于围堰抬高水位不多，围堰水库库容较小，而期间来沙量较大，在水库下闸蓄水前，围堰水库已基本达到冲淤平衡。由于三峡水库围堰施工期来沙与

三峡水库未来接近冲淤平衡时的来沙条件相近，分析围堰水库平衡断面形态对预测三峡水库未来断面平衡形态有直接参考意义。三峡水库围堰施工期水库断面接近平衡时断面宽深比的沿程变化如图 3.1.9 所示，库尾断面接近平衡时宽深比大多在 1.0 左右。

（2）葛洲坝水库。

葛洲坝水库库容较小，蓄水运用后在较短时期内即达到了冲淤基本平衡，

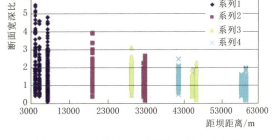

图 3.1.9　三峡水库围堰施工期水库库尾
断面宽深比的沿程变化

河槽重新塑造接近平衡后的断面宽深比大多在 1.0 左右。

（3）丹江口水库。

由于丹江口水库运用时间较长，变动回水区上段河道经历了普遍淤积、河槽重新塑造和形成新的输沙平衡的完整阶段，前面已经做过详细的情况分析。2003 年以后这些断面的宽深比已变化不大，丹江口水库河槽重新塑造接近平衡后的断面宽深比大多在 1.1 左右。

以上水库淤积类比分析说明，三峡水库泥沙输移与冲淤分布基本特性与丹江口等水库总体上是相似的，断面淤积接近平衡时的宽深比也是接近的，为三峡水库泥沙输移规律的分析和水沙数学模型断面形态变化模式的完善提供了基础。

3.2　三峡水库泥沙运动特性

3.2.1　库区洪峰与沙峰输移规律

洪水以行进波和重力波的形式传播。三峡库区河道洪水传播在天然情况下以行进波的形式为主，三峡水库蓄水运用后，由于库区水位抬高多，回水长，洪水以重力波的形式传

播作用明显，洪水传播时间比天然情况下洪水传播时间缩短了 1d 左右[3-4]。但悬沙输移只能随行进波传播，三峡水库蓄水运用后由于水流流速减慢，悬沙输移速度也因此减慢较多，比天然情况下输移时间增加 3d 以上，小流量时和坝前水位较高时增加更多。

3.2.1.1　影响洪峰与沙峰传播时间的主要因素

当汛期坝前水位相同时，库区洪峰传播时间差别不大，而沙峰输移时间差别较大，其

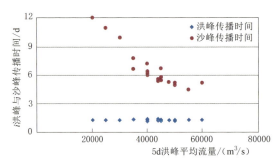

图 3.2.1　洪峰与沙峰从寸滩至庙河
站传播时间（坝前水位 145m）

主要与洪峰流量有关，洪水流量大沙峰输移快，洪水流量小沙峰传输移慢，如图 3.2.1 所示。当坝前水位和洪峰平均流量相同时，洪峰传播时间与洪水前后流量关系不大，但沙峰传播时间与洪水后期流量有关。洪水后期流量大则沙峰传播快，洪水后期流量小则沙峰传播慢。

当入库洪水过程相同而只是洪水过程中坝前水位不同时，则水位高洪水传播时间略有减少，而沙峰传播时间明显增加。坝前水位从 145m 每升高 5m，洪

水传播时间减少约 2h，而沙峰传播时间增加约 20h。

对相同的入库洪水过程，如果三峡水库进行调洪运用，加大流量泄流或减小流量泄流，对洪峰传播时间的影响不大，对沙峰传播时间的影响明显。

3.2.1.2　沙峰洪峰相位关系

（1）入库沙峰洪峰相位关系。

三峡水库洪水入库时，寸滩站洪峰和沙峰也经常存在不同步的情况，呈现出三种相位关系：沙峰超前于洪峰、沙峰与洪峰同步、沙峰滞后于洪峰。其原因主要为：①三峡水库上游降雨在时空上分布不均，侵蚀模数的差异、地形的差异，入库水沙不同源；②河道中洪峰、沙峰传播速度存在一定差异，泥沙沿程冲淤，以及水库的调节作用等。

根据寸滩水文站实测水文资料统计，三峡水库入库 89 场洪水过程中，沙峰滞后于洪峰的相对较少，一般占比约为 20%，沙峰超前于洪峰和沙峰与洪峰同步的一般约各占比40%。其中三峡水库 175m 试验性蓄水运用以来的入库洪水中，沙峰超前于洪峰、沙峰与洪峰同步、沙峰滞后于洪峰的占比分别约为 30%、50% 和 20%。

从实测资料分析结果看，入库沙峰与洪峰同步时，沙峰在库区传播时间最短，沙峰出库率最高；入库沙峰滞后于洪峰时，沙峰传播时间最长，沙峰出库率最低；入库沙峰超前于洪峰时，沙峰传播时间居中，沙峰出库率也居中。因此，从有利于提高沙峰出库率和减小库区沙峰传播时间的角度看，在入库沙峰与入库洪峰的三种相位关系中，沙峰与洪峰同步时最有利于输沙排沙，其次是沙峰超前于洪峰，最差的是沙峰滞后于洪峰。

（2）沙峰输移过程中形态的变化。

沙峰入库后至出库过程中还会发生明显的形态变化，沙峰持续时间会拉长。同时，坝前出现最大含沙量的时间一般比入库沙峰输移到坝前的时间要早，原因在于泥沙的沿程淤积。进入库区后，由于洪峰传播速度快，沙峰落后于洪峰，如果洪峰尖瘦，而沙峰较矮

胖，则落在后面的沙峰可能淤积较快，到达坝前时含沙量可能比沙峰前面的含沙量小些。这样，沙峰在库区输移过程中发生了变形，坝前出现最大含沙量的时间就会早于入库沙峰到达时间，如图 3.2.2 所示。

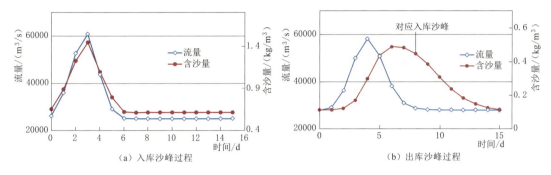

（a）入库沙峰过程　　　　　　　　　　　（b）出库沙峰过程

图 3.2.2　三峡水库输沙过程沙峰形态变化

3.2.2　水库排沙比变化

3.2.2.1　排沙比变化过程

　　从三峡水库库区不同河段年排沙比和汛期排沙比的年际变化情况统计结果看，三峡水库分段排沙比变化趋势比较复杂，不同河段变化趋势有所不同，如图 3.2.3 所示。在三峡工程围堰发电期，水库平均排沙比为 37%；初期蓄水期，水库平均排沙比为 18.8%；175m 试验性蓄水运用后，水库平均排沙比为 18.2%[5]。水库蓄水运用以来，2003—2019 年平均排沙比为 23.8%。

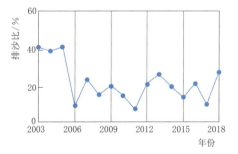

图 3.2.3　三峡水库年排沙比变化过程

　　三峡入库沙量的 85% 以上和出库沙量的 90% 以上都集中在汛期，因此，在分析三峡水库不同泥沙颗粒排沙比变化时，主要考虑汛期时段的出入库沙量。无论是入库泥沙还是出库泥沙，细颗粒泥沙均占有较大的比例。具体而言，在入库泥沙中，粒径小于 0.016mm 的泥沙颗粒占 56% 以上，粒径在 0.016~0.062mm 的泥沙颗粒占 22%~28%，而粒径大于 0.062mm 的泥沙颗粒占比均在 20% 以下；对于出库泥沙，粒径小于 0.016mm 的泥沙颗粒占 71% 以上，粒径在 0.016~0.062mm 的泥沙颗粒占 14%~23%，粒径大于 0.062mm 的泥沙颗粒占比甚少，均不超过 6%。随着泥沙粒径的增加，三峡水库排沙比具有明显的减小趋势。粒径小于 0.016mm 的泥沙颗粒排沙比最大约为 2005 年的 54.7%，最小约为 2011 年的 7.7%；粒径在 0.016~0.062mm 的泥沙颗粒排沙比最大约为 2004 年的 27.9%，最小约为 2006 年的 4.7%；而粒径大于 0.062mm 的泥沙颗粒排沙比除了 2004 年在 11.8% 左右外，其他时期均不超过 4.1%。另外，尽管细颗粒泥沙排沙比较大，但由于其来沙绝对量占入库泥沙的比例也较大，因此，三峡水库淤积的泥沙中细颗粒泥沙占比也相对较大。

3.2.2.2　影响排沙比的主要因素

三峡水库蓄水运用以来，随着汛期坝前平均水位的抬高，水库排沙效果有所减弱。三峡水库不同蓄水运用期进出库泥沙量与排沙比见表 3.2.1。

表 3.2.1　　　　　　三峡水库不同蓄水运用期进出库泥沙量与排沙比统计

时　　段	年均值/亿 t			排沙比 /%
	入库沙量	出库沙量	淤积量	
2003 年 6 月—2006 年 8 月	2.155	0.797	1.358	37.0
2006 年 9 月—2008 年 9 月	2.129	0.399	1.729	18.8
2008 年 10 月—2019 年 12 月	1.120	0.204	0.916	18.2
2003 年 6 月—2019 年 12 月	1.450	0.345	1.099	23.8

坝前水位和入出库流量是影响三峡水库排沙比的最主要因素，排沙比与流量成正比关系，与水位成反比关系。针对每一场次的洪水，进一步分析排沙比的变化规律，点绘水库不同水位运行时期沙峰输移期库区平均流量与沙峰 5d 平均出入库含沙量比之间的关系，如图 3.2.4 所示，各水位级的数据点大体成直线，相关关系都很好。

三峡水库入库平均含沙量与排沙比的关系如图 3.2.5 所示，点群十分散乱，除去围堰发电期的几个排沙比大于 0.5 的点后，剩余的点群没有明显趋势，难以看出入库含沙量对排沙比的影响。

采用传统的洪水滞留时间拟合其与排沙比的关系（图 3.2.6），洪水滞留时间综合反映了水位与流量的影响，与排

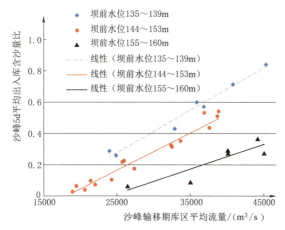

图 3.2.4　三峡水库不同水位运行时期
沙峰输移期库区平均流量与沙峰 5d 平均
出入库含沙量比关系

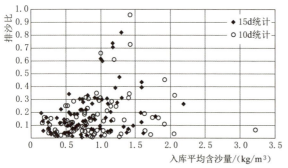

图 3.2.5　三峡水库入库平均含沙量
与排沙比关系

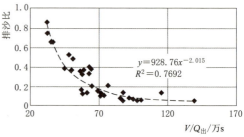

图 3.2.6　三峡水库洪水滞留时间
与排沙比的关系

沙比相关性较好。洪水滞留时间越短，意味着洪水排出越快，排沙比越大。随着洪水滞留时间的增加，排沙比随之降低，且降低的速度逐渐减小。

3.3 三峡水库泥沙淤积与运用方式的响应关系

水库不同运用方案与水库淤积的响应关系模拟研究，较好地反映了汛期水沙调度对水库淤积量的影响，已有一些相关研究成果[6]。随着长江上游干支流梯级水库联合调度范围的扩大，三峡入库水沙条件和水库运用方式又有了新的变化，需要在新的水沙条件和新的水库运用方式下重新研究水库淤积与运用方式的响应关系。

3.3.1 水沙数学模型的改进与验证

水库不同运用方案与水库淤积的响应关系模拟研究采用的是长期使用的一维非恒定流水沙数学模型[7]，本节利用三峡水库运用以来的观测资料进行了新的验证，并对模型进行了完善。

3.3.1.1 模型基本方程

三峡水库水流泥沙数学模型所用的一维水流和泥沙运动方程分别为：

水流连续方程：

$$\frac{\partial Q}{\partial X} + \frac{\partial A}{\partial t} = 0 \tag{3.3.1}$$

水流运动方程：

$$\frac{\partial Q}{\partial t} + \frac{\partial (QQ/A)}{\partial X} + Ag\frac{\partial Z}{\partial X} = -g\frac{n^2 QQ}{AH^{4/3}} \tag{3.3.2}$$

悬沙运动方程：

$$\frac{\partial (AS_l)}{\partial t} + \frac{\partial (QS_l)}{\partial X} = \alpha B\omega_l(S_l^* - S_l) \tag{3.3.3}$$

式中：Q 为流量；A 为断面面积；B 为断面河宽；Z 为水位；S_l 为分组含沙量；S_l^* 为分组挟沙力；ω_l 为分组泥沙沉速；α 为恢复饱和系数。

挟沙能力采用如下公式：

$$S_l^* = k\left(\frac{U^3}{H\omega_l}\right)^{0.9} Pb_l \tag{3.3.4}$$

式中：U 为断面平均流速；k 为挟沙能力系数；H 为断面平均水深；Pb_l 为床沙分组级配。

模型采用如下形式的推移质输沙率公式：

$$G_b = 0.95 D^{1/2}(U - U_c)\left(\frac{U}{U_c}\right)^3\left(\frac{D}{H}\right)^{1/4} \tag{3.3.5}$$

$$U_c = 1.34\left(\frac{H}{D}\right)^{0.14}\left(\frac{\gamma_s - \gamma}{\gamma}gD\right)^{1/2} \tag{3.3.6}$$

式中：D 为床沙粒径；γ_s、γ 为床沙和水的容重。

悬移质不平衡输沙会引起河床冲淤变化和床沙级配的变化。根据沙量守恒，悬移质不

平衡输沙引起的河床变形为

$$\rho_s \frac{\partial Z_b}{\partial t} = \sum_{k=1}^{l} \omega_l \alpha_l (S_l - S_l^*) + \frac{\partial G_b}{\partial x} \tag{3.3.7}$$

式中：ρ_s 为淤积物容重；Z_b 为河床高程。

3.3.1.2　关键问题的处理

（1）考虑库区支流。

三峡库区除嘉陵江及乌江两条大支流外，还有其他一些支流，其中具有 2000 万 m^3 以上库容的支流就有 10 多条，库区支流总库容达 60 多亿 m^3。库区支流断面数量有限，很多小支流缺乏实测断面，由库区干支流固定大断面所反映出来的库容与三峡水库实际库容有差别，这都会造成模型计算中所用库容与实测库容之间出现不闭合的问题。模型完善时考虑了 14 条较大支流。采用恒定流水流泥沙数学模型进行三峡水库泥沙长系列计算时，不考虑库区小支流对泥沙淤积计算的影响。但采用非恒定流泥沙数学模型进行三峡水库沙峰调度计算时，库区小支流必须考虑，因为它的总库容相对较大，对洪峰有明显的削减作用。所以，对三峡水库水流泥沙数学模型的改进和完善需要考虑库区小支流，并完善模型的库容曲线，使模型库容曲线与标准容积基本一致。

（2）考虑区间来水来沙。

模型计算区间，干流上游以朱沱站为起点，区间除嘉陵江和乌江两条支流有完整的水沙观测资料外，区间其他支流没有完整的水沙观测资料，在模型中也需要加以考虑。其中，模型对朱沱至寸滩河段区间流量的处理办法是，把朱沱站每日流量都放大 5%，补偿区间流量。由于此区间产沙总体不大，模型不考虑朱沱至寸滩河段区间的来沙量。模型对寸滩至大坝区间流量的处理办法是，区间年平均流量取 1120m^3/s，按月分配。模型考虑寸滩至大坝区间来沙量时，取年平均沙量为 0.1 亿 t。

（3）考虑水库泥沙絮凝作用。

三峡水库水体中有少量阳离子和有机物等，满足发生絮凝的条件，水库泥沙普遍存在絮凝现象。由于三峡水库细颗粒泥沙所占比例较大，是否考虑絮凝对水库的淤积量影响较大。模型中考虑三峡水库絮凝作用的方法是，修正小于 0.004mm、0.004～0.008mm 和 0.008～0.016mm 三个粒径组细颗粒泥沙沉速。最细一组泥沙沉速增大 8.7 倍，修正后 3 组泥沙沉速相差已较小。絮凝沉速修正时考虑了水流流速影响，当水流流速大于 2m/s 时，修正作用消失。

3.3.1.3　模型改进完善

三峡水库一维泥沙数学模型在"十二五"国家科技支撑项目研究期间进行系统验证和改进完善，通过三峡水库 2013—2018 年观测资料验证，进一步完善了断面形态调整模式。

（1）冲淤过程断面形态调整模式改进。

以往一维泥沙数学模型冲淤过程断面形态调整模式有两种：一是沿湿周平铺法，二是与水深成正比的水深等比分配法，如图 3.3.1 所示。对于水库淤积平衡过程的长时间模拟，这两种方法难以全面反映水库淤积断面形态变化过程。本书增加了两种模式：一是水库强淤积段细沙淤积时的深槽平淤法，二是接近淤积平衡时的宽深比控制法。

丹江口水库和三峡水库坝前段断面大多表现为深槽平淤的形态，根据观测资料，坝前段淤积物泥沙级配较细，中值粒径小于 0.008mm，淤积物干容重小于 0.8t/m³。因而淤积物在自然密实之前，在断面上具有一定的流动性，表现为断面深槽平淤的形态。模型模拟过程中，如果根据淤积物粒径组成计算，当断面淤积物干容重小于 0.8t/m³ 时，则该模拟时段该断面按深槽平淤法修正断面形态，如图 3.3.2 所示。

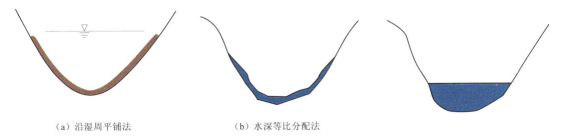

　　（a）沿湿周平铺法　　　　　　　（b）水深等比分配法

图 3.3.1　泥沙数学模型中已有断面形态调整模式

图 3.3.2　强淤积段细沙淤积时断面冲淤厚度深槽平淤法

　　宽深比控制法是水库断面接近淤积平衡时淤积面积在断面上分配的方法，接近淤积平衡时断面的宽深比值参考类似水库确定。综合丹江口水库和三峡水库断面形态调整接近稳定的断面宽深比值，当模拟过程中水库断面处于微冲微淤状态时，淤积面积在断面上的分配按宽深比控制法确定。

　　1）当模拟过程中水库断面处于微淤状态时，如果断面宽深比大于 1.1，则断面淤积面积按沿湿周平铺法在断面上进行分配；如果断面宽深比小于等于 1.1，则断面淤积面积按与水深成正比法在断面上进行分配。

　　2）当模拟过程中水库断面处于微冲状态时，如果断面宽深比大于 1.1，则断面冲刷面积按与水深成正比法在断面上进行分配；如果断面宽深比小于等于 1.1，则断面冲刷面积按沿湿周平铺法在断面上进行分配。

　　（2）糙率重新率定。

　　已有三峡水库糙率是用三峡水库蓄水运用前和蓄水运用初期各站实测水位流量关系对糙率进行率定，三峡水库蓄水运用后，随着泥沙的淤积，床沙级配在细化，其对糙率的影响在数学模型中采用床面沙粒阻力和边壁阻力叠加的方法确定，采用能坡分割法：

$$n^2\chi = n_b^2\chi_b + n_w^2\chi_w \qquad (3.3.8)$$

式中：n 为综合糙率；n_b 为床面糙率；n_w 为边壁糙率；χ、χ_b、χ_w 为河床、河底和河岸的湿周。

　　河道冲淤过程中床沙级配变化引起的床面糙率变化为

$$n_b = n_b^0\left(\frac{D}{D_0}\right)^{1/6} \qquad (3.3.9)$$

式中：n_b^0 为初始糙率；D_0 为初始床沙平均粒径；D 为冲淤变化后床沙平均粒径。

　　冲淤变化过程中边壁糙率不考虑变化。

　　随着泥沙的淤积，沿程断面形态不断调整，形态阻力也在减小，但一维数学模型中难以反映。因此，在水库淤积到一定程度后，模型糙率仍需要重新率定。针对 2013 年实测断面、实测床沙级配，糙率重新率定的结果见表 3.3.1，可见，计算河段糙率有的变化较大，有的变化很小，与河段冲淤变化有关。其中，朱沱—寸滩段和寸滩—清溪场段因冲淤变化不大，糙率变化也较小。清溪场—忠县段和忠县—万州段，小流量时糙率变化不大，大流量时对应糙率大幅减小。万州—奉节段和奉节—大坝段，小流量时糙率变化不大，大流量时对应糙率有所减小。

表 3.3.1　　　　　　　　　　三峡水库糙率重新率定前后综合糙率对比

长江干流河段	项目	数据对比						
朱沱—寸滩	流量/(m³/s)	2000	5000	10000	20000	40000	70000	
	2003 年糙率	0.070	0.050	0.040	0.036	0.035	0.033	
	2013 年糙率		0.048	0.040	0.036	0.035		
寸滩—清溪场	流量/(m³/s)	2000	5000	10000	20000	30000	70000	
	2003 年糙率	0.045	0.045	0.045	0.046	0.047	0.047	
	2013 年糙率		0.046	0.046	0.045	0.045		
清溪场—忠县	流量/(m³/s)	2000	5000	10000	20000	30000	40000	70000
	2003 年糙率	0.031	0.035	0.038	0.042	0.044	0.044	0.044
	2013 年糙率		0.038	0.036	0.034	0.034	0.034	
忠县—万州	流量/(m³/s)	1000	3000	5000	10000	20000	40000	70000
	2003 年糙率	0.045	0.042	0.041	0.040	0.045	0.045	0.045
	2013 年糙率			0.038	0.035	0.034	0.034	
万州—奉节	流量/(m³/s)	2000	5000	10000	20000	30000	40000	70000
	2003 年糙率	0.044	0.041	0.042	0.050	0.060	0.060	0.060
	2013 年糙率		0.041	0.042	0.050	0.055	0.055	
奉节—大坝	流量/(m³/s)	2000	5000	10000	20000	30000	40000	70000
	2003 年糙率	0.048	0.048	0.050	0.055	0.068	0.073	0.073
	2013 年糙率		0.048	0.050	0.052	0.055	0.060	

糙率重新率定的直接作用是使模型模拟水位更加符合观测实际，如图 3.3.3 所示。糙率重新率定的作用也使模型模拟清溪场站以下含沙量有所增大，更加符合观测实际，如图 3.3.4 所示，因而对库区泥沙淤积分布也产生相应影响。

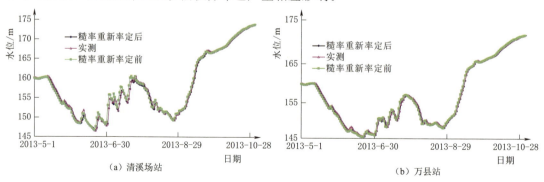

图 3.3.3　三峡水库糙率重新率定对模拟水位的影响

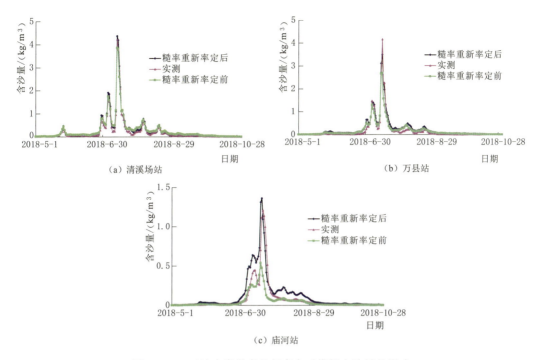

（a）清溪场站　　　　　　　　　　　（b）万县站

（c）庙河站

图 3.3.4　三峡水库糙率重新率定对模拟含沙量的影响

3.3.1.4　模型验证

（1）三峡水库验证。

模型经过改进完善后，采用三峡水库实测资料对其进行进一步综合验证，同时采用向家坝水电站和溪洛渡水电站实测资料进行验证，各站水位流量过程与输沙过程验证计算结果都与实测较为符合。表 3.3.2 为三峡水库主要水文站输沙量验证情况，由表可见，年输沙量计算值与实测值也基本接近。

表 3.3.2　　　　　　　　　　三峡水库主要水文站输沙量验证情况

年份	寸滩站输沙量/亿 t		清溪场站输沙量/亿 t		万县站输沙量/亿 t		黄陵庙站输沙量/亿 t	
	实测	计算	实测	计算	实测	计算	实测	计算
2003[①]	2.033	2.194	2.080	2.288	1.585	1.764	0.841	0.908
2004	1.734	1.813	1.660	1.882	1.288	1.384	0.637	0.623
2005	2.700	2.732	2.538	2.740	2.051	2.051	1.032	1.074
2006	1.086	1.151	0.962	1.102	0.483	0.689	0.089	0.096
2007	2.099	2.290	2.167	2.285	1.206	1.476	0.509	0.514
2008	2.126	2.292	1.893	2.233	1.051	1.321	0.322	0.366
2009	1.733	1.822	1.824	1.884	1.054	1.160	0.360	0.363
2010	2.111	2.225	1.942	2.200	1.150	1.319	0.328	0.346
2011	0.916	1.006	0.883	1.037	0.309	0.483	0.069	0.050
2012	2.103	2.181	1.902	2.132	1.144	1.251	0.453	0.436

续表

年份	寸滩站输沙量/亿 t		清溪场站输沙量/亿 t		万县站输沙量/亿 t		黄陵庙站输沙量/亿 t	
	实测	计算	实测	计算	实测	计算	实测	计算
2013	1.207	1.253	1.206	1.393	0.849	0.824	0.328	0.262
2014	0.519	0.495	0.561	0.658	0.234	0.417	0.105	0.100
2015	0.328	0.309	0.741	0.359	0.113	0.229	0.042	0.033
2016	0.425	0.389	0.413	0.453	0.197	0.300	0.088	0.075
2017	0.290	0.333	0.304	0.374	0.108	0.226	0.032	0.032
总计	21.41	22.485	21.076	23.02	12.822	14.894	5.235	5.278

① 2003 年为 2003 年 6 月 1 日至 12 月 31 日。

表 3.3.3 为三峡水库蓄水运用后库区历年淤积量验证，表明历年模拟计算值与观测值符合良好。2003—2018 年三峡库区干流计算分段冲淤量与观测值也符合较好，见表 3.3.4。

为了反映糙率重新率定和模型改进对冲淤计算精度的提高作用，图 3.3.5 列出了模拟改进前后水库淤积过程计算结果与实测对比，可见模型改进完善后冲淤量计算精度有明显的提高。

表 3.3.3　　　三峡水库库区历年淤积量验证结果（模拟改进完善后）

年份	观测值/亿 t	计算值/亿 t	绝对误差/亿 t	相对误差/%
2003	1.481	1.434	−0.047	−3.2
2004	1.284	1.318	0.034	2.6
2005	1.745	1.734	−0.011	−0.6
2006	1.111	1.088	−0.023	−2.1
2007	1.883	1.873	−0.010	−0.5
2008	1.992	1.939	−0.053	−2.7
2009	1.469	1.461	−0.008	−0.5
2010	1.963	1.959	−0.004	−0.2
2011	0.947	0.969	0.022	2.3
2012	1.733	1.773	0.040	2.3
2013	0.940	1.033	0.093	9.9
2014	0.449	0.462	0.013	2.9
2015	0.278	0.290	0.012	4.3
2016	0.334	0.354	0.020	6.0
2017	0.312	0.317	0.005	1.6
2018	1.042	1.051	0.009	0.9
合计	18.963	19.055	0.092	0.5

表 3.3.4　　　　　　2003—2018 年三峡库区干流计算分段冲淤量与观测值比较

河　段		寸滩—清溪场	清溪场—万县	万县—大坝	寸滩—大坝
冲淤量 /亿 t	计算值	0.40	9.01	8.04	17.45
	观测值	0.78	8.15	7.72	16.65

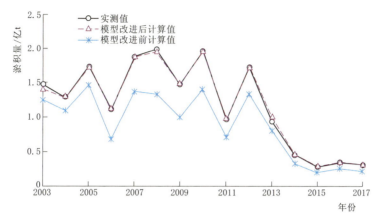

图 3.3.5　三峡水库模型改进前后水库淤积过程计算结果与实测对比

（2）向家坝水库水沙模拟验证。

为了检验模型的通用性，还就向家坝水库进行了模型验证。向家坝水库验证计算范围为干流溪洛渡坝址—向家坝坝址，长约 147km。考虑团结河、细沙河、西宁河、中都河、大汶溪 5 条支流，起始计算地形采用 2015 年实测大断面资料。模型计算的沿程各水位站、水文站洪水演进传播过程及水位变化过程与实测情况基本一致。根据向家坝水库 2014 年和 2015 年的实测资料，向家坝水库蓄水运用后库区淤积量验证结果见表 3.3.5。从向家坝水库淤积量验证结果看，2014—2015 年向家坝水库实测淤积量为 0.054 亿 t，模型验证计算值为 0.055 亿 t，计算值偏大 0.001 亿 t，相对误差为 1.8%；从向家坝水库淤积过程验证结果看，2014 年和 2015 年各年淤积量验证误差均较小，绝对误差在 0.001 亿 t 以内，相对误差在 2.4% 以内。可见模型计算的向家坝水库总淤积量及过程与实测结果符合较好。2014—2015 年向家坝水库实测总排沙比为 34.1%，模型计算值为 32.9%，两者仅差 1.2%。

表 3.3.5　　　　　　向家坝水库蓄水运用后库区淤积量验证结果

年　份	实测值/亿 t	计算值/亿 t	绝对误差/亿 t	相对误差/%
2014	0.042	0.043	0.001	2.4
2015	0.012	0.012	0.000	0.0
合计	0.054	0.055	0.001	1.8

（3）溪洛渡水库水沙模拟验证。

溪洛渡水库模型验证范围从白鹤滩水库坝下至溪洛渡水库坝址，全长约 195km，包括了牛栏江、美姑河和西苏角河 3 条支流。采用 2008 年与 2009 年入库水沙条件和上围堰水位条件，计算了溪洛渡水库截流后整个库区河段的冲淤变化。溪洛渡水库截流后，壅高了水位，近坝段水面线抬高，回水影响在 20～35km 范围内。其中小流量时影响范围小，大流量时影响范围大，到达西苏角河出口附近。图 3.3.6 为计算冲淤沿程分布与断面观测结果比较，两者沿程大趋势基本一致，但局部地方有些差别。

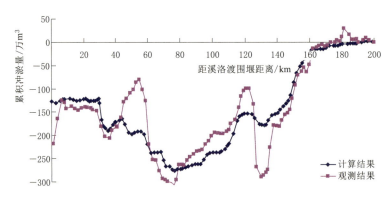

图 3.3.6　溪洛渡水库计算冲淤沿程分布与断面观测结果比较

3.3.2　水库泥沙淤积对水库运用方式的响应

在进行三峡水库泥沙淤积与水库运用方式响应关系的研究时，采用的水库运用方案包括不同汛期水位方案和不同提前蓄水方案及它们的组合方案，汛期水位方案范围为 145～155m，蓄水时机方案范围为当 8 月中旬至 9 月 10 日，都达到了水库实际调度中受防洪和航运等约束条件下所能达到的最大范围。

3.3.2.1　汛期水位与水库淤积的响应关系

汛期水位计算方案共设置了 4 个方案，各方案汛期水位控制范围从 145～146.5m 至 150～155m，见表 3.3.6，相应的汛前水位消落及汛后蓄水等同目前实行的方案[8]。

表 3.3.6　　　　　　　三峡水库汛期水位与水库淤积的响应关系计算方案汇总

方案	6 月中旬至 8 月下旬控制水位/m	9 月上旬控制水位/m
方案 1 (145, 146.5)	145.0	150
方案 2 (146.5, 150)	146.5	
方案 3 (148, 150)	148.0	
方案 4 (150, 155)	150.0	155

不同汛期水位方案计算三峡库区总淤积量变化过程如图 3.3.7 所示，累积淤积量以方案 1 最少，50 年累积淤积量为 36.80 亿 t，年均淤积量为 0.74 亿 t。方案 2 至方案 4 累积淤积量依次增加，方案 4 累积淤积量为 42.84 亿 t，年均淤积量为 0.86 亿 t。与方案 1 相比，50 年时方案 4 累积淤积量增加了 6.04 亿 t，年均淤积量增加约为 1208 万 t，增幅为 16%。

点绘三峡库区总淤积量与汛期水位关系，如图 3.3.8 所示，可以看出以下两个基本现象：首先，水库运用 10 年内不同汛期水位时水库淤积量差别较小，水库运用时间越长，不同汛期水位时水库淤积量差别越明显。其次，汛期水位 145～148m 内水库淤积量随汛期水位增加速率相对较小，汛期水位超过 148m 后水库淤积量增加速率明显变快。

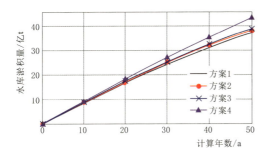

图 3.3.7　不同汛期水位方案计算三峡库区总淤积量变化过程

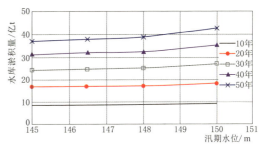

图 3.3.8　运用不同时期汛期水位与三峡库区总淤积量关系

不同汛期水位方案计算沿程累积淤积量分布是相似的，方案 1 如图 3.3.9 所示，淤积主要出现在坝址以上约 440km 范围内，即丰都至坝址库区，丰都以上至重庆河段略有冲刷，重庆以上至朱沱河段基本稳定。不同汛期水位方案库区泥沙淤积主要在 145m 高程以下，145～175m 高程内有效库容范围淤积相对较少。方案 1 至方案 4 有效库容损失依次增加，计算 50 年时水库有效库容损失分别为 0.35 亿 m^3、0.69 亿 m^3、1.00 亿 m^3 和 2.53 亿 m^3。各方案年均损失率都不到 1‰，方案 4 年均损失率最大，为

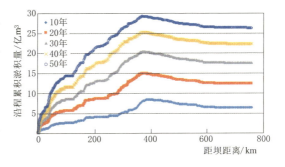

图 3.3.9　三峡水库汛期水位方案 1 计算沿程累积淤积量分布

0.23‰。计算 50 年内水库有效库容损失率随时间有所加快，如方案 4 在计算 30 年内有效库容年均损失率为 0.19‰，31～50 年年均损失率增至 0.28‰。

表 3.3.7 为三峡水库汛期水位方案计算出库沙量。出库沙量呈增加趋势，各方案增加速度有所不同，大约第 10 年增加 10%～20%。从不同方案比较来看，计算 50 年内，汛期水位不同方案对出库泥沙量虽然有一定影响，但对出库泥沙年均组成影响较小，各粒径组出库泥沙所占比例相差不大。

3.3.2.2　蓄水时机与水库淤积的响应关系

在现行方案（基本方案）的基础上，在防洪风险可控的前提下，拟定了两个提前蓄水方案，见表 3.3.8。方案 1 为 9 月 1 日开始蓄水的方案，9 月 10 日控制蓄水位为 155m，9 月底控制蓄水位为 165m。方案 2 为有条件开始蓄水方案，当 8 月中旬入库平均流量小于 40000m^3/s 时从 8 月下旬开始蓄水，8 月底按蓄水至 155m 控制，9 月 10 日蓄水控制水位为 160m；如果 8 月中旬入库平均流量大于 40000m^3/s，则从 9 月 1 日开始蓄水。分析表明，方案 2 与方案 1 水库蓄满率都能达到 90% 以上，两者差别不大。

表 3.3.7　　　　　　　　　三峡水库汛期水位方案计算出库沙量变化

方案	1～10 年		11～20 年		21～30 年		31～40 年		41～50 年	
	沙量/万 t	排沙比/%	沙量/万 t	排沙比/%	沙量/万 t	排沙比/%	沙量/万 t	排沙比/%	沙量/万 t	排沙比/%
方案 1	35415	29.7	41723	34.7	48209	39.7	57234	46.4	68747	54.89
方案 2	33054	27.7	40531	33.7	46915	38.6	55514	45.0	66617	53.19
方案 3	31340	26.2	39493	32.8	45598	37.6	53899	43.7	64526	51.52
方案 4	28740	24.1	31866	26.5	36305	29.9	42190	34.2	49682	39.67

表 3.3.8　　　　　　　　　三峡水库提前蓄水计算方案汇总

方案	起蓄时间	控 制 条 件
现行方案（基本方案）	9 月 10 日	汛期不实行中小洪水调度，9 月 20 日控制蓄水位为 155m，9 月底控制蓄水位为 165m
方案 1	9 月 1 日	汛期不实行中小洪水调度。9 月 10 日控制蓄水位为 155m，9 月底控制蓄水位为 165m
方案 2	8 月 21 日至 9 月 1 日	汛期不实行中小洪水调度。8 月中旬入库平均流量小于 40000m³/s 时，8 月 21 日开始蓄水，8 月底按蓄水至 155m 控制，9 月 10 日蓄水控制水位为 160m。8 月中旬入库平均流量大于 40000m³/s 时，9 月 1 日开始蓄水，9 月 10 日控制蓄水位 155m。9 月底控制蓄水位 165m

三峡水库不同蓄水方案计算库区总淤积量变化过程如图 3.3.10 所示。由图可见，累积淤积量以基本方案最少，50 年累积淤积了 38.08 亿 t，年均淤积约 0.76 亿 t；方案 2 累积淤积量最多，为 39.57 亿 t，年均淤积约 0.79 亿 t。与基本方案相比，50 年时方案 1 累积淤积量增加了 0.88 亿 t，增幅为 2.3%；方案 2 累积淤积量增加了 1.49 亿 t，增幅为 3.9%。由此可见，与现行方案（基本方案）比，提前蓄水方案 1 和方案 2 增加淤积量和比率都不是很大。不同蓄水方案计算沿程累积淤积量分布是相似的，淤积主要

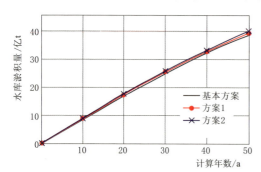

图 3.3.10　三峡水库不同蓄水方案计算库区总淤积量变化过程

出现在丰都至坝址库区。丰都以上至重庆河段略有冲刷，重庆以上至朱沱河段基本稳定。

图 3.3.11 给出了提前蓄水方案间沿程冲淤差值的分布情况。由图可见，与基本方案比，提前蓄水方案 1 和方案 2 在坝前约 240km 库段内淤积略有减少，运用 50 年时，方案 1 减小了约 0.11 亿 m³，方案 2 减少了约 0.29 亿 m³。提前蓄水方案 1 和方案 2 与基本方案比在坝前 240～570km 库段内淤积增加，运用 50 年时，方案 1 增加了约 0.66 亿 m³，方案 2 增加了约 1.4 亿 m³。

不同提前蓄水方案库区泥沙淤积主要在 145m 高程以下，145～175m 高程范围淤积量较小。其中，运用 50 年时基本方案累积淤积为 0.46 亿 m³，方案 1 为 0.91 亿 m³，方案 2

为 1.03 亿 m³。有效库容损失也是基本方案最少、方案 2 最多，方案 2 有效库容损失比基本方案增加超过 1 倍，但绝对损失量不是很大。

3.3.2.3 组合方案与水库淤积的响应关系

在三峡水库汛期水位方案与提前蓄水方案不同组合情况下，模拟了 12 个组合方案运用方式对水库淤积的影响，各组合方案见表 3.3.9。

不同组合方案计算 50 年，累积淤积量见表 3.3.10。可见，计算 50 年的情况下，三峡水库泥沙淤积速度呈略有减慢趋

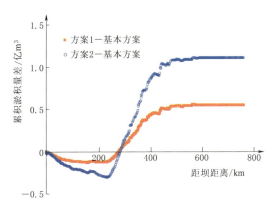

图 3.3.11　三峡水库提前蓄水方案间沿程冲淤量差值分布（计算 50 年）

势，累积淤积量以组合方案 1 最少，累积淤积了 36.80 亿 t，年均淤积约 0.74 亿 t；组合方案 12 淤积最多，淤积量为 43.00 亿 t，年均淤积 0.86 亿 t。与组合方案 1 比，50 年时组合方案 12 累积淤积增加了 6.20 亿 t，年均增加约 1240 万 t，增幅为 17%。

表 3.3.9　　　　　　　　三峡水库汛期水位与蓄水时机组合方案汇总

方　案	汛期水位/m	蓄　水　时　机
组合方案 1	方案 1 (145, 146.5)	基本方案（9 月 10 日）
组合方案 2	方案 2 (146.5, 150)	基本方案（9 月 10 日）
组合方案 3	方案 3 (148, 150)	基本方案（9 月 10 日）
组合方案 4	方案 4 (150, 155)	基本方案（9 月 10 日）
组合方案 5	方案 1 (145, 146.5)	方案 1（9 月 1 日）
组合方案 6	方案 2 (146.5, 150)	方案 1（9 月 1 日）
组合方案 7	方案 3 (148, 150)	方案 1（9 月 1 日）
组合方案 8	方案 4 (150, 155)	方案 1（9 月 1 日）
组合方案 9	方案 1 (145, 146.5)	方案 2（8 月 21 日至 9 月 1 日）
组合方案 10	方案 2 (146.5, 150)	方案 2（8 月 21 日至 9 月 1 日）
组合方案 11	方案 3 (148, 150)	方案 2（8 月 21 日至 9 月 1 日）
组合方案 12	方案 4 (150, 155)	方案 2（8 月 21 日至 9 月 1 日）

表 3.3.10　　　　　　　　三峡水库不同组合方案计算库区总淤积量

方　案	总淤积量/亿 t				
	计算 10 年	计算 20 年	计算 30 年	计算 40 年	计算 50 年
组合方案 1	8.61	16.65	24.16	30.96	36.80
组合方案 2	8.79	17.01	24.7	31.74	37.85
组合方案 3	8.96	17.29	25.12	32.32	38.65

方　案	总淤积量/亿 t				
	计算 10 年	计算 20 年	计算 30 年	计算 40 年	计算 50 年
组合方案 4	9.25	18.24	26.89	35.15	42.84
组合方案 5	8.77	17.22	25.17	32.51	38.99
组合方案 6	8.96	17.64	25.87	33.57	40.52
组合方案 7	9.04	17.81	26.18	34.08	41.33
组合方案 8	9.20	18.14	26.74	34.95	42.60
组合方案 9	8.86	17.42	25.49	32.97	39.62
组合方案 10	8.99	17.70	25.97	33.74	40.77
组合方案 11	9.02	17.76	26.11	34.00	41.26
组合方案 12	9.26	18.27	26.94	35.24	43.00

不同组合方案计算 50 年库区分段淤积量是基本相似的，见表 3.3.11。计算 50 年内淤积主要出现在坝址以上约 440km 范围内，即丰都至坝址库区，丰都以上至重庆河段略有冲刷，重庆以上至朱沱河段基本稳定。

表 3.3.11　　　　　　三峡水库不同组合方案计算 50 年库区分段淤积量

方　案	总淤积量/亿 t				
	朱沱—寸滩	寸滩—清溪场	清溪场—万县	万县—大坝	朱沱—大坝
组合方案 1	−0.20	−1.20	1.58	25.92	26.11
组合方案 2	−0.20	−1.18	2.13	26.10	26.85
组合方案 3	−0.20	−1.17	2.66	26.23	27.52
组合方案 4	−0.20	−1.13	5.71	27.08	31.46
组合方案 5	−0.20	−1.19	2.50	26.54	27.66
组合方案 6	−0.20	−1.18	3.45	27.00	29.08
组合方案 7	−0.20	−1.15	4.44	27.06	30.15
组合方案 8	−0.20	−1.12	5.93	26.91	31.52
组合方案 9	−0.20	−1.18	2.96	26.62	28.20
组合方案 10	−0.20	−1.17	3.87	26.88	29.39
组合方案 11	−0.20	−1.14	4.88	26.79	30.33
组合方案 12	−0.20	−1.11	6.27	26.86	31.81

不同组合方案库区泥沙都主要淤积在 145m 高程以下，145～175m 有效库容范围淤积占比相对较小，见表 3.3.12，淤积过程如图 3.3.12 和图 3.3.13 所示。不同组合方案库区泥沙淤积主要在 145m 高程以下，145～175m 有效库容范围淤积占比相对较小。计算 50 年时，145m 高程以下组合方案 1 淤积量少，为 24.13 亿 m³，组合方案 12 淤积最多，为 27.27 亿 m³，组合方案 12 比组合方案 1 多淤积 3.14 亿 m³，多淤积 13%。145～175m 高程淤积量，组合方案 1 淤积量少，为 0.66 亿 m³，组合方案 12 淤积最多，为 2.41 亿 m³，组

合方案 12 比组合方案 1 多淤积 1.75 亿 m³，多淤积 265％。各方案有效库容年均损失率都不到 1‰，组合方案 12 年均损失率最大，为 0.22‰。

表 3.3.12   三峡水库不同组合方案计算库容损失

方案	库容损失/亿 m³					
	计算 10 年		计算 30 年		计算 50 年	
	145m 以下	145~175m	145m 以下	145~175m	145m 以下	145~175m
组合方案 1	5.83	0.06	16.25	0.33	24.13	0.66
组合方案 4	6.00	0.36	17.18	1.30	27.15	2.26
组合方案 8	6.00	0.38	17.18	1.34	27.17	2.32
组合方案 12	6.00	0.40	17.18	1.41	27.27	2.41

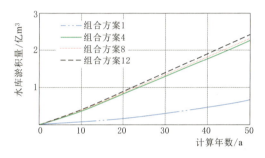

图 3.3.12 三峡水库不同组合方案计算水库
有效库容淤积变化过程

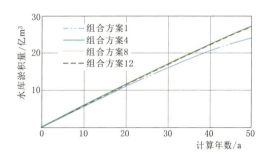

图 3.3.13 三峡水库不同组合方案计算水库
死库容淤积变化过程

由不同组合方案模拟结果可见，汛期水沙调度对水库淤积总量和死库容内淤积的影响相对较小，对有效库容内淤积量影响相对较大，但各方案有效库容年均损失率都不到 1‰，最大为 0.22‰。因此，三峡水库泥沙淤积不再是水库调度的制约因素，而是影响水库综合效益的因素之一，减缓水库淤积速度是提高水库综合效益的需要。

3.4 三峡水库减淤调度措施

3.4.1 消落期库尾减淤调度

水库消落期库尾减淤调度是结合消落期来水来沙条件，调节库水位消落过程，使其有利于变动回水区冲刷，尽可能将前期淤积的泥沙冲刷到常年回水区。是否开展消落期库尾减淤调度受到库尾前期淤积量和消落期入库水沙条件等因素的影响，当三峡水库库尾没有需要冲刷的前期累积淤积或者入库水沙条件不满足时，则不需要开展消落期库尾减淤调度。从 2012 年开始，三峡水库开展了消落期库尾减淤调度试验，取得了一定的成效。如图 3.4.1 所示，2012 年库尾减淤调度试验期间，重庆主城区干流大渡口至铜锣峡河段冲刷量为 84.3 万 m³，铜锣峡至李渡镇河段冲刷量为 194.8 万 m³，李渡镇至涪陵河段淤积量为 54.7 万 m³。2013 年库尾减淤调度期间，重庆主城区大渡口至铜锣峡河段冲刷量仅为 1.7 万 m³，铜锣峡至涪陵河段则表现为沿程全线冲刷，累计冲刷量为 408.0 万 m³。

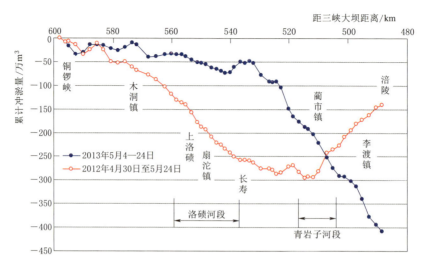

图 3.4.1　三峡水库 2012 年和 2013 年减淤调度期间库尾河段沿程冲刷对比

但影响库尾减淤调度效果的因素较多，各年冲刷减淤强度与范围有所不同，减淤调度措施仍需要深入研究，主要是研究调度时机，明确调度开始时的库水位、寸滩站流量、库水位日降幅等关键调度参数。本节针对金沙江下游梯级水电站蓄水运用以后的水沙新形势，初步提出了三峡水库消落期库尾减淤调度试验方案。

3.4.1.1　库尾减淤调度条件

观测表明，当寸滩站流量大于 5000m³/s 时，重庆主城区河段才开始走沙[9]。三峡水库 175m 试验性蓄水运用以来，4 月下旬至 5 月下旬逐渐成为重庆主城区河段的重要走沙期。统计结果表明，寸滩站 4 月下旬平均流量约为 5200m³/s，对应天然水位约为 161.3m，5 月上旬平均流量约为 6800m³/s，对应天然水位约为 162.5m，进入 4 月下旬以后，根据寸滩站来水情况适时将坝前水位消落至 162m 以下将有利于减小库水位对寸滩站水位的影响。6 月中下旬以后，随着入库流量和含沙量的增大，该河段又逐步转为淤积。由于 4 月下旬来水来沙均比较小，冲沙动力不足，库尾减淤效果有限，同时，过早消落对库区航运也不利。而后期随着来水增加，要在满足库水位日降幅不超过 0.6m 条件下消落至汛限水位，消落压力大。因此，建议消落期减淤调度的启动时间为 5 月上旬，但同时要兼顾重庆河段对通航水位的需要。

库水位是重庆主城区河段走沙能力的制约因素，在入库水沙量增大时适时降低坝前水位是增大消落期库尾走沙能力的有效措施。实测资料表明：库水位达到 157m 时，重庆主城区河段大部分仍接近天然状态，此时，库水位对重庆主城区河段走沙影响相对较小；当库水位达到 160~162m 时，水库回水末端已经上延到朝天门至九龙坡河段，回水范围开始逐步覆盖大部分重庆主城区河段；当库水位达到 165m 时，整个重庆主城区河段都已经受到水库回水的影响，此时库水位对重庆主城区河段走沙产生较大的影响[10]，因此，库尾减淤调度启动水位应在 165m 以下。

3.4.1.2 减淤调度方案

为了确定减淤调度方案，针对不同寸滩站流量与坝前水位组合，采用三峡水库干支流河道一维非恒定流水沙数学模型开展水位流量组合条件泥沙冲淤模拟计算。计算分析表明，一般当库水位消落至 165m 附近，寸滩站流量大于 3000m³/s、库水位日降幅达到 0.2m 时，重庆主城区河段可由缓慢淤积转变为缓慢冲刷；当库水位消落至 162m 附近、寸滩站流量大于 5000m³/s 时，重庆主城区河段冲刷开始明显加快。坝前水位 162m，寸滩站不同的启动流量中，寸滩站流量为 7000m³/s 时重庆主城区河段减淤效果相对较好，见表 3.4.1。综合考虑各方面因素，库水位 162m 和寸滩站流量 7000m³/s 为较优的调度启动库水位和寸滩站流量。计算结果还表明，库水位在 162m 以上，库水位日降幅小于 0.1m 时，不利于库尾走沙；库水位日降幅大于 0.2m 时，有利于库尾走沙。考虑到调度期内的来水来沙过程的随机性，为保留一定的调度灵活性以适应来水来沙情况，建议减淤调度期间的库水位日降幅为 0.4～0.6m。

表 3.4.1　　　　　　　　三峡水库减淤调度启动库水位 162m 时减淤效果　　　　　　　单位：万 m³

冲刷历时/d	寸滩站流量 7000m³/s			寸滩站流量 9000m³/s			寸滩站流量 12000m³/s			寸滩站流量 15000m³/s		
	基础方案	减淤方案	变化值	基础方案	减淤方案	变化值	基础方案	减淤方案	变化值	基础方案	减淤方案	变化值
1	−11.9	−12.5	−0.6	−13.6	−14.2	−0.6	−18.4	−18.9	−0.5	−22.8	−23.3	−0.5
2	−21.6	−23.3	−1.7	−24.1	−25.5	−1.4	−33.7	−35.5	−1.8	−40.5	−42.3	−1.8
3	−29.3	−32.7	−3.4	−31.8	−34.1	−2.3	−48.1	−51.1	−3.0	−51.4	−54.2	−2.8

对寸滩站流量 7000m³/s 时不同冲沙历时分别为 5d、8d 和 10d 的三峡库尾冲淤变化情况模拟计算结果见表 3.4.2。

表 3.4.2　　　　寸滩站流量 7000m³/s 时不同冲沙历时条件下三峡库尾冲淤量

河段	冲刷历时/d	冲 淤 量/万 m³		
		正常消落方案	冲沙方案	变化值
重庆主城区河段	5	−38.0	−40.2	−2.2
	8	−50.3	−54.7	−4.4
	10	−59.3	−65.1	−5.8
涪陵以上变动回水区段	5	31.2	26.6	−4.6
	8	65.0	55.2	−9.8
	10	85.6	71.2	−14.4

综合以上模拟结果，拟定三峡水库消落期库尾减淤调度试验方案：三峡水库坝前水位 162m，寸滩站流量达到 7000m³/s 时，按三峡水库日均降幅 0.4～0.6m 进行 10d 左右的减淤调度。考虑到实际调度时来水来沙的随机性，坝前水位条件和寸滩站流量条件往往难以同时满足，因此建议在坝前水位 160～162m、寸滩站流量 7000m³/s 左右时择机开展库尾减淤调度。当只有入库流量条件满足时，可考虑通过开展三峡水库与上游水库群联合调度来满足三峡水库消落期库尾减淤调度所需的寸滩站流量条件。

3.4.2 沙峰排沙调度

三峡水库汛期沙峰排沙调度试验是利用汛期洪峰和沙峰传播时间差，调节水库下泄流量过程，增加水库排沙量。三峡水库从 2012 年开始，在相关研究的基础上开展了汛期沙峰排沙调度试验[11-12]，取得了较好的成效。2012 年 7 月 27—31 日水库排沙比达到 67%，2013 年 7 月 11—18 日三峡入库沙量约 5740 万 t，沙峰排沙调度出库排沙比约为 31%，可见水库沙峰排沙调度有效减轻了水库泥沙的淤积。

3.4.2.1 启动沙峰调度所需的入库水沙条件

出库沙峰大小受到入库沙峰条件的直接影响，入库沙峰大小应该是沙峰调度启动的一个重要指标。如果出库沙峰太小，则开展沙峰调度将会失去实际意义，因此，选择以出库沙峰可达到 0.3kg/m³ 以上为沙峰调度的启动条件。实测资料分析表明，在入库沙峰含沙量小于 2.0kg/m³ 的沙峰样本中，出库沙峰均在 0.3kg/m³ 以下，因此，启动沙峰调度的相应入库沙峰应大于 2.0kg/m³。同时，当沙峰入库时对应的寸滩站流量小于 25000m³/s 时，出库沙峰含沙量也均小于 0.3kg/m³，启动沙峰调度时除了需要满足入库沙峰不小于 2.0kg/m³ 的条件以外，还需要满足沙峰入库时对应寸滩站流量不小于 25000m³/s。从有利于排沙的角度看，沙峰调度过程中出库流量越大越有利于排沙，但实际调度过程中出库流量往往需要在考虑防洪、航运、洪水资源利用等多种因素的基础上综合确定。

在沙峰调度试验决策前，快速预估沙峰调度所能达到的排沙比范围是非常重要的。回归分析表明，洪水滞留系数是三峡水库汛期洪水排沙比的主要影响因素，且排沙比可以近似看成是洪水滞留系数的单值函数。通过回归分析，得到预估沙峰调度排沙比范围公式如下：

$$SDR = 2.449 \mathrm{e}^{-363.396\frac{V}{Q_{in}}}, \quad 0.0036 \leqslant \frac{V}{Q_{in}} \leqslant 0.0123 \tag{3.4.1}$$

$$SDR_{95\%置信上限} = 3.477 \mathrm{e}^{-316.885\frac{V}{Q_{in}}} \tag{3.4.2}$$

$$SDR_{95\%置信下限} = 1.725 \mathrm{e}^{-409.908\frac{V}{Q_{in}}} \tag{3.4.3}$$

式中：V 为水库水体体积；Q_{in} 为入库流量。

3.4.2.2 汛期沙峰调度方案

针对金沙江下游梯级水电站蓄水运用以后未来很长时间内三峡入库沙量以向家坝以下支流和区间来沙为主的水沙新形势，研究了不同调控方案和调控时机的排沙效果，见表 3.4.3。

沙峰调控时机指沙峰到达寸滩站后，水库通过加大下泄流量进行调控的开始时间。数学模型计算结果表明，调控都有增加排沙比的效果，基本以沙峰入库第 3 天开始调控效果最好，实际运用中可结合沙峰实时观测预报开展沙峰调度。沙峰期入库含沙量与沙峰前入库含沙量之比大，则调控增加排沙比的幅度也大，流量调控幅度大，调控增加排沙比的效果也大，一般情况都能增加 10%~20%。

表 3.4.3 三峡水库不同调控方案和调控时机的排沙比

序号	洪水前含沙量 /(kg/m³)	洪水期 5d 平均 含沙量/(kg/m³)	调控时机	排沙比
1			第 2 天	0.359
2			第 3 天	0.360
3			第 4 天	0.358
4	0.6	1.1	第 5 天	0.353
5			第 6 天	0.352
6			第 7 天	0.350
7			不调控	0.336
8			第 2 天	0.311
9			第 3 天	0.313
10			第 4 天	0.312
11	0.6	2.1	第 5 天	0.308
12			第 6 天	0.307
13			第 7 天	0.304
14			不调控	0.275
15			第 2 天	0.288
16			第 3 天	0.289
17			第 4 天	0.289
18	1.1	2.1	第 5 天	0.285
19			第 6 天	0.284
20			第 7 天	0.281
21			不调控	0.270

在三峡水库开展沙峰调度试验时，还可以考虑通过溪洛渡水库或者向家坝水库适时增泄降低库水位，以增大三峡入库流量的方式，增大溪洛渡、向家坝、三峡梯级水库出库沙量，来达到增大梯级水库排沙减淤效果的调度目标。初步提出溪洛渡、向家坝、三峡梯级水库联合沙峰排沙调度方案为：梯级水库中的上游溪洛渡水库开展沙峰调度时，下游向家坝水库和三峡水库应尽量保持较低的库水位以提高梯级水库整体的排沙效果；三峡水库开展沙峰调度时，要结合现有的沙峰实时监测和预报系统，在不增加下游防洪压力的前提下，上游溪洛渡水库可增泄降水位来提高三峡水库输沙流量，溪洛渡水库启动增泄的时间应与寸滩站出现沙峰的时间相一致，以增加下游干流寸滩站沙峰对应流量为目标，尽量使得寸滩站洪峰与沙峰同步或者晚于沙峰，溪洛渡库水位回升时应避开较大的入库沙峰；开展基于沙峰调度的梯级水库联合排沙调度时，向家坝水库应尽量维持在汛限水位。

研究结果表明，梯级水库联合沙峰调度有利于提高梯级水库出库沙量，但提高的幅度有限，在 5% 以下。其原因主要是沙峰排沙调度期间下游三峡水库水位较高，甚至处于库水位不断抬升过程，降低了调度排沙的效果。

根据模拟计算结果，初步提出了三峡水库汛期沙峰排沙调度试验方案：三峡水库开展汛期沙峰调度受到入库水沙条件和防洪、航运等因素的影响，开展沙峰排沙调度时，寸滩站入库水沙条件应满足流量大于 25000m³/s、沙峰含沙量 2.0kg/m³ 以上，以沙峰入库后第 3 天开始调控排沙效果最好，沙峰期入库含沙量与沙峰前入库含沙量之比越大，则调控增加排沙比的幅度也越大。

上述初步方案可为汛期沙峰排沙调度提供参考，实际应用中还需要根据新的枢纽调度规程，结合防洪、生态、航运等调度要求，充分利用现有水文气象预报技术[13]，进一步研究制定调度操作方案。

3.5　小结

1）三峡水库蓄水运用后，库区洪水以重力波的形式传播作用明显，传播时间缩短，但泥沙输移时间延长，沙峰入库后至出库过程中还会发生变形。坝前水位和入、出库流量是影响三峡水库排沙比的最主要因素，场次洪水排沙比可用洪水滞留时间拟合，小流量时排沙比对库水位的变化不敏感，大流量时排沙比对库水位的变化非常敏感。三峡水库与丹江口水库淤积类比说明，汛限水位对应的回水末端均为纵向冲淤临界位置，变动回水区总体冲刷，泥沙淤积主要集中在常年回水区，淤积接近平衡时断面的宽深比大多在 1.1 左右。

2）三峡水库消落期库尾减淤调度试验结果表明，消落期适时降低坝前水位是增大库尾走沙能力的有效措施，建议在坝前水位 160～162m、寸滩流量 7000m³/s 左右时择机启动库尾减淤调度，按库水位日均降幅 0.4～0.6m 进行 10d 左右的减淤调度。同时，可通过上游溪洛渡水库、向家坝水库联合调度来满足三峡水库消落期库尾减淤调度所需的寸滩站流量条件。

3）三峡水库汛期沙峰减淤调度试验结果表明，沙峰入库后通过调节水库下泄流量过程，增加水库排沙、减少水库淤积取得了较好的成效。建议启动沙峰调度的条件为入库沙峰大于 2.0kg/m³、对应寸滩站流量大于 25000m³/s，沙峰入库后第 3 天开始加大水库下泄流量的排沙比最大。溪洛渡、向家坝和三峡梯级水库联合沙峰排沙调度方式对提高梯级水库出库沙量作用有限。

4）三峡水库汛期水位方案与提前蓄水方案不同组合运用方式，计算沿程累积淤积量分布是相似的，淤积主要出现在丰都至坝址库段，沿高程分布主要淤积在 145m 以下，计算 50 年时，各方案有效库容年均损失率均小于 1‰。汛期水位在 145～148m 范围时，水库淤积量随坝前水位提高而增加的速率相对较小，超过 148m 后增加的速率明显变快。

参 考 文 献

［1］　姚金忠，程海云. 长江三峡工程水文泥沙年报（2019 年）［M］. 北京：中国三峡出版社，2020.

［2］　林云发，罗媛，叶志雄，等. 丹江口水库汉江干流库区近期淤积规律分析［J］. 长江科学院院报，2014，31（7）：7-12.

［3］ 方春明，董耀华. 三峡工程水库泥沙淤积及其影响与对策研究［M］. 武汉：长江出版社，2011.

［4］ 董年虎，方春明，曹文洪. 三峡水库不平衡泥沙输移规律［J］. 水利学报，2010，6：653－658.

［5］ 董占地，胡海华，吉祖稳，等. 三峡水库排沙比对来水来沙的响应［J］. 泥沙研究，2017，42（6）：16－21.

［6］ 周曼，黄仁勇，徐涛. 三峡水库库尾泥沙减淤调度研究与实践［J］. 水力发电学报，2015，4：98－104.

［7］ 胡春宏，方春明，陈绪坚，等. 三峡工程泥沙运动规律与模拟技术［M］. 北京：科学出版社，2017.

［8］ 任实，刘亮. 三峡水库泥沙淤积及减淤措施探讨［J］. 泥沙研究，2019，44（6）：40－45.

［9］ 曹广晶，王俊. 长江三峡工程水文泥沙观测与研究［M］. 北京：科学出版社，2015.

［10］ 王延贵，曾险，苏佳林，等. 三峡水库蓄水运用后重庆河段冲淤特性研究［J］. 泥沙研究，2017，42（4）：1－8.

［11］ 董炳江，乔伟，许全喜. 三峡水库汛期沙峰排沙调度研究与初步实践［J］. 人民长江，2014，45（3）：7－11.

［12］ 陈桂亚，董炳江，姜利玲，等. 2018长江2号洪水期间三峡水库沙峰排沙调度［J］. 人民长江，2018，49（19）：6－10.

［13］ 胡挺，王海，胡兴娥，等. 三峡水库近十年调度方式控制运用分析［J］. 人民长江，2014，9：24.

第 4 章

三峡水库中小洪水调度影响
与控制指标

三峡水库 175m 试验性蓄水期间，在保证防洪安全的条件下，通过试验性探索实施了中小洪水调度，充分利用了水资源，增加了水库发电效益。中小洪水调度也使 2009 年以来水库连续多年在汛期超 145m 的设计汛限水位运行，2 万～5.5 万 m^3/s 的流量都被水库削峰，水库下泄流量多在 4.5 万 m^3/s 以下，沙市最高水位在 42m 左右。这使得对河道行洪能力较为重要的河漫滩以上泄洪断面长期得不到洪水塑造，阻力增大，泄流能力萎缩，如果持续发展，可能会对长江中下游河道行洪产生不利影响。本章系统研究了中小洪水调度对水库及坝下游河道冲淤及防洪风险的综合影响，提出了维持坝下游河道行洪能力及河道不萎缩的中小洪水调度控制指标，保证坝下游河道同流量下洪水位不明显抬高。

4.1　三峡水库中小洪水调度对泥沙冲淤的影响

4.1.1　对水库淤积的影响

采用泥沙数学模型计算有、无中小洪水调度条件下的库区泥沙淤积情况，进行对比分析。无中小洪水调度运用的坝前水位过程采用水库调洪计算原理进行还原，计算时段为 2010 年 6 月 1 日至 2017 年 5 月 31 日，有、无中小洪水调度条件下三峡水库坝前水位过程如图 4.1.1 所示。数学模型计算的库区逐年累计淤积量及各区间的淤积情况如图 4.1.2 和图 4.1.3 所示，可得到如下认识。

1) 中小洪水调度降低了排沙比，增加了库区淤积量，增幅不大，且随着上游入库泥沙的减少，中小洪水调度增加的淤积量显著减小。

有中小洪水调度的条件下，水库排沙比有所减小，计算时段 2010—2017 年，无中小洪水调度条件下水库排沙比为 29.87%，而有中小洪水调度条件下的水库排沙比减小至 23.9%。

从 2010 年 6 月 1 日至 2017 年 5 月 31 日，在无中小洪水调度的情况下，库区泥沙总淤积量为 56356 万 t；实施中小洪水调度，库区泥沙总淤积量为 61104 万 t。即相同的入库水沙条件下，实施中小洪水调度 7 年后，库区的泥沙总淤积量增加了约 8.39%。

中小洪水调度导致库区的泥沙淤积增加量与入库沙量有关，随着近年来上游来沙的减少，中小洪水调度导致的泥沙淤积增加量也在减小。

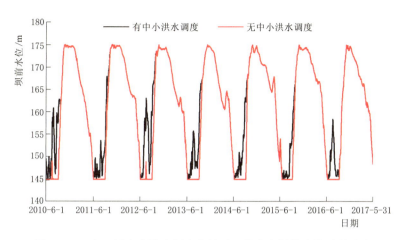

图 4.1.1 有、无中小洪水调度条件下三峡水库坝前水位过程对比

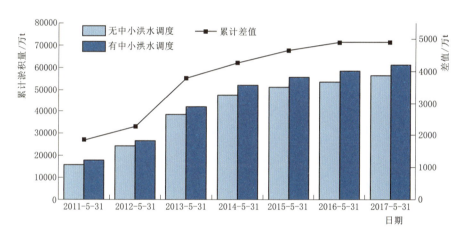

图 4.1.2 有、无中小洪水调度条件下三峡水库逐年累计淤积量对比

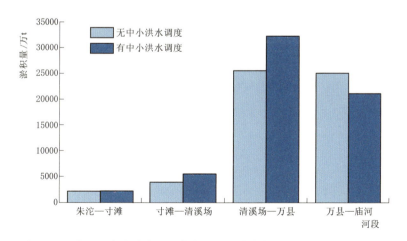

图 4.1.3 有、无中小洪水调度条件下三峡水库各区间泥沙淤积情况对比

2）中小洪水调度对变动回水区上段的泥沙淤积基本没有影响，常年库区下段淤积量减小，而变动回水区下段和常年库区上段淤积量增加较为明显。

朱沱至寸滩河段在有、无中小洪水调度情况下的泥沙淤积总量分别为 2180 万 t 和 2163 万 t，泥沙淤积总量基本不变；寸滩至清溪场河段，无中小洪水调度情况下的泥沙淤积总量为 4160 万 t，实施中小洪水调度情况下泥沙淤积总量增加了约 1530 万 t，增加了约 38.52%；清溪场至万县河段，无中小洪水调度情况下的泥沙淤积总量为 25347 万 t，实施中小洪水调度的情况下，泥沙淤积总量增加至 32235 万 t，增加了约 27.18%；万县至庙河河段，无中小洪水调度情况下的泥沙淤积总量为 24873 万 t，实施中小洪水调度的情况下，泥沙淤积总量减小至 21185 万 t，减小了约 14.58%。

3）中小洪水调度引起的库区河床纵剖面变化与淤积量变化类似，如图 4.1.4 所示。从河道纵剖面的变化情况可以看出，中小洪水调度对库区整体的纵剖面形态影响不大，但是局部有调整。相比无中小洪水调度的情况，有中小洪水调度情况下清溪场至万县河段的纵剖面高程有一定的抬高，如图 4.1.5 所示，而万县至坝前河段的纵剖面高程略有降低。

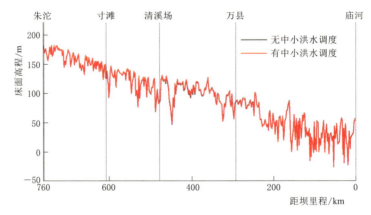

图 4.1.4　三峡库区河床纵剖面情况

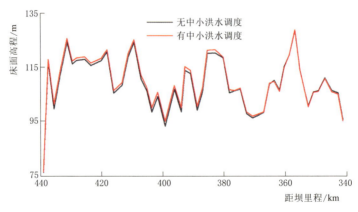

图 4.1.5　三峡库区清溪场至万县河段纵剖面变化

中小洪水调度引起的水位变化是导致不同河段泥沙淤积变化的主要原因。图 4.1.6 给出了 2016 年 7 月 22 日实测坝前水位 158m 和无中小洪水调度情况下坝前水位 145m 的库区水面线。由图可见，中小洪水调度使得汛期的水位抬升，其影响范围最大可达寸滩，对于寸滩以上的河段基本无影响。对于常年回水区，中小洪水调度的影响较大，如清溪场站水位抬升可达8.6m。

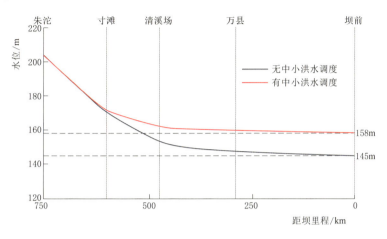

图 4.1.6 三峡库区水面线变化情况

总体来看，中小洪水调度汛期拦蓄洪水使得水位抬升，导致库区泥沙淤积量有所增加，增加约8.39%。对于库区的泥沙淤积分布来说，由于水位抬升的影响，使得泥沙淤积上移，寸滩至万县河段泥沙淤积明显增加，万县至庙河河段泥沙淤积有所减少，而未受水位抬升影响的朱沱至寸滩河段泥沙淤积量基本不变。

4.1.2 对坝下游河道冲刷的影响

采用2008—2017年水沙系列，对有、无中小洪水调度方案下30年内坝下游河道冲淤过程进行了计算，图4.1.7为不同河段有无中小洪水调度的逐年累积冲刷过程，可以得到如下结论。

1）无论是否有中小洪水调度，宜昌至大通河段河床发生普遍冲刷。数学模型计算30年末，有、无中小洪水调度工况下宜昌至大通河段累积冲刷量相差0.27亿t，年均仅约100万t/a，表明有无中小洪水调度对于坝下河道冲刷的影响有限。

2）有中小洪水调度与无中小洪水调度工况相比，计算第10年末，各河段累积冲刷量

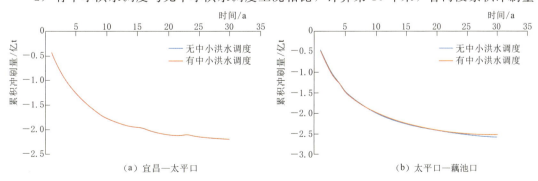

图 4.1.7（一） 有、无中小洪水调度工况三峡坝下河道分段累积冲刷过程

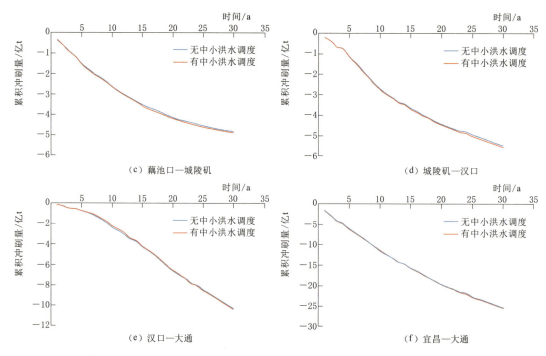

图 4.1.7（二）　有、无中小洪水调度工况三峡坝下河道分段累积冲刷过程

差异较大的为藕池口至城陵矶河段，最大冲刷量差异为 0.19 亿 t，其次为城陵矶至汉口河段，最大冲刷量差异为 0.09 亿 t，其他河段差异较小。计算第 30 年末，各河段累积冲刷量差异较大的为汉口以下河段，最大冲刷量差异为 0.21 亿 t，其次为城陵矶至汉口河段，最大冲刷量差异为 0.07 亿 t。

4.2　三峡水库中小洪水调度对防洪风险影响

4.2.1　长江中上游洪水特性及遭遇分析

长江流域的雨带和暴雨分布有明显的季节变化，洪水较大的支流有岷江、嘉陵江、湘江、汉江及赣江，这些支流多年平均年最大洪峰流量为 $12300 \sim 23400 \mathrm{m}^3 / \mathrm{s}$。由于洪源众多，长江中下游干流易形成峰高量大的洪水过程，一次洪水过程往往持续 $30 \sim 60 \mathrm{d}$，甚至更长。

（1）宜昌以上干支流洪水遭遇分析。

1）金沙江与雅砻江洪水遭遇分析。1965—2016 年资料表明，雅砻江洪水与金沙江中游洪水遭遇概率较高。但除 1966 年外，两江遭遇形成的攀枝花洪水量级均小于 20 年一遇[1]。

2）金沙江与岷江洪水遭遇分析。屏山站、高场站年最大 1d、7d 洪量遭遇概率分别约为 6.1％、13.6％，遭遇的量级除 1966 年外，未见两江同时出现超 5 年一遇洪水遭遇的情况[2]。

3）金沙江与沱江洪水遭遇分析。沱江与金沙江 1d、3d 洪量遭遇概率较低，未见两江同时出现超 5 年一遇洪水遭遇的情况。

4）长江与嘉陵江洪水遭遇分析。朱沱站与北碚站最大 1d、15d、30d 洪水遭遇概率为 4.76%、34.9%、50.8%。除 1954 年、1966 年、1998 年和 2012 年外，两江遭遇洪水的量级较小。

5）长江与乌江洪水遭遇分析。寸滩站与武隆站最大 1d、15d、30d 洪水遭遇概率为 1.54%、12.3%、23.1%，除 1954 年和 1998 年外，两江遭遇洪水的量级较小。

（2）宜昌以下干支流洪水遭遇分析。

1）长江与清江洪水遭遇。据 1951—2016 年实测资料，宜昌站与长阳站最大 1d、7d、15d、30d 洪量遭遇概率分别为 1.52%、19.7%、27.3%、39.4%，两江遭遇情况多为小于或等于 5 年一遇洪水。

2）长江与洞庭湖洪水遭遇。宜昌与城陵矶站年最大 7d、15d、30d 洪量遭遇概率分别为 12.1%、27.3%、45.5%，可见两者长时段洪量遭遇概率较高。除 1954 年、1998 年以外，其余年份遭遇洪水的量级均不大。

4.2.2　三峡水库中小洪水调度风险分析

4.2.2.1　防洪风险分析方法

（1）中小洪水调度规则。

本节研究的中小洪水调度方式结合《三峡（正常运行期）—葛洲坝水利枢纽梯级调度规程（2019 年修订版）》和《长江流域洪水资源利用研究》[3] 中相关内容，拟定的三峡水库中小洪水调度规则如下。

1）当三峡水库水位不高于 150m 且下游水位不高时：①如果预见期内平均流量不超过机组满发流量，若此时库水位在 145m，按入库流量下泄，若水位高于 145m，可按机组最大过流能力下泄；②如果预见期内平均流量大于机组满发流量但不超过判别流量，按机组满发流量下泄；③如果预见期内平均流量大于判别流量，按控泄流量下泄。

2）当水库水位高于 150m，或来水大于 55000m³/s，或下游水位将超警戒水位时，停止实施中小洪水调度，转入防洪调度。

上述调度规则的控制条件如下：

荆江和城陵矶水位：汛期中小洪水调度，需在大流量洪水到来前实施预泄，将水库水位降至汛限水位 145m。水库预泄将抬高下游荆江和城陵矶地区的水位，为了不增加下游的防洪压力，需在下游水位位于警戒水位以下时实施汛期中小洪水调度。

三峡水库当前水位：为了控制主汛期中小洪水调度时的防洪风险，需要充分考虑水库当前水位对防洪安全的影响。开展中小洪水调度时，三峡水库最高利用水位为 150m。

预见期：结合目前服务于三峡水库汛期调度的水文预报水平，主要考虑 3d 的预见期。

预见期平均流量：预见期内三峡水库来水流量平均值与水库高于汛限水位水量按预见期预泄至汛限水位的流量计算，即平均的来水流量和预泄流量之和。

$$Q_{\text{ave}} = \frac{1}{T}\sum_{t=1}^{T}Q_t + \frac{1}{T}V/86400 \tag{4.2.1}$$

式中：T 为预见期，d，这里取 3d；V 为汛限水位以上库容，m³；Q_t 为预见期的三峡水库平均入库流量，m³/s，t 为时段，d。

中小洪水调度控泄流量：考虑到三峡水库对中小洪水滞洪调度的目标是控制中游沿线控制站水位不超过警戒水位，若城陵矶在警戒水位 32.5m 时，对应沙市警戒水位 43.0m 的沙市流量约为 42200m³/s。考虑到中游地区来水组成复杂、水情多变，区间来水的不确定性等，为稳妥安全起见，应在警戒水位以下留有一定的水位空间，三峡水库对中小洪水滞洪调度的控泄流量按不超过 42000m³/s 考虑。

判别流量：对于中小洪水调度设定流量，当预见期平均流量大于其值时，三峡水库按控泄流量出库。判别流量需根据三峡水库来水情势、中下游防洪形势进行综合选取，是中小洪水有效利用的"决策流量"或"目标流量"，在中小洪水调度过程中至关重要，决定了中小洪水有效利用的成败。本书中的判别流量取 42000m³/s。

（2）防洪风险分析方法。

中小洪水调度风险[4-5] 是指水库在利用中小洪水的这段时间内，考虑预报的不确定性，水库水位高于汛限水位时有可能调蓄不了期间所来的大洪水，给水库及其下游防洪带来不利后果。对于水库自身的防洪风险，采用调洪计算对应的洪水位作为阈值；对于坝下控制点的防洪风险，采用各控制站的保证水位或者安全泄量。

对三峡水库中小洪水调度运用的库容主要是水位为 145~150m 的约 25.4 亿 m³ 库容，对城陵矶防洪补偿调度主要是水位为 145~155m 的约 56.5 亿 m³ 库容。因此，三峡水库开展中小洪水调度运用的风险可用调度后最高的库水位是否超过规程规定的上限（150m）表示，中下游防洪控制点的风险采用场次洪水中小洪水调度后防洪控制点抬高的水位是否超过警戒水位表示。三峡水库开展对城陵矶河段防洪补偿调度运用的风险可用调度后最高的库水位是否超过规程规定的上限（155m）表示，中下游防洪控制点的风险采用场次洪水中调度后的最高水位超过警戒水位或保证水位的天数表示。

4.2.2.2　三峡水库自身防洪风险分析

中小洪水运用的库容主要还是按最大控制在 150m 水位以下的库容内考虑，即中小洪水调度的运用水位为 145~150m。假定三峡水库中小洪水调度后水位运行至 150m，又发生设计标准洪水的极端情况，如果此时面临不同设计频率来水，分析三峡库水位可能达到的最高水位。

根据三峡水利枢纽初步设计报告，1954 年、1981 年和 1982 年作为三峡水库设计的典型年。本书将 1998 年这种流域大洪水年份也作为对三峡水库防洪不利的典型年份。其中，1954 年和 1998 年是长江干支流来水均大且干支流发生遭遇的不利洪水典型；1981 年是干流来水较大的典型；1982 年是三峡区间来水较大的典型。以三峡水库优化调度方式为基础方案，控制枝城泄量，调洪成果见表 4.2.1。

由表可见，按照三峡水库优化调度方案中关于对兼顾城陵矶防洪调度控制水位的规定，水库从 150m 水位起调，100 年一遇设计洪水遇 1954 年、1981 年、1982 年和 1998 年型洪水，水库调洪最高水位均在 171m 以下，最不利的 1982 年型洪水最高调洪水位为 166.47m。1000 年一遇设计洪水遇 1954 年、1981 年、1982 年和 1998 年型洪水，水库调洪最高水位均在 175m 以下，最不利的 1982 年型洪水最高水位为 174.99m。

表 4.2.1 三峡水库不同频率设计洪水最高调洪成果（起调水位：150m）

频率/%	最 高 调 洪 水 位/m				
	1954 年	1981 年	1982 年	1998 年	最大值
0.1	173.28	171.49	174.99	172.70	174.99
0.2	171.47	169.38	171.99	171.67	171.99
0.5	167.45	166.21	169.98	168.46	169.98
1	162.10	163.44	166.47	163.71	166.47

1982 年洪水为上游区间偏大型洪水，1982 年典型年的洪峰过程，三峡来水量在短期预报期（1～3d）内从 40000m³/s 激增至 60000m³/s 左右，对于这样的来水情形，按照最新颁布的调度规程，三峡水库不可开展中小洪水调度方案。三峡水库如开展减轻中游防汛压力的中小洪水调度，主要应用于涨势平缓的洪水过程。总体而言，三峡水库开展减轻中游防汛压力的中小洪水调度的最高运行水位，按不超过 150m 控制，调度风险是可控的。

长江流域自 20 世纪 50 年代后期开始大量兴建水库，随着这些控制性水库的投入，以三峡水库为核心的长江干支流控制性水库群已逐步形成。遇千年一遇或类 1870 年洪水采用联合调度，联合运用上游 119 亿 m³ 防洪库容，沙市水位按 145m 控制，三峡水库在 148m 以下起调，三峡水库最高调洪水位可以控制在 175m 以下，荆江地区可以基本不分洪。同时，由于水文气象预报水平在不断提高，近年来还开展了中下游堤防加高、加固等措施，流域对洪水的调蓄能力在现有基础上会更强。综合这些有利因素，中小洪水调度总体风险不大且可控。

4.2.2.3 坝下河道防洪风险分析

（1）典型年选择。

根据长江上中游干支流洪水量级、遭遇规律及中下游防洪控制点水位特征，选取了以下 11 个典型年，用于坝下河道防洪风险的分析。各典型年宜昌站洪峰流量及城陵矶水位见表 4.2.2。

表 4.2.2 各典型年宜昌站洪峰流量及城陵矶水位

类 型	年 份	宜昌洪峰流量/(m³/s)	城陵矶实测最高水位/m	备 注
I	1960	52300	29.66	
	1961	53800	29.70	
II	1964	50200	33.50	超警
	1973	51900	33.05	超警
	1980	54700	33.71	超警
	1983	53500	34.21	超警
	1991	50400	33.52	超警
	1993	51800	33.04	超警
	2007	50200	32.58	超警
III	1989	62100	32.51	超警
	1999	57500	35.54	超保

11 个典型年可以分为三类：①类型Ⅰ，1960 年以来宜昌站年最大洪峰流量不大，流量为 50000～55000m³/s 且城陵矶无防洪补偿调度需求的年份，主要有 1961 年和 1960 年；②类型Ⅱ，宜昌站年最大洪峰流量不大，流量为 50000～55000m³/s 且城陵矶有防洪补偿调度需求的年份，主要有 1980 年、1983 年、1973 年、1993 年、1991 年、1964 年和 2007 年；③类型Ⅲ，宜昌站年最大洪峰流量较大，流量大于 55000m³/s 且城陵矶有防洪补偿调度需求的年份，主要有 1989 年和 1999 年。可以看出，11 个典型年中共有 8 年城陵矶水位超过警戒水位，1 年城陵矶水位超过保证水位。

（2）现状条件下坝下河道防洪风险分析。

对于三类典型年，分别以 1961 年、2007 年、1999 年为例，分析有无中小洪水调度下三峡水库的坝前水位过程及坝下城陵矶水位过程，如图 4.2.1～图 4.2.3 所示。这里的无中小洪水调度指的是城陵矶防洪调度。各典型年经过三峡水库中小洪水调蓄前后的结果见表 4.2.3，由表 4.2.3 可见：

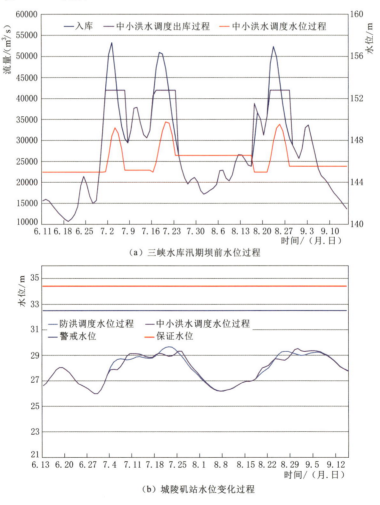

（a）三峡水库汛期坝前水位过程

（b）城陵矶站水位变化过程

图 4.2.1　三峡水库有无中小洪水调度时 1961 年汛期坝前
水位过程及坝下城陵矶水位过程

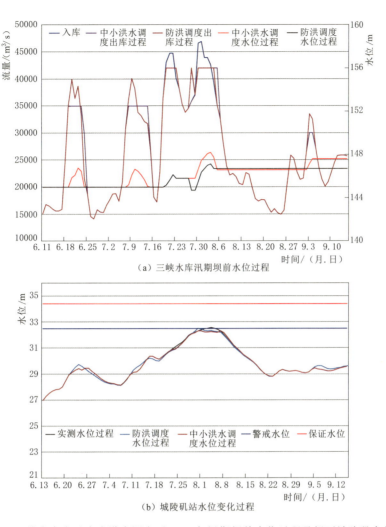

（a）三峡水库汛期坝前水位过程

（b）城陵矶站水位变化过程

图 4.2.2 三峡水库有无中小洪水调度下 2007 年汛期坝前水位过程及坝下城陵矶水位过程

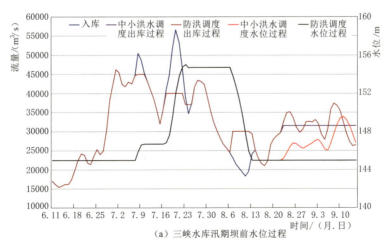

（a）三峡水库汛期坝前水位过程

图 4.2.3（一） 三峡水库有无中小洪水调度下 1999 年汛期坝前水位过程及坝下城陵矶水位过程

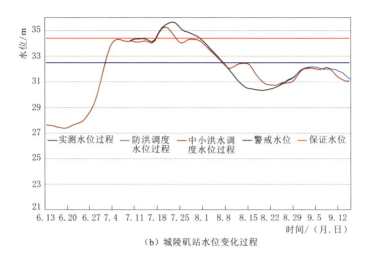

（b）城陵矶站水位变化过程

图 4.2.3（二）　三峡水库有无中小洪水调度下 1999 年汛期坝前水位过程及坝下城陵矶水位过程

表 4.2.3　　　　　　　各典型年经过三峡水库中小洪水调蓄前后的结果

年份	宜昌洪峰流量/(m³/s)	防洪补偿调度最高库水位/m	中小洪水调度后最高库水位/m	中小洪水调度期城陵矶站水位最大抬高/m	城陵矶站实测最高水位/m	城陵矶站调蓄后最高水位/m	实际超警（保）天数/d	调蓄后超警（保）天数/d
1961	53800	—	149.70	0.49	29.68	29.53	0	0
1960	52300	—	150.00	0.67	29.65	29.56	0	0
1980	54700	155.0	149.07	0.19	33.67	33.18	21	9
1983	53500	155.0	149.03	0.87	34.19	34.04	19	16
1973	51900	155.0	147.07	0.45	33.05	32.63	9	1
1993	51800	155.0	148.20	0.05	33.04	32.73	15	5
1991	50400	155.0	149.66	0.44	33.51	33.09	11	7
1964	50200	154.4	149.82	0.91	33.49	32.88	8	4
2007	50200	148.2	147.60	0.21	32.56	32.31	3	0
1989	62100	155.0	149.59	0.73	32.51	31.83	1	0
1999	57500	155.0	149.56	0.12	35.54	35.20	36 (13)	36 (5)

　　典型年中仅 1961 年和 1960 年城陵矶未超过警戒水位，三峡水库中小洪水调度后的最高库水位为 150m。其余年份城陵矶最高水位存在超过警戒水位情形，需转入对城陵矶的防洪补偿调度，各典型年通过三峡水库的防洪补偿调度后，1980 年、1983 年、1973 年、1993 年、1991 年、1989 年和 1999 年最高库水位达到 155.0m，其余年份最高库水位未超过 155.0m，同时经过三峡水库的调度，城陵矶的最高洪水位较实测最高水位均有所降低，其中 1989 年的降幅最大，最大降幅为 0.68m。

各典型年份开展中小洪水调度时，除 1960 年三峡水库中小洪水调度后最高库水位达到 150m 外，其余年份三峡水库中小洪水调度后库水位均不超 150m，但中小洪水调度期城陵矶水位有不同程度的抬高，但调度后城陵矶水位均不超过警戒水位。

开展减轻中游防汛压力的中小洪水调度带来的风险主要是由于拦峰滞洪，抬高水库库水位，当大洪水降至时，需提前进行预泄，随着下泄流量的增加，将抬高中下游各站水位。根据长江洪水特性及遭遇分析，选取 1949 年以来几场较大的洪水（1954 年、1981年、1982 年、1996 年、1998 年和 1999 年）进行模拟分析，泄水历时考虑预报水平按 1～3d 计算。由于预泄时来水加泄水量不得超过 56700m³/s，若在 1d 下泄会超出此标准时，则下泄历时按 2～3d 计算。三峡水库在 1～3d 内分别从 148m 和 150m 预泄至 145m 时，增加的下泄流量见表 4.2.4。

表 4.2.4　　　　　　　　　　　三峡水库增加的下泄流量

工　况	库容/亿 m³	1d 下泄流量增加值/(m³/s)	2d 下泄流量增加值/(m³/s)	3d 下泄流量增加值/(m³/s)
148m 泄至 145m	15.2	—	8819	5880
150m 泄至 145m	25.4	—	14699	9799

当城陵矶水位在警戒水位时，三峡水库从 148m 用 2～3d 预泄至 145m 会导致城陵矶水位分别增加 0.16m 和 0.11m；三峡水库从 150m 用 2～3d 预泄至 145m 会导致城陵矶水位分别增加 0.27m 和 0.18m。各典型年下三峡水库在 1～3d 内预泄加大下泄流量，引起的中下游各站水位抬高情况见表 4.2.5，沙市和城陵矶洪峰水位最大抬高都较小。因此，三峡水库开展中小洪水调度，库水位按 150m 控制对下游控制点洪峰水位抬高水位的影响有限，风险可控。

表 4.2.5　　三峡水库预泄对中下游水位影响情况（沙市、城陵矶按设防水位控制）

年份	泄水方案	水位抬高/m		泄水时宜昌站流量（不包括加大的下泄流量）/(m³/s)
		沙市	城陵矶	
1954	历时 2d 库水位从 148m 泄至 145m	0.00	0.00	17400
	历时 3d 库水位从 148m 泄至 145m	0.00	0.00	
	历时 2d 库水位从 150m 泄至 145m	0.00	0.00	
	历时 3d 库水位从 150m 泄至 145m	0.00	0.00	
1981	历时 2d 库水位从 148m 泄至 145m	0.02	0.04	32400
	历时 3d 库水位从 148m 泄至 145m	0.02	0.03	
	历时 2d 库水位从 150m 泄至 145m	0.04	0.06	
	历时 3d 库水位从 150m 泄至 145m	0.04	0.06	
1982	历时 2d 库水位从 148m 泄至 145m	0.03	0.06	50400
	历时 3d 库水位从 148m 泄至 145m	0.04	0.06	
	历时 2d 库水位从 150m 泄至 145m	0.06	0.11	
	历时 3d 库水位从 150m 泄至 145m	0.06	0.11	

续表

年份	泄 水 方 案	水位抬高/m		泄水时宜昌站流量 (不包括加大的下泄流量)/(m³/s)
		沙市	城陵矶	
1996	历时 2d 库水位从 148m 泄至 145m	0.00	0.00	25100
	历时 3d 库水位从 148m 泄至 145m	0.00	0.00	
	历时 2d 库水位从 150m 泄至 145m	0.00	0.00	
	历时 3d 库水位从 150m 泄至 145m	0.00	0.00	
1998	历时 2d 库水位从 148m 泄至 145m	0.00	0.01	18800
	历时 3d 库水位从 148m 泄至 145m	0.00	0.01	
	历时 2d 库水位从 150m 泄至 145m	0.00	0.02	
	历时 3d 库水位从 150m 泄至 145m	0.00	0.02	
1999	历时 2d 库水位从 148m 泄至 145m	0.01	0.02	30600
	历时 3d 库水位从 148m 泄至 145m	0.01	0.02	
	历时 2d 库水位从 150m 泄至 145m	0.02	0.03	
	历时 3d 库水位从 150m 泄至 145m	0.02	0.03	

（3）未来 30 年条件下坝下河道防洪风险分析。

分别计算了现状和未来 30 年后的坝下游防洪风险。其中，现状情形下的螺山以上江槽、湖泊容蓄量曲线采用《长江上中游控制性水库建成后蓄滞洪区布局调整总体方案》（长江水利委员会，2018 年 3 月）中的成果。未来情形下主要考虑 30 年后河道冲刷计算成果，对长江中游河道槽蓄曲线进行修正。宜昌至城陵矶河段在 30 年末冲刷量约为10.46 亿 t。现状情形和未来情形下的宜昌至城陵矶河段槽蓄量如图 4.2.4 所示。

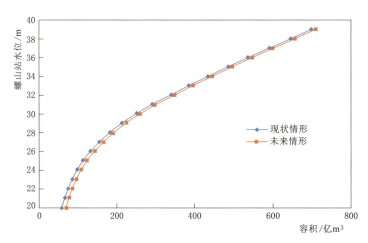

图 4.2.4　现状情形和未来情形下的宜昌至城陵矶河段槽蓄量

采用上面选择的典型年份，采用预测的未来 30 年冲淤变化后的宜昌至城陵矶河段槽蓄曲线，根据中小洪水调度规则进行调蓄，分析通过三峡水库实施中小洪水调度后，未来情形下三峡水库及下游防洪点的防洪风险变化情况，见表 4.2.6。图 4.2.5 给出了未来 30年地形条件下有无中小洪水调度下 1961 年、1999 年典型年的城陵矶水位过程。

表 4.2.6   三峡水库各典型年中小洪水调蓄前后防洪风险变化结果

年份	防洪补偿调度最高库水位（现状）/m	防洪补偿调度最高库水位（未来）/m	中小洪水调度最高库水位（现状）/m	中小洪水调度最高库水位（未来）/m	城陵矶站实测最高水位/m	城陵矶站防洪调度后最高水位（现状）/m	城陵矶站防洪调度后最高水位（未来）/m	实际超警天数/d	超警（保）天数（现状）/d	超警（保）天数（未来）/d
1961	—	—	149.7	149.7	29.68	29.53	29.19	0	0	0
1960	—	—	150.0	150.0	29.65	29.56	29.48	0	0	0
1980	155.0	153.5	149.07	149.07	33.67	33.18	32.92	21	9	7
1983	155.0	155.0	149.03	149.03	34.19	34.04	33.82	19	16	15
1973	155.0	152.7	147.07	148.67	33.05	32.63	32.45	9	1	0
1993	155.0	155.0	148.20	148.20	33.04	32.73	32.52	15	5	1
1991	155.0	155.0	149.66	149.66	33.51	33.09	32.89	11	7	6
1964	154.4	152.3	149.82	149.40	33.49	32.88	32.46	8	4	0
2007	148.2	148.2	147.60	147.60	32.56	32.31	32.11	3	0	0
1989	155.0	155.0	149.59	149.59	32.51	31.83	31.71	0	0	0
1999	155.0	155.0	149.56	149.56	35.54	35.20	35.08	36 (13)	36 (5)	35 (5)

从图 4.2.5 和表 4.2.6 可以看出，未来情形下三峡水库防洪补偿调度后的最高水位及中小洪水调度后的最高水位与现状情形相似，三峡水库开展中小洪水调度预泄导致城陵矶站水位抬高也与现状情形相似。未来 30 年地形条件下各典型年通过三峡水库对城陵矶的防洪补偿调度，除 1983 年、1993 年、1991 年、1989 年和 1999 年最高库水位达到 155.0m 外，其余年份最高库水位均未超过 155.0m，中小洪水调度后的最高库水位均不超过 150m。由于未来河道整体呈现冲刷趋势，河槽槽蓄容积增大，未来情形下各典型年城陵矶站的最高洪水位均略有降低，降低幅度随着城陵矶站水位的增高而减少。与现状地

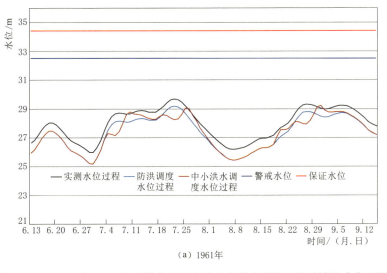

（a）1961年

图 4.2.5（一）   未来 30 年地形条件下有无中小洪水调度下的城陵矶水位过程

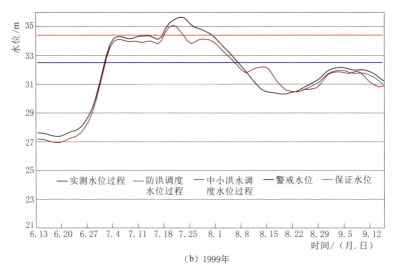

（b）1999 年

图 4.2.5（二）   未来 30 年地形条件下有无中小洪水调度下的城陵矶水位过程

形条件下相比，未来情形下总的超警天数从现状调蓄后的 65d 进一步减少为 51d。

总体来说，未来情形下各典型年防洪调度后的最高调洪水位均不超 155m，中小洪水调度后的最高库水位不超 150m，同时由于未来河道呈现冲刷趋势，下游控制点的中低水位会进一步降低，高水变化幅度不大。

4.3   三峡水库坝下游河道过洪能力变化

4.3.1   坝下游河道纵剖面和横断面演变特点

4.3.1.1   深泓纵剖面调整特点

图 4.3.1 给出了三峡水库蓄水运用前后坝下游河道深泓纵剖面的变化，可见：

1）深泓纵剖面冲刷下切的趋势比较明显，起伏程度加大。枝城—藕池口段、藕池口—城陵矶段、城陵矶—嘉鱼段、嘉鱼—汉口段 2002—2016 年的深泓平均下切幅度分别为 2.113m、1.581m、2.283m、2.362m。河道纵向沿程冲刷存在不均匀现象，部分区域基本未下切，部分区域下切幅度达到 10m 以上，深泓纵剖面起伏程度总体明显加大。

2）宜昌—城陵矶河道纵比降逐渐调平的趋势较为明显，城陵矶—汉口河段的纵比降无明显的趋势性变化。2002 年、2006 年、2011 年、2016 年宜昌—城陵矶河段纵比降分别为 0.591‰、0.546‰、0.533‰、0.532‰，呈变缓调平的趋势。同期城陵矶—汉口河段的纵比降分别为 0.430‰、0.414‰、0.449‰、0.403‰，没有发生趋势性的调整变化。

4.3.1.2   横断面冲淤调整

三峡坝下游河段横断面冲淤调整特点相似，本书主要以荆江河段的变化为例进行分析。图 4.3.2 为三峡坝下游荆江河段沿程断面各级河槽的过水面积变化、基本河槽与枯水河槽之间、平滩河槽与基本河槽之间及洪水河槽与平滩河槽之间的断面面积变形量。图

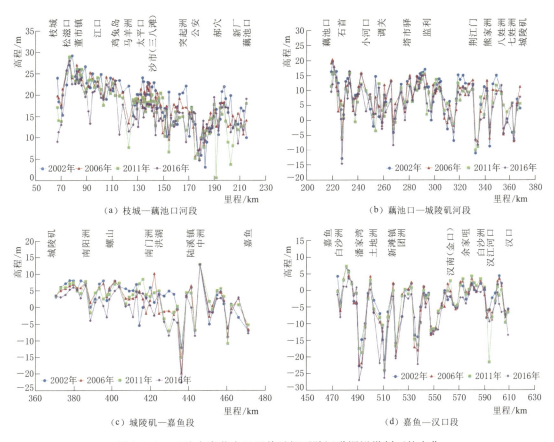

图4.3.1 三峡水库蓄水运用前后坝下游河道深泓纵剖面的变化

4.3.3为洪水、平滩、基本和枯水四级河槽的宽度、平均水深等断面形态特征。由图可见：

1）2004—2017年各级水位河槽的断面面积增加，说明过水面积增加；而各级河槽的变形量区别不大，说明冲刷集中于枯水河槽。越低的水位级对应的冲淤变形幅度越大，洪水—平滩之间的断面面积变幅甚小；沿程来看，上荆江以净冲刷为主，下荆江沿程各断面的枯水河槽以上冲淤交替。

2）枯水河槽断面平均宽度有所增大，其余各级河槽断面平均宽度变化不大，断面宽度的离势系数基本维持在定值，即河道的横向调整较为微弱；而从水深变化来看，三峡水库蓄水运用后各级河槽的平均水深均呈增加趋势，而水深的不均匀度却呈减小趋势，枯水和基本河槽尤其明显，因此，坝下游河段断面总体向窄深方向发展。

4.3.1.3 与丹江口大坝下游河道断面冲淤调整对比

丹江口大坝下游河道断面冲淤与三峡坝下游河道断面冲淤既有相似之处，也有不同之处，主要表现如下。

1）汉江中下游河道的冲刷同样主要集中在枯水河槽，中、洪水河槽过水面积变化小于枯水河槽。图4.3.4和图4.3.5分别给出了丹江口坝下游沿程枯水和洪水河槽过水面积的变化：1967—2019年沿程枯水河槽过水面积的增大幅度基本为2~4倍；中洪水河槽过

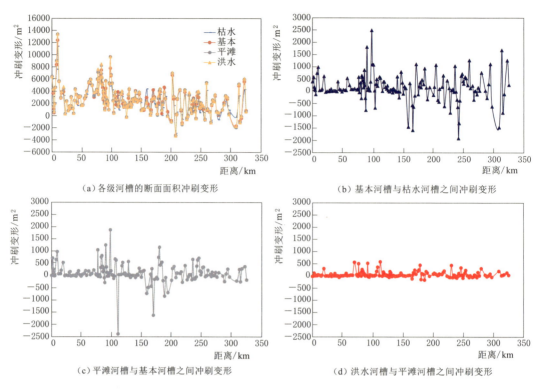

(a) 各级河槽的断面面积冲刷变形　　　　　　(b) 基本河槽与枯水河槽之间冲刷变形

(c) 平滩河槽与基本河槽之间冲刷变形　　　　(d) 洪水河槽与平滩河槽之间冲刷变形

图 4.3.2　三峡坝下游荆江河段沿程冲淤分布（2004—2017 年）

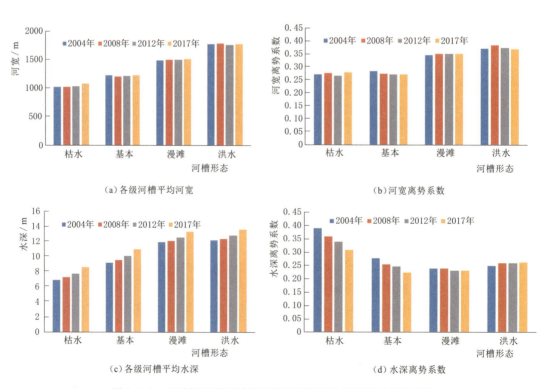

(a) 各级河槽平均河宽　　　　　　　　　　(b) 河宽离势系数

(c) 各级河槽平均水深　　　　　　　　　　(d) 水深离势系数

图 4.3.3　三峡坝下游不同年份荆江河段平均河槽形态特征变化

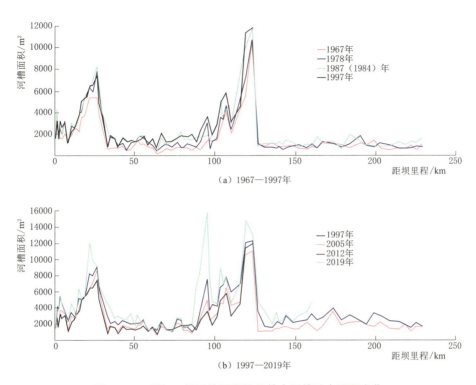

（a）1967—1997年

（b）1997—2019年

图 4.3.4 丹江口坝下游河段沿程枯水河槽过水面积变化

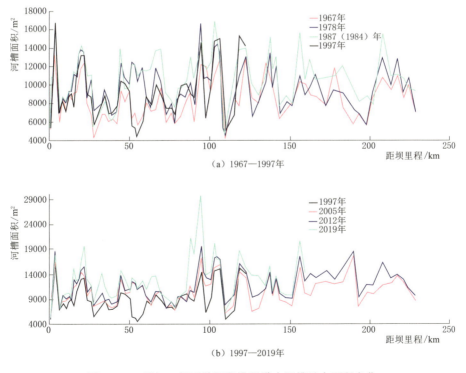

（a）1967—1997年

（b）1997—2019年

图 4.3.5 丹江口坝下游河段沿程洪水河槽过水面积变化

水面积 1967—2019 年的增大幅度在 0.5 倍左右。

2）汉江中下游河道存在明显淤滩的情况，如图 4.3.6 所示，但根据长江中下游的断面冲刷和典型河段冲淤分布来看，长江中下游河道滩面基本保持相对稳定，荆江河段、城陵矶—汉口河道基本河槽以上的区域冲淤变幅均较小。

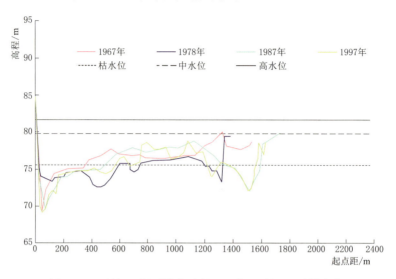

图 4.3.6   丹江口坝下游典型断面（冲 27 断面）冲淤变化

4.3.2   坝下游河道过洪能力变化

三峡水库蓄水运用以来，坝下游干流河道显著冲刷，相同水位下的过水面积显著增加，长江干流主要站点中、枯水的同流量水位明显下降，但中高水水位流量关系年际间虽然随洪水特性不同而经常摆动，但与 1990 年大水年份综合线相比，并无趋势性的降低或者抬升变化[11]。上述现象说明，在过流面积增大的同时，洪水河槽单位过水面积的河道过洪能力在减小，这主要是因为糙率增大的原因造成的。

4.3.2.1   坝下游河道糙率变化分析

以下利用一维数学模型计算分析三峡建库前后荆江及螺山至汉口河段的糙率变化，计算采用荆江河段 2004 年、2008 年、2012 年和 2017 年河道地形以及各年实测的进口流量、沿程各站和出口水位（2017 年来水偏枯，用 2016 年代替），结果如图 4.3.7 和图 4.3.8 所示。由图 4.3.7 可见：沙市以上的砂卵石河段内，各级流量下的糙率均呈增大趋势，尤其是 2008 年之后的糙率增大更为明显；沙市至新厂、新厂至监利两河段内，枯水流量级下糙率虽然也增大，但增幅不大，当流量大于 $25000 \mathrm{m}^3/\mathrm{s}$ 时，糙率增大最为明显，由 2004 年的 0.02 以下增至 0.025 以上。

螺山—汉口河段糙率也发生了变化，该河段各级流量下糙率均增大，总体呈现枯水糙率增幅大、洪水糙率增幅小的特点。

以螺山—汉口河段为例，以 1998 年为对比基准，分别计算了仅考虑糙率变化、仅考虑地形变化和同时考虑两种因素的情况下的水位变化，结果如图 4.3.9 和图 4.3.10 所示。

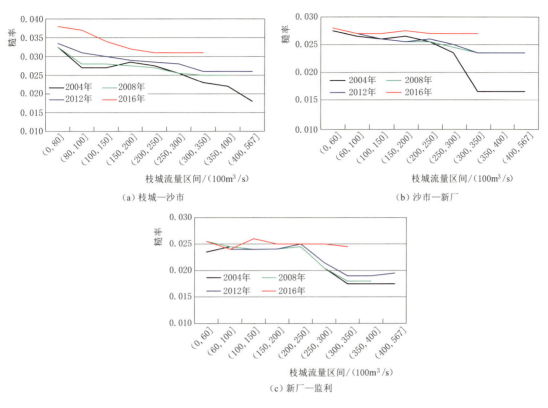

（a）枝城—沙市

（b）沙市—新厂

（c）新厂—监利

图 4.3.7 三峡坝下游荆江河段糙率变化

仅考虑河床冲刷影响，各级流量下水位均下降，以 40000m³/s 以下的中枯水流量下水位降幅最大；仅考虑糙率增加影响，各级水位下水位均抬高，水位抬高的幅度在流量为 40000m³/s 左右达到最大，当流量大于 40000m³/s 后，糙率增加引起的水位增幅反而减小；同时考虑河床冲刷和糙率增大的影响，两者的影响在流量小于 30000m³/s 时，以河床下切导致的水位下降为主，而当流量大于 30000m³/s 时，两者作用相互抵消，导致水位变幅并不明显。

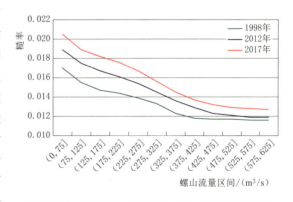

图 4.3.8 三峡坝下游螺山—汉口河段糙率变化

上述糙率均指综合糙率，其变化影响因素包括河床冲刷、河道演变过程中的床面粗化引起的沙粒阻力、沙波阻力、河床形态阻力及滩地植被发育等引起的阻力变化等。由于三峡水库的调度，特别是中小洪水调度，下游河道特别是荆江河段洪水漫滩概率下降，导致滩地植被发育明显，滩地阻力增大。

河槽冲刷，过水面积显著增加，中枯水位下降，但洪水位变化不大的现象说明虽然洪

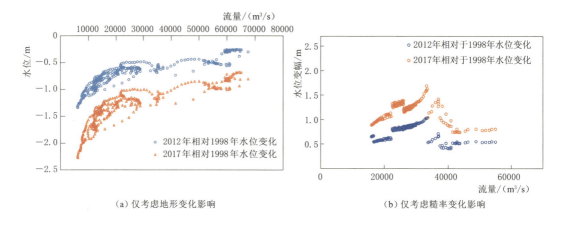

（a）仅考虑地形变化影响　　　　　　　　　（b）仅考虑糙率变化影响

图 4.3.9　三峡坝下游仅考虑地形或糙率变化引起的水位变化

水河槽过水面积增加，但是过洪能力并未增加，单位过水面积的过洪能力萎缩，对防洪会产生不利影响。

4.3.2.2　与丹江口大坝下游过洪能力变化的对比

1）丹江口大坝下游汉江中游的中枯水同流量水位与三峡坝下游类似，呈现显著下降态势，但其洪水位出现明显抬升。

图 4.3.11 为黄家港水文站的水位-流量关系曲线，丹江口蓄水运用后至沿

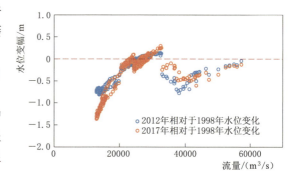

图 4.3.10　三峡坝下游同时考虑地形与糙率变化引起的水位变化

程梯级枢纽兴建前，汉江中游河段中低水水位明显降低。黄家港水文站在王甫洲枢纽运用

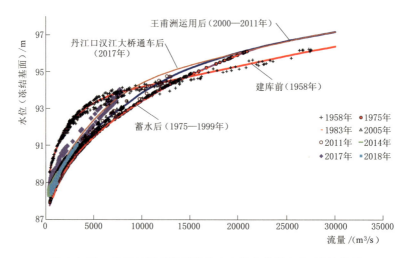

图 4.3.11　丹江口坝下游黄家港水文站各阶段水位-流量关系

之前，7000m³/s 流量级以下水位降低幅度为 1.22～1.88m。梯级枢纽兴建后，受壅水影响，汉江中游河段中低水位有明显抬升。

丹江口水库蓄水运用后，汉江中下游河道大洪水出现概率明显减小，滩地阻力增大是造成中游主要站点的洪水位抬升的主要原因。黄家港站高水位的最大抬高幅度接近 1.0m，襄阳站、皇庄站高水位的变化规律与黄家港站相似，仅在抬高幅值上略有差异[6-9]。

河槽冲刷下切，冲刷量沿程减小（图 4.3.12），是导致汉江中下游中低水位下降，且降幅沿程减小的主要原因，这一规律与三峡坝下游河道中枯水位下降规律也是一致的。

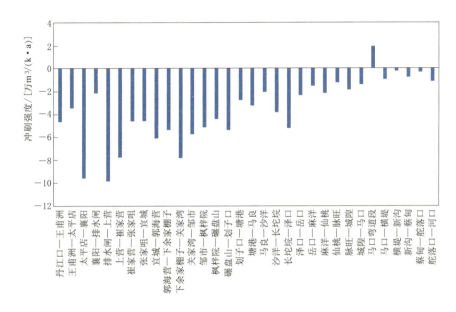

图 4.3.12　丹江口坝下游河道冲刷强度变化过程

2）不同于三峡工程，丹江口坝下游沿程梯级枢纽工程建设后对中低水位降低起到了显著的抑制作用。汉江丹江口水库坝下游已建成王甫洲、崔家营、兴隆等枢纽工程，雅口和碾盘山正在建设中。黄家港水文站下游约 24km 处是王甫洲水利枢纽，受其变动回水顶托的影响范围内，黄家港站低水位最大抬升了约 0.54m；襄阳水文站下游 14.7km 处建有崔家营航电枢纽，2009 年 10 月下闸蓄水后，5000m³/s 流量级以下水位最小升高幅度都在 1.0m 以上，800m³/s 流量级的水位升高幅度达到了 4.43m。

3）从阻力变化情况来看，丹江口坝下游和三峡坝下游河道阻力都是有所增大的，即在相同过水面积的情况下，河道过洪能力萎缩，但两者阻力变化、过洪能力萎缩的幅度是存在较大的差异的。

就河势阻力而言，汉江中游河段为游荡性河道，河道宽浅，洲滩密布，汊道众多，丹江口水库蓄水后，由于径流过程调平，加上航道整治工程等的实施，河道的游荡性降低，主槽冲刷，支汊衰亡。汉江中游还存在明显的淤滩特征，中水至高水之间的河槽面积变化较小，甚至一些断面的高水过水面积还存在减小的情况。

就植被阻力而言，丹江口水库蓄水运用后，中下游洪峰被大幅削减调平，滩上的植物更为茂盛，且人类活动（如种植林木、高秆作物等）也较为频繁。汉江河道断面上滩地面积占比超过 50% 以上，而长江中下游河道断面滩地面积占比约 15%，远小于汉江中下游。在同样漫滩概率减小的情况下，汉江中下游滩地上植被的发育程度远高于长江中下游，而且丹江口水库削峰率约 57%，三峡水库削峰率不到 10%，汉江中下游漫滩概率远小于长江中下游，汉江中下游植被的发育程度更大[10]。

就工程对局部糙率的影响而言，汉江中下游建设了大量的工程，黄家港水文站基本水尺上游 110m 有均州大桥，下游 960m 建有丹江口汉江大桥（环库公路桥）；襄阳水文站下游 12.9km 处有在建的汉十高铁汉江大桥；余家湖测站下游不远处有在建的郑万高铁汉江大桥；皇庄水文站上游 0.6km 处建有铁路桥，下游有汉江钟祥大桥、钟祥汉江公路二桥。此外，为了保障航道的通畅，汉江中下游还兴建了大量的潜丁坝工程。据初步统计，汉江中下游较为集中的丁坝群有 64 处，主要集中在汉江中游河段，初步估计丁坝数量可能在 500 座以上。

就床沙粗沙对沙粒阻力影响而言，汉江中游黄家港站河床的粗化程度在 80 倍以上，襄阳站粗化程度在 5 倍以上，皇庄粗化程度为 50%，仙桃粗化程度约 20%。长江中下游河道自三峡水库蓄水以来也发生了明显的粗化，最大粗化程度不到 40%，粗化程度小于汉江中下游河道。

4.4　三峡水库中小洪水调度控制指标

4.4.1　长江中下游漫滩频率变化对河槽阻力的控制作用

4.4.1.1　三峡水库蓄水运用前坝下游漫滩频率分析

采用河道输沙能力突变的临界流量、理论造床流量和平滩流量等多种方法综合确定三峡坝下游河道漫滩流量，然后进行漫滩频率分析。

（1）河道输沙能力突变的临界流量。

依据三峡坝下游宜昌、枝城、沙市、监利、螺山、汉口、大通等主要水文站 1950—2002 年水沙实测数据，对所有流量级采用对数等间隔划分流量区间的方法，统计了不同流量级下多年平均含沙量的变化特征，如图 4.4.1 所示。可见，宜昌站含沙量随流量呈两段幂函数单调递增趋势，在 $8000 \text{m}^3/\text{s}$ 流量附近出现拐点，枝城、沙市、监利三站含沙量-流量曲线的拐点对应流量因三口分流影响而呈现沿程减小趋势；当流量大于临界拐点后，各站含沙量不再增大，甚至减小；对于螺山及其以下各站，含沙量随流量的变化具有明显的两段特征，在小于某一洪水流量下，含沙量随流量呈幂函数增加，大于 $40000 \text{m}^3/\text{s}$ 左右的临界流量之后，含沙量则随流量的增大呈减小趋势。

（2）理论造床流量。

根据长江中下游各水文站流量资料，基于文献 [11] 的方法，计算得各站的理论造床流量，见表 4.4.1 和表 4.4.2。

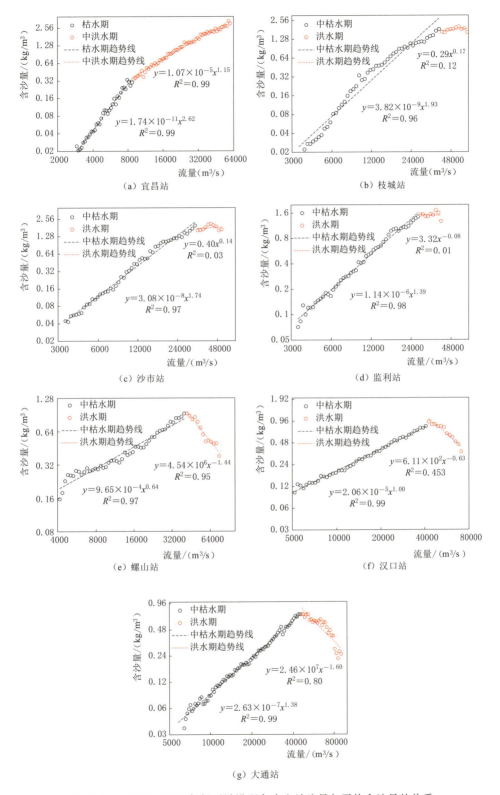

图 4.4.1　1950—2002 年坝下游沿程各水文站流量与平均含沙量的关系

表 4.4.1　　　　　　　　　　三峡坝下游城陵矶以上各水文站理论造床流量

站　点	枝　城	沙　市	监　利
输沙量指数 m 值	2.70	2.67	2.34
概率函数指数值 $b_1/(10^{-4})$	0.7823	1.08	1.205
$Q_e/(\mathrm{m^3/s})$	47000	33000	27000

表 4.4.2　　　　　　　　　　三峡坝下游城陵矶以下各水文站理论造床流量

站　点	螺　山	汉　口	大　通
输沙量指数 m 值	1.67	2.02	2.37
概率函数拐点值 $a_1/(\mathrm{m^3/s})$	36000	38000	41000
幂指数 α	0.558	0.541	0.021
幂指数 β	6.703	5.518	5.758
$Q_e/(\mathrm{m^3/s})$	36152	39053	43000

（3）平滩流量。

针对荆江河段、城陵矶至汉口河段，分别选取两河段内的全部固定观测断面，根据不同流量级下的沿程水面线，计算了平均河宽与平均水深之间的关系，如图 4.4.2 所示。可见，当流量处于某一范围时，平均水深随河宽增大的变幅甚小（图中曲线中间部分），取该范围的流量中值作为平滩流量（图中竖线）。荆江河段平滩高程对应的枝城流量约 $35000\mathrm{m^3/s}$，三口分流之后，沙市、监利两站对应流量分别为 $30000\mathrm{m^3/s}$、$28000\mathrm{m^3/s}$，河段平滩高程对应的螺山站流量约 $40000\mathrm{m^3/s}$。

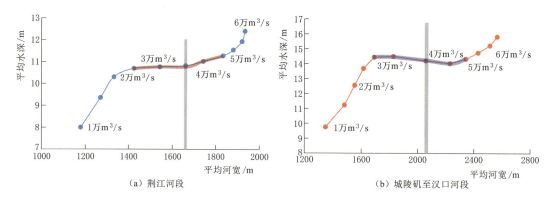

（a）荆江河段　　　　　　　　　　（b）城陵矶至汉口河段

图 4.4.2　坝下游不同流量下各河段内平均河宽与平均水深的关系

（4）长江中下游漫滩流量与漫滩频率分析。

三峡坝下游各水文站含流量-沙量关系拐点、理论造床流量、平滩流量间的关系（表 4.4.3），由表可见，除了枝城和螺山两站之外，其余各站的结果相差不大。

由于枝城来水来沙主要由长江上游山区河段决定，而螺山站来水来沙由特殊江湖分汇关系决定，河道自身冲积调整作用较小，因此，枝城站、螺山站用不同方法得到的漫滩流量差异较大，综合分析确定各站点漫滩流量及统计的三峡水库蓄水运用前漫滩频率，见表 4.4.4。可知，荆江河段漫滩频率在 4%～5% 附近，而城陵矶以下河段年均漫滩天数可达

27d 以上（超 7%）。从年内漫滩时间来看，城陵矶以上河段（以枝城站为代表）漫滩主要发生在 7 月、8 月，其中 7 月占 50% 以上，其次主要发生在 8 月中下旬；而城陵矶以下（以螺山站为代表）自 5 月中下旬即可能有漫滩情况发生，6 月下旬至 9 月上旬大于平滩流量的情况较为频繁出现，且主要集中在 7 月，如图 4.4.3 所示。

表 4.4.3　　　　　不同方法确定的三峡坝下游各水文站特征流量值　　　　　单位：m³/s

站点	流量-含沙量关系拐点流量①	造床强度极值点流量②	平滩高程对应流量③	①与③绝对差值	②与③绝对差值
枝城	38000	47000	35000	3000	12000
沙市	32000	33000	30000	2000	3000
监利	28000	27000	28000	0	1000
螺山	39000	36000	40000	1000	4000
汉口	40000	39000	40000	0	1000
大通	44000	43000	44000	0	1000

表 4.4.4　　　　　天然情况下三峡坝下游沿程各站漫滩流量及频率

站　点	枝城	沙市	监利	螺山	汉口	大通
漫滩流量/(m³/s)	38000	32000	28000	40000	43000	44000
漫滩频率/%	4.4	4.3	5.0	7.4	7.9	14.3
年均漫滩天数/d	16.06	15.70	18.25	27.01	28.84	52.20

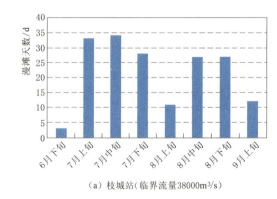
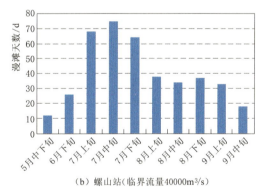

（a）枝城站（临界流量38000m³/s）　　　　　　（b）螺山站（临界流量40000m³/s）

图 4.4.3　三峡水库蓄水运用前城陵矶上下河段水流漫滩年内分布情况（1992—2002 年）

4.4.1.2　荆江河段洲滩淹没频率变化对洪水河槽阻力的影响

三峡水库建库后洲滩淹没频率减少，洲滩植被发育导致阻力增大是常见现象，而三峡水库蓄水运用后，荆江河段洪水频次大幅度减少，将影响洪水河槽糙率。

以荆江河段进口处枝城站 1992—2018 年逐日平均流量序列为依据，分别绘制三峡水库蓄水运用前天然时期（1992—2002 年）、低水位运行期（2003—2008 年）及 175m 试验性运行时期（2009—2018 年）的流量-频率曲线，如图 4.4.4 所示。三峡水库蓄水运用后，20000m³/s 以上流量出现频率均有所减小，而 30000m³/s 以上来流频率减小更为明显，2009 年后 30000m³/s 流量以上河槽的淹没频率由天然时期的 9% 降低至 5% 左右。

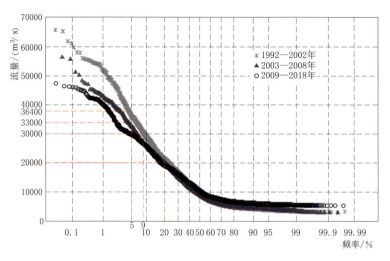

图 4.4.4　三峡坝下游枝城站流量-频率曲线

　　表 4.4.5 给出了荆江河段不同时期典型洲滩的淹没天数分布变化情况，三峡水库蓄水运用后，各洲滩的淹没天数明显减小。统计表明，2009 年以后，相应洲滩较水库蓄水前出露时间平均增加了 15d 左右（表 4.4.6）。洲滩淹没频率的变化会对植被生长产生影响，长江中下游的滩地植被以草本植物为主，其中芦苇群落的覆盖程度较高[12-13]，研究表明，可用年内淹没频率 20%、日均淹没水深 0.2m 作为芦苇生长的临界适宜条件[14-15]。

表 4.4.5　　　　　　　　三峡坝下游荆江河段不同时期典型洲滩的淹没天数

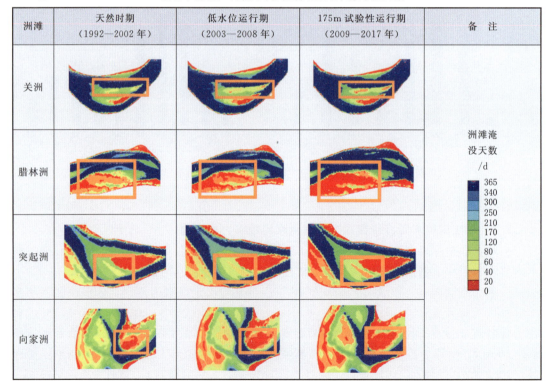

续表

洲滩	天然时期 （1992—2002 年）	低水位运行期 （2003—2008 年）	175m 试验性运行期 （2009—2017 年）	备　注
乌龟洲				
八姓洲				

表 4.4.6　　　三峡水库蓄水运用后相对蓄水前荆江河段各流量级对应洲滩
出露天数变化

时　　期	出露天数/d					
	2 万～ 2.5 万 m^3/s	2.5 万～ 3 万 m^3/s	3 万～ 3.5 万 m^3/s	3.5 万～ 4 万 m^3/s	4 万～ 4.5 万 m^3/s	>4.5 万 m^3/s
2003 年后	9.4	10.1	8.7	7.3	6.9	7.3
2009 年后	15.6	15.6	17.2	13.1	9.5	8.4

注　数值为正说明蓄水后洲滩出露天数增长。

表 4.4.7 统计了三峡水库蓄水运用不同时期荆江河段各淹没条件下的洲滩面积变化，三峡水库 175m 试验性蓄水期与天然时期相比，淹没频率小于 20%的洲滩面积增加了11.2%，日均淹没水深小于 0.2m 的洲滩面积增加了 74.9%，而促进植被生长的低淹没频率区域（淹没频率小于 5%）面积比蓄水前增多了 30.2%。荆江河段植被生长适宜度明显增加，这是洪水河槽阻力增大的一个重要因素。

表 4.4.7　　　三峡水库蓄水运用不同时期荆江河段各淹没条件下的洲滩面积

临界条件	洲滩面积/km^2		
	天然时期	低水位运行时期	175m 试验性蓄水期
淹没频率小于 20%	223.78	243.54	248.77
日均淹没水深小于 0.2m	113.03	160.33	197.74
淹没频率小于 5%	82.75	93.77	107.75

4.4.2　中小洪水调度控制指标和洪水施放标准

4.4.2.1　河道糙率不明显增大的控制指标

洪水河槽阻力控制的重点是防止洲滩植被阻力增大，下面重点分析荆江河段控制河道糙率增大的指标。

以三峡水库蓄水运用前的漫滩流量为临界流量，统计了水库运行前后长江中下游沿程各站流量低于临界流量的频率变化，见表 4.4.8。三峡水库蓄水运用后的 2004—2018 年，大于临界流量的天数都有所减少，在监利以上年均减少约 2.6%（合 10d），在螺山及以下各站减少约 3.6%（合 13d）。

三峡水库蓄水运用后，尤其是 2009 年开始 175m 试验性蓄水之后，荆江河段的超临界流量频率减至 1.5%以下，而城陵矶以下河段仍维持在 4%以上，如图 4.4.5 所示。与此相对应，城陵矶上下游河道出现了不同的糙率调整模式，植被阻力增大的差异发挥重要作用，可将大于漫滩流量出现频率大于 4%作为洪水河槽糙率控制的临界条件。

表 4.4.8 三峡水库蓄水运用前后沿程各站小于临界流量天数百分比

站　　点		枝城	沙市	监利	螺山	汉口	大通
临界流量/(m³/s)		38000	32000	28000	40000	43000	44000
小于临界流量天数百分比/%	蓄水前	95.6	95.7	95.0	92.6	92.1	85.7
	2004—2018 年	98.26	98.19	97.83	96.30	96.02	88.92
	2009—2018 年	98.58	98.55	98.25	95.86	96.00	86.74

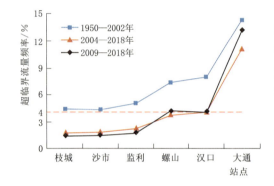

图 4.4.5 三峡水库蓄水运用前后长江中下游沿程各站超临界流量频率

滩地植被生长与淹没频率较为密切，若划定淹没频率 5%以下的滩地为高滩，由表 4.4.9 可见，水库蓄水前高、低滩的分界流量为 36400m³/s，而水库蓄水运用后降为 30000m³/s，流量 30000～36400m³/s 之间的滩面淹没频率由大于 5%减小至 5%以下，该区域的植被生长适宜度增加，这可能是流量 30000m³/s 以上糙率增大的原因之一。因此，应将 36400m³/s 以上流量的出现频率提高至 5%以上，将流量 30000m³/s 以上的出现频率恢复至水库蓄水前的 9%以上。

表 4.4.9 三峡水库蓄水运用前后枝城站不同频率对应流量

年份	流　　量/(m³/s)					平均流量/(m³/s)
	0.5%	1%	5%	10%	20%	
1992—2002	54900	52200	36400	29100	21400	13706
2003—2008	45400	43300	33000	26300	20200	12874
2009—2018	42350	40300	30000	25900	19200	13503

天然情况下，长江中下游洪水峰型变幅较小，历年洪水天数特征的统计显示，$Q>38000\text{m}^3/\text{s}$ 恢复至 4%，$Q>36400\text{m}^3/\text{s}$ 恢复至 5%，$Q>30000\text{m}^3/\text{s}$ 恢复至 9%，这三者是统一的，都遵循了天然频率曲线。综合来看，为减小植被生长导致洪水河槽阻力明显增加的可能性，应将荆江河段大于漫滩流量（38000m³/s 左右）的出现频率增加至 4%，或将 36400m³/s 流量的出现频率增加至 5%。

4.4.2.2 中小洪水调度对荆江河段漫滩概率的影响

荆江河段漫滩标准对应枝城流量 36400m³/s，换算到宜昌流量约 35500m³/s。近期（2009—2018 年）三峡入库和出库流量大于 35500m³/s 的天数见表 4.4.10。

表 4.4.10　　　　　　近期三峡入库和出库流量大于 35500m³/s 的天数

年份	入　　库		宜　昌　实　际	
	大于 35500m³/s 天数/d	指标满足情况	大于 35500m³/s 天数/d	指标满足情况
2009	6	×	6	×
2010	16	√	10	×
2011	5	×	0	×
2012	29	√	29	√
2013	10	×	0	×
2014	13	×	7	×
2015	2	×	0	×
2016	4	×	0	×
2017	1	×	0	×
2018	18	√	16	√
合计	104		68	

从入库流量来看，仅有 2012 年、2018 年满足漫滩频率大于 5％的条件，2010 年基本满足。这说明即使没有三峡水库，近期的实际水文系列也难以满足控制下游漫滩概率不减小的要求。

从出库流量来看，近期水文条件＋现状中小洪水调度条件下，仅有 2012 年满足大于 35500m³/s 的流量在 18d 以上，2018 年基本满足条件；大于 35500m³/s 流量的总天数由入库水文条件下的 104d 减少为 68d，三峡水库的实际调度加剧了漫滩频率的降低。

4.4.2.3　洪水施放标准

（1）洪水施放频次。

考虑到年际之间流量过程有丰枯波动，为分析 5％频率流量的年际变化，统计了宜昌站历年年内 5％、10％、20％频率的洪水量值，如图 4.4.6 所示。可见，三峡水库蓄水运用前历年 5％流量的均值基本在 36400m³/s 附近波动。5％流量能够超过 36400m³/s 的年份平均 2 年出现一次，最长的间隔不超过 5 年。因此，建议平均 2 年施放一次洪水过程，每次洪水过程应保证流量超过 36400m³/s 的持续时间超过 18d（5％）。

（2）洪水施放时机。

三峡水库的防洪目标之一是避免上游洪水与中游洪水遭遇，若将枝城的中等洪水频率提高，应避免与枝城至螺山区间的大洪水遭遇。定义枝城至螺山区间 15d 平均流量为相同时段内螺山站与枝城站 15d 平均流量的差值，经统计可知 1992—2017 年历年最大 15d 区间流量均值约为 18000m³/s，以超过此流量作为发生区间洪水的标准，统计了三峡水库不同运行时期内区间洪水的年内发生时机，如图 4.4.7 所示。可见，三峡水库蓄水运用前，枝城—螺山区间洪水主要发生于 6 月下旬至 7 月下旬；初期运行阶段（2003—2008 年），其区间洪水发生在 5 月中旬至 6 月上旬；而在 2009 年后则集中于 6 月中下旬和 7 月上旬。因此，为避免三峡水库下泄洪水与枝城—螺山区间大洪水遭遇，建议尽量在 7 月中下旬或 8 月施放洪水。

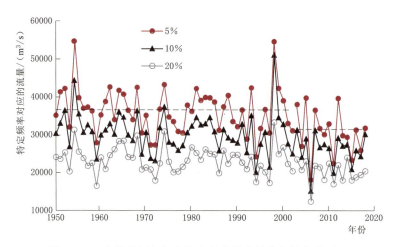

图 4.4.6　宜昌站历年年内特定频率洪水量值年际变化过程

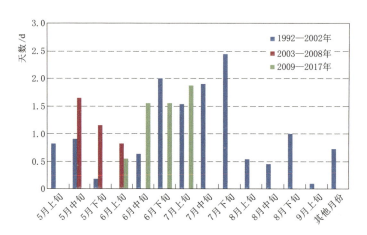

图 4.4.7　不同时期内枝城至螺山 15d 区间平均流量大于 18000m³/s 年内分布

4.4.3　基于防洪安全的中小洪水调度约束条件

4.4.3.1　城陵矶以上洪水的分阶段特征及保证率洪水过程设计计算

（1）洪水分阶段特征。

统计宜昌站流量多年平均值过程和区间多年平均值过程，初步拟定汛期分阶段规则为：6 月 10—30 日快速上涨期（Ⅰ段）、7 月 1—31 日为主汛高水期（Ⅱ段）、8 月 1—20日为汛期次高水期（Ⅲ段）、8 月 21 日至 9 月 15 日为后汛期（Ⅳ段），其中 6 月 10—30 日是上游洪水和区间洪水明显遭遇的阶段。

根据三峡水库以上来水的最大 1d 洪量从大到小排序（表 4.4.11），选取排序前五位的典型洪水过程进行特性分析，并分别计算出各典型洪水流量大于 56700m³/s、45000m³/s 的洪量及其持续的天数。从各阶段最大 1d 洪量排序前 5 位洪水过程分析比较来看：Ⅲ段内，发生在 1954 年（该期最大 1d 洪量排序为 1）的洪水超过 56700m³/s、45000m³/s 的洪量最大，天数最多；1998 年大于 45000m³/s 的天数最多，共计 20d（也是其余分段期内天数最多的）；Ⅳ段内，1998 年大于 $45000\mathrm{m}^3/\mathrm{s}$ 的天数也最多，共计 17d。统计资料序列时段内，1998 年洪水流量在 $45000\mathrm{m}^3/\mathrm{s}$ 之上维持的时间最长。

表 4.4.11　　　三峡坝下游宜昌水文站来水分段最大 1d 洪量排序

分段日期	项　目		1	2	3	4	5
Ⅰ段 （6 月 10—30 日）	年份		1956	1908	1935	1961	2000
	最大 1d 洪量/亿 m^3		47.87	47.00	46.83	45.96	45.19
	大于 $56700\mathrm{m}^3/\mathrm{s}$	天数/d	0	0	0	0	0
		洪量/亿 m^3	0	0	0	0	0
	大于 $45000\mathrm{m}^3/\mathrm{s}$	天数/d	4	6	2	3	4
		洪量/亿 m^3	17.88	25.49	8.73	13.22	12.10
Ⅱ段 （7 月 1—31 日）	年份		1981	1921	1954	1938	1920
	最大 1d 洪量/亿 m^3		60.05	57.02	56.76	53.48	53.05
	大于 $56700\mathrm{m}^3/\mathrm{s}$	天数/d	3	5	8	3	3
		洪量/亿 m^3	25.57	23.07	30.93	10.2	8.12
	大于 $45000\mathrm{m}^3/\mathrm{s}$	天数/d	5	11	10	10	6
		洪量/亿 m^3	70.42	108.52	119.84	68.26	52.88
Ⅲ段 （8 月 1—20 日）	年份		1954	1905	1931	1998	1974
	最大 1d 洪量/亿 m^3		57.11	55.81	54.95	53.31	52.70
	大于 $56700\mathrm{m}^3/\mathrm{s}$	天数/d	13	3	3	5	2
		洪量/亿 m^3	54.52	13.13	13.65	8.64	5.18
	大于 $45000\mathrm{m}^3/\mathrm{s}$	天数/d	16	6	7	20	4
		洪量/亿 m^3	202.95	54.17	71.02	169.78	40.09
Ⅳ段 （8 月 21 日— 9 月 15 日）	年份		1896	1998	1938	1966	1958
	最大 1d 洪量/亿 m^3		61.00	53.31	51.58	51.49	51.41
	大于 $56700\mathrm{m}^3/\mathrm{s}$	天数/d	6	1	2	4	2
		洪量/亿 m^3	34.91	1.32	2.85	5.44	3.89
	大于 $45000\mathrm{m}^3/\mathrm{s}$	天数/d	12	17	5	8	5
		洪量/亿 m^3	118.20	113.27	38.53	64.02	39.05

（2）保证率洪水过程设计。

针对长江上游和宜昌至螺山区间，以实测洪水为基础，统计分析资料系列中各种特征洪量并排序，以求得各种经验频率，获得各种保证率下的设计值，并按特征洪量组合叠加形成各种洪水样本，从而得到各种保证率下的设计洪水过程线，为水库的调洪计算提供典型洪水过程。

1）区间分段保证率洪水。在 1954—2008 年最大洪量统计的基础上，选取区间各分段最大 1～15d 设计保证率 95%、90% 洪量分别进行典型洪水过程分析。洪水过程设计方法：把洪量转换为日流量，以最大 1d 洪量对应的日流量作为洪峰，以最大 3d 洪量对应的日流量减去最大 1d 洪量对应的日流量后除以 2 作为次大日流量（涨水段与退水段对称），依此类推，可以得到洪水过程初步成果，在保证峰、量不变的情况下对初步成果进行平滑，得到典型保证率洪水过程。

2）三峡水库来水分段保证率洪水。统计1890—2008年各分段期多年最大1d、3d、5d、7d、9d、11d、13d、15d洪量，并依据统计洪量成果资料序列，选取上游各分段保证率95％的最大1～15d洪量及保证率90％的最大1～15d洪量，分别推算15d洪水流量过程。洪水过程推算方法同前，类似得到各个不同时间保证率洪量对应的洪水过程的外包线流量过程，以确保得到该保证率下洪量最大、过程组合最恶劣的上游来水过程。

4.4.3.2　考虑预报预泄的坝前水位约束及对城陵矶洪峰水位的影响

（1）坝前水位约束。

根据洪水传播时间与水文气象预报水平，三峡及城陵矶洪水的有效预见期在3～5d。以预见期3d考虑，以在大洪水发生前降低至汛限水位为条件，同时不增加下游的防洪压力，不因预泄水量而超过城陵矶的设防水位，在预泄期间沙市、城陵矶水位也不因预泄水量而提前突破警戒水位，分析三峡水库可超蓄的水量与预泄方式，以此作为水库不需要水库防洪时兴利调度指标。计算结果表明，考虑预报预泄，为兴利调度控制水位在150.0m时，预泄期间荆江及城陵矶水位不会提前突破警戒水位，风险适度，当来流量很小时，考虑水资源综合利用，库水位控制在148m是合适的。

（2）预泄过程对城陵矶洪峰水位的影响。

上游来水平稳，水库预泄45000m³/s，考虑其遭遇区间最大洪量及洪量保证率95％、90％的洪水，通过大湖演算法分别计算城陵矶不同起涨水位情况下的洪峰水位，再依据3d的预泄流量过程（水库最大下泄45000m³/s），计算水库预泄后城陵矶不同起涨水位情况下的洪峰水位，比较预泄过程对洪峰水位抬高的影响，并判别该洪峰水位的安全性。计算结果表明，当上游来流平稳时，按45000m³/s预泄3d后，再遭遇区间各种保证率洪水，各阶段城陵矶水位均低于34.4m。预泄水量对城陵矶洪峰水位的影响随城陵矶底水水位不同而不同，底水30.5m时影响在0.4m左右。因此，若按城陵矶水位低于31m为控制条件并及时预泄，对城陵矶水位影响不大。

4.4.3.3　调度指标的合理性分析

（1）设计100年一遇标准控制计算最高起调水位。

三峡水库防100年一遇洪水的设计最高库水位为167.00m，三峡水库控泄流量54500m³/s，由此可计算出不同分段不同保证率下超出54500m³/s部分的水量最高蓄至167.00m的容许最高起调水位，见表4.4.12。

表4.4.12　不同分段不同保证率下三峡水库容许最高起调库水位计算汇总

分段日期	项　　目	最　大	保　证　率	
			95％	90％
6月10—30日	多出水量/亿m³	0.78	0.00	0.00
	容许最高起调水位/m	166.90		
7月1—31日	多出水量/亿m³	55.47	13.91	7.34
	容许最高起调水位/m	159.90	165.30	166.10

分段日期	项　目	最　大	保　证　率	
			95%	90%
8月1—20日	多出水量/亿 m³	78.80	12.42	3.89
	容许最高起调水位/m	156.40	165.30	166.50
8月21日至 9月15日	多出水量/亿 m³	52.10	7.43	0.09
	容许最高起调水位/m	160.30	166.10	166.90

由表可见：分阶段的实测最大洪水调洪计算，若各段起调水位分别为 166.90m、159.90m、156.40m、160.30m 时，遇实测最大洪水，调洪最高水位也不会超过原设计100 年一遇最高水位 167.00m，遇中小洪水最高水位按此指标控制，并没有降低水库的防洪标准。综合认为遇中小洪水调度，防洪最高水位按 160.00m 控制风险不大，是可行的。

（2）设计 20 年一遇标准控制计算最高起调水位。

除了确保水库大坝安全，还需考虑库区回水安全，因三峡水库库区移民回水线采用20 年一遇的标准，故选取了 1982 年、1981 年、1954 年 20 年一遇的设计洪水过程，分别采用 54500m³/s、56700m³/s 两种起蓄流量，计算从 145m 起调的最高库水位，见表4.4.13。可见，1982 年设计 20 年一遇洪水过程在起蓄流量以上部分的洪量较 1981 年、1954 年大，从设计标准偏安全考虑，选择 1982 年起蓄流量 54500m³/s 最高库水位157.10m 及起蓄流量 56700m³/s 最高库水位 154.78m 作为确保库区回水线达到设计安全标准的最高蓄水位。

表 4.4.13　　　　　三峡水库设计频率 5% 的洪水最高库水位

洪水典型年	项目	大于 54500m³/s 水量	大于 56700m³/s 水量
1982 年	水量/亿 m³	70.43	55.06
	库水位/m	157.10	154.78
1981 年	水量/亿 m³	50.16	45.10
	库水位/m	154.04	153.26
1954 年	水量/亿 m³	33.50	25.64
	库水位/m	151.41	150.04

分别以 157.10m、154.78m 作为容许最高蓄水位，考虑上游发生实测系列最大洪量或最大洪量保证率 95%、90% 的 15d 洪水过程，计算不同阶段的容许最高起调水位，见表 4.4.14 和表 4.4.15。

表 4.4.14　　　　三峡水库以 157.10m 为容许最高蓄水位的控制最高起调库水位

分段日期	项　目	最　大	保　证　率	
			95%	90%
6月10—30日	多出水量/亿 m³	0.78	0.00	0.00
	容许最高起调水位/m	156.98		
7月1—31日	多出水量/亿 m³	55.47	13.91	7.34
	容许最高起调水位/m	148.00	155.01	156.00

续表

分段日期	项　　目	最　大	保　证　率	
			95%	90%
8 月 1—20 日	多出水量/亿 m³	78.80	12.42	3.89
	容许最高起调水位/m	143.31	155.23	156.52
8 月 21 日至 9 月 15 日	多出水量/亿 m³	52.10	7.43	0.09
	容许最高起调水位/m	148.06	155.99	157.09

表 4.4.15　三峡水库以 154.78m 为容许最高蓄水位的控制最高起调库水位

分段日期	项　　目	最　大	保　证　率	
			95%	90%
6 月 10—30 日	多出水量/亿 m³	0.78	0.00	0.00
	容许最高起调水位/m	154.66		
7 月 1—31 日	多出水量/亿 m³	55.47	13.91	7.34
	容许最高起调水位/m	144.92	152.64	153.66
8 月 1—20 日	多出水量/亿 m³	78.80	12.42	3.89
	容许最高起调水位/m	140.16	152.88	154.19
8 月 21 日至 9 月 15 日	多出水量/亿 m³	52.10	7.43	0.09
	容许最高起调水位/m	145.60	153.65	154.77

对比表 4.4.14 和表 4.4.15 可以发现，若 6 月 10—30 日起调水位在 156.98m，遇实测最大洪水最高水位不会超过 20 年一遇回水设计标准；同样，7 月 1—31 日和 8 月 21 日至 9 月 15 日起调为 148.00m，也不影响 20 年一遇回水线。取 148.00m 作为分阶段无洪水情况下的浮动水位标准或浮动汛限水位是合适的，实际操作中在 8 月 1—20 日期间可适当降低，灵活机动掌握。若取 95%～90%保证率洪水为设计值，即起调水位按 153.00～157.00m，防洪调度按以泄为主，风险上下游分担的原则，当洪水量级较大，需要考虑的下泄也要大，水库也可相应多蓄水，最高调洪水位也可相应提高。按防汛标准，取值分两级控制，具体为：当下游按荆江补偿设防水位或城陵矶补偿为警戒水位时，取下限 153.00m 控制；当下游按荆江补偿警戒水位或城陵矶补偿为保证水位时，取上限 157.00m 控制。

4.5　小结

1) 现状中小洪水调度对库区淤积影响不大，中小洪水调度下三峡库区年平均泥沙淤积较无中小洪水调度情况增加 500 万～700 万 t，占库区多年平均淤积量的 8%～10%，淤积部位靠上；坝下游宜昌至大通河段冲刷量略有增加，增大幅度约 100 万 t/a。未来 30 年，三峡水库坝下游河床继续发生冲刷，在河床冲刷和阻力增大叠加作用下，未来 30 年洪水位变幅不大。未来情形下，三峡水库防洪补偿调度后的最高水位及中小洪水调度后的最高水位与现状情形相似，三峡水库开展中小洪水调度预泄导致城陵矶站水位抬高也与现状情形相似。

2）三峡水库坝下河道以主槽冲刷为主，河宽调整幅度不大，由于深泓下切，平滩以下过水面积显著增加，平滩以上河槽变形较小。虽然河槽冲刷，但由于阻力增加及比降调平，同过水面积下的过洪能力萎缩，呈现河道不淤积、行洪能力下降的"单萎缩"现象。该现象与丹江口水库下游洲滩明显淤积，同时河道阻力明显增大导致的过洪能力"双重萎缩"的特征存在差异。

3）三峡水库 2010 年实施中小洪水调度以来，有效减少了长江中游的防洪压力，汛期坝前水位虽然有所抬升，但与调洪最高水位不超过设计 100 年一遇洪水推算的起调水位相比相差不大。各种保证率和各种可能洪水组合情况下的多工况调洪演算表明，在不降低水库防洪标准，也基本不增加下游防洪压力的前提下，三峡水库具有一定的拦蓄中小洪水、提高兴利效益的空间。

4）当不需要三峡水库为荆江和城陵矶进行防洪补偿调度时，坝前水位控制在 150m 左右实施兴利调度；当需要考虑中下游防洪要求时，坝前水位按 153m、155m、157m、160m 分级机动控制。中小洪水调度将降低洪水漫滩概率，增大荆江河段洲滩出露频率，导致植被发育，阻力增大。为防止滩地及主槽阻力增大，应将漫滩洪水（流量大于 36400m³/s）出现频次控制在 2 年发生一次，每次持续时间 18d 以上。

参 考 文 献

［1］ 张新田，邵骏，邸建平，等. 金沙江干流与雅砻江洪水遭遇规律研究［J］. 水文，2018，38（4）：29-34.

［2］ 熊莹. 长江上游干支流洪水组成与遭遇研究［J］. 人民长江，2012（10）：42-45.

［3］ 郑守仁，邹强，丁毅，等. 长江流域洪水资源利用研究［M］. 武汉：长江出版社，2018.

［4］ 刘艳丽，周惠成，张建云. 不确定性分析方法在水库防洪风险分析中的应用研究［J］. 水力发电学报，2010，29（6）：47-53.

［5］ 卫晓婧，刘攀，曹小欢. 基于不确定水文预报的水库防洪调度风险分析［J］. 中国农村水利水电，2013（12）：27-29.

［6］ 王新荣，章厚玉，易志平，等. 丹江口水库坝下游沿程 Z-Q 关系变化分析［J］. 人民长江，2001，32（2）：25-27.

［7］ 陆国宾，刘轶，邹响林，等. 丹江口水库对汉江中下游径流特性的影响［J］. 长江流域资源与环境，2009，18（10）：959-963.

［8］ 施修端，孔祥林，杨彬. 丹江口水库建库前后沿程水位流量关系变化及其对下游防洪影响的探讨［J］. 水利水电快报，1999，20（13）：8-11.

［9］ 肖潇，毛北平，杨阳，等. 近年汉江皇庄河段水位变化特征及其成因分析［J］. 人民长江，2018，49（22）：28-32.

［10］ 郑守仁. 三峡水库实施中小洪水调度风险分析及对策探讨［J］. 人民长江，2015，46（5）：7-12.

［11］ SEGURA C，PITLICK J. Scaling frequency of channel-forming flows in snowmelt-dominated streams［J］. Water Resources Research，2010，46（6）：1-14.

［12］ 黎子墨. 荆江河段河岸带植被分布特征及生态护岸植物的筛选［J］. 农技服务，2015，32（7）：10-12.

［13］　唐万鹏，陈义群，许业洲，等. 长江中下游滩地植物群落特征及多样性指数的相关性分析［J］.
　　　　湖北林业科技，2003（4）：1-7.

［14］　谷娟，秦怡，王鑫，等. 鄱阳湖水体淹没频率变化及其湿地植被的响应［J］. 生态学报，2018，
　　　　38（21）：7718-7726.

［15］　王若男，彭文启，刘晓波，等. 鄱阳湖南矶湿地典型植被对水深和淹没频率的响应分析［J］. 中
　　　　国水利水电科学研究院学报，2018，6（6）：528-535.

第 5 章

三峡水库坝下游河道水沙情势
变化与冲淤预测

三峡水库蓄水运用以来，坝下游水沙情势发生了显著改变，长江干流河道发生长时间、长距离的冲刷，局部河段河势调整明显，河道崩岸时有发生，给防洪安全、航道安全、生态安全及河势稳定等带来深远影响[1]。由于三峡水库坝下游河道冲刷问题十分复杂，研究难度颇大，以往研究相关冲刷预测成果与实际河道冲刷发展尚存在一定差异[2]。在以往研究成果基础上，本章着重分析长江中下游干流及主要支流水沙变化特征、干流沿程各河段河床冲淤变化与近期演变特性等，采用一维、二维水沙数学模型模拟预测未来30 年三峡水库坝下游河道冲淤变化趋势，为长江中下游河道治理与保护提供科技支撑。

5.1 坝下游河道水沙情势变化

5.1.1 径流变化特性

5.1.1.1 径流量变化

（1）长江干流径流量。

根据三峡水库蓄水运用前后实测资料，统计分析长江中下游干流河道主要水文站年均径流量变化，如图 5.1.1 所示。与三峡水库蓄水运用前相比，2003—2018 年各主要水文站除监利站年均径流量偏多 3％外，其他站都表现为不同程度偏少，偏少幅度在 2.8％～6.3％之间，其中 2003—2012 年间年均径流量偏少幅度在 4.9％～9％之间，2013—2018年间年均径流量偏少幅度在 0～2.4％之间。

（2）洞庭湖四水水系及出湖径流量。

洞庭湖湘、资、沅、澧四水水系径流量，分别以湘潭站、桃江站、桃源站及石门站的年径流量为代表，变化过程如图 5.1.2 所示。1950—2018 年期间，四站年径流量均无明显变化趋势，年均径流量分别约为 660 亿 m^3、230 亿 m^3、640 亿 m^3 和 150 亿 m^3。

统计分析洞庭湖出湖城陵矶（七里山）站 60 多年来年径流量的变化过程，如图 5.1.3 所示。1952—1989 年城陵矶年径流量呈递减趋势，主要与荆江三口分流量的减少有关；1990 年以来出湖年径流量无明显变化趋势，2003—2018 年年均径流量为 2400 亿 m^3。

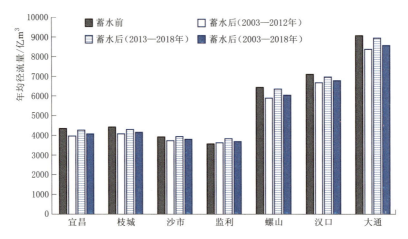

图 5.1.1　三峡水库蓄水运用前后坝下游沿程主要水文站年均径流量变化过程

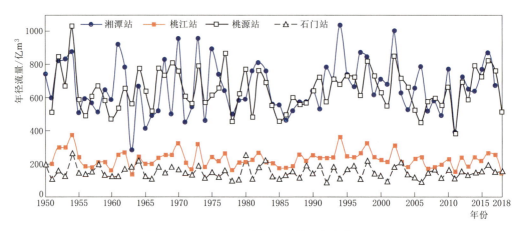

图 5.1.2　洞庭湖四水年径流量历年变化过程

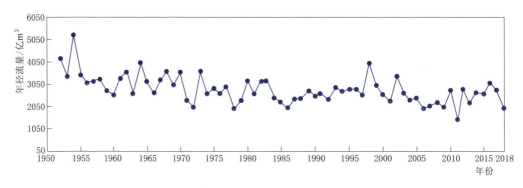

图 5.1.3　洞庭湖出湖城陵矶（七里山）站年径流量历年变化过程

（3）汉江径流量。

汉江径流量变化以仙桃水文站为代表，年径流量变化过程如图 5.1.4 所示。2003—2018 年年均径流量为 360 亿 m³，较 1972—2002 年年均径流量 390 亿 m³ 减少约 7.7%。

2014 年 12 月，南水北调中线一期工程正式通水，截至 2018 年底累计向北方输水 240 亿 m³，2015—2018 年年均供水量为 60 亿 m³。引江济汉工程于 2014 年 8 月开始调水，截至 2018 年底，引江济汉工程已累计从长江引水 130 亿 m³，其中向汉江补水 110 亿 m³，向长湖、东荆河补水 20 亿 m³，综合导致汉江在 2014—2018 年汇入长江的径流量减小约 130 亿 m³，年均减小量约 32 亿 m³。

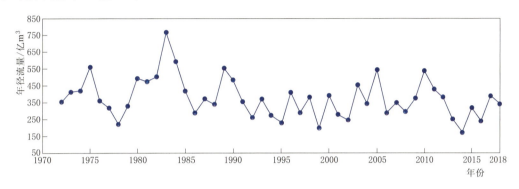

图 5.1.4 汉江仙桃水文站年径流量历年变化过程

（4）鄱阳湖"五河"水系及出湖径流量。

图 5.1.5 为鄱阳湖"五河"（赣江、抚河、信江、饶河、修水）年均径流量变化过程，其中赣江、抚河、信江、饶河、修水年径流量分别采用外洲、李家渡、梅港、虎山、万家埠等水文站数据统计。2002 年前，赣江年均径流量为 692.1 亿 m³，占"五河"径流量的 62.1%；抚河、信江、饶河、修水分别占"五河"径流量的 11.8%、16.4%、6.5% 和 3.2%。2003 年后，除修水年均径流量与蓄水前相比基本相当以外，其余均有所下降，其中抚河降幅最大为 12.6%，其余降幅在 2.7%～7.1% 之间，如图 5.1.6 所示。从年均径流量数值来看，2003 年以来鄱阳湖"五河"年均径流总量有所减少，但变化不显著。

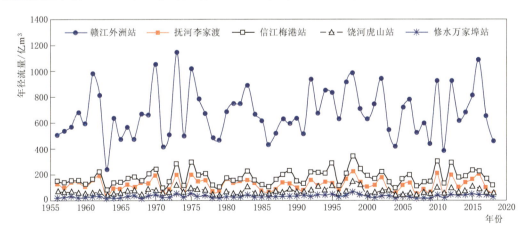

图 5.1.5 鄱阳湖"五河"年径流量历年变化过程

图 5.1.7 为 1950—2018 年期间鄱阳湖出湖湖口站年径流量的变化过程，无明显趋势性变化，2003—2018 年年均径流量为 1480 亿 m³，较 2002 年前减少约 3%。

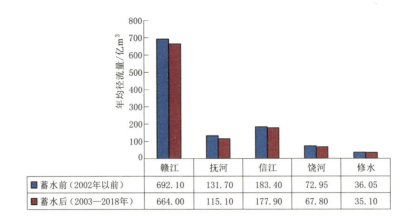

图 5.1.6　三峡水库蓄水运用前后鄱阳湖"五河"年均径流量对比

（赣江为 1950—2002 年，信江为 1952—2002 年，抚河、饶河、修水为 1953—2002 年。）

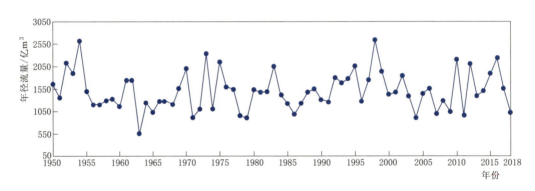

图 5.1.7　鄱阳湖湖口站年径流量历年变化过程

（5）主要支流径流量。

收集分析 1990—2018 年三峡水库坝下游干流河道 17 条主要支流的年均径流量变化情况，见表 5.1.1。1990—2018 年长江中游 11 条较小支流年均径流量合计为 244.2 亿 m³，年际间波动较大，无明显趋势性变化，最大年径流量为 2016 年的 380.2 亿 m³，最小为 2006 年的 37.9 亿 m³。

表 5.1.1　　　　三峡水库坝下游主要支流年均径流量统计（1990—2018 年）

序号	河　名	水文站	年均径流量/亿 m³
1	清江（右岸）	高坝	112.4
2	沮漳河（左岸）	河溶	15.7
3	金水河（右岸）	金口	14.2
4	府河（左岸）	隔蒲潭	21.8
5	澴河（左岸）	花园	7.7
6	滠水（左岸）	长轩岭	5.3
7	举水（左岸）	麻城	4.6

序号	河　名	水文站	年均径流量/亿 m³
8	巴水（左岸）	马家潭	18
9	浠水（左岸）	白莲河	10.5
10	蕲水（左岸）	西河驿	12.3
11	富水（右岸）	富水	21.7
	长江中游 11 条支流合计		244.2
1	皖河（左岸）	石牌站	33.8
2	巢湖（左岸）	闸下	37.6
3	青弋江（右岸）	西河镇	52.8
4	滁河（左岸）	汊河集	12.6
5	水阳江（右岸）	宣城	25.2
6	淮河入江通道（左岸）	三河闸	156.3
	长江下游 6 条支流合计		318.3

长江下游 6 条一级支流年均径流量总计为 318.3 亿 m³，年际间波动较大，无明显趋势性变化，最大年径流量为 1991 年的 848.5 亿 m³，最小为 1994 年的 94.68 亿 m³。

5.1.1.2 来水组成变化

（1）汉口站以上来水组成。

统计三个时段（1972—1989 年、1990—2002 年、2003—2018 年）宜昌站与洞庭湖、汉江及长江中游 11 条较小支流年均径流量占汉口站百分比，见表 5.1.2。

表 5.1.2　　　　　三峡水库蓄水运用前后坝下游主流汇入径流量
占长江干流百分数变化统计

时　段		1972—1989 年	1990—2002 年	2003—2018 年
年均径流量/亿 m³	宜昌站	4324	4300	4091
	洞庭湖、汉江、长江中游 11 条较小支流	2048	2446	2203
	汉口站	6989	7265	6800
	洞庭湖、汉江、鄱阳湖、大通以上 12 条较小支流	3133	3724	3297
	大通以下 5 条支流（巢湖、青弋江、滁河、水阳江及淮河入江通道）	—	264	290
	大通站	8756	9487	8597
宜昌站年均径流量占汉口站百分比/%		61.9	59.2	60.2
洞庭湖、汉江、长江中游 11 条较小支流汇入年均径流量占汉口站百分比/%		29.3	33.7	32.4
洞庭湖、汉江、鄱阳湖、大通以上 12 条较小支流汇入年均径流量占大通站百分比/%		35.8	39.2	38.3
大通以下 5 个支流汇入年均径流量占大通站与以下 5 个支流百分比/%		—	2.7	3.3

注　1972—1989 年未统计支流径流量。

1972—1989 年、1990—2002 年及 2003—2018 年期间，宜昌站年均径流量占汉口站百分比分别为 61.9%、59.2% 及 60.2%，变化幅度在 2.69% 以内，变化不大。在以上三个时段，洞庭湖、汉江、长江中游 11 条支流年均径流量占汉口站百分比分别为 29.3%、33.7% 及 32.4%，其中第一时段（1972—1989 年）汇流占比较小，与该期间未统计支流有关，第二时段（1990—2002 年）与第三时段（2003—2018 年）相比略减小 1.3%，说明近 50 年来汉口站以上各支流降雨分布未发生大的变化。

（2）大通站以上来水组成。

在以上三个时段，洞庭湖、汉江、鄱阳湖、长江下游大通以上 12 条支流年均径流量占大通站百分比分别为 35.8%、39.2% 及 38.3%，第一时段年均径流量占比较其他时段小的原因仍是支流缺失统计数据，第二时段与第三时段占比变化也较小。

5.1.1.3　径流过程变化

（1）主要水文站年内不同时期径流量占比。

受三峡水库及其上游梯级水库群联合调度运用的影响，三峡水库下游径流过程发生了较大变化。坝下游以宜昌、枝城、沙市、螺山、汉口和大通 6 个水文站为代表，分析 1992 年以来枯水期（12 月至次年 4 月）、消落期（5—6 月）、主汛期（7—8 月）和蓄水期（9—11 月）径流量变化，表 5.1.3 给出了各水文站在三峡水库蓄水运用后 2003—2012 年和 2013—2018 年与蓄水运用前 1992—2002 年相比的变幅。2013—2018 年与 1992—2002 年相比，枯水期和消落期径流量增加，其中枯水期宜昌站和枝城站增幅达 40% 以上，螺山站、汉口站和大通站增幅约 20%，消落期所有水文站增幅均在 10% 以内；而主汛期和蓄水期径流量减小，各站平均减幅分别约 20% 和 13%。

表 5.1.3　　　　　　三峡水库蓄水运用前后坝下游主要水文站不同时期
径流量变化幅度统计　　　　　　　　　　　　　　　%

测站	T1 较 T0	T2 较 T0	T2 较 T1	T1 较 T0	T2 较 T0	T2 较 T1
	枯水期变化幅度			消落期变化幅度		
宜昌	7.0	44.1	34.6	−6.8	9.1	17.1
枝城	14.2	49.0	30.5	−4.8	8.5	13.9
沙市	9.7	37.0	24.9	−5.3	6.4	12.3
螺山	3.9	21.5	19.8	−5.3	7.1	13.1
汉口	2.3	19.0	16.4	−3.4	6.1	9.8
大通	−0.8	16.6	17.5	−3.9	9.3	13.7
测站	T1 较 T0	T2 较 T0	T2 较 T1	T1 较 T0	T2 较 T0	T2 较 T1
	主汛期变化幅度			蓄水期变化幅度		
宜昌	−11.1	−21.1	−11.3	−10.4	−12.0	−1.9
枝城	−11.6	−22.2	−12.0	−8.8	−10.5	−1.9
沙市	−11.4	−21.4	−11.3	−9.7	−12.3	−2.8
螺山	−18.2	−17.8	0.5	−13.4	−13.2	0.2
汉口	−15.7	−16.5	−0.9	−9.3	−11.3	−2.2
大通	−19.2	−12.1	8.9	−15.4	−17.2	−2.2

注　T0：1992—2002 年；T1：2003—2012 年；T2：2013—2018 年。

（2）主要水文站不同流量级径流量占比。

统计分析了三峡水库蓄水运用前后宜昌站、监利站、汉口站及大通站不同流量级径流量所占百分比的变化，见表5.1.4～表5.1.7。受三峡水库调蓄作用的影响，2003年后长江中下游各典型站最小流量级所占百分比均减少，沿程变化幅度有减小趋势；第二小流量级所占百分比大幅增加，同样沿程变化幅度有减小趋势；最大流量级与第二大流量级所占百分比一般均有所减少，其中最大流量级沿程减少数值有增大趋势，中间流量级所占百分比一般以增大为主。总体而言，三峡水库蓄水运用后长江中下游径流过程坦化明显。

表 5.1.4　　　　　三峡水库蓄水运用前后宜昌站不同流量级流量
所占百分比变化统计

流 量 级		小于 5000m³/s	5000～ 10000m³/s	10000～ 20000m³/s	20000～ 30000m³/s	30000～ 40000m³/s	40000m³/s 以上
所占 百分比/%	1990—2002年	21.93	28.03	27.15	13.82	6.04	3.03
	2003—2018年	9.17	42.52	30.06	13.13	3.78	1.33
变化值/%		−12.76	14.49	2.91	−0.69	−2.26	−1.70

表 5.1.5　　　　　三峡水库蓄水运用前后监利站不同流量级流量
所占百分比变化统计

流 量 级		小于 5000m³/s	5000～ 10000m³/s	10000～ 20000m³/s	20000～ 30000m³/s	30000m³/s 以上
所占 百分比/%	1990—2002年	17.27	33.45	33.64	11.77	3.88
	2003—2018年	5.31	46.72	36.58	9.60	1.79
变化值/%		−11.96	13.27	2.94	−2.17	−2.09

表 5.1.6　　　　　三峡水库蓄水运用前后汉口站不同流量级流量
所占百分比变化统计

流 量 级		小于 10000m³/s	10000～ 20000m³/s	20000～ 30000m³/s	30000～ 40000m³/s	40000～ 50000m³/s	50000m³/s 以上
所占 百分比/%	1990—2002年	10.97	25.04	38.77	13.18	6.26	5.77
	2003—2018年	3.39	36.39	35.90	17.83	4.67	1.81
变化值/%		−7.58	11.35	−2.87	4.65	−1.59	−3.96

表 5.1.7　　　　三峡水库蓄水运用前后大通站不同流量级流量所占百分比变化

流 量 级		小于 10000m³/s	10000～ 20000m³/s	20000～ 30000m³/s	30000～ 40000m³/s	40000～ 50000m³/s	50000m³/s 以上
所占 百分比/%	1990—2002年	4.95	28.85	23.69	19.73	10.61	12.15
	2003—2018年	0.80	38.15	21.72	19.07	14.80	5.46
变化值/%		−4.15	9.30	−1.97	−0.66	4.19	−6.69

5.1.2　输沙变化特性

5.1.2.1　输沙量变化

（1）干流河道年均输沙量。

统计分析三峡水库蓄水运用前后宜昌、枝城、沙市、监利、螺山、汉口与大通共 7 个主要水文站年均输沙量变化过程，如图 5.1.8 所示。与三峡水库蓄水运用前相比，蓄水运用后 2003—2018 年各站年均输沙量均大幅减少，减少幅度在 67%～93% 之间；其中 2003—2012 年减少幅度在 66%～90% 之间，2013—2018 年减少幅度在 73%～97% 之间。三峡水库蓄水运用后，长江中下游受河道河床冲刷补给与沿程江湖入汇的影响，输沙量沿程递增。

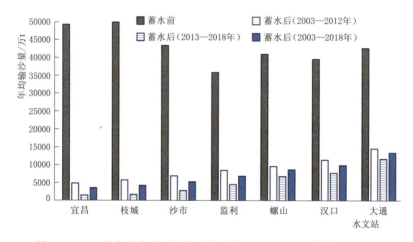

图 5.1.8　三峡水库蓄水运用前后坝下游主要水文站年均输沙量变化

（2）洞庭湖四水水系及出湖输沙量。

洞庭湖四水年输沙量历年变化过程如图 5.1.9 所示，1953—2000 年湘水湘潭站年输沙量呈递减趋势，2001 年以后该站年输沙量略有减小趋势；资水桃江站上游自 1962 年修

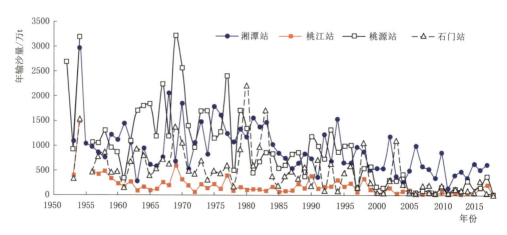

图 5.1.9　洞庭湖四水年输沙量历年变化过程

建柘溪水库后，年输沙量大幅减少，2000 年以后无明显变化趋势，约 60 万 t；沅水桃源站上游自 1995 年修五强溪水库后，年输沙量大幅减少，1996 年以后无明显变化，约 224 万 t；1953—2003 年期间澧水石门站年输沙量有变小的趋势，2004 年以后无明显变化趋势，约 106 万 t。

洞庭湖出湖城陵矶（七里山）站年输沙量历年变化如图 5.1.10 所示，1956—2002 年随着荆江三口与四水入湖沙量的减少，洞庭湖出湖年输沙量呈递减趋势。三峡水库蓄水运用后，虽然荆江三口分沙量大幅度减少，但洞庭湖出湖年输沙量无明显变化趋势，2006—2016 年期间略有增大的迹象，2003—2018 年城陵矶站年均输沙量为 1860 万 t。

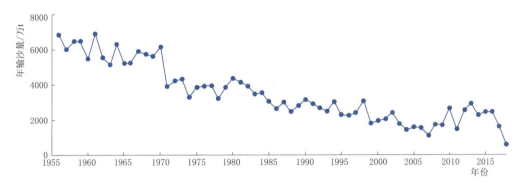

图 5.1.10   洞庭湖出湖城陵矶（七里山）站年输沙量历年变化过程

（3）汉江下游输沙量。

图 5.1.11 为汉江下游仙桃站年输沙量历年变化过程，汉江输沙量在丹江口水库运用后呈递减趋势，2012 年后受南水北调中线一期工程调水、中下游王甫洲、崔家营、兴隆等水利枢纽建成运用等因素影响，输沙量进一步减少。2003—2018 年仙桃站年均输沙量为 1160 万 t，较 1972—2002 年期间年均输沙量（2150 万 t）减少了约 46%。

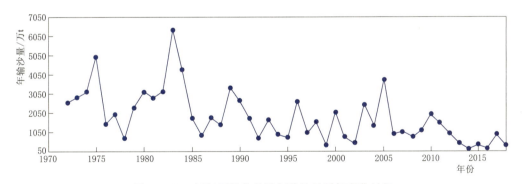

图 5.1.11   汉江下游仙桃站年输沙量历年变化过程

（4）鄱阳湖五河水系及出湖输沙量。

鄱阳湖五河赣江外洲站、抚河李家渡站、信江梅港站、饶河虎山站、修水万家埠站年输沙量历年变化过程如图 5.1.12 所示，1956—2018 年期间总体上呈减小趋势。2003 年前后五河年均输沙量对比如图 5.1.13 所示。2003 年前，赣江外洲站年均输沙量 954 万 t，约占五河总输沙量的 67.0%；2003 年三峡水库蓄水运用后，显著减小至 246 万 t，减幅约为 74.2%；2003 年以来，抚河李家渡站、信江梅港站、修水万家埠站年均输沙量也均减小，减幅分别为 32.7%、54.3% 和 38.9%，饶河虎山站年均输沙量增大，增幅为 52.3%。

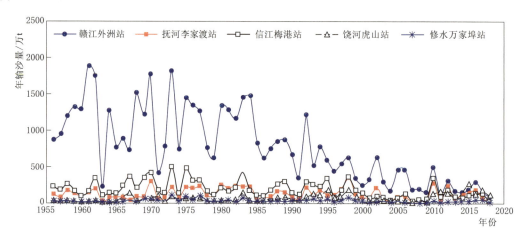

图 5.1.12　鄱阳湖"五河"年输沙量历年变化过程

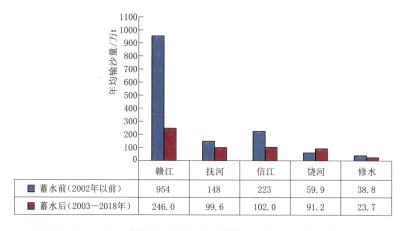

	赣江	抚河	信江	饶河	修水
■ 蓄水前（2002年以前）	954	148	223	59.9	38.8
■ 蓄水后（2003—2018年）	246.0	99.6	102.0	91.2	23.7

图 5.1.13　三峡水库蓄水运用前后鄱阳湖"五河"年均输沙量对比

（赣江、抚河、饶河为 1956—2002 年，信江为 1955—2002 年，修水为 1957—2002 年。）

图 5.1.14 为鄱阳湖湖口站年输沙量历年变化过程。2003 年之前，湖口站年输沙量略呈减小趋势；2003 年以后，则有一定程度的增大，可能与入江通道冲刷等因素有关；2003—2018 年年均输沙量为 1120 万 t。

（5）主要支流输沙量。

表 5.1.8 为三峡水库坝下游 11 条较小支流年均输沙量统计。其中，长江中游 5 条支流年均输沙量为 87.8 万 t，年输沙量年际间变幅较大，最大年为 2016 年的 485.39 万 t，最小年为 2006 年的 5.23 万 t，1990—2018 年无明显变化趋势。长江下游 6 条支流年均输沙量总计为 274.61 万 t，年输沙量年际间变幅较大，最大年为 1991 年的 1118.92 万 t，最小年为 1994 年的 48.47 万 t，1990—2018 年无明显变化趋势。

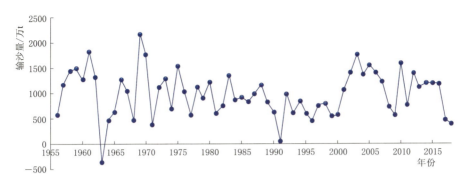

图 5.1.14　鄱阳湖湖口站年输沙量历年变化过程

表 5.1.8　　　　　　　　　三峡水库坝下游较小支流年均输沙量统计

序号	河　　名	水文站	年均输沙量/万 t	统计年份
1	澴河（左岸）	花园	16.9	1990—2018
2	滠水（左岸）	长轩岭	10	1990—2018
3	举水（左岸）	麻城	6.5	1990—2018
4	巴水（左岸）	马家潭	33.5	1990—2018
5	蕲水（左岸）	西河驿	20.9	1990—2018
	长江中游 5 条支流合计		87.8	1990—2018
1	皖河（左岸）	石牌站	22.22	1990—2018
2	巢湖（左岸）	闸下	21.49	1990—2018
3	青弋江（右岸）	西河镇	21.46	1990—2018
4	滁河（左岸）	汊河集	12.99	1990—2018
5	水阳江（右岸）	宣城	31.58	1990—2018
6	淮河入江通道（左岸）	三河闸	164.87	1990—2018
	长江下游 6 条支流合计		274.61	1990—2018

5.1.2.2　来沙组成变化

分 1972—1989 年、1990—2002 年和 2003—2018 年三个时段，统计宜昌站及洞庭湖、汉江、长江中游 5 条较小支流年均输沙量占汉口站百分比和洞庭湖、汉江、鄱阳湖、长江下游 6 条较小支流年均输沙量占大通站百分比，见表 5.1.9。

三峡水库蓄水运用后，宜昌站年均输沙量占汉口站百分比大幅减小，洞庭湖、汉江、长江中游 5 条支流年均输沙量占汉口站百分比大幅增加，洞庭湖、汉江、鄱阳湖、长江下游 6 条支流年均输沙量占大通站百分比略有增加。

5.1.2.3　输沙过程变化

（1）年内不同时期干流主要水文站输沙量。

表 5.1.10 给出了三峡水库蓄水运用前 1992—2002 年、蓄水运用后 2003—2012 年和 2013—2018 年中下游沿程 6 个水文站枯水期、消落期、主汛期和蓄水期多年平均输沙量

表 5.1.9　　　　　三峡水库蓄水运用前后坝下游主流汇入输沙量

占长江干流百分数变化统计

年　份		1972—1989 年	1990—2002 年	2003—2018 年
年均输沙量 /万 t	宜昌站	51776	39661	3583
	洞庭湖、汉江、长江中游 5 条较小支流	5701	3435	2092
	汉口站	41661	31769	9966
	洞庭湖、汉江、鄱阳湖、长江下游 6 条较小支流	7294	4493	2670
	大通以下 5 条支流（巢湖、青弋江、滁河、水阳江及淮河入江通道）	—	258	246
	大通站	43122	33215	13363
宜昌站年均输沙量占汉口站百分比/%		124.28	124.84	35.95
洞庭湖、汉江、长江中游 5 条较小支流汇入年均输沙量占汉口站百分比/%		13.68	10.81	20.99
洞庭湖、汉江、鄱阳湖、长江下游 6 条较小支流汇入年均输沙量占大通站百分比/%		16.91	13.53	19.98
大通以下 5 条支流汇入年均输沙量占大通站与以下 5 条支流百分比/%		—	0.77	1.81

变化。三峡水库蓄水运用后的 2003—2012 年、2013—2018 年与蓄水运用前 1992—2002 年相比，枯水期、消落期、主汛期和蓄水期输沙量均显著下降，但随沿程河道冲刷补给与支流入汇，输沙量降幅沿程减小。其中枯水期降幅由宜昌站的约 90% 减小为大通站的约 10%，消落期降幅由宜昌站的约 97% 减小为大通站的约 35%，主汛期和蓄水期降幅由宜昌站的约 90% 减小为大通站的约 65%。2013—2018 年输沙量与 2003—2012 年相比，除枯水期螺山、汉口和大通三站增幅在 20% 以内和消落期大通站增幅约 10% 外，其他时段各站输沙量均减小，枯水期、消落期、主汛期和蓄水期减小幅度分别为 14%～51%、8%～69%、25%～75% 和 41%～90%。

表 5.1.10　　　　　三峡水库蓄水运用前后坝下游主要水文站不同时期

输沙量变化幅度统计　　　　　　　　%

测站	T1 较 T0	T2 较 T0	T2 较 T1	T1 较 T0	T2 较 T0	T2 较 T1
	枯水期变化幅度			消落期变化幅度		
宜昌	−88.2	−92.0	−32.4	−96.2	−98.3	−55.3
枝城	−88.1	−89.8	−14.4	−92.1	−97.5	−68.9
沙市	−60.2	−80.6	−51.2	−83.9	−92.9	−55.9
螺山	−47.3	−37.6	18.4	−67.2	−69.9	−8.3
汉口	−36.0	−33.7	3.6	−61.3	−66.0	−12.0
大通	−10.5	5.2	17.5	−38.8	−32.8	9.9

续表

测站	T1 较 T0	T2 较 T0	T2 较 T1	T1 较 T0	T2 较 T0	T2 较 T1
	主汛期变化幅度			蓄水期变化幅度		
宜昌	−86.1	−96.4	−74.1	−85.0	−98.4	−89.6
枝城	−83.4	−95.9	−75.1	−82.6	−97.8	−87.1
沙市	−77.4	−91.8	−63.6	−79.9	−94.1	−70.5
螺山	−71.9	−86.4	−51.7	−71.7	−83.4	−41.5
汉口	−66.8	−82.9	−48.4	−61.8	−79.0	−45.1
大通	−62.5	−71.8	−24.7	−60.3	−76.9	−41.8

注　T0：1992—2002 年；T1：2003—2012 年；T2：2013—2018 年。

（2）主要水文站不同流量级下输沙量占比。

统计分析三峡水库蓄水运用前后宜昌站、监利站、汉口站及大通站不同流量级输沙量所占百分比的变化，见表 5.1.11～表 5.1.14。

表 5.1.11　　　　　　三峡水库蓄水运用前后宜昌站不同流量级输沙量
所占百分比变化统计

流 量 级		小于 5000m³/s	5000～ 10000m³/s	10000～ 20000m³/s	20000～ 30000m³/s	30000～ 40000m³/s	40000m³/s 以上
所占 百分比/%	1990—2002 年	0.10	1.06	17.62	29.95	27.84	23.42
	2003—2018 年	0.21	1.12	7.92	29.22	33.15	28.39
变化值/%		0.11	0.06	−9.70	−0.73	5.31	4.97

表 5.1.12　　　　　　三峡水库蓄水运用前后监利站不同流量级输沙量
所占百分比变化统计

流 量 级		小于 5000m³/s	5000～ 10000m³/s	10000～ 20000m³/s	20000～ 30000m³/s	30000m³/s 以上
所占 百分比/%	1990—2002 年	1.00	5.64	37.60	35.84	19.92
	2003—2018 年	0.80	12.68	36.55	33.05	16.91
变化值/%		−0.20	7.04	−1.05	−2.79	−3.01

表 5.1.13　　　　　　三峡水库蓄水运用前后汉口站不同流量级输沙量
所占百分比变化统计

流 量 级		小于 10000m³/s	10000～ 20000m³/s	20000～ 30000m³/s	30000～ 40000m³/s	40000～ 50000m³/s	50000m³/s 以上
所占 百分比/%	1990—2002 年	0.86	4.34	30.23	26.05	17.92	20.60
	2003—2018 年	0.46	10.04	29.97	32.53	17.54	9.46
变化值/%		−0.40	5.70	−0.26	6.48	−0.38	−11.14

较之三峡水库蓄水运用前，蓄水运用后不同流量级下输沙量所占百分比发生了较大改变，宜昌站最大、第二大流量级出现频率均有所减小，相应的输沙量所占百分比却明显增加，说明三峡水库下泄的输沙量更集中于最大、第二大流量级。长江中下游河道其他站点表现为：第二小流量与中间流量级所占百分比增大，随着河床补给及区间支流入汇的影

表 5.1.14　　　　　三峡水库蓄水运用前后大通站不同流量级输沙量
所占百分比变化统计

流　量　级		小于 10000m³/s	10000～ 20000m³/s	20000～ 30000m³/s	30000～ 40000m³/s	40000～ 50000m³/s	50000m³/s 以上
所占 百分比/%	1990—2002 年	0.20	4.35	13.26	23.01	21.54	19.14
	2003—2018 年	0.12	10.43	14.65	25.49	31.91	11.96
变化值/%		−0.08	6.08	1.39	2.48	10.37	−7.18

响，相应的输沙量所占百分比增大；最小、最大及第二大流量级所占百分比减小，相应的输沙量所占百分比也减小。

5.1.2.4　不同粒径组泥沙输移特性

（1）干流床沙级配变化。

根据三峡水库坝下游河道主要水文站汛后床沙级配资料，距大坝较近的宜昌河段河床冲刷粗化明显[3]，已经由砂卵石河床演变为卵石夹砂河床，床沙中值粒径由 2002 年汛后的 0.175mm 变为 2017 年汛后的 43.1mm，如图 5.1.15（a）所示。

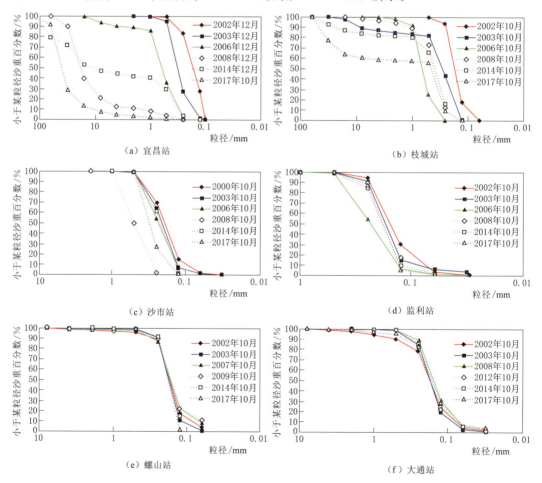

图 5.1.15　三峡水库坝下游河道主要水文站汛后床沙颗粒级配曲线

枝城、沙市、监利三站距坝里程依次增加，在同一时间上述站点的床沙中值粒径呈沿程减小趋势。三峡水库蓄水运用后，枝城站和沙市站床沙中值粒径均明显增大，2017年10月枝城站和沙市站床沙0.125mm以下的粒径组比重分别仅为0.1%和0.3%；随着河床冲刷的发展，监利站床沙呈粗化趋势，床沙0.125mm以下粒径组比重不断减小，由2003年10月的29.8%减小至2017年10月的4.7%，如图5.1.15（b）～（d）所示。螺山站床沙中值粒径略有增大，床沙0.125mm以下粒径组比重呈减少趋势，至2017年10月该站0.125mm以下的粒径组比重仅为1.7%；大通站床沙0.125mm、0.031mm以下粒径组的沙量比重均无明显变化趋势，如图5.1.15（e）～（f）所示。

（2）沿程支流入汇悬沙级配变化。

三峡水库蓄水运用后分2003—2007年、2008—2012年及2013—2017年三个时段，统计分析三峡水库蓄水运用后洞庭湖、汉江及鄱阳湖汇入长江干流沙量变化的特点，如图5.1.16所示。由图5.1.16（a）可知，在以上三个时段，洞庭湖、汉江及鄱阳湖汇入长江干流的年均输沙量分别呈略增加、递减与略减小的趋势。图5.1.16（b）～（d）显示，洞庭湖、汉江及鄱阳湖汇入长江干流的各粒径组年均输沙量与悬沙变化规律基本一致，洞庭湖与鄱阳湖汇入长江干流的泥沙主要为粒径 $d \leqslant 0.031$mm 的部分，其他粒径组的沙量较少。

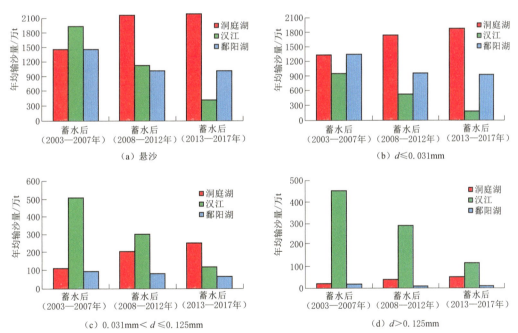

图5.1.16 三峡水库蓄水运用后江湖汇入长江不同粒径组泥沙年均输沙量

图5.1.17统计了三峡水库蓄水运用后不同阶段洞庭湖、汉江及鄱阳湖汇入长江的各粒径组沙量分别占长江干流螺山、汉口及大通站对应粒径组沙量的比例。在以上三个时段，洞庭湖入汇各粒径组沙量占比呈递增趋势，汉江入汇各粒径组沙量占比呈递减趋势，鄱阳湖入汇各粒径组沙量占比呈递增趋势。

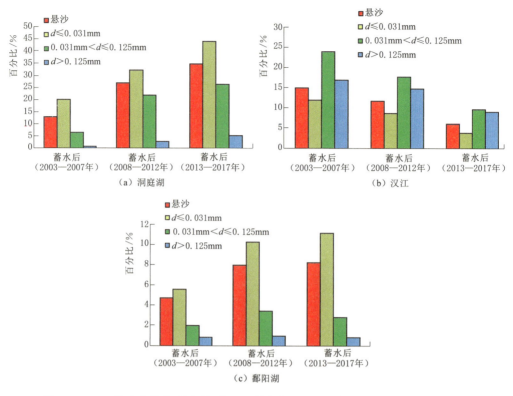

图 5.1.17　三峡水库蓄水运用后江湖汇入的各粒径组沙量占干流相应站沙量的百分比

（3）干流沿程悬沙级配变化。

以 $d \leqslant 0.031mm$、$0.031mm < d \leqslant 0.125mm$ 与 $d > 0.125mm$ 粒径组沙量代表长江中下游干流河道悬移质中的细沙、中沙、粗沙，统计各组沙量在三峡水库蓄水运用前后的沿程变化情况，见图 5.1.18 与表 5.1.15。宜昌至监利河段处于强冲刷状态，粗沙、中沙、细沙均冲刷，冲刷量随着时间逐渐减小；监利至螺山河段除细沙冲刷外，中沙、粗沙均以淤积为主；螺山至汉口河段在三峡水库蓄水运用初期除细沙冲刷外，中沙、粗沙均以淤积为主，但随着时间推移，该河段呈现粗沙、中沙、细沙均冲刷的现象；汉口至大通河段在三峡水库蓄水运用初期除粗沙淤积外，中沙、细沙均表现为冲刷，随着时间推移，中沙、

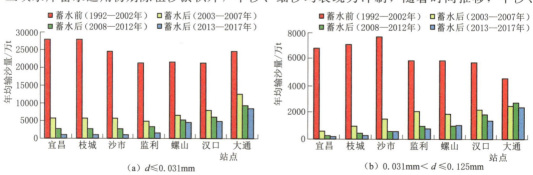

图 5.1.18（一）　三峡水库蓄水运用前后坝下游主要站点不同粒径组年均输沙量变化对比

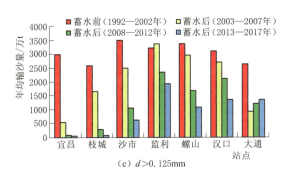

（c）$d>0.125mm$

图 5.1.18（二）　三峡水库蓄水运用前后坝下游主要站点不同粒径组年均输沙量变化对比

细沙冲刷强度增大，粗沙淤积量则递减。由此可知，三峡水库蓄水运用初期宜昌至大通站细沙全程冲刷，监利以下河段粗沙、中沙一般以淤积为主；随着时间推移，中沙逐渐全程冲刷，粗沙在监利河段以下仍以淤积为主。

表 5.1.15　　　三峡水库运用后坝下游不同粒径组泥沙河床补给与江湖入汇量

河　段	泥沙河床补给与江湖入汇量/万 t								
	$d\leqslant0.031mm$			$0.031mm<d\leqslant0.125mm$			$d>0.125mm$		
	2003—2007 年	2008—2012 年	2013—2017 年	2003—2007 年	2008—2012 年	2013—2017 年	2003—2007 年	2008—2012 年	2013—2017 年
宜昌—监利	243	999	665	1771	918	709	2994	2392	1962
监利—螺山	457	300	1317	−310	−212	−8	−441	−691	−895
螺山—汉口	500	180	34	−185	527	211	−697	130	129
汉口—大通	3057	2339	2755	200	826	932	−1817	−926	−5
河床补给小计	4257	3818	4771	1476	2059	1844			
洞庭湖	1341	1753	1872	117	213	260	24	44	56
汉江	956	525	177	514	306	125	458	296	120
鄱阳湖	1343	960	933	101	88	72	20	11	13
江湖入汇小计	3640	3238	2982	732	607	457	502	351	189
河床补给/江湖入汇	1：0.86	1：0.85	1：0.63	1：0.50	1：0.29	1：0.25			

5.2　坝下游河道冲淤演变

三峡水库蓄水运用后，坝下游河道来沙量大幅减少，河床发生长距离冲刷调整，强冲刷带总体表现为从上游向下游逐渐发展的态势[4]。

5.2.1　坝下游河道冲淤量变化

5.2.1.1　分河段冲淤量

2002—2018 年，宜昌至长江口段河床累计冲刷量约 44.46 亿 m^3，其中宜昌至湖口、湖口至江阴河段平滩河槽冲刷量分别约为 24.06 亿 m^3、13.1 亿 m^3，江阴以下河段 0m 高程以下河槽冲刷量约为 7.30 亿 m^3，见表 5.2.1。坝下游河床冲刷主要集中在枯水河槽，以宜昌至湖口段为例，枯水河槽的冲刷量占平滩河槽的 91.5%。

表 5.2.1　　　　　　　　　三峡水库蓄水运用以来坝下游河道冲淤变化情况

河　段	河段长度 /km	时　段	冲淤量/万 m^3			
			枯水河槽	基本河槽	平滩河槽	0m 以下河槽
宜昌—枝城	60.8	2002—2018 年	−15378	−15834	−16692	
荆江	347.2	2002—2018 年	−102475	−106894	−113814	
城陵矶—汉口	251.0	2002—2018 年	−43854	−46831	−46927	
汉口—湖口	295.4	2002—2018 年	−58348	−63708	−63118	
宜昌—湖口	954.4	2002—2018 年	−220055	−233267	−240551	
湖口—大通	228.0	2001—2018 年			−42984	
大通—江阴	431.4	2001—2018 年			−88106	
湖口—江阴	659.4	2001—2018 年			−131090	
澄通	96.8	2001—2018 年				−58410
长江口		2001—2018 年				−14629
江阴以下		2001—2018 年				−73039

注　表中"−"表示河道冲刷。

5.2.1.2　冲淤强度变化

表 5.2.2 和表 5.2.3 为三峡水库蓄水运用前后宜昌至江阴段平滩河槽不同时段冲淤量统计，冲淤强度变化特点如下。

（1）三峡水库蓄水运用以来坝下游河道以荆江河段冲刷强度最大。

三峡水库建坝前（1975—2002 年），宜昌至湖口段、湖口至江阴段河床冲淤相间，宜昌

表 5.2.2　　　　三峡水库坝下游不同时段宜昌至湖口河段河床冲淤量（平滩河槽）

项　目	时　段	宜昌—枝城	荆江	城陵矶—汉口	汉口—湖口	宜昌—湖口
河段长度/km		60.8	347.2	251	295.4	954.4
总冲淤量 /万 m^3	1975—2002 年	−14400	−29804	10726	16607	−16871
	2002 年 10 月至 2006 年 10 月	−8138	−32830	−5990	−14679	−61637
	2006 年 10 月至 2008 年 10 月	−2230	−3569	197	4693	−909
	2008 年 10 月至 2018 年 10 月	−6324	−77415	−41134	−53132	−178005
	2002 年 10 月至 2018 年 10 月	−16692	−113814	−46927	−63118	−240551
年均冲淤量 /（万 m^3/a）	1975—2002 年	−533	−1104	397	615	−625
	2002 年 10 月至 2006 年 10 月	−2035	−8208	−1198	−2936	−14377
	2006 年 10 月至 2008 年 10 月	−1115	−1785	99	2347	−454
	2008 年 10 月至 2018 年 10 月	−632	−7742	−4113	−5313	−17800
	2002 年 10 月至 2018 年 10 月	−1043	−7113	−2760	−3713	−14629

续表

项　目	时　段	宜昌—枝城	荆江	城陵矶—汉口	汉口—湖口	宜昌—湖口
年均冲淤强度 /[万 m³/(km·a)]	1975—2002 年	−8.8	−3.2	1.6	2.1	−0.7
	2002 年 10 月至 2006 年 10 月	−33.5	−23.6	−4.8	−9.9	−15.1
	2006 年 10 月至 2008 年 10 月	−18.3	−5.1	0.4	7.9	−0.5
	2008 年 10 月至 2018 年 11 月	−10.4	−22.3	−16.4	−18	−18.7
	2002 年 10 月至 2018 年 10 月	−17.2	−20.5	−11	−12.6	−15.3

注　1. 计算水位为 47.25m（宜昌）、43.81m（枝城）、34.47m（藕池口）、23.55m（城陵矶）、20.98m（汉口）、
　　 15.47m（湖口）。
　　2. 城陵矶至湖口河段 2002 年 10 月地形（断面）采用 2001 年 10 月资料。
　　3. 表中"−"表示河道冲刷。

表 5.2.3　　　　三峡水库坝下游不同时段湖口至江阴河段河床冲淤量（平滩河槽）

项　目	时　段	湖口—大通	大通—江阴	湖口—江阴
总冲淤量 /万 m³	1975—2001 年	17882	−5154	12728
	2001 年 10 月至 2006 年 10 月	−7986	−15087	−23073
	2006 年 10 月至 2011 年 10 月	−7611	−38150	−45761
	2011 年 10 月至 2018 年 10 月	−27387	−34869	−62256
	2001 年 10 月至 2018 年 10 月	−42984	−88106	−131090
年均冲淤量 /(万 m³/a)	1975—2001 年	688	−198	490
	2001 年 10 月至 2006 年 10 月	−1597	−3017	−4615
	2006 年 10 月至 2011 年 10 月	−1522	−7630	−9152
	2011 年 10 月至 2018 年 10 月	−3912	−4981	−8894
	2001 年 10 月至 2018 年 10 月	−2528	−5183	−7711
年均冲淤强度 /[万 m³/(km·a)]	1975—2001 年	3.0	−0.5	0.7
	2001 年 10 月至 2006 年 10 月	−7.0	−7.0	−7.0
	2006 年 10 月至 2011 年 10 月	−6.7	−17.7	−13.9
	2011 年 10 月至 2018 年 10 月	−17.2	−11.5	−13.5
	2001 年 10 月至 2018 年 10 月	−11.1	−12.0	−11.7

注　1. 计算水位为 15.47m（湖口）、10.06m（大通）、2.66m（江阴）。
　　2. 表中"−"表示河道冲刷。

至湖口段年均冲刷强度为 0.7 万 m³/(km·a)，湖口至江阴段年均淤积强度为 0.7 万
m³/(km·a)，年均冲淤强度较小，河床冲淤基本平衡[5]。

坝下游河道年均冲刷强度：2002 年 10 月至 2018 年 10 月期间，宜昌至枝城段为 17.2
万 m³/(km·a)，荆江为 20.5 万 m³/(km·a)，城陵矶至汉口段为 11 万 m³/(km·a)，
汉口至湖口段为 12.6 万 m³/(km·a)；2001 年 10 月至 2018 年 10 月期间，湖口至大通段
为 11.1 万 m³/(km·a)，大通至江阴段为 12 万 m³/(km·a)。城陵矶以上河段冲刷强度
普遍大于其以下河段，沿程冲刷强度总体上呈减小态势。至 2018 年，荆江河段冲刷强度
最大，宜昌至枝城河段次之。

（2）坝下游河道冲刷表现为从上游向下游逐渐发展的趋势。

2002—2006 年（三峡水库围堰蓄水期），宜昌至枝城河段冲刷强度最大，达 33.5 万 m³/(km·a)；荆江河段次之，为 23.6 万 m³/(km·a)；城陵矶以下各河段冲刷强度相对较小，为 4.8 万～9.9 万 m³/(km·a)。

2006—2008 年（三峡水库运用初期），宜昌至枝城河段仍保持较大幅度冲刷，冲刷强度已小于围堰蓄水期；荆江河段略有冲刷；城陵矶至汉口河段、汉口至湖口河段略有淤积；湖口至大通河段冲刷强度基本保持不变；大通至江阴河段冲刷强度则有所增加。

2008—2018 年（三峡水库试验蓄水期），宜昌至枝城河段冲刷强度大幅减小，仅为围堰蓄水期的 31%，近期该河段砂卵石河床粗化明显，河床冲刷逐步趋向平衡；荆江河段、城陵矶至汉口河段、汉口至湖口河段、湖口至大通河段冲刷强度分别为 22.3 万 m³/(km·a)、16.4 万 m³/(km·a)、18 万 m³/(km·a)、17.2 万 m³/(km·a)，较运用初期有较大提升，尤其城陵矶至湖口河段冲刷强度增幅明显；大通至江阴河段冲刷强度有所减小。

综上，三峡水库蓄水运用以来，中下游各河段冲刷强度变幅较大，冲刷强度随着时间推移向下游传递过程的特征较为明显。

（3）河床深泓纵剖面以冲刷下切为主。

2002—2018 年，宜昌至枝城河段深泓纵剖面平均冲刷下切 4.0m，其中宜昌河段平均下降了 1.8m，深泓累计下降最大处位于胭脂坝汊道宜 43 断面，下降幅度为 5.5m；宜都河段平均下降了 6.0m，深泓最大冲深处为外河坝枝 2 断面，下降了 24.3m，如图 5.2.1 所示。荆江河段深泓纵剖面平均冲刷深度为 2.96m，最大冲刷深度为 17.8m，位于调关河段荆 120 断面；枝城、沙市、公安、石首、监利河段深泓平均冲刷深度分别为 3.86m、4.24m、1.79m、4.24m、1.35m，如图 5.2.2 所示。2001—2018 年期间，城陵矶至汉口段深泓平均冲深为 1.74m，其中城陵矶至石矶头段深泓下切 2.14m，石矶头至汉口段下切了 1.5m。汉口至九江段深泓纵剖面有冲有淤，除田家镇河段深泓平均淤积抬高以外，其他各河段均以冲刷下切为主，全河段深泓平均冲深了 2.93m。九江至湖口段河床冲刷以主河槽为主，平均冲深为 1.9m，最大冲深为 6.1m，位于张家洲右汊湖口上游附近 ZJR07 断面[6]。

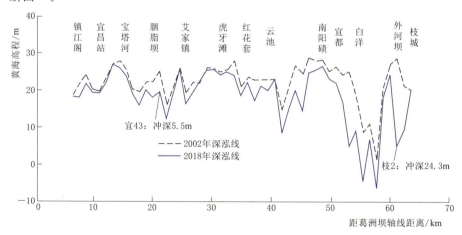

图 5.2.1　三峡水库坝下游宜昌至枝城河段深泓纵剖面变化

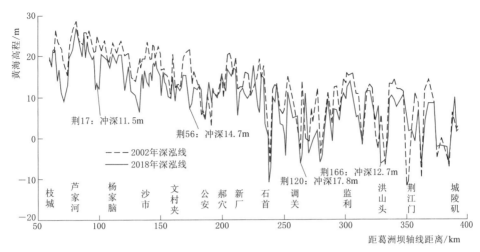

图 5.2.2 三峡水库坝下游枝城至城陵矶河段深泓纵剖面变化

滩槽大幅度冲淤变化往往引起深泓频繁移位，该类演变主要发生在汊道进口段、长顺直过渡段、河道宽浅段或新增崩岸河段，如关洲汊道和突起洲汊道进口深泓左摆，沙市河弯长顺直段太平口水道南北槽在心滩两侧交替消长，七弓岭弯道在水流撇弯作用下发生凸岸八姓洲崩退，致使深泓大幅左移。

（4）中枯水同流量下水位有所下降。

2003 年三峡水库蓄水运用以来，除大通站外，长江中下游干流主要水文控制站在中枯水期相同流量下水位呈现不同程度降低的现象，见表 5.2.4。2018 年汛后，宜昌站流量在 6000m^3/s、沙市站流量在 7000m^3/s、螺山站流量在 10000m^3/s、汉口站流量在 10000m^3/s 时，水位较 2003 年分别下降 0.67m、2.47m、1.64m、1.35m；宜昌站流量在 10000m^3/s、沙市站流量在 14000m^3/s、螺山站流量在 18000m^3/s、汉口站流量在 20000m^3/s 时，水位较 2003 年分别下降 0.80m、1.77m、1.29m、1.23m。各水文控制站中枯水期同流量下水位下降及降幅与控制站下游河道冲刷量关系紧密，水位下降幅度与所在河段冲刷量呈正相关，如沙市中枯水位下降值为坝下游各河段最大，与荆江河床累计冲刷强度最大相适应。

表 5.2.4　　三峡水库坝下游干流主要控制站同流量下中枯水位变化统计

水文站	流量/（m^3/s）	2003—2018 年水位累计降低/m
宜昌	6000	0.67
	10000	0.80
沙市	7000	2.47
	14000	1.77
螺山	10000	1.64
	18000	1.29
汉口	10000	1.35
	20000	1.23

（5）宜昌至武汉段的冲刷量与初设阶段预测基本相当，武汉至大通段冲刷超过预期。

在三峡工程技术设计阶段，长江科学院和中国水利水电科学研究院利用各自建立的河道冲淤一维数学模型，在总结以往计算分析成果的基础上，采用统一的计算条件，即计算初始地形为 1992—1993 年实测水下地形、进口水沙条件为 1961—1970 年系列出库水沙过程[7]。三峡水库运用 10 年后坝下游各河段实测和计算预测的水沙条件和冲淤量见表 5.2.5。

表 5.2.5　三峡水库运用 10 年后坝下游各河段实测和计算预测的水沙条件和冲淤量

类别	年径流量 /亿 m³	年输沙量 /万 t	冲淤量/亿 m³				备注
			宜昌—城陵矶	城陵矶—武汉	武汉—九江	九江—大通	
计算预测	4552	12700	−0.833	−0.138	0.102	0.003	长江科学院
			−0.746	−0.279	0.202	0.06	中国水利水电科学研究院
实测	3978	4825	−0.766	−0.159	−0.262	−0.156	

实测值与预测值比较结果表明，宜昌至城陵矶河段、城陵矶至武汉河段实测值与预测值比较接近；武汉至九江河段、九江至大通河段实测值为冲刷，预测值为淤积，实际冲刷范围比预测要大。两者存在差异主要有三方面的原因：一是坝下游冲刷计算水沙系列、地形条件、床沙级配等与实际之间存在偏差，20 世纪 60 年代水沙系列出库条件会引起坝下游沿程来沙量比实际来沙量偏多 254%（宜昌）～16%（大通），导致预测的冲刷量偏少；二是人工采砂、航道疏浚、涉水工程等影响在水沙动力学模型中未能全面表达；三是实际冲淤量的统计方法及模型本身存在优化空间。

5.2.2　坝下游河道演变特性

2003 年三峡水库蓄水运用以来，长江中下游干流河道发生长时间、长距离冲刷，冲刷强度较蓄水前明显增大。在多年河道（航道）治理基础上，近期又实施重点崩岸治理工程、应急抢险守护工程及航道整治工程，有效控制了河道的平面形态，目前长江中下游干流河道河势总体基本稳定，部分河段河势发生一定调整，局部河段河势变化较大。长江中下游干流河道沿程边界条件及河型各异，表现出不同演变特点。

5.2.2.1　宜昌至枝城河段

宜昌至枝城河段全长约 60.8km，区间内右岸有支流清江在宜都入汇。该河段两岸由丘陵阶地组成，抗冲力强，沿程受基岩节点控制，多年来主流平面位置、滩槽格局未发生较大变化，河势较为稳定，演变有以下特点。

1）河床以纵向冲刷下切为主，主要冲深部位在宜都河段，总体上越往下游冲深越大，如图 5.2.1 和图 5.2.3 所示。宜昌河段深泓下切时段主要集中在 2003—2006 年，2008 年以后宜昌河段冲刷强度逐步降低，部分年份局部段出现淤积，深泓高程变化较小；宜都河段深泓下切幅度大，冲刷部位主要位于云池至白洋段以及外河坝至枝城段。该河段 25m 高程（黄海高程，以下同）以下深槽冲刷扩展，面积逐年增大，由 2003 年的不足 1000 万 m²，扩大至 2018 年的近 2100 万 m²。

2）边滩和高滩面积总体有所萎缩，部分洲滩冲刷幅度大。宜都弯道南阳碛 2002 年洲滩形态完整，33m 高程等高线依附右岸，至 2016 年滩面急剧减小，形成孤立江心滩；曾家溪边滩 33m 高程等高线几乎冲蚀殆尽，与左岸连为一起，如图 5.2.4 所示。

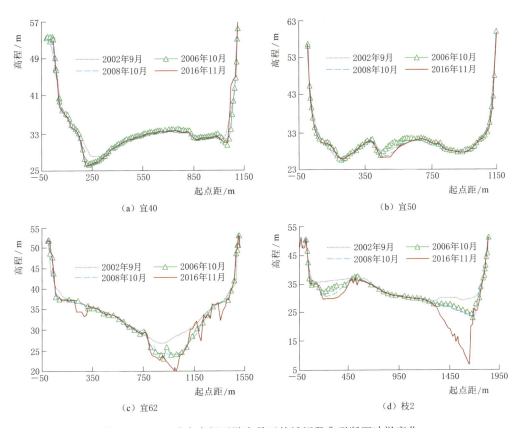

（a）宜40　　　　　　　　　　　　　　（b）宜50

（c）宜62　　　　　　　　　　　　　　（d）枝2

图 5.2.3　三峡水库坝下游宜昌至枝城河段典型断面冲淤变化

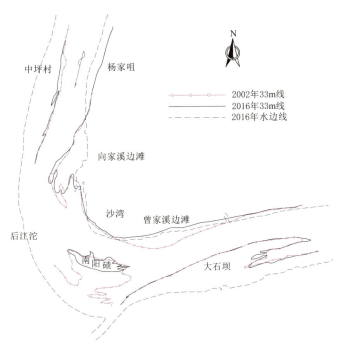

图 5.2.4　三峡水库坝下游宜昌至枝城河段宜都弯道洲滩变化

　　3）河床表层床沙粗化明显。宜昌河段河床组成由沙夹卵石逐步粗化为卵石夹沙，宜昌站床沙中值粒径由 2002 年汛后的 0.175mm 增大为 2018 年汛后的 47.5mm；宜都河段床沙组成亦呈粗化趋势，2018 年 10 月枝城站床沙 0.25mm 以下粒径占比仅为 10％，中值粒径为 0.4mm，较三峡水库蓄水运用前显著增大。

5.2.2.2　枝城至城陵矶河段

　　枝城至城陵矶河段又称荆江河段，长约 347.2km，以藕池口为界分为上、下荆江。经过多年治理，荆江河段岸线及江心洲滩形态基本稳定，总体河势基本得到控制，近期演变主要表现为以下几个方面。

　　1）局部河段年际、年内主流摆动幅度较大，少数河段河势调整仍较为剧烈。上荆江关洲至芦家河段、太平口心滩至三八滩河段主支汊年内分流变化较频繁，主流平面位置摆幅较大，尤以沙市弯道河势变化最为剧烈。沙市河弯经历 1998 年、1999 年大水后，三八滩基本解体，加上右岸腊林洲大幅崩退，控制沙市弯道边界发生了较大改变，河道向宽浅方面发展，洲滩此消彼长，深泓往复摆动频繁，如图 5.2.5 所示。下荆江石首河弯段、调关河弯段、熊家洲至城陵矶段深泓位置因岸线崩退出现较大调整，如调关河弯段随着凸岸高滩的崩退，2016 年深泓较 2002 年最大左移超 500m，如图 5.2.6 所示。

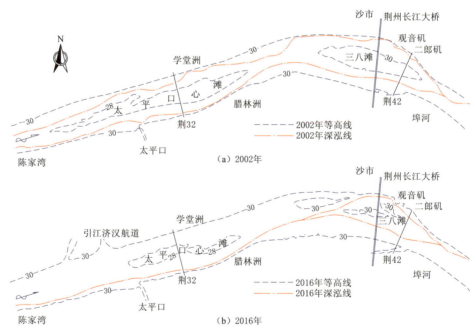

图 5.2.5　三峡水库坝下游沙市河弯段近期洲滩和深泓变化

　　2）河床纵向冲刷下切明显，荆江各河段深泓平均冲深 1.35～4.24m。上荆江枝江、沙市和公安河段平滩河宽变化不大，河床冲刷主要表现为枯水河槽的拓宽和冲深，并以冲深为主，平滩河槽断面朝窄深方向发展，如图 5.2.7 所示。下荆江石首河段枯水以上河槽河宽有一定增大，枯水河槽的拓宽和冲深是该段断面形态调整的主要趋势；监利河段枯水河槽和枯水位以上河槽的面积均有明显的增大，枯水河槽展宽尺度总体上大于平滩河槽，如图 5.2.8 所示。

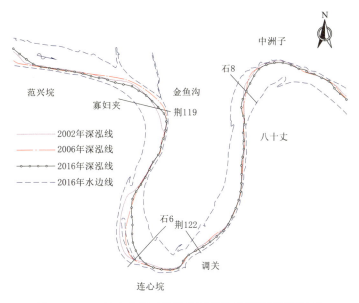

图 5.2.6 三峡水库坝下游调关河弯段近期深泓平面变化

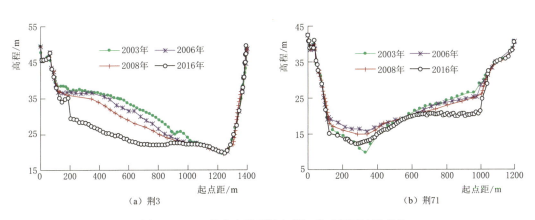

（a）荆3 　　　　　　　　　　　　　　　　（b）荆71

图 5.2.7 三峡水库坝下游上荆江典型断面冲淤变化

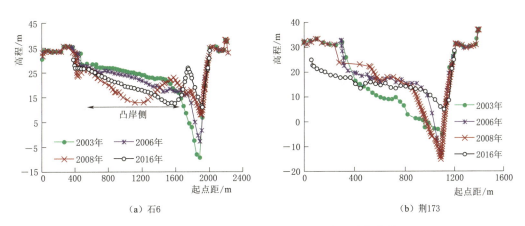

（a）石6 　　　　　　　　　　　　　　　　（b）荆173

图 5.2.8 三峡水库坝下游下荆江典型断面冲淤变化

3）上荆江分汊段短汊冲刷发展快，洋溪弯道段关洲左汊、枝江微弯段董市洲右汊、沙市河段三八滩右汊及金城洲右汊、公安河段突起洲左汊均位于弯道段凸岸，相比凹岸汊道为短汊，三峡水库蓄水运用后均有冲刷发展。下荆江调关、中洲子、荆江门、七弓岭、观音洲等急弯段切滩撇弯现象明显，弯道水流顶冲部位与主流贴岸段随河势调整而发生变化，威胁已护工程与未护岸段的稳定。熊家洲至城陵矶河段七弓岭、观音洲弯道段 2003 年以来在弯道凹岸已守护的条件下，即弯道曲率不再增大的情况下出现不同程度的主流切滩撇弯演变现象，引起七姓洲、八姓洲凸岸部分岸线整体下移约 100m，七弓岭、观音洲下段主流顶冲明显，如图 5.2.9 所示。

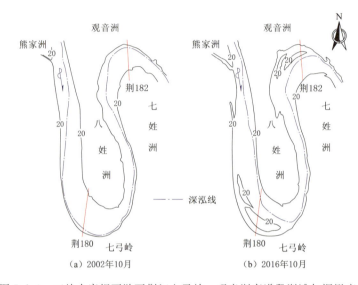

（a）2002 年 10 月　　　　　（b）2016 年 10 月

图 5.2.9　三峡水库坝下游下荆江七弓岭、观音洲弯道段洲滩与深泓变化

4）受水流顶冲点变化，以及近岸河床冲刷、岸坡变陡等影响，河道崩岸时有发生。上荆江毛家花屋、雷州边滩上段、青安二圣洲下段、南五洲中下段及下荆江石首北门口下段、八姓洲和七姓洲西侧沿线、观音洲末端等处发生新的崩岸险情，上荆江七星台、学堂洲以及下荆江北碾子湾、天字一号等处出现护岸工程局部损毁现象，近期典型崩岸如图 5.2.10 所示。

（a）北碾子湾窝崩（2018 年 6 月）　　　　　（b）北门口崩岸（2015 年 10 月）

图 5.2.10　三峡水库坝下游荆江河段典型崩岸现状

5.2.2.3 城陵矶至汉口河段

城陵矶至汉口河段长约 275.1km，沿江两岸分布众多节点，或两岸对峙，或一岸突出，对河型形成和河道平面形态起着控制作用，多年来总体河势基本稳定，2003 年三峡水库蓄水运用以来河道演变有如下特征。

1）局部长顺直、放宽河段深泓摆动幅度较大。界牌河段螺山至下复粮洲间的边滩、江心滩稳定性较差，深泓平面摆幅较大，浅滩过渡段移位频繁，如图 5.2.11 所示；嘉鱼河段燕子窝水道附近水流分散、滩槽不稳，为长江中游重点碍航段之一。

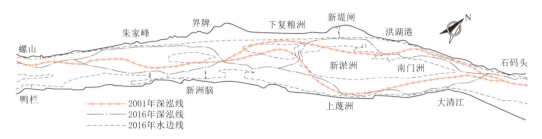

图 5.2.11　三峡水库坝下游界牌河段深泓线变化

2）部分主支汊地位较为悬殊的汊道段"主长支消"现象进一步凸显。三峡水库 175m 试验性蓄水运用以来，中枯水持续时间延长，高水频率受到限制，有利于中枯水主流所在的汊道（主汊）进一步冲刷发展，支汊则有冲有淤，汊道分流比及滩槽形态出现不同程度的调整，表现为"主长支消"的演变特征，主汊地位更为突出。陆溪口河段中洲汊道左支、嘉鱼河段护县洲汊道右支枯季基本断流，加剧了主汊冲刷；武汉河段天兴洲汊道在三峡水库蓄水运用前 10000～20000m³/s 低水流量下左汊分流比在 12% 左右，2003—2007 年降至 10%，目前已不足 4%，主汊分流更占优。河道内未守护江心洲高滩洲头和两侧存在不同程度的崩退，如武汉河段铁板洲 15m 等高线面积 2016 年较 2006 年减少约 24%，白沙洲洲头 15m 等高线后退约 1100m，面积减少了约 40%，对汊道分流格局产生一定影响，如图 5.2.12 所示。

3）河道内两岸边滩受上游来水来沙以及河道主流摆动等因素影响，呈分割合并、上伸下延、淤长冲失等周期性演变特征。岳阳河段仙峰洲和儒溪边滩经历由傍岸边滩通过冲内槽、淤心滩演变成江心小洲，再由江心小洲内槽淤涨成依附岸线边滩的来回演变长周期过程；武汉河段的汉阳边滩、汉口边滩、青山边滩等淤积体多年冲淤交替，年际间变化一般表现为滩首冲刷，滩体中下部淤积展宽，滩首淤积则相应地滩体中下部冲刷，洲滩面积总体上变化较小。

4）局部河段近岸深槽发生剧烈冲刷，引发崩岸险情，如簰洲湾河段虾子沟堤段 2017 年 4 月和 10 月 2 次出现长度超过 100m 的崩岸险情，如图 5.2.13 所示。

5.2.2.4 汉口至湖口河段

汉口至湖口河段长约 272km，沿江两岸山体对河势有较好的控制作用，总体河势基本稳定，近期河道演变有如下特点。

1）黄石至武穴河段河道平面形态、主流位置、滩槽格局相对稳定。2003 年三峡水库蓄水运用以来，河床冲淤相间，断面形态未发生大的变化，如图 5.2.14 所示。

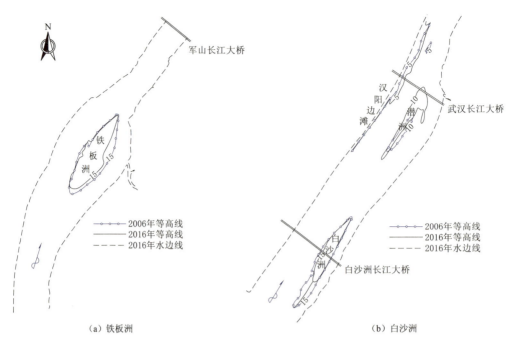

图 5.2.12　三峡水库坝下游汉口河段铁板洲和白沙洲 15m 等高线变化

（a）虾子沟413＋250～413＋325段（2017年4月）　　　（b）虾子沟412＋500～412＋605段（2017年10月）

图 5.2.13　三峡水库坝下游洪湖长江干堤虾子沟段崩岸现状

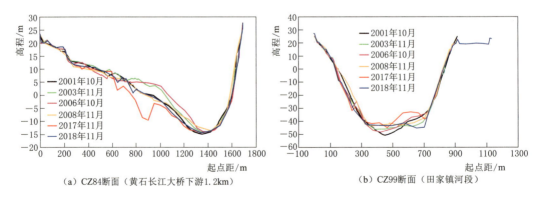

图 5.2.14　三峡水库坝下游黄石至武穴河段典型断面冲淤变化

2）多数汉道仍维持主兴支衰单向演变过程，少数汉道分流态势处于调整之中。2003年后，鄂黄河段戴家洲汉道、龙坪河段新洲汉道、九江河段张家洲汉道仍表现为"左衰右兴"，见表5.2.6；九江河段的人民洲汉道左（支）汉近期分流比有所增加，过流面积增大，如图5.2.15所示。

表 5.2.6　　　　　　　　　三峡水库坝下游张家洲段汉道分流比变化

汉　道	时　间	流量/(m³/s)	右汉分流比/%
鄂黄河段 戴家洲汉道	2003 年 8 月	27900	57.35
	2006 年 2 月	9119	47.6
	2011 年 2 月	11576	52.0
	2014 年 3 月	9950	60.0
	2016 年 8 月	44064	62.6
九江河段 张家洲汉道	2003 年 12 月	10750	59.0
	2006 年 11 月	10045	60.4
	2011 年 7 月	43200	57.5
	2014 年 2 月	10873	65.2
	2016 年 7 月	55800	62.9

3）近年来，河道治理和航道整治工程实施后，河段内洲滩逐渐趋于稳定，边滩与江心滩来回转化的团风河段人民洲边滩、韦源口河段牯牛沙平面形态得到基本控制，如图5.2.16所示。

4）局部险工段仍有崩岸发生，2016年7月22日黄冈长江干堤茅山团林段堤外发生长约100m崩岸险情，距堤脚最近距离约20m，如图5.2.17所示；近期龙坪河段汇流口左岸蔡家渡一带未守护段出现崩塌。

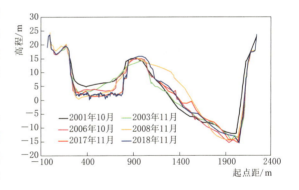

图 5.2.15　三峡水库坝下游九江河段 CZ118 断面（人民洲洲尾）

5.2.2.5　湖口至大通河段

湖口至大通河段长约228km，河道右岸分布多处自然节点，地质条件总体好于左岸，总体河势基本稳定，近期河道演变特征如下。

1）河道内江心洲十分发育，在主汉或较大支汉内形成不稳定的二级分汊，影响主支汉分流格局、河势稳定和航运安全。马垱河段棉船洲右汉二级汉道顺字号洲头冲刷和左槽的发展对现有航道运行带来不利的影响；安庆河段鹅眉洲与潜洲间的新中汉的冲淤变化，造成汉道分流比发生较大调整，潜洲左汉中枯水期分流比在2001年前相当长时间小于50%，近期潜洲左缘崩退，整体右移，分流比增大至50%以上，加大了左岸下游险工段马窝一带崩岸风险，见图5.2.18和表5.2.7。

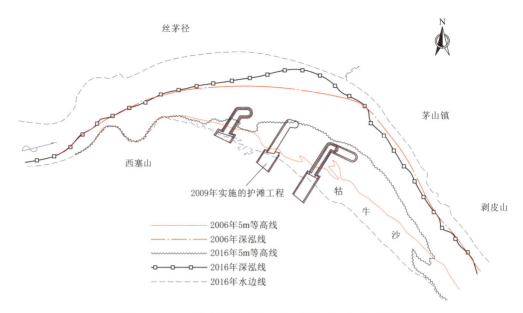

图 5.2.16　三峡水库坝下游韦源口河段牯牛沙平面变化

图 5.2.17　三峡水库坝下游黄冈长江干堤茅山团林段崩岸（2016 年 7 月）

表 5.2.7　　　　　三峡水库坝下游安庆河段鹅眉洲汊道分流比变化

时　间	流量/(m³/s)	分流比/%		
		左　汊	中　汊	右　汊
2000 年 2 月		42.0	29.3	28.7
2001 年 12 月		46.5	30.0	23.5
2007 年 12 月	9814	59.6	22.8	17.6
2008 年 12 月	12090	57.8	23.0	19.2
2010 年 10 月	28000	50.0	22.4	27.6
2016 年 9 月	26600	55.7	16.5	27.8

2）河道内深槽普遍刷深展宽下移，部分河段近岸河床冲刷明显，迎流顶冲段及江心洲稳定性变差，崩岸时有发生。安庆河段官洲汊道广成圩及西门至振风塔段、清节洲右侧

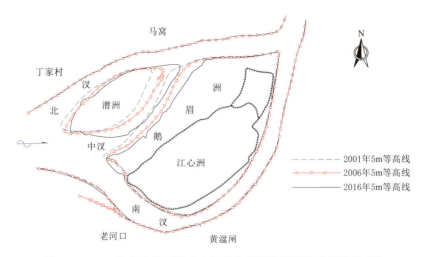

图 5.2.18　三峡水库坝下游安庆河段鹅眉洲汉道洲滩近期平面变化

上部、鹅眉洲汉道内潜洲左侧及鹅眉洲左缘出现新的崩岸险情，东流河段棉船洲右缘中下段、老虎滩左右侧、玉带洲洲头，以及太子矶河段铁铜洲洲头及右侧、贵池河段长沙洲左侧等发生不同程度的冲刷崩退，如图 5.2.19 所示。

（a）广成圩岸线崩塌（2014年12月）　　　　　　（b）鹅眉洲左缘崩塌（2014年12月）

图 5.2.19　三峡水库坝下游安庆河段典型崩岸情况

5.2.2.6　大通至江阴河段

大通至江阴河段长约 431.4km，经过多年自然演变并受人类活动的影响，河道内沙洲多有并岸并洲，河宽呈缩窄趋势，总体河势得到有效控制，近期演变特点如下。

1）受河（航）道整治工程影响，河段内宽窄相间的汉道平面形态较为稳定，大部分主槽相对稳定或呈缓慢平移，汉道分流比变化不大。

2）部分汉道因上游河势变化、河床冲淤及工程措施影响引起分流比的小幅调整。铜陵河段成德洲右汉、镇扬河段世业洲左汉、扬中河段落成洲右汉分流比近期缓慢增大，见表 5.2.8 和图 5.2.20。镇扬河段和畅洲左汉 2002 年实施潜锁坝工程后，左汉发展受到抑制，其分流比较工程前减少 2%～3%；2015—2017 年航道部门在已有潜坝下游新建两道变坡潜坝，2016 年 11 月左汉实测分流比为 70.2%，2017 年 2 月为 66.6%，2017 年 8 月为 65.3%，相对工程实施前和畅洲左汉分流比有所减小。

表 5.2.8　　　　　三峡水库坝下游铜陵河段成德洲汊道右汊分流分沙比变化

时　　间	流量/(m³/s)	分流比/%	分沙比/%
2006 年 8 月	29800	48.8	47.1
2008 年 6 月	30400	49.0	41.4
2009 年 8 月	43700	47.1	43.5
2016 年 10 月	24700	53.4	50.9
2018 年 1 月	18200	55.5	50.2

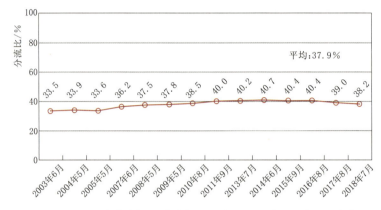

图 5.2.20　三峡水库坝下游镇扬河段世业洲汊道左汊分流比变化

3）江心洲头前沿心滩或小江心洲不稳导致汊道分流格局较大调整。芜裕河段陈家洲汊道中曹姑洲呈完整还是切割状态，如图 5.2.21 所示，直接影响各汊道分流比，曹姑洲依傍陈家洲时左汊分流总体上小于其分离状态分流比。马鞍山河段小黄洲汊道前沿 3 个江心洲（滩）2001—2016 年缓慢向下蠕动，挤压小黄洲右汊进口分流（图 5.2.22），2010 年 9 月左汊分流比为 25.3%，2016 年 9 月增至 37.6%。

4）近岸贴流冲刷下切岸段崩岸时有发生，2017 年 11 月 8 日扬中市指南村附近江岸发生较大尺度崩岸，崩岸最大进深 190m，岸线崩塌 540m，如图 5.2.23 所示。

5.2.2.7　江阴以下

江阴以下河段长约 278.6km，以徐六泾为界，分为澄通河段和长江口河段。江阴以下河段径流量大、潮汐动力作用强，河道内洲滩十分发育且

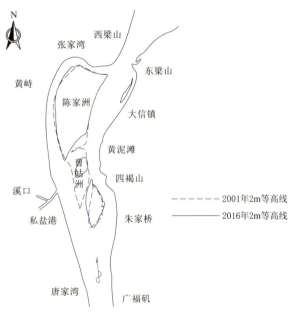

图 5.2.21　三峡水库坝下游芜裕河段陈家洲
汊道洲滩近期平面变化

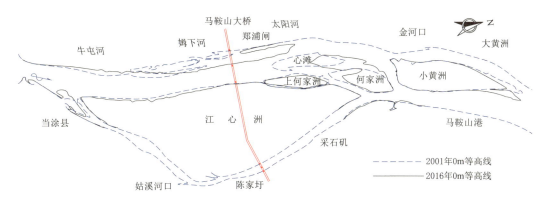

图 5.2.22　三峡水库坝下游马鞍山河段小黄洲汊道洲滩近期平面变化

（a）指南村崩岸（2017年11月）　　　　　　（b）崩岸处复堤建设（2018年11月）

图 5.2.23　三峡水库坝下游扬中长江干堤太平洲左缘指南村崩岸及修复现场

为多级分汊河型，两岸河港纵横。江阴以下河段近期河势变化特点如下。

1）受保滩护岸整治等人工控制，部分沙岛并岸，河宽缩窄，河口外延，河床整体稳定性有所增强，主要汊道分流格局基本稳定，如图 5.2.24 所示。无整治工程的白茆沙河段和扁担沙河段河床自然调整幅度较大，甚至局部出现滩槽易位的现象。

2）部分滩岸仍有崩退，局部河势受暗沙切割、合并、下移影响，稳定性仍然较差，如澄通河段双涧沙南缘、长青沙西南角、通州沙左缘中上段近期发生崩岸，南支河段下段附近新浏河沙、扁担沙及瑞丰沙冲淤多变，导致南、北港分流口处于上提下移变迁之中。

3）长江口北支河段总体以淤积萎缩为主，北支水沙倒灌南支现象有所减弱[8]。

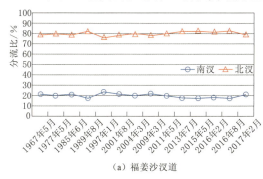

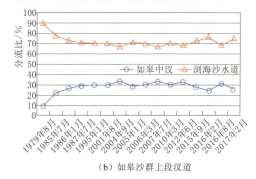

（a）福姜沙汊道　　　　　　　　　　　　（b）如皋沙群上段汊道

图 5.2.24（一）　三峡水库坝下游澄通河段各汊道分流比变化

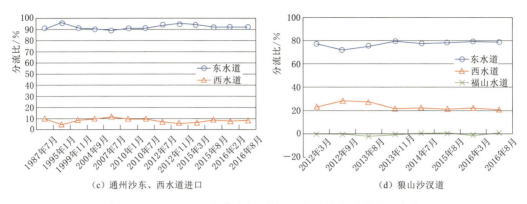

(c) 通州沙东、西水道进口　　　　　　　(d) 狼山沙汊道

图 5.2.24（二）　三峡水库坝下游澄通河段各汊道分流比变化

5.3　坝下游未来 30 年冲淤预测

5.3.1　模型建立与验证

5.3.1.1　宜昌至大通河段一维水沙数学模型

（1）模型范围。

宜昌至大通河段一维水沙数学模型的模拟范围：长江干流宜昌至大通河段、三口洪道、四水尾闾控制站以下河段及洞庭湖湖区（区间汇入的主要支流为清江、汉江等）和鄱阳湖湖区（汇入的河流为赣江、抚河、信江、饶河和修水），如图 5.3.1 所示。

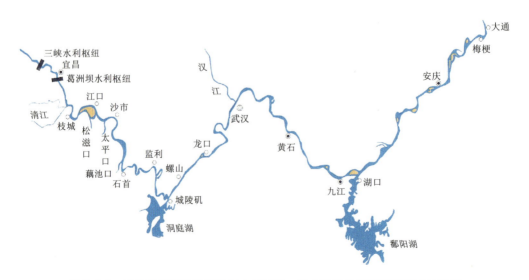

图 5.3.1　三峡水库坝下游宜昌至大通河段一维水沙数学模型模拟范围示意图

（2）验证计算条件。

验证计算时，宜昌至大通河段采用 2011 年 10 月实测河道地形，荆江三口洪道及洞庭

湖区采用 2011 年实测河道地形图（四水尾闾大部分河段为 1995 年断面资料），鄱阳湖区采用 2011 年实测河道地形图。

采用 2011—2016 年实测资料对模型进行水流和河床冲淤的率定和验证，出口边界采用大通站同时期水位过程。

（3）水流验证。

通过对 2011—2016 年实测资料的演算，率定得到干流河道糙率的变化范围为 0.016~0.038，三口洪道和湖区糙率的变化范围为 0.014~0.055。干流枝城、沙市、监利、汉口、九江、三口洪道及洞庭湖湖区出口七里山等站的水位流量关系、流量过程、水位过程验证成果与实测过程能较好地吻合，峰谷对应，涨落一致，模型能适应长江干流丰、平、枯不同时期的流动特征。模型所选糙率基本准确，计算结果与实测水流过程吻合较好，河网汊点流量分配准确，能够反映长江中下游干流河段、洞庭湖区复杂河网以及各湖泊的主要流动特征，具有较高的精度，可用于长江中下游河道和湖泊水流特性的模拟。

（4）干流河道冲淤验证。

在进行冲淤验证时，首先需要统计确定验证时段内的河段实测冲淤量，通常采用输沙量法、断面法和地形法来计算。据长江委水文局研究成果，由于泥沙测验、固定断面布设、河道采砂等因素影响，各种方法计算的冲淤量有一定的差别。例如：输沙量法计算表明，2003—2018 年宜昌至大通河段河床冲刷泥沙量为 10.76 亿 t（含推移质泥沙冲刷量 0.26 亿 t）；而断面法计算表明，2003—2018 年宜昌至大通河段河床冲刷泥沙量为 36.95 亿 t，与输沙量法计算结果相差较大。

现阶段长江委水文局对外公布的长江中下游干流冲淤量通常采用断面法统计，但其也可能存在一定的误差，其误差主要来源于河道采砂、航道疏浚和断面布设等。

根据《长江泥沙公报》和《中国河流泥沙公报》统计，2004—2015 年长江中游干流湖北、江西、安徽等 3 省经许可实施的采砂总量为 1.312 亿 t，占宜昌至湖口河段平滩河槽累积冲刷量的 6.2%。但是，2012 年以后河道采砂主要集中在长江下游的安徽、江苏和上海等省（直辖市），据统计 2012—2016 年期间宜昌至大通河段、大通至长江口河段实施采砂总量分别为 1317 万 t 和 2.31 亿 t，另外，由于受非法采砂活动的影响，长江中下游河道实际采砂量可能更大。有关调查研究表明，宜昌至沙市河段河道实际采砂量占实测河床冲刷量的比例约 20%。另据不完全统计，2012—2016 年，宜昌至大通河段航道维护性疏浚量约 2450 万 m³。因此，河道采砂和航道疏浚等人类活动对河道冲刷可能会有一定的影响，在本次验证时段的 2011 年 10 月至 2016 年 11 月，假设人类活动影响占到总冲刷量的 15%~20%。

实际河道中，断面布设不可能足够密集，断面代表性及其间距会对断面法计算精度产生影响。由表 5.3.1 来看，1998—2013 年宜昌至湖口河段断面法与地形法计算的冲刷量分别约为 17.18 亿 m³、15.86 亿 m³，计算相对偏差在 8.0% 左右，误差较小、精度较高，断面布设基本能反映河床的冲淤特性。湖口至大通河段断面布设较为稀疏，断面法冲刷量比地形法偏大，1998—2016 年相对误差达 23.5%，2011—2016 年相对误差为 56.1%。

表 5.3.1　　　三峡水库坝下游湖口至大通河段断面法与地形法冲淤量对比

河　段	计算时段	冲淤量/万 m³			相对误差 /%
		断面法	地形法	绝对偏差	
宜昌—湖口	1998—2013 年	−171801	−158627	−13175	8.30
湖口—大通	1998—2016 年	−32393	−26219	−6174	23.50
	2011—2016 年	−21569	−13818	−7751	56.10

综上所述，由于输沙量法冲刷量偏小，断面法和地形法冲刷量偏大，考虑到对外发布的冲淤量以断面法或地形法为主，因此，本书验证时段的 2011 年 10 月至 2016 年 11 月，宜昌至湖口河段暂取断面法冲刷量为 21569 万 m³ 进行比较，湖口至大通河段暂取地形法冲刷量为 13818 万 m³ 进行比较，在此基础上考虑人类活动的影响。

表 5.3.2 给出了宜昌至大通各河段冲淤量验证计算值与实测值的对比。宜昌至大通河段冲淤量计算值约为 10.13 亿 m³，较实测值 12.17 亿 m³ 偏小，相对误差偏小 16.7%，各分河段相对误差在 23% 以内，主要原因是实测冲刷量中包含采砂等人类活动的影响。

表 5.3.2　　　三峡水库坝下游干流宜昌至大通河段 2011—2016 年冲淤验证结果

河　段	宜昌— 枝城	枝城— 藕池口	藕池口— 城陵矶	城陵矶— 汉口	汉口— 湖口	湖口— 大通	宜昌— 大通
实测值/万 m³	−2987	−33758	−14152	−29926	−27033	−13818	−121674
计算值/万 m³	−2651	−28337	−12351	−25123	−20919	−11917	−101298
误差/%	−11.2	−16.1	−12.7	−16.0	−22.6	−13.7	−16.7

（5）荆江三口洪道和洞庭湖湖区冲淤验证。

根据 2011 年、2016 年三口洪道实测地形图，统计得出 2011—2016 年坝下游荆江三口洪道的平滩河槽冲刷量为 1.0435 亿 m³，其中松滋河、虎渡河、藕池河、松虎洪道均表现为冲刷，冲刷量分别为 0.6974 亿 m³、0.0421 亿 m³、0.1978 亿 m³、0.1062 亿 m³。

经现场调查发现，在三口洪道内，尤其是松滋口河道内存在不少采砂活动，其中进口段在 2011—2016 年期间受人类采砂活动影响，断面大幅下切，2011—2016 年松 03～松 08 断面间采砂影响量约 2654 万 m³，若扣除采砂影响，松滋洪道平滩河槽冲刷量为 4320 万 m³。在模型验证过程中应考虑扣除部分冲刷量。

由于缺乏洞庭湖湖区 2016 年实测地形，难以准确统计 2011—2016 年的湖盆区实测冲淤量成果，故采用输沙量法进行估算。洞庭湖来水来沙特征值见表 5.3.3，在 2011—2016 年期间，荆江三口年均入湖沙量为 564 万 t，洞庭湖四水入湖沙量约 783 万 t，年均出湖沙量为 2440 万 t；在不考虑湖区区间来沙的情况下，全洞庭湖（含荆江三口洪道、四水尾闾及湖盆区）泥沙年均冲刷量为 1093 万 t。

按泥沙干容重 1.325t/m³ 计算，推算出 2011—2016 年洞庭湖的冲刷总量为 4125 万 m³，扣除地形法计算得到的荆江三口洪道平滩河槽冲刷总量为 10435 万 m³，因此，推算出 2011—2016 年四水尾闾及湖盆区泥沙淤积总量为 6310 万 m³，见表 5.3.4。

表 5.3.3　　　　　　　　　　　　　洞庭湖区年平均来水来沙量

时　段	年均入湖水量/亿 m³		年均出湖水量/亿 m³	年均入湖沙量/万 t		年均出湖沙量/万 t	全湖区的总冲淤量/万 t
	三口	四水		三口	四水		
2006—2016 年	482	1613	2402	917	836	1964	−211
2006—2011 年	475	1492	2229	1079	865	1654	290
2011—2016 年	493	1832	2714	564	783	2440	−1093
2017 年	456	1839	2776	180	1236	1610	−194

表 5.3.4　　　　　　　　　　　　　洞庭湖湖盆区累计冲淤量推算

时　段	累计冲淤量/万 m³		
	全湖区	荆江三口洪道	四水尾闾及湖盆区
2006—2016 年	−2229	−15667	13438
2006—2011 年	1968	−5232	7200
2011—2016 年	−4125	−10435	6310
2017 年	−146	239	−385

注　1. 全湖区（含荆江三口、湖盆区）冲淤量根据输沙量法估算得到。
　　2. 荆江三口洪道冲淤量（平滩河槽）由地形法统计得到。

河床冲淤验证结果见表 5.3.5，2011—2016 年荆江三口洪道冲刷量计算值为 7595 万 m³，比实测值偏少 2.4%；四水尾闾及湖盆区淤积量计算值为 6401 万 m³，比实测值偏多 1.4%；全湖区淤积量计算值为 1194 万 m³，比实测值偏少 18.8%。各分段相对误差在 20% 以内，总体都在规范要求范围内。

表 5.3.5　　　　　　　　　　　　　河 床 冲 淤 验 证 结 果

河　段	冲淤量/万 m³			相对误差/%
	实测值	实测值（扣除采砂）	计算值	
松滋河	−6974	−4320	−4526	3.8
虎渡河	−421	−421	−461	9.6
藕池河	−1978	−1978	−1634	−17.4
松虎洪道	−1062	−1062	−974	−8.3
三口总计	−10435	−7781	−7595	−2.4
四水尾闾及湖盆区	6310	6310	6401	1.4
全湖区（含三口洪道）	−4125	−1471	−1194	−18.8

注　松滋河实测冲淤量中已扣除采砂量 2654 万 m³。

总体看来，模型能较好地反映各河段的总体变化，各分段计算冲淤性质与实测一致，计算值与实测值的偏离尚在合理范围内。

5.3.1.2　大通至长江口段二维水沙数学模型

（1）模型范围。

模型计算范围为大通至长江口外，以大通为进口边界，长江口外东到东经 123°，南起北纬 29°27′，北到北纬 32°15′，包括长江口和杭州湾模型在内的水域。模型计算空间步长 $\Delta s=30\sim8000m$，共有网格节点约 198024 个，单元 201813 个。数学模型分别采用 2014 年、2016 年实测水下地形进行概化，网格划分如图 5.3.2（a）所示，地形离散概化如图 5.3.2（b）所示。

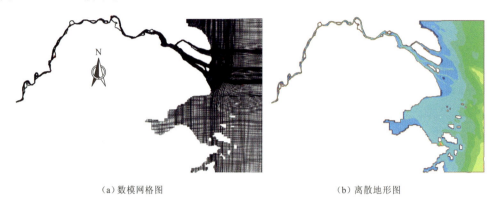

（a）数模网格图　　　　　　　　　　　　　　（b）离散地形图

图 5.3.2　数学模型图

（2）验证计算条件。

模型计算范围较长，各段验证采用的实测资料年份不完全一致，故本书验证分成几段来进行，其中大通河段、铜陵河段、黑沙洲、芜裕河段以及马鞍山河段采用 2010—2011 年实测水文资料，南京至徐六泾河段主要采用 2012 年的实测水文资料，长江南支下段及口外主要采用 2010 年的实测资料。通过沿程潮位过程验证、河段断面流速分布及多点潮流流速过程验证、断面潮量及河床冲淤验证，计算误差满足规程规范要求。

（3）水动力验证。

大通至马鞍山河段采用 2010—2011 年实测水文资料，对沿程的水位和流速进行验证。验证结果表明：计算水位与实测水位的误差一般在 0.05m 以内，模型计算的流速、流向与实测的流速、流向趋势一致，误差满足规范要求。

南京至徐六泾河段主要采用 2012 年的实测水文资料，对潮位过程及流速分布进行验证。对比南京下关站、镇江站、三江营站和徐六泾站潮位过程计算值与实测值，两者吻合较好；各验证点计算潮流流速过程和实测资料基本吻合，误差一般在 10% 以内，计算流场基本反映了验证河段的潮流运动情况。

徐六泾以下河段主要采用 2010 年实测水文资料，对潮位过程及流速分布进行验证。对比六滧、连兴港、崇明洲头、共青圩、长兴站、横沙站以及牛皮礁等站点，沿程潮位验证计算结果和实测值基本吻合，可见数学模型计算较好地模拟潮波传播过程，反映了河道的综合阻力作用，误差一般在 0.10m 以内，潮波传播历时和潮波变形与天然相似。各验证点计算潮流流速过程和实测资料基本吻合，误差一般在 10% 以内，计算流场基本反映了验证河段的潮流运动情况。

（4）河床冲淤验证。

将沿程分为几个河段进行冲淤量的统计分析，起始地形为 2012 年 10 月实测 1∶10000 地形，终止地形为 2016 年 12 月 1∶10000 实测地形。表 5.3.6 给出了 2012—2016

年沿程各河段实测与计算冲淤量对比。由表可见，大通至马鞍山河段冲淤分布基本一致，冲淤量基本相当，冲淤误差一般在 25% 以内；南京至长江口外各河段的计算与实测冲淤分布以及冲淤量基本相当，局部区域误差相对较大，总体满足相关规程规范要求。

表 5.3.6　2012—2016 年三峡水库坝下游大通至徐六泾各河段实测与计算冲淤量对比

河　段	淤　积　量			冲　刷　量		
	实测值/万 m³	计算值/万 m³	偏差/%	实测值/万 m³	计算值/万 m³	偏差/%
大通至铜陵	13952	12547	−10.1	19863	17652	−11.1
黑沙洲至芜裕	15439	11711	−24.1	26035	21990	−15.5
马鞍山	11273	12619	11.9	11343	14014	23.5
南京	6529	7539	15.5	8770	7768	−11.4
镇扬	6494	5081	−21.8	14042	17420	24.1
扬中	13164	9547	−27.5	30616	27634	−9.7
澄通	42079	34567	−17.9	66251	79701	20.3
长江南支下段	101737	78924	−22.4	103613	120045	15.9

5.3.2　预测计算条件

5.3.2.1　水沙系列

本书研究预测近期 30 年的冲淤，属于中短期预测，宜按照近期来水来沙趋势选择采用的典型系列年进行模拟。

1）鉴于上游水库逐步正常运行、水土保持和生态环境状况趋好等因素影响，认为今后相当长时期内三峡水库出库泥沙总体上可能维持现状或有所减少，因此水沙系列宜在三峡水库蓄水运用（2003 年）之后的年份中选取。

2）三峡水库从 2008 年进入 175m 试验性蓄水运用期，至今已经历枯季补水、消落期减淤、中小洪水调度、提前蓄水等优化调度方式，其水库调度在近期具有代表性，调度后的水沙过程可反映当前及未来的实际情况。

综合考虑以上两个方面因素，本书研究选取 2008—2017 年实测水沙系列为三峡水库坝下游江湖冲淤预测计算的代表水沙系列年。

5.3.2.2　边界条件

（1）宜昌至大通河段一维水沙数学模型。

1）地形资料。模型计算范围包括长江干流宜昌至大通河段、洞庭湖区及四水尾闾、鄱阳湖区及五河尾闾，以及区间汇入的主要支流清江和汉江。各区域河道计算起始地形分别为：干流宜昌至大通河段采用 2016 年 11 月实测河道地形图；松滋河口门段及松西河采用 2016 年 11 月实测地形，太平口及藕池口口门河段采用 2015 年 12 月实测地形，其他洪道及洞庭湖区采用 2011 年实测地形，四水尾闾采用 1995 年实测断面，鄱阳湖区及五河尾闾采用 2011 年实测地形。

2）水沙边界条件。上游干流进口水沙过程为宜昌站 2008—2017 年实测流量、含沙量过程；河段内沿程支流、洞庭湖区四水、鄱阳湖五河的入汇水沙均采用 2008—2017 年相应时段的实测值。

下游水位控制为大通站断面。根据三峡水库蓄水运用前后大通水文站流量、水位资料分析可知，20 世纪 90 年代以来大通站水位流量关系比较稳定。因此，大通水位可由大通站 1993 年、1998 年、2002 年、2006 年、2012 年和 2016 年的多年平均水位-流量关系控制。

3）河床组成。河床组成以 2015 年实测床沙资料为主，并以已有的河床钻孔资料、江心洲或边滩的坑测资料等综合分析确定。

（2）大通至徐六泾河段二维水沙数学模型。

1）地形资料。模型计算范围为大通至长江口外段，长江口外东到东经 123°，南起北纬 29°27′，北到北纬 32°15′，包括长江口和杭州湾模型在内的水域。计算初始地形采用 2016 年 11 月实测河道地形。

2）水沙边界条件。进口边界计算条件：大通站的边界条件（流量、水位以及含沙量）采用上游宜昌至大通河段一维水沙数学模型计算结果（2008—2017 年系列）。

外海边界计算条件：采用东中国海模型计算的与上游流量过程相对应的潮位过程，未考虑风暴潮、台风等特殊天气条件。在长周期演变过程中主要考虑径潮流的影响，暂不考虑波浪的效应；同时本次研究未考虑海平面的抬升趋势。

5.3.3　计算预测成果

5.3.3.1　冲淤变化趋势

（1）宜昌至大通河段。

三峡水库坝下游宜昌至大通河段分段悬移质累积冲淤量见表 5.3.7，由表可见，未来 30 年内该河段总体仍呈冲刷趋势，30 年末全河段悬移质累计冲刷量为 38.04 亿 m³，年均冲刷量为 1.27 亿 m³/a，小于现状的 1.68 亿 m³/a（2003—2017 年平均值，下同）。

宜昌至枝城河段河床由卵石夹沙组成，表层粒径较粗。三峡水库蓄水运用初期本河段悬移质强烈冲刷基本完成。10 年末冲刷量为 0.45 亿 m³，如按河宽 1000m 计，宜昌至枝城段平均冲深了 0.74m。宜昌至枝城河段 10 年之后冲刷已基本达到平衡状态，冲刷量总体变化不大，且年际间呈冲淤交替状态。

枝城至藕池口河段（上荆江）为弯曲型河道，30 年末冲刷量为 11.04 亿 m³，河床平均冲深 4.95m。每 10 年间冲刷速率逐渐减小，年均冲刷量分别为 0.425 亿 m³/a、0.400 亿 m³/a、0.279 亿 m³/a，与 2003—2017 年实测冲刷年均速率（0.420 亿 m³/a）相比，接近且逐渐减少。

藕池口至城陵矶河段（下荆江）为蜿蜒型河道，30 年末冲刷量为 6.62 亿 m³，即河床平均冲深 2.36m。每 10 年间冲刷速率为 0.225 亿 m³/a、0.216 亿 m³/a、0.221 亿 m³/a，呈先略有所减小、随后略有增加的趋势，但总体均小于近期 2003—2017 年实测冲刷速率（0.283 亿 m³）。

城陵矶至汉口河段，30 年末冲刷量为 6.37 亿 m³，河床平均冲深 1.27m；未来每 10 年间预测年均冲刷量分别为 0.196 亿 m³/a、0.266 亿 m³/a 和 0.175 亿 m³/a，冲刷速率先增强后减弱。

汉口至湖口河段和湖口至大通河段，未来30年末冲刷量分别为6.34亿m^3、7.13亿m^3，按河宽2000m计，河床平均冲深1.07m、1.75m；每10年间年均冲刷量小于实测值，且各10年间冲刷速率逐渐减小。

总体来看，未来30年坝下游宜昌至大通河段整体呈冲刷趋势，其中宜昌至城陵矶河段的冲刷量占宜昌至大通河段总冲刷量的48％左右。年均冲淤量见表5.3.8，由表可见，未来30年中各10年间的年均冲刷速率逐渐减缓，预测值分别为1.502亿m^3/a、1.38亿m^3/a、0.921亿m^3/a，相对2003—2017年平均冲刷速率实测值1.68亿m^3/a有所减少。目前除了宜昌至枝城河段基本达到冲淤平衡状态外，其他河段仍将继续处于冲刷发展趋势。

表5.3.7　　　　三峡水库坝下游宜昌至大通河段分段悬移质累积冲淤量　　　单位：亿m^3

河　段	累积冲刷量（实测值）				累积冲刷量（预测值）		
	2003—2006年	2007—2011年	2012—2017年	2003—2017年	10年末	20年末	30年末
宜昌至枝城	−0.81	−0.56	−0.30	−1.67	−0.45	−0.54	−0.54
枝城至藕池口	−1.17	−1.71	−3.38	−6.26	−4.25	−8.25	−11.04
藕池口至城陵矶	−2.11	−0.72	−1.42	−4.25	−2.25	−4.41	−6.62
城陵矶至汉口	−0.60	−0.33	−2.99	−3.92	−1.96	−4.62	−6.37
汉口至湖口	−1.47	−0.97	−2.70	−5.14	−3.36	−5.78	−6.34
湖口至大通	−0.80	−0.76	−2.42	−3.98	−2.75	−5.23	−7.13
宜昌至湖口	−6.16	−4.29	−10.79	−21.24	−12.27	−23.59	−30.9
宜昌至大通	−6.96	−5.05	−13.21	−25.22	−15.02	−28.82	−38.04

表5.3.8　　　　三峡水库坝下游宜昌至大通河段分段年均冲淤量　　　单位：亿m^3/a

河　段	年均冲刷量（实测值）					年均冲刷量（预测值）		
	2003—2006年	2007—2011年	2012—2017年	2003—2017年	2008—2017年	1～10年	11～20年	21～30年
宜昌至藕池口	−0.495	−0.454	−0.613	−0.528	−0.532	−0.470	−0.409	−0.279
藕池口至城陵矶	−0.529	−0.144	−0.236	−0.283	−0.220	−0.225	−0.216	−0.221
城陵矶至汉口	−0.150	−0.065	−0.499	−0.261	−0.298	−0.196	−0.266	−0.175
汉口至湖口	−0.367	−0.194	−0.451	−0.343	−0.385	−0.336	−0.242	−0.056
湖口至大通	−0.200	−0.152	−0.403	−0.265		−0.275	−0.248	−0.190
宜昌至湖口	−1.541	−0.859	−1.798	−1.416	−1.435	−1.227	−1.132	−0.731
宜昌至大通	−1.741	−1.011	−2.201	−1.681		−1.502	−1.380	−0.921

（2）大通至长江口河段。

大通至长江口河段未来30年冲淤量预测结果见表5.3.9和图5.3.3。由表和图可见，30年末全河段累计总冲刷量为28.61亿m^3，其中各河段冲刷情况如下：

大通至黑沙洲河段10年末冲刷量为0.8亿m^3，30年末冲刷量为1.91亿m^3，每10年间冲刷速率为0.08亿m^3/a、0.06亿m^3/a、0.051亿m^3/a，呈逐渐减小的趋势。

芜裕至马鞍山河段10年末冲刷量为0.7亿m^3，30年末冲刷量为1.85亿m^3，每10

年间冲刷速率为 0.07 亿 m³/a、0.05 亿 m³/a、0.065 亿 m³/a，呈先减弱后略有增加的趋势。

南京河段 10 年末冲刷量为 1.0 亿 m³，30 年末冲刷量为 2.4 亿 m³；镇扬河段 10 年末冲刷量为 1.7 亿 m³，30 年末冲刷量约 3.1 亿 m³。两河段每 10 年间冲刷速率分别为 0.1 亿 m³/a、0.09 亿 m³/a、0.05 亿 m³/a 和 0.17 亿 m³/a、0.1 亿 m³/a、0.04 亿 m³/a，均呈逐渐减小的趋势。

扬中河段 10 年末冲刷量为 1.70 亿 m³，30 年末冲刷量为 3.90 亿 m³。澄通河段 10 年末冲刷量为 2.40 亿 m³，30 年末冲刷量为 4.80 亿 m³。两河段每 10 年间冲刷速率分别为 0.17 亿 m³/a、0.13 亿 m³/a、0.09 亿 m³/a 和 0.24 亿 m³/a、0.16 亿 m³/a、0.08 亿 m³/a，均呈逐渐减小的趋势。

表 5.3.9　　　　　三峡水库坝下游大通至长江口各河段悬移质累积冲淤量计算值

河　段	累积冲淤量/亿 m³		
	10 年末	20 年末	30 年末
大通—黑沙洲	−0.80	−1.40	−1.91
芜裕—马鞍山	−0.70	−1.20	−1.85
南京	−1.00	−1.90	−2.40
镇扬	−1.70	−2.70	−3.10
扬中	−1.70	−3.00	−3.90
澄通	−2.40	−4.00	−4.80
长江口	−6.20	−9.10	−10.65
大通—长江口	−14.50	−23.30	−28.61

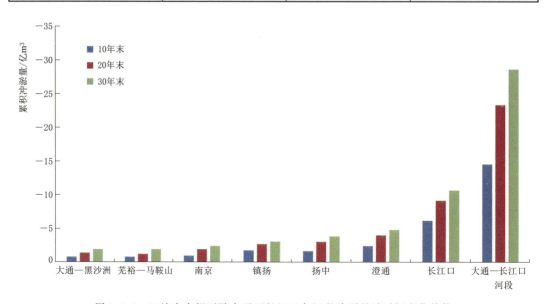

图 5.3.3　三峡水库坝下游大通至长江口各河段冲刷量随时间变化趋势

表 5.3.10 为长江口各段悬移质累积冲淤量计算值。长江口河段 10 年末的冲刷量为 6.20 亿 m³，30 年末的冲刷量为 10.65 亿 m³。其中南支在前 5 年内淤积量大于冲刷量，随后淤积量小于冲刷量，整体呈冲刷趋势。在 20 年后，冲刷量、淤积量逐渐趋于稳定，净冲淤量在 20～30 年期间变化不大，由 −9.10 亿 m³ 增加至 −10.65 亿 m³。南支在未来 30 年内已呈现出达到相对稳定的态势，净冲淤量的变化速度将进一步减慢。北支冲刷量在计算时段内均大于淤积量，但北支的冲刷量和淤积量在 30 年内并未呈现明显的减小趋势，未达到相对稳定的状态。

表 5.3.10   长江口各段悬移质累积冲淤量计算值

河　段	累积冲淤量/亿 m³		
	10 年末	20 年末	30 年末
北支	0.63	0.71	0.57
南支主槽	−1.64	−1.69	−1.68
南港	−1.12	−1.13	−1.13
北港	−1.56	−1.57	−1.56
南槽	−1.62	−1.61	−1.61
北槽	−0.89	−0.92	−0.79
长江口河段	−6.20	−9.10	−10.65

图 5.3.4 为大通至长江口分河段冲刷深度，各河段冲深随时间呈增加趋势，30 年末达到稳定状态。其中镇扬、扬中河段冲刷深度相对较大，芜湖、南京基本相当，长江口最小，其 30 年末冲刷幅度一般在 0.35m 以内。

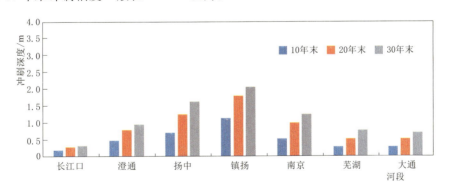

图 5.3.4   三峡水库坝下游大通至长江口河段沿程各河段平均冲刷深度

5.3.3.2 水位变化趋势

（1）水位变化预测结果。

三峡水库蓄水运用后坝下游干流河道显著冲刷，见表 5.3.11。由表可见，未来 30 年随着冲刷的继续发展，沿江各水文站同流量下中枯水位呈进一步下降趋势。

表 5.3.11　　　　　未来 30 年三峡水库坝下游干流河段各站水位下降值

流量级 /(m³/s)	水位下降值/m								
	实测值（2003—2018 年）				预测值（30 年末）				
	枝城	沙市	螺山	汉口	枝城	沙市	监利	螺山	汉口
7000	−0.61	−2.43	—	—	−0.92	−2.79	−2.72	—	—
10000	−0.80	−2.21	−1.64	−1.35	−0.83	−2.69	−2.51	−2.61	−2.28
20000	—	—	−1.29	−1.23	−0.77	−1.95	−1.75	−1.90	−1.57
30000					−0.64	−1.35	−1.28	−1.47	−1.12

　　枝城站，2003—2018 年流量为 10000m³/s 时，对应实测水位下降了 0.80m，年均下降 0.05m。未来 30 年末，流量为 7000m³/s、20000m³/s 时，对应水位分别下降 0.92m、0.77m，年均下降值为 0.02～0.03m。

　　沙市站，2003—2018 年流量为 10000m³/s 时，对应实测水位下降了 2.21m，年均下降约 0.14m。未来 30 年末，流量为 7000m³/s、20000m³/s 时，对应水位分别下降 2.79m、1.95m，年均下降值分别约为 0.09m、0.07m。

　　监利站，未来 30 年末，流量为 7000m³/s、20000m³/s 时，对应水位分别下降 2.72m、1.75m，年均下降值分别约为 0.09m、0.06m。

　　螺山站，2003—2018 年流量为 20000m³/s 时，对应实测水位下降了 1.29m，年均下降约 0.08m。未来 30 年末，流量为 10000m³/s、20000m³/s 时，对应水位分别下降约 2.61m、1.90m，年均下降约 0.09m、0.06m。

　　汉口站，2003—2018 年流量为 20000m³/s 时，对应实测水位下降了 1.23m，年均下降约 0.08m。未来 30 年末，流量为 10000m³/s、20000m³/s 时，对应水位分别下降约 2.28m、1.57m，年均下降约 0.08m、0.05m。

　　（2）水位下降与冲刷关系分析。

　　表 5.3.12 统计了宜昌至湖口河段 2003—2018 年实测枯水河槽平均冲刷深度与枯水同流量水位下降之间的关系，除枝城以上河段受两岸地貌控制和河床粗化影响，枯水位降幅小于枯水河槽冲刷深度外，枝城以下河段枯水位降低值与所在河段枯水河槽平均冲刷深度基本相当。例如：上荆江河段枯水河槽平均冲刷深度为 2.86m，对应的枯水位下降值为 2.21～2.43m；汉口至湖口河段枯水河槽平均冲刷深度为 1.31m，对应的枯水位下降值为 1.23～1.35m。

表 5.3.12　　　2003—2018 年三峡水库坝下游宜昌至湖口河段实测冲刷深度及水位变化

河　　段		枯　水　河　槽			枯水位下降值 /m
		深泓平均 冲刷深度/m	冲刷量 /亿 m³	河槽平均 冲刷深度/m	
宜枝	宜昌	−1.80	−1.54	−2.53	枝城站：0.61～0.80
	宜都	−6.00			
上荆江	枝江	−3.86	−6.38	−2.86	沙市站：2.21～2.43
	沙市	−4.24			
	公安	−1.79			

续表

河 段		枯 水 河 槽			枯水位下降值/m
		深泓平均冲刷深度/m	冲刷量/亿 m³	河槽平均冲刷深度/m	
下荆江	石首	−4.24	−3.86	−1.99	
	公安	−1.35			
城陵矶—汉口	城陵矶—石矶头	−2.14	−4.39	−1.25	螺山站：1.29~1.64
	石矶头—汉口	−1.50			
汉口—湖口	汉口—九江	−2.93	−5.83	−1.31	汉口站：1.23~1.35
	九江—湖口	−1.90			

图 5.3.5 给出了三峡水库蓄水运用后坝下游各河段冲淤量与枯水位关系，两者表现出较好的相关性，枯水位随河道累积冲刷量增加而下降，除枝城站之外，其他各站枯水位仍在持续下降。

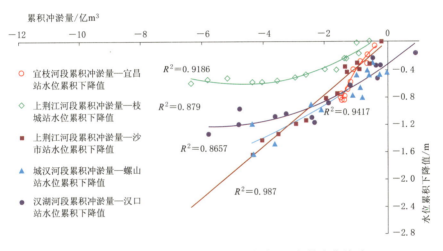

图 5.3.5 三峡水库坝下游河道河床冲淤量与枯水位关系

表 5.3.13 和表 5.3.14 列出了坝下游主要水文站 2003—2018 年实测枯水位变化与河段冲刷量之间的关系，以及未来 30 年预测枯水位变化与河段冲刷量之间的关系。

表 5.3.13　　2003—2018 年三峡水库坝下游河道各河段枯水河槽实测冲淤量与枯水位变化统计

河 段	水文站	冲淤量/亿 m³	流量级/(m³/s)	水位累计变化值/m	水位年均变化值/m
上荆江	枝城站	−6.38	7000	−0.61	0.041
			10000	−0.8	0.053
	沙市站	−6.38	7000	−2.43	0.162
			10000	−2.21	0.147

续表

河　段	水文站	冲淤量 /亿 m³	流量级 /(m³/s)	水位累计 变化值/m	水位年均 变化值/m
城汉	螺山站	−4.39	10000	−1.64	0.109
			18000	−1.29	0.086
汉口—湖口	汉口站	−5.83	10000	−1.35	0.09
			20000	−1.23	0.082

表 5.3.14　　　　　未来 30 年三峡水库坝下游河道各河段预测冲淤量
与枯水位变化统计

河　段	水文站	冲淤量 /亿 m³	流量级 /(m³/s)	水位累计 变化值/m	水位年均 变化值/m
上荆江	枝城站	−11.03	7000	−0.92	−0.031
			10000	−0.83	−0.028
	沙市站	−11.03	7000	−2.79	−0.093
			10000	−2.69	−0.090
城汉	螺山站	−6.37	10000	−2.61	−0.087
			20000	−1.9	−0.063
汉口—湖口	汉口站	−6.34	10000	−2.28	−0.076
			20000	−1.57	−0.052

　　图 5.3.6 为主要控制站水位年均变化值的实测值与预测值对比。未来 30 年主要控制站枯水位仍将会有不同程度的降低，其水位年均下降值相对现状实测有所减小。以螺山为例，在 10000m³/s 流量级下年均水位下降值由现状的 0.109m 减小为未来的 0.087m。

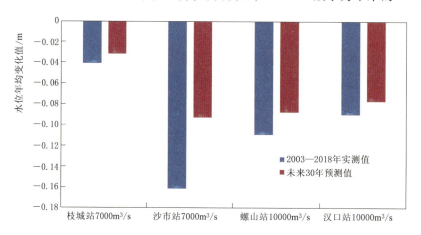

图 5.3.6　三峡水库坝下游主要控制站水位年均变化值对比

5.4　小结

　　1) 2003 年三峡水库蓄水运用以来，坝下游干流河道输沙量大幅减少，在河床冲刷及支流入汇补给作用下，输沙量减少幅度沿程递减。2003—2018 年，宜昌、汉口和大通站年均输沙量分别为 3580 万 t、9960 万 t、13400 万 t，分别较 2002 年前均值减少 93％、75％和 69％；坝下游主要支流年径流量、输沙量年际波动较大，但没有趋势性变化。

2）三峡水库蓄水运用以来，坝下游干流河道冲刷距离长、冲刷强度大，强冲刷带呈现从上游向下游逐渐发展的态势。2003—2018 年期间，宜昌至湖口河段平滩河槽冲刷为 24.06 亿 m³，湖口至江阴河段平滩河槽冲刷为 13.1 亿 m³，江阴以下河段 0m 高程以下河槽冲刷为 7.3 亿 m³。当前，宜枝河段冲淤基本平衡，荆江河段仍维持强度较大的冲刷，城陵矶以下河段冲刷有所加剧。

3）目前坝下游干流河道总体河势基本稳定，部分河段河势发生一定调整，局部河段河势变化较大。2003 年三峡水库蓄水运用以来，坝下游干流河道演变特点主要表现为：枯水河槽普遍冲刷下切，断面形态总体向窄深化发展，中低滩冲刷萎缩，高滩时有崩退；弯道段、汊道段分汇流区、长直过渡段主流摆动幅度较大，急弯段出现不同程度的切滩撇弯现象；分汊河段稳定性总体提升，短汊发展占优，多汊尤其是含有次生二级分汊的河段冲淤变化复杂且稳定性差；近岸河床冲刷明显，岸坡变陡，崩岸时有发生。

4）以 2017 年为起始年，计算预测了三峡水库坝下游各河段冲淤变化趋势。计算结果表明，未来 30 年宜昌至大通河段冲刷量为 38.03 亿 m³，大通至长江口河段冲刷量为 28.61 亿 m³；长江中游主要控制站的同流量下水位仍将有不同程度的降低，中枯水位下降速率有所减缓，沙市站 7000～30000m³/s 流量下水位下降幅度为 1.35～2.79m，螺山站 10000～30000m³/s 流量下水位下降幅度为 1.47～2.61m。

参 考 文 献

［1］ 李义天，薛居理，孙昭华，等. 三峡水库下游河床冲刷与水位变化［J］. 水力发电学报，2021，40（4）：1-13.
［2］ 许全喜，李思璇，袁晶，等. 三峡水库蓄水运用以来长江中下游沙量平衡分析［J］. 湖泊科学，2021，33（3）：806-818.
［3］ 赵维阳，杨云平，张华庆，等. 三峡大坝下游近坝段沙质河床形态调整及洲滩联动演变关系［J］. 水科学进展，2020，31（6）：862-874.
［4］ 长江水利委员会. 长江中下游干流河道演变分析年报［M］. 武汉：长江出版社，2019.
［5］ 樊咏阳，胡春燕，陈莫非. 三峡水库蓄水前后荆江河段冲淤与水沙过程响应［J］. 人民长江，2020，51（10）：1-6.
［6］ 姚金忠，程海云. 长江三峡工程水文泥沙年报（2019年）［M］. 北京：中国三峡出版社，2020.
［7］ 潘庆燊，陈济生，黄悦，等. 三峡工程泥沙问题研究进展［M］. 北京：中国水利水电出版社，2014.
［8］ 余文畴. 长江河道探索与思考［M］. 北京：中国水利水电出版社，2017.

第6章

三峡库区和坝下游重点河段航道治理

三峡水库蓄水运用对库区及坝下游航道的影响利大于弊，航道条件得到很大改善。库区航道水深和航道宽度均有大幅度提升，变动回水区上段（江津至重庆）主航道累积性淤积不明显，变动回水区中段（重庆至长寿）出现卵石推移质微淤，在汛前消落期水位快速降低，汛期淤积的卵砾石冲刷不及时，部分河段出现水深和航宽不足的碍航情况。坝下游各航段航道最小维护水深均有不同程度的提高。随着航道的进一步演变与发展，主要涉及两大类问题：一是砂卵石河段受自身不均匀冲刷以及下游水位下降溯源传递的影响，局部坡陡流急、水浅问题突出；二是沙质河段部分浅滩水道滩槽仍不稳定，冲淤调整较剧烈，甚至存在滩槽转换现象，影响航道条件进一步提升的空间。

为进一步发挥三峡工程的综合效益，服务长江经济带发展战略，基于三峡库区变动回水区卵石推移质输移规律及坝下游沙质河段河道滩槽转换及调整机制的研究成果，针对库区及坝下游重点河段，本章开展新水沙条件下航道治理措施的研究。

6.1 三峡库区和坝下游重点河段演变特点及碍航特性

6.1.1 库区重点河段

三峡库区为江津至三峡水库大坝间河段，总长 673.5km，如图 6.1.1 所示。在重庆有嘉陵江自北向南、涪陵有乌江自南向北汇入。三峡水库坝前水位 145m 时，库区回水约在长寿附近。长寿至涪陵河段的水位抬高幅度不大，流量 30000m³/s 以下时水位抬高 1~5m（北拱站），流量大于 30000m³/s 时基本与天然河道的水位接近，表现出天然河道的特性。长寿至涪陵河段有黄草峡等多个峡谷窄深河段，较小的水位抬高很难根本改变这一河段的航道条件。坝前水位 145m 时，涪陵以下河段水位抬高较大，航道条件与天然航道相比有明显改善，沿程表现出明显的库区特性[1-2]。因此，将涪陵作为常年回水区与变动回水区的分界点，大坝至涪陵段为常年回水区，涪陵至江津段为变动回水区。

由于年内水位不断变化及受上游来水来沙影响，变动回水区河段表现出不同的冲淤特性，总体可分为变动回水区上段（江津至朝天门）、变动回水区中段（朝天门至长寿）、变动回水区下段（长寿至涪陵），如图 6.1.2 所示。

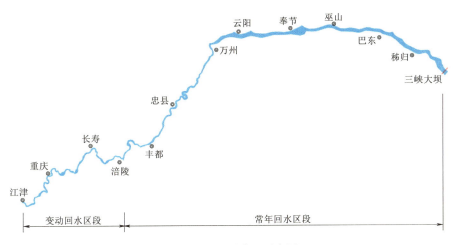

图 6.1.1 三峡库区示意图

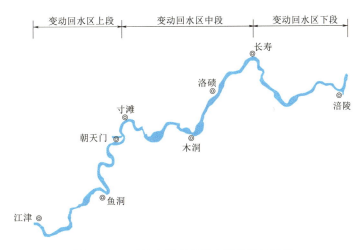

图 6.1.2 三峡水库变动回水区分段示意图

6.1.1.1 变动回水区上段

（1）冲淤演变特性。

1）该河段年内冲淤过程主要表现为：汛期与天然情况一致，受地形和洪水过程影响而变化，主要表现为淤积；汛后先冲（未受蓄水影响）后淤（受蓄水影响），蓄水期基本稳定；消落期冲刷。

天然情况下，江津至重庆朝天门河段年内演变规律一般表现为"洪淤枯冲"：年初至汛初冲刷、汛期淤积、汛末及汛后冲刷，具有明显周期性。但因各年汛初涨水时间和汛末退水时间不一致，故三个冲淤阶段的时间分界点不能准确划分，有的年份提前，有的年份推迟。

三峡水库175m试验性蓄水运用后，江津至重庆朝天门河段汛期基本属于天然航道，冲淤过程与天然航道一致，泥沙淤积主要与河道地形和洪水过程关系密切。以三角碛为例，河段汛期水流趋直，主流带自九堆子碛脑偏九堆子右侧而下，左侧九龙坡港区前沿成

161

为缓流区，因此，汛期九龙坡前沿出现泥沙淤积，而九堆子碛脑、右侧碛翅、碛尾、大梁右侧出现冲刷。

三峡水库汛后开始蓄水，随着蓄水位的不断抬升，该河段逐渐受到蓄水影响。通常情况在 9 月中旬至 10 月中旬，重庆主城区河段尚未受到三峡水库蓄水影响，在 10 月中旬开始受到蓄水影响。汛后上游来流量减退过程中，退水冲刷作用仍然较强，此时汛期淤积泥沙得到一定冲刷；10 月中旬后，河段逐渐受到三峡水库蓄水影响，河段流速、比降减小，水动力条件减弱，卵砾石、细沙逐渐淤积在河段内。

消落期随着坝前水位的逐渐消落河道流速逐渐增加，开始对汛后淤积泥沙产生冲刷，此时冲刷的泥沙多为粒径较细的泥沙，少量不能冲走的粗颗粒泥沙则在河道内淤积。此时长江上游正值枯水期，主流集中在主槽，泥沙输移主要集中在主航槽。

2）175m 试验性蓄水运用以来，河段大规模细沙累积性淤积表现不明显，河段河床组成以卵砾石为主。

对重庆主城区胡家滩、三角碛、猪儿碛三个典型河段跟踪观测的结果表明，河段地形总体较为稳定，年内细沙淤积物在消落期基本能够得以冲刷，目前并未出现细沙累积性淤积现象。三角碛和猪儿碛河床组成主要为卵砾石，其运动输移对航道条件影响较大。

3）相关整治工程实施，局部地形变化较大，目前仍处于动态变化中。

三峡水库 175m 试验性蓄水运用以来，胡家滩水道、三角碛水道、猪儿碛水道冲淤变化明显部位主要位于过渡段浅滩、边滩及礁石区域，如图 6.1.3～图 6.1.5 所示。目前该河段正在开展航道整治工程（长江上游九龙坡至朝天门河段航道建设工程），受疏浚、筑坝等整治施工影响，河床地形变化较大，现行主航道内水沙过程引起的冲淤变化相对较小。

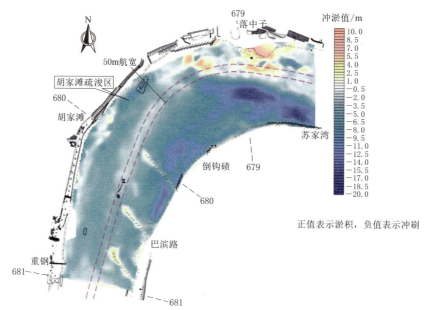

图 6.1.3 三峡库区胡家滩冲淤变化情况（2007 年 3 月至 2019 年 3 月）

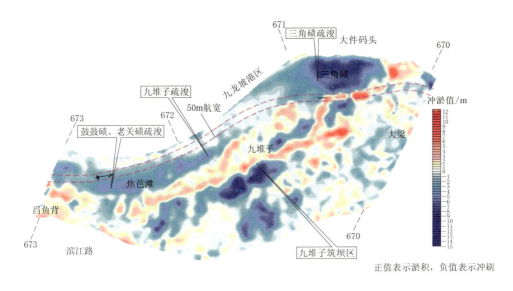

图 6.1.4　三峡库区三角碛冲淤变化情况（2009 年 9 月至 2019 年 3 月）

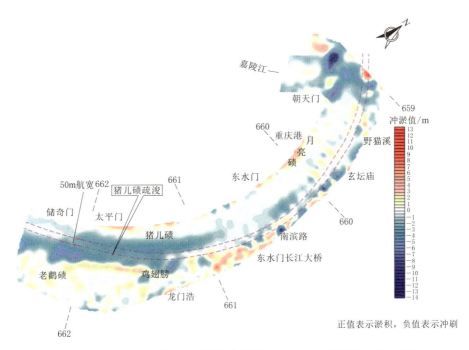

图 6.1.5　三峡库区猪儿碛冲淤变化情况（2009 年 9 月至 2019 年 3 月）

（2）碍航特性。

由于三峡水库蓄水改变了原有航道的冲淤规律，河道原有泥沙冲淤特性发生改变，由天然航道"洪淤枯冲"的冲淤过程转化为蓄水后的汛期淤积、汛后先冲后淤、消落期冲刷；其汛期及汛后淤积泥沙主要集中在消落期初期冲刷，但消落期流量较小，冲刷力度不大，消落期航道富余水深不大，输移泥沙集中在主航道，从而导致消落初期枯水河槽卵石集中输移过程对该段航道条件造成不利影响，主要以重庆主城区胡家滩水道、三角碛水道、猪儿碛水道为代表。

6.1.1.2 变动回水区中段

（1）冲淤演变特性。

1）该河段年内冲淤过程为：汛期冲淤交替，主要表现为淤积；汛后微淤；蓄水期至消落初期基本稳定；消落后期冲刷。

朝天门至长寿河段在三峡水库144～156m水位蓄水期开始受到影响，175m水位试验性蓄水运用后，受蓄水影响程度增大，年内冲淤变化也表现出一定的特点。

汛期该河段同时受上游来水来沙与坝前水位调度的双重影响，河床地形变化频繁，冲淤交替，总体表现为淤积。

汛后三峡水库开始蓄水，随着蓄水位的不断抬升，该河段逐渐受到蓄水影响。由于近年来三峡水库汛后蓄水提前，起蓄水位较高，通常情况下9月下旬朝天门以下河段即受到三峡水库蓄水影响。该时段朝天门以上河段仍属于天然河道，汛后上游来流量减退过程中，退水冲刷作用仍然较强，汛期淤积泥沙冲刷到下游，落淤在朝天门以下河段，因此，汛后该河段仍表现为淤积，但是淤积量较汛期小。

蓄水期至消落初期（1—3月），朝天门至长寿河段完全转变为库区河段后，此时正值枯水期，流速、比降减小，水动力条件减弱，河床地形变化不大，为相对稳定时期。

消落期后期（一般为4—5月），河段由库区转变为天然河道，流速逐渐增加，对汛期和汛后淤积泥沙开始冲刷，此时被冲走的多为粒径较细的泥沙，不能冲走的粗颗粒泥沙则在河道内淤积。此时长江上游来流量不大，主流集中在主槽，泥沙输移主要集中在主航槽。

2）河段重点浅滩表现为少量卵石累积性淤积，近年随着来沙大幅减少，淤积速度进一步放缓，个别年份甚至出现冲刷。

以图6.1.6所示洛碛水道为例，三峡水库175m试验性蓄水运用以来，主要表现为卵石累积性淤积，淤积主要在上洛碛碛翅、迎春石等礁石区，但淤积量较小，淤积发展速度缓慢；向家坝、溪洛渡水利枢纽运行后，入库沙量大幅减少，洛碛水道淤积速度进一步放缓，个别年份（如2013年）甚至出现冲刷，如图6.1.7所示。

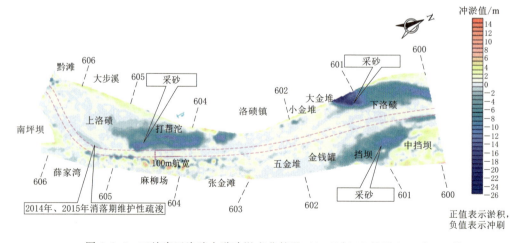

图6.1.6 三峡库区洛碛水道冲淤变化情况（2007年12月至2018年11月）

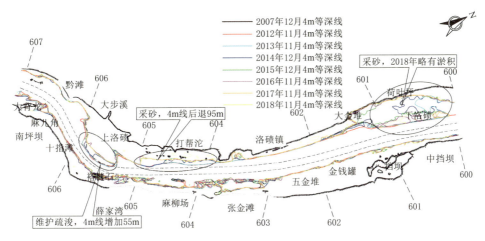

图例
2007年12月4m等深线
2012年11月4m等深线
2013年11月4m等深线
2014年12月4m等深线
2015年12月4m等深线
2016年11月4m等深线
2017年11月4m等深线
2018年11月4m等深线

图 6.1.7　三峡库区洛碛水道 4m 等深线变化

（2）碍航特性。

该河段在三峡水库处于汛限水位时，基本不受三峡水库蓄水影响，但因汛期坝前运行水位常高于汛限水位，因此，汛期极易受到坝前水位抬升影响。根据现场观测，该河段主要淤积物为卵砾石，已经出现卵砾石累积性淤积趋势，尽管淤积发展相对较缓，但淤积造成边滩发展，不断挤压主航道，航道尺度逐渐缩窄引起了碍航。目前低水位期航道紧张，主要通过疏浚保障畅通。卵砾石累积性淤积浅滩以洛碛水道和长寿水道为代表。

6.1.1.3　变动回水区下段

（1）冲淤演变特性。

1）该河段年内冲淤过程为：汛期至汛后淤积，蓄水期至消落初期基本稳定，汛前消落期冲刷。

长寿至涪陵河段汛期同时受上游来水来沙与坝前水位调度的影响，是年内主要淤积时段。由于位于变动回水区下段，三峡水库坝前抬高起蓄水位，汛后该段已经成为库区河段，没有汛后冲刷阶段，此时上游来水来沙仍然较大，因此汛后仍然表现为淤积。蓄水期10月至消落期4月，河段保持相对稳定，冲淤变化不大；汛前消落期5—6月为主要冲刷时段，但冲刷时段较短，汛期和汛后淤积的泥沙不能完全冲刷，年内总体表现为淤积。

2）175m 试验性蓄水运用后表现出明显的细沙累积性淤积，近年随着来沙减少淤积放缓；汛期水沙条件差别不大的情况下，抬高坝前水位会加重该段泥沙淤积。

175m 试验性蓄水运用以来，该河段表现为明显的累积性淤积，淤积幅度较常年回水区小，淤积泥沙主要为细颗粒泥沙；淤积主要分布于深槽、回水沱、弯道凸岸下首、礁石掩护区等部位，如黄草峡深槽、青岩子深槽、牛屎碛深槽和牛屎碛边滩、剪刀梁深槽等，如图 6.1.8～图 6.1.10 所示。局部浅滩主航槽内淤积厚度 1～2m，主要为悬移质淤积。近年随着入库沙量大幅减少，淤积速度放缓，个别年份如 2013 年甚至出现冲刷。

汛期上游来水来沙大、防洪调度明显的年份，河段泥沙淤积明显。2010 年汛期，三峡水库发挥调洪作用，共拦截了 7 次洪水，造成三峡水库汛期水位抬高，平均库水位（6 月 10 日至 9 月 9 日）为 151.54m，较汛限水位抬高了 6.54m，最高库水位抬高至

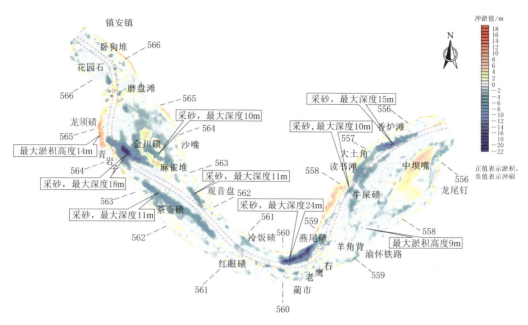

图 6.1.8　三峡库区典型滩段青岩子—牛屎碛冲淤变化情况（2008 年 4 月至 2019 年 5 月）

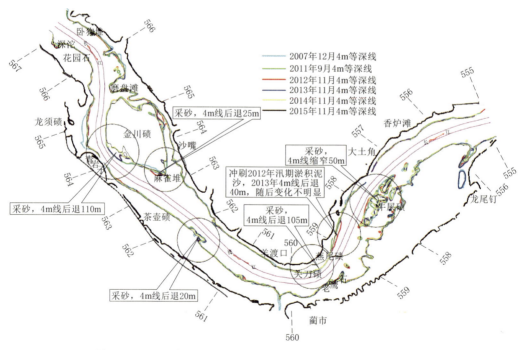

图 6.1.9　三峡库区典型滩段青岩子—牛屎碛 4m 等深线平面变化

161.02m。2010 年汛期，三峡水库平均入库流量为 18800m³/s，与 2007 年同期基本相同。但是 2007 年汛期坝前平均水位为 146.44m，比汛限水位略有抬高，2010 年汛期平均水位达到 151.54m，比 2007 年高出 5.10m。从淤积量计算结果来看，2010 年汛期该河段淤积量明显大于 2007 年。因此，相同水沙条件下，抬高坝前水位会加重该段的泥沙淤积。

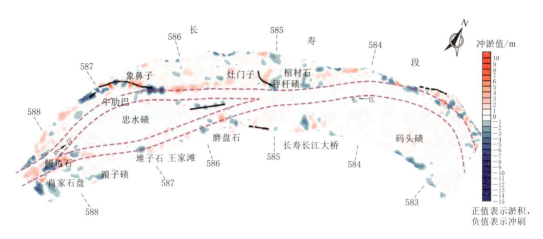

图 6.1.10　三峡库区典型滩段王家滩水道冲淤变化情况（2007 年 12 月至 2019 年 12 月）

（2）碍航特性。

三峡水库变动回水区典型滩险航道条件见表 6.1.1。在流量 20000m³/s 以下，长寿至涪陵河段都受坝前壅水的影响；汛期流量 30000~40000m³/s 时，回水末端在北拱附近，北拱至涪陵河段受坝前水位影响；流量 40000m³/s 时，回水末端在涪陵附近，整个长寿至涪陵河段与天然河道一致。长寿至涪陵河段汛期淤积在宽谷河段的沙质泥沙，由于受蓄水期高水位运行影响无法全部冲刷，出现累积性淤沙浅滩，以青岩子水道为代表。

表 6.1.1　　　　　　　　　三峡水库变动回水区典型滩险航道条件

水道	滩险	维护尺度 （水深×宽度×弯曲半径）	碍　航　特　性	碍航时期
胡家滩水道	胡家滩	2.9m×50m×560m	胡家滩主航道出口 3m 等深线向主航道延伸，水深富余不大	消落初期
三角碛水道	三角碛		三角碛主航道弯、窄、浅险	消落初期
猪儿碛水道	猪儿碛		猪儿碛碛翅 3m 等深线不贯通	消落初期
洛碛水道	上洛碛		边滩航宽、水深不足、礁石影响主航道流态差	消落中后期
	下洛碛		主航道水深富余不大	消落中后期
长寿水道	王家滩	3.5m×100m×800m	忠水碛主航道航宽小、入口弯曲，入口有礁石，水流条件差	消落中后期
青岩子水道	青岩子		金川碛尾淤积侵入主航道	暂不碍航
	牛屎碛		边滩发展、上下游航道弯曲	暂不碍航

6.1.1.4　常年回水区

常年回水区河段全年均受三峡水库蓄水影响，在三峡水库蓄水运用后表现出明显的累积性淤积，目前淤积对航道条件的影响主要集中在万州以上至涪陵河段。

（1）年内冲淤过程。

汛期淤积，汛后冲刷，汛前基本稳定。汛期淤积主要发生在首次洪水涨水阶段，汛期内如坝前水位抬升则河段淤积，坝前水位消落则河段冲刷。

　　汛期是长江泥沙的主要输移时段，受三峡水库蓄水影响，大量泥沙淤积；汛期新淤泥沙未经充分密实呈糊状，稍有流速即可冲刷，加上新淤泥沙自身絮凝作用，汛后淤积体表现出厚度减小，分析表现为冲刷；汛后 9 月中旬水库蓄水，至次年 5 月，河段水深较大，水流流速小，新淤泥沙经过较长时间密实和沉积之后，抗冲性能有较大提升，加上汛前上游来流一般不大，因此，汛前冲刷效果并不明显，地形变化不大。

　　以黄花城水道汛期冲淤变化为例，汛期首次洪水期间出现明显泥沙淤积，其后多次洪峰过程中淤积不明显，当坝前水位抬升时又出现明显淤积，洪水过后，坝前水位消落，又出现一定冲刷。

　　（2）年际累积淤积过程。

　　三峡水库蓄水运用后，航道细沙累积性淤积发展较快，淤积量、范围、厚度等均较大，淤积部位年际间基本一致；近年来随着入库沙量明显减少，淤积速度减缓。

　　根据近年来跟踪观测成果，常年回水区局部河段呈现大面积、大范围累积性淤积，淤积部位年际间基本保持一致，重点淤积区以年均 1～2m 的淤积厚度逐年递增；但是随着入库泥沙减少，淤积速度明显减缓，重点淤积区年均淤积厚度在 1m 左右。

　　（3）淤积分布。

　　通过分析主要淤积区的河型特点及淤积分布可知，库区主要淤积区域集中在河宽较大的地方，河面放宽流速减小，在弯道、汊道、回水沱等部位出现缓流区，容易造成泥沙淤积，比较典型的河段如图 6.1.11～图 6.1.13 所示的黄花城、兰竹坝、土脑子等。

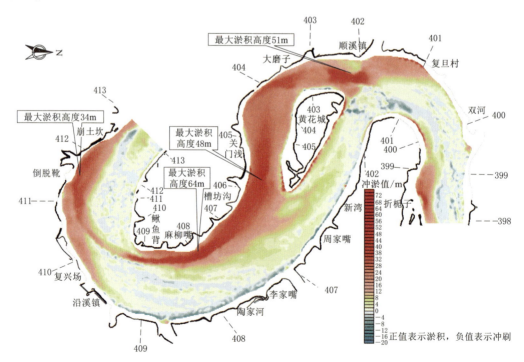

图 6.1.11　三峡库区典型滩段黄花城河段冲淤变化情况（2003 年 10 月至 2018 年 11 月）

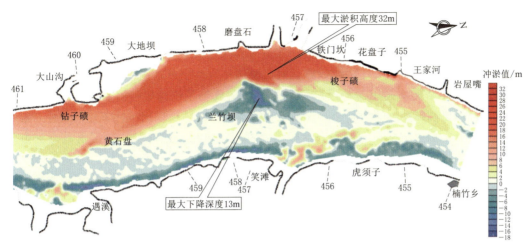

图 6.1.12 三峡库区典型滩段兰竹坝河段冲淤变化情况（2003 年 10 月至 2018 年 11 月）

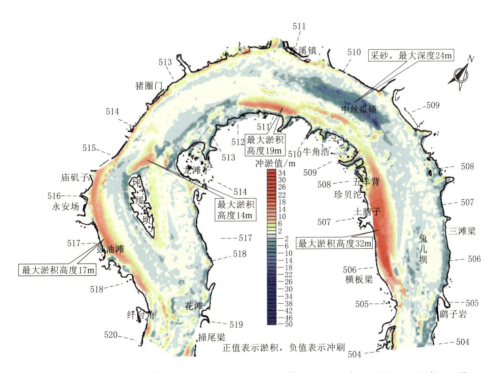

图 6.1.13 三峡库区典型滩段土脑子河段冲淤变化情况（2003 年 10 月至 2018 年 11 月）

6.1.2 坝下游重点河段

三峡水库蓄水运用后，坝下游河道虽然呈现出总体冲刷的宏观演变特性，但受河床组成、河型、至大坝距离等因素的影响，不同类型河段演变特点及碍航特性存在不同程度的差异。

6.1.2.1 砂卵石河段

20 世纪 60、70 年代至三峡水库蓄水运用前，受下荆江裁弯后荆江冲刷、下游沙质河床水位下降溯源冲刷、葛洲坝工程建设期在近坝段采砂及建成后大坝拦沙、90 年代上游来沙减少等因素的影响，长江中游砂卵石河段总体呈现冲刷状态。宜昌枯水位逐渐下降，70 年代至三峡水库蓄水运用时，累计下降约 1.2m，葛洲坝枢纽船闸的富余水深已开始受到一定程度的不利影响。同时，床沙逐渐粗化，部分区段已呈现出抗冲节点的特性，成为比降集中之处，形成坡陡流急现象。河段内宜都、芦家河、枝江、江口等水道因河道放宽、洪枯流路不一致等因素，常形成淤沙浅滩，对航道造成一定影响[3-8]。

三峡水库蓄水运用后，淤沙浅滩航道条件显著改善，不再是坝下砂卵石河段主要航道问题，但枯水位下降与坡陡流急段航道问题持续加剧。

（1）枯水位变化。

受砂卵石河段自身持续冲刷，以及下游沙质河段水位下降溯源冲刷的影响，三峡水库蓄水运用以来，砂卵石河段枯水水面线持续下降，以 6000m³/s 流量级为例，宜昌至沙市河段枯水水面线变化如图 6.1.14 所示。总体表现为：下段昌门溪以下水位降幅较大，尤其是末端降幅明显，大埠街水位至 2019 年下降 2.61m；中段枝城至昌门溪河段水位降幅较小，枝城水位至 2019 年下降 0.38m，表明该河段具有较强的水位控制作用；上段宜都至枝城河段受自身冲刷、河床粗化等因素的影响，枯水位降幅较中段略有扩大，但近年来下降速度有所放缓，宜昌河段至 2019 年水面线降幅大致在 0.7m 左右。

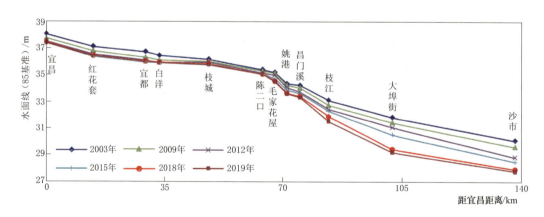

图 6.1.14　三峡水库蓄水运用以来宜昌至沙市河段枯水水面线变化过程（$Q=6000\text{m}^3/\text{s}$）

同流量下枯水水面线持续下降的同时，因三峡水库枯水补偿调度，坝下最枯流量持续增加，与航道条件关系更为密切的是最枯水位变化，见表 6.1.2。昌门溪及以上河段，枯水补偿效应要强于枯水水位流量关系调整所产生的影响，三峡水库蓄水运用以来，最枯水位较蓄水之初有不同程度的增加。但枝江及以下河段，因枯水水位流量关系调整幅度过大，枯水补偿效应已不足以抵消其影响。

（2）坡陡流急段演变。

1）比降变化。在水面线调整变化过程中，陈二口至大埠街范围内三个区段的比降有不同程度的增加，见表 6.1.3，增幅均在 50% 以上，尤其是昌门溪至枝江段比降已大于陈

表 6.1.2   三峡水库蓄水运用以来坝下游砂卵石河段最枯水位变化情况

年 份	水位/m						
	宜昌	枝城	陈二口	毛家花屋	昌门溪	枝江	大埠街
2003	36.34	35	34.44	34.16	32.95	31.6	30.33
2008	36.75	35.48	35.02	34.64	33.49	32.09	30.78
2013	37.14	35.66	35.08	34.79	33.69	32.35	30.7
2014	37.15	35.67	35.05	34.58	33.64	32.28	30.35
2015	37.24	35.66	35.06	34.61	33.6	32.28	30.49
2016	37.23	35.79	35.05	34.63	33.59	32.17	30.05
2017	37.32	35.81	35.05	34.49	33.47	32.01	29.72
2018	37.51	35.90	35.05	34.61	33.42	31.88	29.36
2019	37.33	35.66	35.04	34.44	33.29	31.51	28.97
2020	37.39	35.72	34.85	34.32	33.07	31.23	28.65
2003—2020 年变幅（"＋"为抬升，"—"为下降）	＋1.05	＋0.72	＋0.41	＋0.16	＋0.12	—0.37	—1.68

表 6.1.3   三峡水库蓄水运用以来宜昌至沙市河段沿程比降变化 $(Q＝6000\text{m}^3/\text{s})$

年份	比降/‰						
	宜昌—宜都（29.50km）	宜都—枝城（18.80km）	枝城—陈二口（15.70km）	陈二口—昌门溪（11.00km）	昌门溪—枝江（8.44km）	枝江—大埠街（18.76km）	大埠街—沙市（35.90km）
2003	0.45	0.30	0.48	1.07	1.33	0.68	0.48
2009	0.49	0.16	0.45	1.15	1.53	0.69	0.51
2018	0.49	0.11	0.49	1.51	1.78	1.30	0.42
2019	0.48	0.12	0.46	1.59	2.11	1.23	0.40

二口至昌门溪段（芦家河水道），枝江至大埠街段（砂卵石河段末端）的比降增幅更是达到 80%。

水道整体比降的加大，必然影响局部流态。以芦家河水道沙泓中部坡陡流急区为例，沙泓中段的长程比降增加，如图 6.1.15 所示，近年 5km 范围内的比降超过了 2‰。其中，天发码头一带是比降最陡的区域，局部陡比降随时间、流量的变化较为复杂，如图 6.1.16 所示。但总体而言，近年来流量 6000～9000m³/s 时，"坡陡流急"加剧；9000m³/s 以下流量时，最陡比降基本都维持在 8‰左右。

2）流速变化。沙泓内长程比降加大引起了大流速区域流速极值的增加，近年来的表流测量表明，芦家河沙泓中段的表面流向是较为平顺的，基本是顺着深槽走向下行。表面流速在三宁 1 号码头稍上游处达到最大，三峡水库蓄水运用初期为 2.5～2.6m/s，2014 年以前基本不超过 2.8m/s；2014—2016 年，表面流速最大值均在 2.8～2.9m/s；2017 年的最大值则达到了 3.26m/s，较以往有所增加，近年来测得 3.5m/s 的流速出现的位置没有变化。

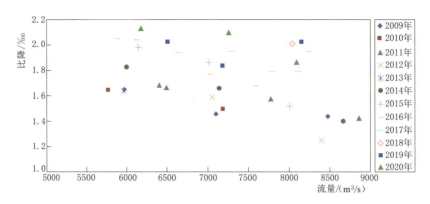

图 6.1.15 三峡水库坝下游芦家河水道沙泓中段比降变化

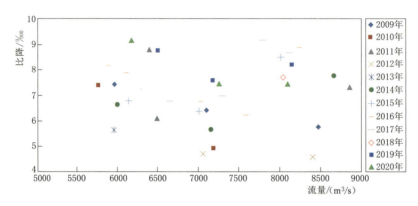

图 6.1.16 坝下游芦家河水道沙泓中段局部（天发码头 200m）比降变化

3）地形变化。三峡水库蓄水运用前及蓄水初期的研究认为，芦家河水道沙泓中段浅区水道毛家花屋一带约 1km 航道内部的河床底部高程长期以来相对较为稳定，河床组成具有很强的抗冲性，在三峡水库蓄水运用前后均没有发生显著变化，如图 6.1.17 所示。

从近年的河床冲淤调整来看，受局部"坡陡流急"现象逐年加剧的影响，"坡陡流急"段水流挟沙能力增强，以往被认为是抗冲节点的区域也出现了松动迹象。这在芦家河水道沙泓中段表现得最为典型，毛家花屋一带顺直平坦的浅槽近年来持续冲刷下切，冲起的卵石输移至三宁化工码头前，沿河道放宽、水流放缓区域淤积。从 2004 年一直到 2012 年初，该顺直浅槽仅略有冲刷，浅槽下段开始出现 5m 等深线。随后，该浅槽冲刷速度开始加快，2014 年初，5m 等深线接近贯通；2016 年初，5m 等深线完全贯通，并出现了深度大于 6m 的水深点。与此相应的，三宁化工码头前沿出现淤积现象，局部有浅包生成，2012 年以前，浅包虽然有雏形，但水深条件尚可，不影响通航；2012 年以后，浅包的高程才逐渐淤高，2017 年初达到最大值航基面下 3.0m。

（3）碍航特性。

砂卵石河段的航道问题主要有如下三方面：

1）葛洲坝枢纽船闸闸底槛水深问题。葛洲坝枢纽船闸以庙咀 39.0m（资用吴淞高程）为最低通航水位。三峡水库蓄水运用以来，宜昌站 6000m³/s 流量下水位已累积下降

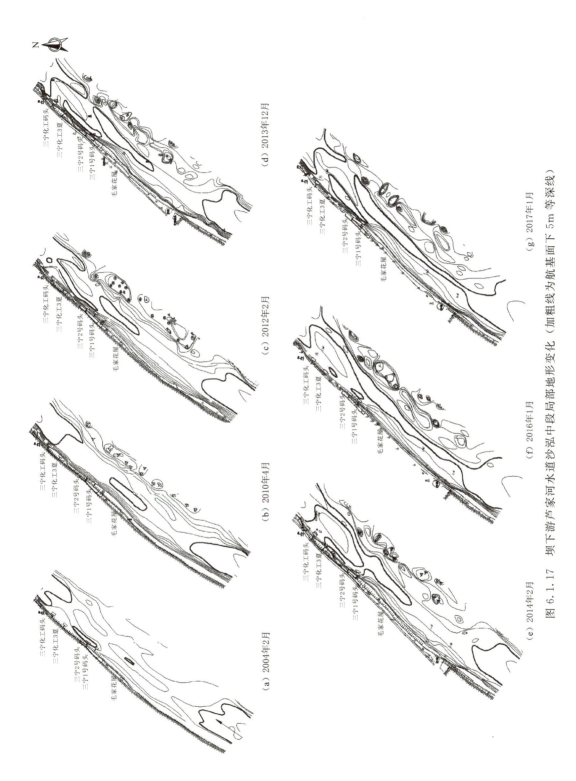

图 6.1.17 坝下游芦家河水道沙泓中段局部地形变化（加粗线为航基面下 5m 等深线）

约 0.7m，葛洲坝枢纽船闸闸底槛水深问题趋于严峻。为此，三峡水库枯水下泄流量逐渐增大，以保障庙咀水位不低于 39.0m，从 2003 年到 2015 年，坝下游宜昌站最小流量由 3000m³/s 提升至 6000m³/s。近年来，宜昌站最小流量基本都在 6000m³/s 以上，若宜昌站枯水水位流量关系进一步右移，则需进一步加大枯水下泄流量，或采取可行的壅水措施。

2）坡陡流急段碍航问题。芦家河水道沙泓中段、枝江水道上段均存在坡陡流急区域，船舶在此区域航行，航速慢且操控难度较大。例如华懋 1 号在毛家花屋"坡陡流急段"附近水域的最小航速为 0.83m/s，换算时速为 3.0km/h。部分船舶为通过急流区而采取的"之"字上行路线，导致偏航，存在较大的安全隐患。另外，局部卵石浅包的形成使得航道弯窄，航行难度加大，形成新的水浅问题。这不仅出现在芦家河水道沙泓中段，枝江上浅区近期随着局部流速的加大，也开始出现类似的卵石落淤出浅问题，近年来只能通过维护性疏浚来维持航道尺度。

3）昌门溪以下砂卵石河段的系统性水浅问题。昌门溪以下砂卵石河段受下游沙质河段枯水位下降溯源传递的影响较为突出，枯水补偿效应已不足以抵消同流量下水位下降的影响，刘巷、江口、大埠街等原本水深条件较好的水道，局部卵石浅包已构成碍航隐患，近两年陆续实施了疏浚维护。而受水位下降影响最为突出的枝江上浅区，更是连年疏浚，并不断下调疏浚底高程。随着沙质河段枯水水位进一步下降，砂卵石河段末端的系统性出浅问题将会越来越严峻。

6.1.2.2 沙质分汊河段

（1）分流比变化。

分流比的调整规律是分汊型河道演变分析的重点[9]，三峡水库蓄水运用以来，各类型分汊河段的分流比变化呈现出较强的规律性，各典型分汊河段基本情况见表 6.1.4，分流比变化如图 6.1.18 所示。

表 6.1.4　　　　　　三峡水库坝下游河道各典型分汊河段基本情况

水道（河段）	地理位置	平面形态	主　汊	支　汊
太平口（上段）	荆江上段	顺直型分汊	北槽，迎流条件差	南槽，迎流条件好
界牌	城汉河段	顺直型分汊	右汊，统计期内迎流条件先变差，再变好	新堤夹，统计期内迎流条件先变好，再变差
陆溪口	城汉河段	鹅头型分汊	中港，流程较长	直港，流程较短
嘉鱼	城汉河段	弯曲型分汊	左汊，流程较短	中夹，流程较长
天兴洲	武汉至湖口河段	弯曲型分汊	右汊，流程较短	左汊，流程较长
罗湖洲	武汉至湖口河段	鹅头型分汊	右汊，流程较短	左汊，流程较长
戴家洲	武汉至湖口河段	弯曲型分汊	右汊，流程较短	左汊，流程较长
新洲	武汉至湖口河段	鹅头型分汊	右汊，流程较短	左汊，流程较长
马当	湖口至安庆河段	鹅头型分汊	右汊，流程较短	左汊，流程较长
东流	湖口至安庆河段	顺直型分汊	西港，统计期内迎流条件先变差，再变好	东港，统计期内迎流条件先变好，再变差
土桥	安庆至芜湖河段	顺直型分汊	左汊，迎流条件差	右汊，迎流条件好

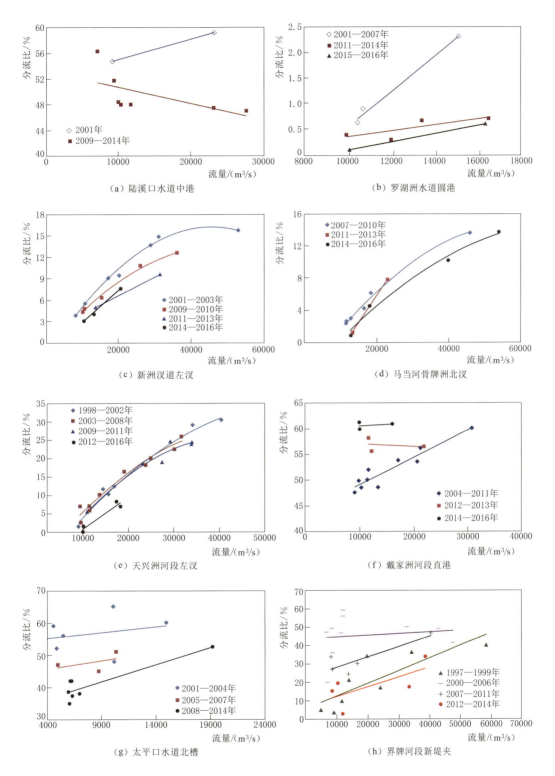

（a）陆溪口水道中港

（b）罗湖洲水道圆港

（c）新洲汊道左汊

（d）马当河骨牌洲北汊

（e）天兴洲河段左汊

（f）戴家洲河段直港

（g）太平口水道北槽

（h）界牌河段新堤夹

图 6.1.18（一）　三峡水库坝下游河道典型分汊河段分流比变化

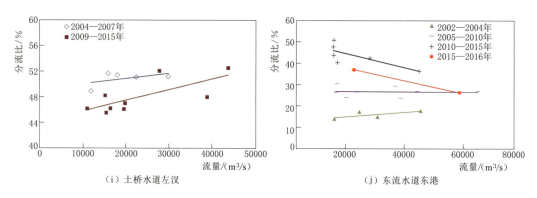

（i）土桥水道左汊　　　　　　　　　　　　（j）东流水道东港

图 6.1.18（二）　三峡水库坝下游河道典型分汊河段分流比变化

　　鹅头型分汊、弯曲型分汊河段的分流比变化均表现为短流程汊道分流比增加；而顺直型分汊河段因各汊道流程相差不大，分流比变化则表现为进流条件好的汊道分流比增加。实际上，不管是流程长短，还是迎流条件好坏，基本上都可以归结为汊道进出口比降大小问题。汊道流程较短一般可视为比降较大；而顺直型分汊河段迎流条件较好的汊道，即主流顶冲侧的汊道，因主流顶冲引起的附加比降，同样也可以视为比降较大的汊道。

　　（2）滩槽演变特点及碍航特性。

　　各河段的滩槽调整特点总体上与分流比变化规律关系较为密切，但冲淤特点还与距离三峡水库大坝的远近有关。以太平口水道、燕子窝水道为例分析如下：

　　1）太平口水道。太平口水道紧邻坝下砂卵石河段，是距离三峡水库大坝最近的沙质

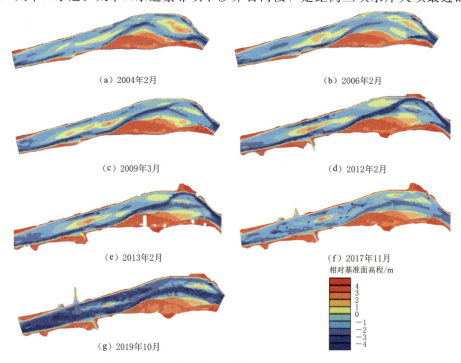

（a）2004年2月　　　　　　　　　　　　　　（b）2006年2月

（c）2009年3月　　　　　　　　　　　　　　（d）2012年2月

（e）2013年2月　　　　　　　　　　　　　　（f）2017年11月

（g）2019年10月

图 6.1.19　三峡水库坝下游太平口水道河势变化

顺直微弯型分汊河段[10]，上起陈家湾、下至玉和坪，全长约 20km，河势变化如图 6.1.19 所示。河道右岸侧有腊林洲边滩，滩体相对高大完整；河心自上而下有太平口心滩和三八滩，将河道分为南、北槽和南、北汊，心滩中枯水期出露、洪水期淹没。

三峡水库蓄水运用初期，太平口心滩分汊段进入相对稳定期，心滩以及南北槽冲淤变化均不大，2013 年以后受"清水下泄"持续作用以及非法采砂的影响，太平口心滩大幅萎缩，到 2017 年底，0m 线滩长仅 1km 左右，同时北槽逐渐冲深，下切明显。过渡段腊林洲高滩初期有所崩退，守护后趋于稳定。杨林矶边滩初期随着三八滩的后退与过渡段深槽南移而逐渐淤大，0m 线面积从 2006 年汛后的 0.17km² 增长至 2012 年初的 0.82km²，但自 2012 年开始呈现头冲尾淤、逐渐下移的规律，近期持续萎缩，至 2018 年 3 月，杨林矶边滩 0m 线面积已减小至 0.29km²；自三峡水库蓄水运用以来三八滩持续萎缩，近期完全守护后滩形基本稳定，北汊一度有所发展，2012 年汛后南汊大幅冲刷，三八滩分汊段的滩槽格局大幅调整，北汊急剧萎缩，北汊航道条件变差，南汊已成为绝对主汊，至 2019 年初北汊分流比仅为 15.2%。

综上所述，太平口水道的碍航特性主要是：设计通航桥孔位于北汊，而北汊有淤积萎缩，导致船舶通行水深条件较差；非设计通航桥孔所在的南汊有冲深发展，但因桥孔净宽有限，若通行南汊，则存在船舶撞击桥梁的安全隐患。

2）燕子窝水道。燕子窝水道平面呈弯曲收缩状[11]，出口有殷家角节点控制，右侧有归粮洲、老新洲等。江中常年有心滩存在，将水道分为左右两槽。燕子窝河段主支汊周期性在左右汊摆动，导致河段航槽不稳定，尤其是在过渡期，航槽过渡段易于出浅碍航，河势变化如图 6.1.20 所示。

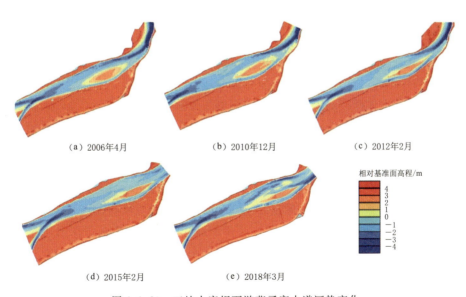

图 6.1.20 三峡水库坝下游燕子窝水道河势变化

2008—2012 年期间，燕子窝水道总体冲淤较为剧烈，左槽淤积，右槽冲刷，反映了主流摆向心滩的态势，至 2012 年右汊枯水期分流比增至 28.3%；2012—2014 年期间，受已建工程影响，燕子窝水道中上段冲淤幅度较缓和，下段冲淤幅度相对较为明显，主要表现为左槽下段及出口左淤右冲，心滩左侧亦有较为显著的冲刷，2014 年右汊枯水期分流比减小为 23.2%。

2015 年 7 月至 2017 年 2 月，受采砂影响，燕子窝水道冲淤特点发生明显变化，主要表现为冲淤幅度明显加剧，丰乐垸至上河口出现一条自右向左、宽度达 400m 以上的斜向冲刷带，冲刷带内绝大部分区域冲深超过 4m，冲刷带右侧、冲刷带出口均有明显堆积；心滩左侧同样有宽度达 400m 以上的冲刷带，冲深幅度超过 4m；右槽进口 3km 范围内均有 2~4m 的冲刷幅度，但新建护底带区域淤积，护底带下游的汊道冲淤幅度较小，总体微冲。2017 年 2 月至 2018 年 4 月，左槽的河床变形幅度进一步加剧，天门堤至燕子窝形成长度超过 6km、宽度超过 400m 自右向左的斜向冲刷带，绝大部分区域冲深超过 4m；冲刷带两侧、出口头部出现不规则大幅度淤积，水道出口段右侧河床冲刷明显；右槽分流比减小态势明显，2018 年 4 月枯水分流比为 20.2%。

燕子窝水道内心滩继续呈现淤积萎缩的态势，除头部形态基本稳定以外，2014 年心滩中下段的外围低矮滩体到 2018 年均冲失殆尽。值得注意的是，与冲淤变化一致，左槽内水下滩槽形态的调整极为剧烈，2014 年初左槽内为一较为平顺的宽浅槽，但随后到 2016 年初，上深槽位于左槽右侧，下深槽位于河道左侧，深槽呈弱交错态势；2016 年初到 2018 年初的两年时间内，深槽交错方式逆转，上深槽靠河道左侧，下深槽贴靠心滩发育，位于河道右侧，且深槽交错态势明显加剧，河心形成长达 4km 的过渡浅埂，目前浅埂局部高程已在航基面以上，浅埂平面形态不规则、不平顺，南、北两支分流格局明显。因此，该水道的碍航特性主要是：近期，受滥采滥挖的采砂行为影响，燕子窝水道的河道大冲大淤、河床调整幅度大，左槽南、北两支分流格局明显，北支持续发展，南支萎缩，深槽交错态势加剧，航道条件不稳定。

6.1.2.3　沙质弯曲河段

三峡水库蓄水运用以前，弯曲河段大体呈现"凸淤凹冲"的演变规律，即凸岸边滩持续淤涨，凹岸顶冲点区域持续冲退，整个弯曲河段不断坐弯发展。即使是边界基本受控的弯曲河段，也能够大体维持凸岸边滩、凹岸深槽的滩槽格局。

三峡水库蓄水运用以后，弯曲河段的演变规律出现较明显的调整，以荆江河段内的弯曲河段最为突出，凸岸边滩冲刷，而凹岸深槽淤积，甚至形成较大规模的滩体，出现较为剧烈的滩槽转换。

以七弓岭河段为例，该河段上起潘阳、下迄城陵矶，全长约 32km，形成由熊家洲、七弓岭、七洲、沙咀 4 个河湾组成的连续弯道段，被划分为尺八口、八仙洲、观音洲 3 个水道，河势变化如图 6.1.21 所示。三峡水库蓄水运用初期，各弯道段深槽均基本位于凹岸侧，但随后出现了不同程度的凸冲凹淤现象，熊家洲弯道中水河宽仅 800m 左右，仍因凸岸侧的冲刷出现双槽格局；七弓岭弯道调整最为剧烈，主流原本贴靠凹岸而下，凸岸边滩范围宽阔，但在 2010 年前后，凸岸边滩被切割，主流改为贴凸岸高滩而下，凹岸侧淤出大范围心滩；七洲弯道、沙咀弯道凸冲凹淤的幅度则相对较弱。

由于凸冲凹淤现象，弯道段的碍航特性主要表现为：在熊家洲弯道段，凸岸侧河床冲深成槽，但进流不畅，凹岸侧航道航宽不足；在七弓岭弯道段，主流撇弯后，深槽位于凸

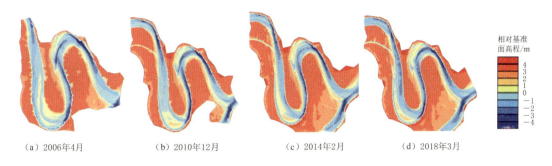

（a）2006年4月   （b）2010年12月   （c）2014年2月   （d）2018年3月

图 6.1.21　三峡水库坝下游七弓岭河段河势变化

岸侧且进一步冲深、向凸岸侧摆动，航道弯曲半径较小，目前仅为 750m 左右，且部分年份凹岸侧边滩受冲时凸岸侧航槽水深不足；在沙咀弯道段，由于洞庭湖出流顶冲影响较大，较大水年易出浅，加之河床凸冲凹淤、深泓向凸岸侧摆动，航槽位置不稳定。

凸冲凹淤现象的出现与弯道段水沙运动规律密不可分。枯水期水流坐弯，主流位于凹岸河槽，弯道环流导致的横向输沙较为显著，凹岸河槽冲刷；中水流量下，水流漫滩取直，横向输沙的比例逐渐下降，同时滩面附近具有较高的流速、切应力，此时滩面冲刷；洪水流量下，水流淹没高滩，过流面积陡增导致滩面流速下降，切应力减小，滩面冲刷减缓。三峡水库蓄水运用后由于中水漫滩持续时间延长，水流挟沙不饱和，滩面受到冲刷的可能性大大增加；同时，含沙量减小，限制了汛后滩体的回淤。两者的叠加效应是造成荆江连续弯道段凸冲凹淤现象产生的主要原因。需要指出的是，三峡水库坝下游冲刷是一个长期的过程，在此过程中，下游河道滩槽演变特性一直在不断调整中，凸冲凹淤是演变调整过程中的一种现象。

6.1.2.4　沙质顺直河段

严格意义上的顺直河型在宜昌至湖口河段分布较少，位于城陵矶至武汉河段的界牌河段是较为典型的顺直河型，交错边滩平行下移的演变规律十分明显，且具有较好的周期性。但在三峡水库蓄水运用以后，受多种因素影响，已经逐步转变为顺直分汊河型，滩槽格局已经相对稳定[12]，如图 6.1.22 所示。

位于两弯道或分汊河段之间的较为顺直的衔接段往往也被称为顺直河型，其演变特点区别于弯曲、分汊河型。一般来说，这一类顺直河型中，如果河道较窄且横向摆动受限，三峡水库蓄水运用以来，基本都呈现整体冲刷的特点，滩槽格局较为稳定；如果崩岸和边滩冲蚀使得局部河道展宽，或是受上游来流方向调整的影响，顺直段的主流、滩槽格局也会随之发生横向调整。

如斗湖堤水道，为马家咀分汊段的出口顺直段，过去一直是顺直单一、河道窄深的优良河段，三峡水库蓄水运用后，由于河道左岸南星洲尾高滩岸线崩退、河道展宽，引起主流摆动，导致河心形成浅包，航道条件变差。荆江一期工程对南星洲洲尾高滩实施守护后，主流得以稳定，浅包冲失，航道条件好转，河势变化如图 6.1.23 所示。

又如大马洲水道，该水道紧邻窑监弯曲分汊段，由于进口太和岭上游的河道左岸持续崩退，太和岭矶头逐渐突出于江中，挑流作用增强，这显著改变了大马洲水道的进流方

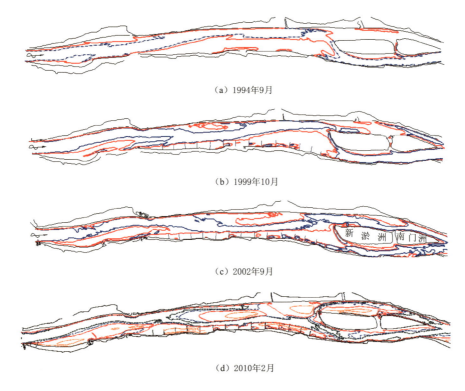

（a）1994年9月

（b）1999年10月

（c）2002年9月

（d）2010年2月

图 6.1.22　三峡水库坝下游界牌河段河势变化

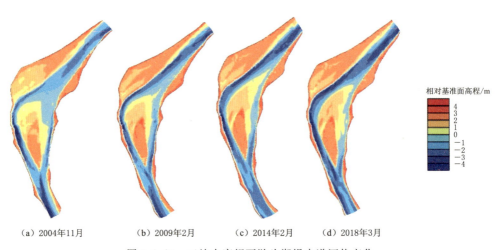

相对基准面高程/m

（a）2004年11月　　（b）2009年2月　　（c）2014年2月　　（d）2018年3月

图 6.1.23　三峡水库坝下游斗湖堤水道河势变化

向，原本贴靠河道左岸下行的主流被挑向丙寅洲一侧。与此相应，水道进口深槽逐渐偏向丙寅洲一侧，且槽头逐渐贴靠河道右岸向下游发展，太和岭至横岭一带的原有深槽逐渐淤积出边滩，整个枯水河道呈现出上下深槽交错的态势，如图 6.1.24 所示。顺直河段的碍航特性主要表现为当主流摆动导致深槽交错加剧后，形成交错型淤沙浅滩，进而出现水深不足的局面。

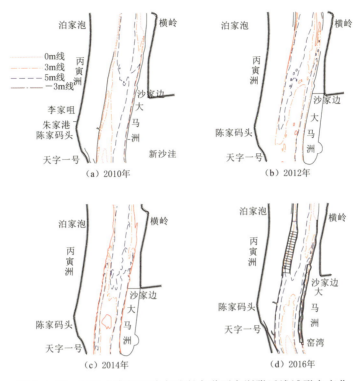

图 6.1.24 三峡水库坝下游大马洲水道丙寅洲附近浅滩形态变化

6.2 三峡库区重点河段航道治理及维护措施

基于前述库区河床演变特性，本节选取库区广阳坝、洛碛、长寿三个重点航道，研究提出其航道整治方案。

6.2.1 广阳坝航道整治方案

6.2.1.1 碍航特性

广阳坝、长叶碛水道位于长江上游，航道里程 631～641km，属于变动回水区涪陵至朝天门河段的上段，如图 6.2.1 所示。

该河段系典型的山区河流，遍布大小礁石，地形和水流条件十分复杂，航道具有弯、浅、险、窄、急等复合碍航特征。通过航道核查，新航道标准（4.5m×150m×1000m，长×宽×高）下该河段内存在多处碍航滩险需整治[13]。

6.2.1.2 治理思路

根据广阳坝河段的河势条件与航道滩险碍航情况，结合该段输沙带模型试验结论，确定采用两种思路对广阳坝至长叶碛连续滩险进行治理：一是飞蛾碛航槽偏左＋长叶碛航槽偏右；二是飞蛾碛航槽偏右＋长叶碛航槽偏左。

根据两种治理思路，实体模型阶段分别布置了整治方案对其进行论证。在实体模型

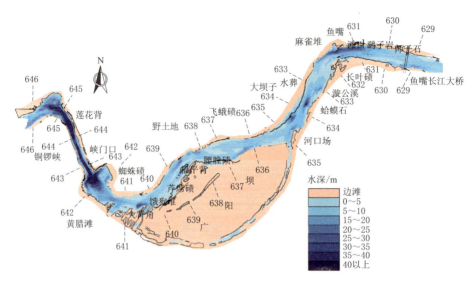

图 6.2.1　三峡库区广阳坝至长叶碛河段需整治滩段分布示意图

中，对两个思路各自进行优化调整。

思路一：通过 15 次修改调整试验得出较为合理的规划航槽、挖槽和整治建筑物的组合布置，形成最终的推荐方案。

思路二：通过规划航槽、挖槽和整治建筑物的组合，布置共计 10 次比较试验。试验结果表明，受福平背及其下游河势的影响，消落期中枯水期福平背末端开始存在大尺度的立轴漩涡，向下发展过程中扩散至飞蛾碛，对船舶航行安全极为不利，船舶航线应避开该区域，因此，沿飞蛾碛碛翅右侧布置航线航道治理思路难度较大。

综上所述，在对两种思路进行比较的基础上，选择飞蛾碛航槽靠左的布置思路开展工程方案的布置与研究，如图 6.2.2 所示。

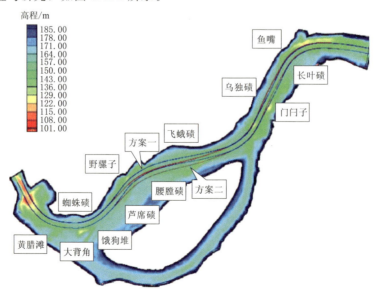

图 6.2.2　三峡库区广阳坝航道实体模型最初的两种航槽规划思路

6.2.1.3 推荐方案

广阳坝中上段半截梁至野土地整治方案为开挖航槽至6m水深扩大有效过水断面；下段飞蛾碛为了保留上行船舶习惯航线，增大船舶可航行区域，取消筑坝工程，即取消腰膛碛岛尾坝、虎扒子和麻二梁的丁坝，并增大飞蛾碛开挖范围，拟将飞蛾碛江心孤立的碛坝全部开挖至设计水位以下6m，通过疏浚飞蛾碛碛翅，船舶航线适当向左偏移，可有效扩大现行船舶适航区域，如图6.2.3所示。

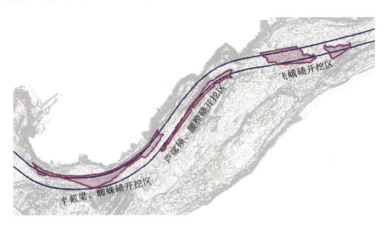

图6.2.3　三峡库区推荐方案广阳坝整治方案平面布置简图

长叶碛河段则适当将门闩子至乌独碛航槽向河心深槽部位偏移，大幅减少了乌独碛的疏浚范围和疏浚量；在满足通航水深4.5m的同时加大门闩子炸礁深度至设计最低通航水位以下6m，以减小江心孤礁对船舶航行的影响；长叶碛疏浚区基本保持不变，如图6.2.4所示。

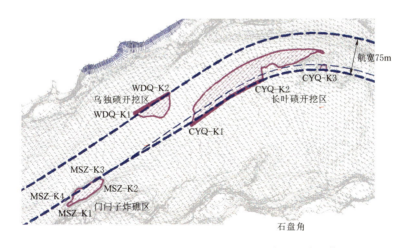

图6.2.4　三峡库区推荐方案长叶碛整治方案平面布置简图

6.2.1.4 泥沙回淤研究

经过分析后选择2011—2013年的水文过程开展动床实体模型试验，经详细测量分析获得了整治方案实施后航槽与疏浚区的冲淤特征。

（1）广阳坝段。

广阳坝至飞蛾碛河段的平面冲淤变化显示，方案实施后经过系列年水沙过程的自然演变，航槽及疏浚区总体冲淤变化不大，一般冲淤在±0.5m以内，如图6.2.5所示。

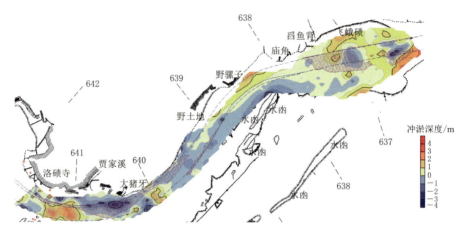

图6.2.5　三峡库区推荐方案广阳坝河段动床冲淤变化平面分布图

半截梁疏浚区冲淤变化幅度较小，基本在±1m以内，其外侧主航槽呈淤积趋势，多数淤积厚度在1～2m；对于航槽边缘及其疏浚区，可能影响长期整治效果；局部水深较大区域淤积厚度达到2.5m，但这部分区域航道水深基本在10m以上，对通航影响较小，如图6.2.6所示。蜘蛛碛疏浚区范围较大，基本涵盖整个航槽，左岸疏浚区域整体冲淤变化不大，局部区域呈微冲态势；航槽右侧因流速降低有所淤积，厚度基本在0.5m以下。大猪牙至野土地左岸疏浚区河床较为稳定，冲淤变化基本上在±0.5m以内，如图6.2.7所示；大猪牙主河槽有所冲刷，最大深度在1.5m左右，航槽右侧外最大冲刷深度可达3m；大猪牙下游右岸饿狗堆300m范围内河槽呈淤积趋势，普遍在1.5m以下，局部最大淤积厚度为2.5m。野土地以下航槽冲淤变化幅度不大，除野骡子前沿航槽左侧深槽淤积较明显外，其余河段无明显累积性淤积，如图6.2.8所示。

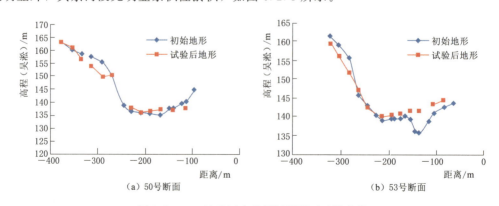

（a）50号断面　　　　　　　　（b）53号断面

图6.2.6　三峡库区半截梁河段断面冲淤变化

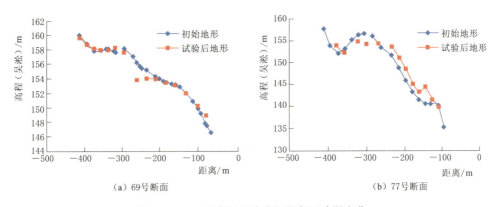

(a) 69号断面 (b) 77号断面

图 6.2.7　三峡库区蜘蛛碛河段断面冲淤变化

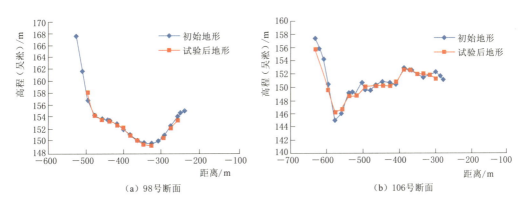

(a) 98号断面 (b) 106号断面

图 6.2.8　三峡库区大猪牙至野土地河段断面冲淤变化

飞蛾碛总体呈淤积为主，但局部有微冲。上疏浚区除尾部呈微冲（1m 以下），其余区域均有所淤积，一般淤积厚度在 0.5m 以下，疏浚区中部偏左存在长 120m×宽 80m 左右的区域，淤积厚度在 1～2m 之间。飞蛾碛下疏浚区的中段微冲，尾部淤积；航槽一般淤积厚度在 0.5～1m 之间，尾部碛翅边缘推移质泥沙堆积较多，局部淤积厚度在 2m 左右，但航槽内范围较小，如图 6.2.9 所示。

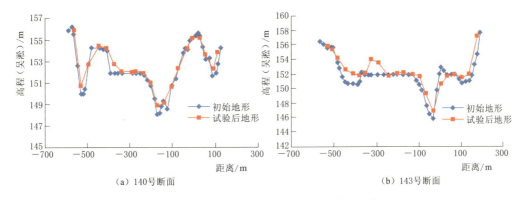

(a) 140号断面 (b) 143号断面

图 6.2.9　三峡库区飞蛾碛上段断面冲淤变化

（2）长叶碛段。

试验结果表明，长叶碛河段整治后航槽稳定性较好，疏浚区与航槽普遍冲淤变化幅度小于±0.5m，仅在长叶碛弯顶位置呈泥沙的普遍淤积，多数淤积区厚度在0.5m左右，仅深槽边缘碛翅范围较小区域最大淤积厚度达到2.5m，如图6.2.10所示。

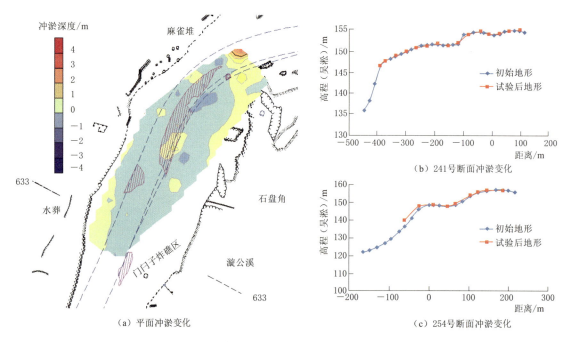

（a）平面冲淤变化

（b）241号断面冲淤变化

（c）254号断面冲淤变化

图 6.2.10　三峡库区长叶碛整治方案后航道冲淤变化对比

（3）回淤量统计分析。

经统计，半截梁、蜘蛛碛、野土地河段疏浚区回淤量为8.33万m³，飞蛾碛疏浚区回淤量为2.33万m³，长叶碛疏浚区回淤量为0.32万m³，全河段疏浚区总淤积量为10.98万m³；如果去除冲刷量5.46万m³，净回淤量为5.52万m³，总体回淤量不大。

6.2.2　洛碛航道整治方案

6.2.2.1　碍航特性

洛碛河段位于洛碛水道，包含上下洛碛，紧邻洛碛镇，如图6.2.11所示。受上游南屏坝及其左侧纵卧河心的黄果珠、黄果梁、白鹤梁等的挤压，主流贴左岸而下；左岸上黔滩礁石突嘴挑流强劲，主流由左穿越南屏坝岛尾过渡到下游的右岸，虽南屏坝中下段的左缘存在大背龙、麻儿角等礁石挑流，由于其位于相对较缓的水域，挑流作用弱于上黔滩突嘴。受上黔滩突嘴挑流作用的影响，其下存在高大的上洛碛边滩，当高水期水流趋直时，上洛碛边滩头部的低矮滩体将因水流动力相对较弱而产生泥沙淤积，淤积体侵入航槽而碍航。在三峡工程施工期，上洛碛航道整治工程前，由于汛期泥沙淤积侵占航槽而使得船舶只能（贴南屏坝洲尾）坐弯航行，航道弯曲、狭窄，航行安全隐患大。上洛碛航道整治工程实施后调整了航线，航道弯曲以及船舶航行安全隐患问题得到了较好解决，但航道的泥

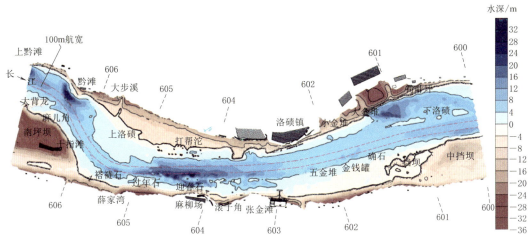

图 6.2.11　三峡库区洛碛滩段河势

沙回淤问题依然没有根本解决。

　　上洛碛滩险为过渡段浅滩，浅漕段一般呈洪淤枯冲规律，天然情况下冲淤基本平衡。受三峡水库回水影响，泥沙易于在本河段落淤，尤其是遭遇不利水文年时，航槽淤积量较大，对航道不利。目前航道最小维护尺度为 3.5m×100m×800m（长×宽×高），加之航道边界右侧有裙褵石、野鸭梁等礁石，船舶不宜靠近，礁石与浅滩相互影响，不能满足4.5m 水深航道尺度要求。

6.2.2.2　治理思路

　　针对洛碛滩段的碍航特性，提出的治理思路为：调顺上洛碛主航道，解决航道尺度问题，同时改善船舶航行条件，消除通行控制。采取的治理方案为：疏浚上洛碛浅滩不满足规划尺度要求的浅区，使浅滩部位航道水深达到设计水深，并根据需要布置整治建筑物，归顺水流，束窄河道，调整断面流速分布，加大航槽内流速，增加水流对浅滩过渡段的冲刷强度，确保挖槽稳定。

6.2.2.3　推荐方案

　　根据前述泥沙输移特性及实体模型试验成果，针对其碍航特性，提出洛碛滩段的优化推荐整治方案[14]，即疏浚上洛碛碛翅浅区，加高延长右岸原丁坝，下洛碛则进行滩面修复。具体方案设计是：疏浚上洛碛碛翅至设计水位下 4.7m，对上洛碛右岸原有 1 号、2 号、4 号丁坝进行加高延长，坝顶高程为设计水位以上 3.5m；由于下洛碛滩面破坏，导致水流条件恶化，因此，对下洛碛内浩进行局部回填，调整主航道内流态，回填高程至设计水位下 8m，同时对下洛碛岸坡进行修复。整治方案平面布置如图 6.2.12 所示。

6.2.2.4　泥沙回淤研究

　　针对洛碛推荐方案开展了泥沙回淤动床实体模型试验研究，综合考虑各种因素，水沙过程选择建库后 2012—2015 年连续 4 个水文年，典型年为 2012 年。

　　（1）典型年试验结果分析。

　　图 6.2.13 为典型年试验后冲淤分布，图 6.2.14 为试验后水深分布。

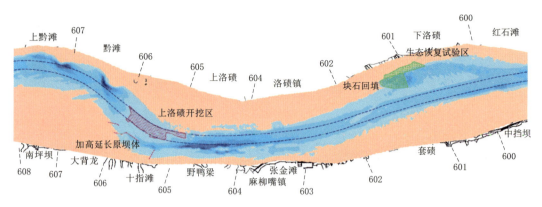

图 6.2.12　三峡库区洛碛滩段 4.5m 水深航道整治推荐方案平面布置图

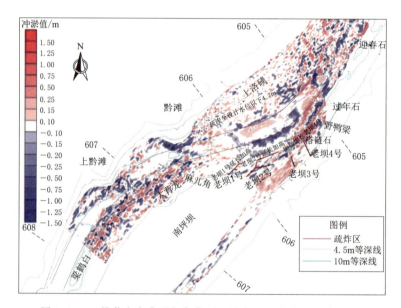

图 6.2.13　推荐方案典型年条件下三峡库区上洛碛滩段冲淤分布

受整治建筑及浅区疏挖影响，上洛碛段河床冲淤变化具有以下特点：①上黔滩至洛碛滩头段河床冲淤相间，冲淤变化幅度一般在 0.4m 以内；②碛翅疏挖区疏挖深度一般在 0.5～2.0m，疏挖区自左向右疏挖深度逐渐递减，典型年水沙过程作用后疏挖区内有所回淤，淤积厚度自左向右递减，左侧疏挖区内回淤厚度一般在 0.1～0.2m，右侧疏挖区冲淤相间，原碛翅右侧主槽内略有冲刷，冲刷深度一般在 0.3m 以内；③上洛碛滩顶冲淤相间，冲淤变幅一般在 0.2m 以内；④右岸侧新建丁（顺）坝坝田以淤积为主，淤积厚度一般在 0.2～0.4m。

上洛碛下段受下游人为采砂影响，河床已由早期的碛滩变为深槽，致使上洛碛尾部发生溯源冲刷，并在下游采沙坑附近淤积，典型年水沙过程作用后，河床冲刷深度一般在 0.2～0.6m，淤积厚度一般在 0.2～0.8m。

航槽冲淤方面，方案实施后，上洛碛滩头附近航槽略有冲刷，航深满足要求；碛翅附

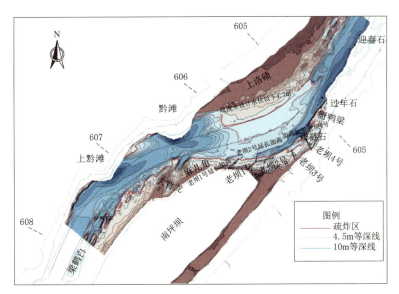

图 6.2.14　推荐方案典型年试验后三峡库区上洛碛滩段水深分布

近新开挖航槽内虽有所回淤,但淤积幅度不大,典型年水沙过程作用后航槽内水深能够满足不小于 4.5m 的要求。

(2) 系列年试验结果分析。

图 6.2.15 为系列年水沙试验后冲淤分布,图 6.2.16 为试验后水深分布。

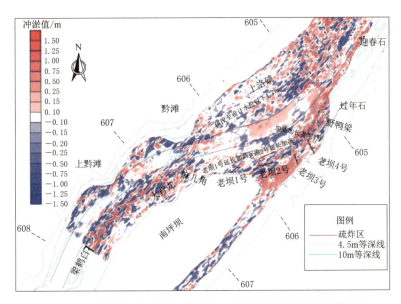

图 6.2.15　推荐方案系列年条件下三峡库区上洛碛滩段冲淤分布

与典型年冲淤结果相比,河段整体冲淤分布的格局无明显变化,冲淤幅度略有调整。受整治建筑物及浅区疏浚挖沙影响,上洛碛滩段河床冲淤变化具有以下特点:①黔滩

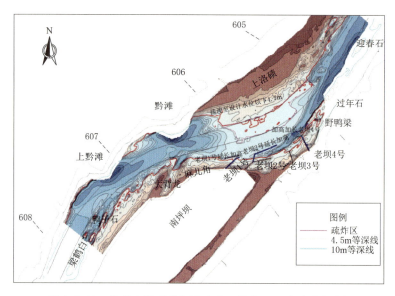

图 6.2.16   推荐方案系列年试验后三峡库区上洛碛滩段水深

至上洛碛滩头段冲淤相间，冲淤变化幅度一般在 0.8m 以内；②选定的系列年水沙过程作用后疏挖区内有所回淤，淤积厚度自左向右递减，左侧疏挖区内回淤厚度一般在 0.2～0.4m，右侧疏挖区冲淤相间，原碛翅右侧主槽内略有冲刷，冲刷深度一般在 0.4m 以内；③上洛碛滩顶冲淤相间，冲淤变幅一般在 0.35m 以内；④右岸侧新建丁（顺）坝坝田以淤积为主，淤积厚度一般在 0.2～0.7m。

上洛碛尾部发生溯源冲刷，并在下游采沙坑附近淤积，选定的系列年水沙过程作用后，河床冲刷深度一般在 0.3～1.1m，淤积厚度一般在 0.3～1.2m。

航槽冲淤方面，方案实施后，选定的系列年水沙过程作用后上洛碛滩头附近航槽略有冲刷，航深满足要求；碛翅附近新开挖航槽有所回淤，淤积厚度稍大部位位于左边线附近，最大淤积厚度为 0.42m。

6.2.3   长寿航道整治方案

6.2.3.1   碍航特性

长寿段航道碍航最为明显的区段体现在王家滩河段，表现为航道弯曲、狭窄、水流条件差。

1）弯曲。入口肖家石盘礁石伸放入江中，挤压缩窄河道，消落期水位 156m 以下时肖家石盘前沿鳗鱼石、饿狗堆乱礁横流较旺，船舶航行不宜靠近，主航道靠近左岸骑马桥一侧；下游进入王家滩河段，忠水碛将河道分为左右两汊，左汊为港区专用航道，右汊为主航道，忠水碛碛翅伸入主航道较开，航道偏向右岸一侧，在肖家石盘与忠水碛之间，完成了主航道由左岸向右岸的过渡，受上游礁石及浅碛共同影响，消落期 156m 水位以下时过渡段异常弯曲狭窄，水流条件也较差，加上三峡水库蓄水忠水碛碛翅淤积，使得航道朝更加弯曲狭窄的方向发展；忠水碛尾部由于存在横板石、磨盘滩等礁石，消落期航道狭窄，水流条件差。船舶在上述区域上下行均极为困难，加上周围港区、锚地较多，航道通行压力较大，上行船舶在该河段航行尤为困难，航运部门反应十分强烈，王家滩河段航道布置及船舶航行情况如图 6.2.17 所示。

（a）船舶航行

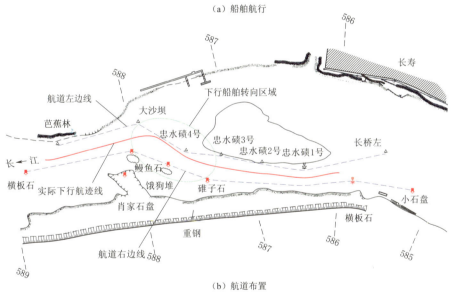

（b）航道布置

图 6.2.17 三峡库区王家滩河段船舶航行及航道布置图

2）狭窄。鉴于长寿消落期航道条件较差，而通行于该河段的船舶均为大型船舶，航道有效宽度不足，消落期 4.5m 水深的航宽不足，因此，在水位 155m 以下时王家滩实行单向通航控制。由于长寿河段港区较多，航道通行压力较大，限制了船舶通行效率。

3）水流条件差。王家滩河段受忠水碛与磨盘石等礁石对峙，形成卡口河段，一方面卡口河段下游形成跌水，使得河段局部流速比降增大；另一方面礁石河段周围流态较差，对船舶航行造成影响，尤其对上行船舶影响最为明显，该河段消落期大型船舶上滩较为吃力。

6.2.3.2 治理思路

根据长寿段航道碍航特性，针对航道尺度不足的问题，提出对航道内忠水碛进行疏浚，对肖家石盘进行炸礁，扩大航道有效尺度；针对水势流态差的问题，提出通过改变深潭结构改善水流条件。因此，提出了两种治理思路。

思路一：左右汊双槽单向通航整治思路。考虑到目前左右两槽的航道尺度均不大，都为窄深型河槽，两岸均分布有大量的礁石，左右汊单槽双向通航方案均需要开展大量炸礁工程。为了减小上下行船舶的相互影响和炸礁工程量，开通左右汊双槽单向通航方案，左汊作为单向上行航槽，现有右汊作为单向下行航槽，实行左右两槽分边单向航行，航槽尺度 4.5m×100m×1000m（长×宽×高）。

思路二：右汊单槽双向通航整治思路。按 4.5m×150m×1000m（长×宽×高）航槽尺度，一方面调整肖家石盘前沿航线，使得航路右移，与王家滩河段平顺相接，需要通过炸礁的工程措施，解决肖家石盘前沿的泡漩水、回流及横流的不良流态；另一方面炸低右岸横板石、磨盘石等礁石，将忠水碛的碛翅少量切除，增加航道宽度，增加过水面积，减缓流速、减小比降，改善船舶通航条件。

6.2.3.3　推荐方案

针对长寿段泥沙输移特性及碍航特性，提出其优化推荐整治方案为左右槽单向通航方案：为了减小上下行船舶的相互影响，开通左右汊双槽单向通航方案，左槽作为单向上行航槽，现有右槽作为单向下行航槽，尺度按 4.5m×100m×1000m（长×宽×高）。根据航槽布置，在王家滩入口段对肖家石盘、饿狗堆及鳗鱼石等礁石突嘴进行炸除，炸礁深度为设计水位下 6m，并筑 2 道潜坝，潜坝坝顶高程为设计水位下 20m，以解决肖家石盘前水流流态问题；右槽局部炸低横板石、磨盘石等礁石至设计水位下 4.7m；开挖忠水碛右侧碛翅浅区至设计水位下 4.7m；左槽开挖忠水碛左侧碛翅浅区至设计水位下 4.7m，并在柴盘子深槽筑 3 道潜坝调整流速分布、流向以改善流态，潜坝坝顶高程为设计水位下 10m。长寿滩段整治方案平面布置如图 6.2.18 所示。

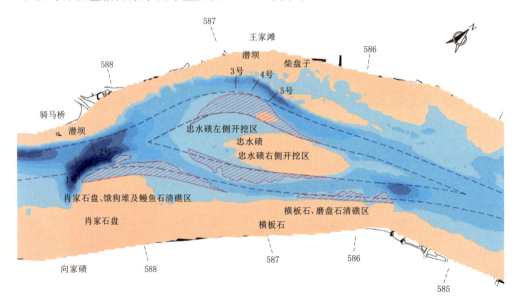

图 6.2.18　三峡库区长寿滩段 4.5m 水深航道整治推荐方案平面布置图

6.2.3.4 泥沙回淤研究

（1）典型年试验结果分析。

选取 2012 年大水丰沙年为典型水文年，实体模型试验结果如图 6.2.19 所示。从冲淤变化看[15]，肖家石盘河段冲淤相间，总体呈微淤状态，冲淤幅度一般在 0.5m 以内，局部淤积厚度在 0.5～1.0m，肖家石盘前水深较大，对航道基本无影响。忠水碛滩段典型水文年处于普遍淤积状态，碛滩及左右汊深槽整体呈淤积状态，冲淤幅度一般在 0.5m 以内，局部淤积厚度在 0.5～1.0m。左汊疏浚区坡脚最大回淤厚度为 0.9m，航道内最大回淤厚度为 0.8m；右汊疏浚区局部点最大回淤厚度为 0.7m，航道内最大回淤厚度为 0.5m。磨盘石至长寿大桥河段呈冲淤相间，总体呈淤积状态，冲淤幅度一般在 0.5m 以内，局部淤积厚度在 0.5～1.0m。

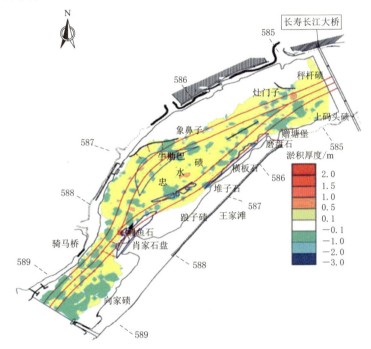

图 6.2.19　推荐方案典型水文年试验后三峡库区长寿河段河床冲淤变化分布

从航道条件变化来看，方案实施后，经过典型年作用，忠水碛上下游航道满足航道尺度要求。忠水碛左汊受疏浚区回淤影响，航道内存在航深不足 4.5m 情况，如图 6.2.20 所示，需对疏浚区局部区域进行维护疏浚，疏浚区年末回淤量为 1.7 万 m³。右汊头部疏浚区航道内淤积局部航深不足 4.5m，需少量维护疏浚，疏浚区年末回淤量为 0.4 万 m³。

（2）系列年试验结果分析。

选择 2012—2015 年为系列水文年，进行连续 4 年回淤试验研究，试验结果如图 6.2.21 所示。肖家石盘前呈微冲状态，出口段有所淤积，航道内局部淤积厚度在 0.5～1.0m；肖家石盘河段水深较大，少量淤积对航道影响不大。忠水碛滩段基本处于微淤状态，相对典型年左汊航道内有所冲刷，最大回淤厚度 0.5m；疏浚区坡脚淤积有所增大，最大回淤厚度 1.0m。右汊疏浚区头部泥沙淤积有所增加，其他部位淤积较少，右汊河道

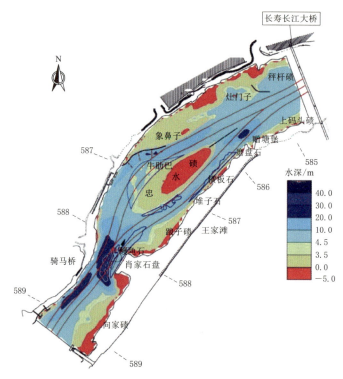

图 6.2.20　推荐方案典型水文年试验后三峡库区长寿河段水深

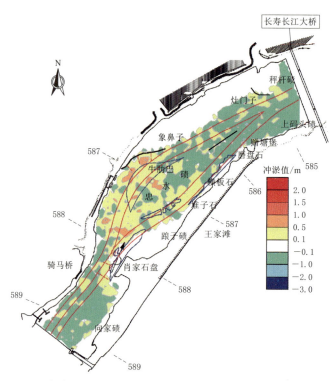

图 6.2.21　推荐方案系列水文年试验后三峡库区长寿河段河床冲淤变化

基本为微淤状态。忠水碛下游河道基本呈微冲状态。

图 6.2.22 为航道水深条件变化，方案实施后，经过系列年作用，左汊疏浚区航道内有所冲刷，疏滩区基本满足 4.5m 水深和 100m 航宽，而疏浚区回淤量相对典型年略有增加，年末回淤量约 2.4 万 m³；右汊疏浚区年末回淤量约 0.78 万 m³，宽度基本满足 100m 航宽。

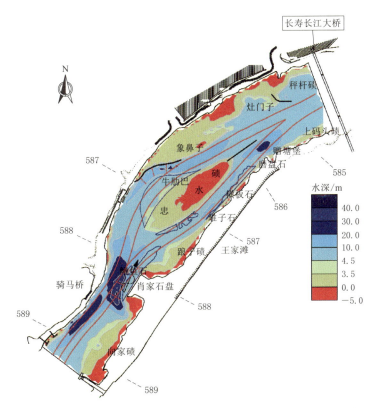

图 6.2.22　推荐方案系列水文年后试验三峡库区长寿河段水深分布

6.3　三峡水库坝下游重点河段航道治理及维护措施

2020 年，武汉至安庆河段航道 6m 工程正在实施中，武汉至安庆河段的航道尺度即将达到 6m[16]，但宜昌至武汉河段 4.5m 标准仍处于前期论证阶段。三峡水库坝下游主要针对宜昌至武汉河段内沙质河段的重点水道按 4.5m×200m×1050m 新标准开展治理维护措施的研究工作，为该河段新标准下的航道治理提供技术支撑。

经过长期的堤防、护岸工程建设以及重点碍航滩险航道整治，三峡水库坝下游河道总体河势基本稳定，滩槽形态变化是影响沙质河段航道条件的关键。三峡工程运行条件下，长江中下游河段以冲刷为主，但若高滩岸线、中低滩体冲刷的同时深槽淤积，或者高滩岸线、中低滩体冲刷幅度大于深槽，将造成航槽位置不稳定，航道水深难以增加，甚至出现航道水深变浅等不利变化。因此，航道治理的总体思路为：基于已建工程，通过完善控制、局部调整、适当疏浚，即进一步加大关键滩体和岸线的守护力度及范围，对不满足整治目标尺度水道的滩槽形态进行适度调整，对航道条件不稳定水道的航道边界进行控制完善，并辅以疏浚（基建疏浚和不利年份维护性疏浚）措施，达到提高航道尺度的目的。

6.3.1　窑监大河段航道整治方案

6.3.1.1　趋势预测

实体模型趋势预测成果如图 6.3.1 所示。受河道治理及航道整治工程的影响，窑监大河段主流顶冲及贴岸段的高滩岸线基本已守护稳定，乌龟夹主汊地位也不断得到巩固，总体河势将保持不变。乌龟夹进口航道条件将进一步改善，但出口航道条件不稳定，而且太和岭一带水流流态紊乱，影响船舶安全航行。大马洲水道下段枯水双槽分流格局将继续维持，过渡段浅埂长且低矮，两槽航道尺度均不足 4.5m×200m（水深×宽度）的局面将难以改善，属于一般碍航浅滩。

6.3.1.2　整治方案

窑监大河段总体航道条件较为稳定，滩槽调整幅度及频度相对较弱，属于一般碍航水道。对窑监河段而言，考虑到工程布置均受生态红线区限制，乌龟夹出口段仍维持太和岭挑流现状，不利年份采取疏浚措施。对于大马洲水道浅区段，通过对丙寅洲边滩下段护底工程建设及局部岸线守护，稳定大马洲水道现有二次过渡航路，集中水流冲槽，并在不利年份对过渡段浅区进行疏浚，改善上下深槽交错的不良现象，以满足 4.5m×200m×

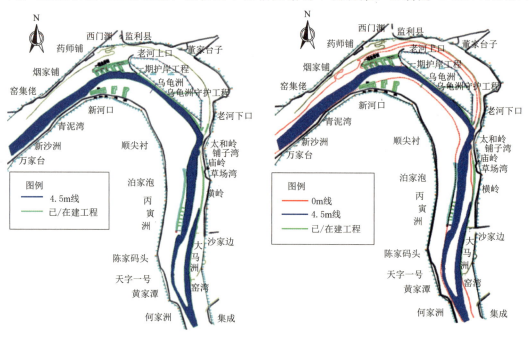

(a) 3年末　　　　　　　　　　　　　　　　　　　(b) 6年末

图 6.3.1（一）　三峡水库坝下游窑监大河段趋势预测等深线

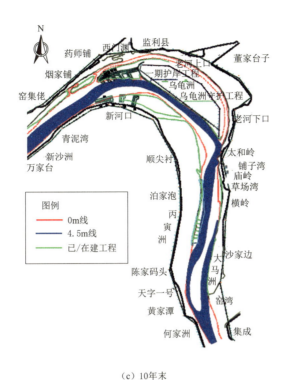

(c) 10年末

图 6.3.1（二） 三峡水库坝下游窑监大河段趋势预测等深线

1050m 航道尺度标准，确保航道畅通。主要建设内容包括：丙寅洲护底工程、大马洲护岸加固工程，不利年份维护疏浚，如图 6.3.2 所示。模型成果显示，方案满足生态环保要求，且对于浅区有改善效果，能够实现治理目标，确定为推荐方案。

6.3.2 七弓岭河段航道整治方案

6.3.2.1 趋势预测

实体模型趋势预测成果如图 6.3.3 所示。七弓岭河段因大量护岸工程的实施，凹岸及主流顶冲岸段的岸线基本稳定，总体河势不会大幅度调整。弯道段演变趋势将仍以凸冲凹淤为主，熊家洲弯道、七洲弯道航道条件将变差，七弓岭弯道心滩不稳定，凸岸侧航道条件仍将较差。江湖汇流区左岸将继续崩塌，右岸边滩也将有所冲刷，枯水期初期航道条件将进一步变差，属于重点碍航浅滩。

6.3.2.2 整治方案

七弓岭河段历史上未开展航道整治工程，滩槽格局稳定性差，凸冲凹淤较为明显，从演变特性上来看，弯道段流程缩短，航槽趋于弯窄的现象是当前的主要问题。结合外部环境限制，该河段的航道整治思路为"守滩稳槽、局部调整、适当疏浚"。具体而言：

在熊家洲弯道，守护弯道凸岸侧河床，限制中枯水水流进一步向凸岸侧扩散，防止航道条件变差，结合浅区疏浚，实现 4.5m×200m×1050m 畅通。

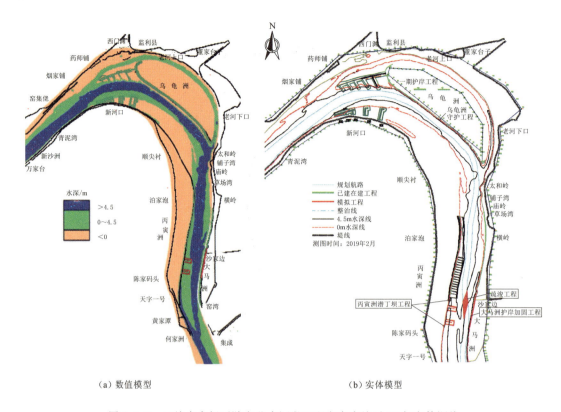

（a）数值模型　　　　　　　　　（b）实体模型

图 6.3.2　三峡水库坝下游窑监大河段工程方案实施后 10 年末等深线

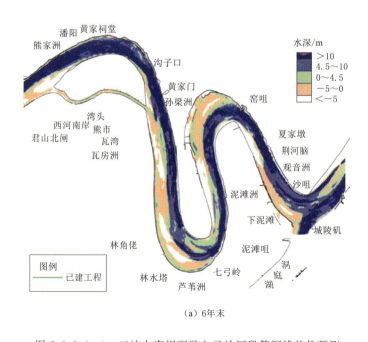

（a）6 年末

图 6.3.3（一）　三峡水库坝下游七弓岭河段等深线趋势预测

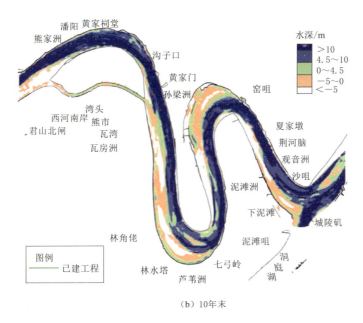

（b）10年末

图 6.3.3（二）　三峡水库坝下游七弓岭河段等深线趋势预测

在七弓岭弯道，抑制弯道凸岸进一步冲退的基础上，适当恢复凸岸侧低滩，调整中枯水的水流流路，塑造弯曲半径满足 1050m 的航道线路，并结合疏浚，保障 4.5m×200m×1050m 航道尺度畅通。

在沙咀弯道，抑制弯道凸岸进一步冲退的基础上，控制水流集中归槽，防止出现多槽口的不利局面，保障 4.5m×200m×1050m 畅通。

治理方案如图 6.3.4 所示，方案主要包括：熊家洲弯道凸岸护底及高滩守护工程、七弓岭弯道上段凸岸潜丁坝及高滩守护工程、窑咀岸线平顺工程、沙咀潜丁坝及高滩守护工

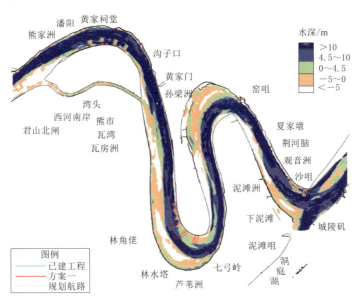

图 6.3.4　坝下游七弓岭河段方案实施后 10 年末等深线

程、关键岸段的护岸加固工程、航道内乱石堆清除及浅区疏浚工程。数学模型预测表明，方案实施后 10 年末主航槽 4.5m 等深线贯通，在一定程度上改善了七弓岭弯道水流条件，弯道进口段弯曲半径明显改善。

6.3.3　燕子窝水道航道整治方案

6.3.3.1　趋势预测

实体模型趋势预测成果如图 6.3.5 所示，受已建水利工程和航道整治工程的影响，燕子窝水道河道边界较为稳定，未来总体河势保持稳定，左槽进一步冲刷发展，右槽基本保

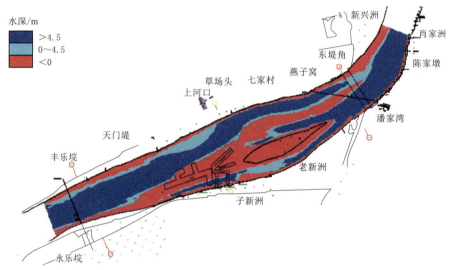

（a）燕子窝水道6年末等深线

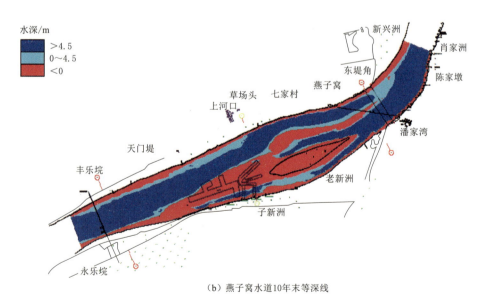

（b）燕子窝水道10年末等深线

图 6.3.5　三峡水库坝下游燕子窝水道等深线数值模拟结果

持稳定。左槽南、北支分流格局较为明显，未来一段时间，南、北支持续冲刷发展，深槽交错态势进一步加剧，航道条件不稳定，属一般碍航水道。

6.3.3.2　整治方案

根据该河段航道问题及外部环境，航道整治思路为：依托当前滩槽格局，对左槽水流分散的局面进行适度控制，抑制南支发展，促使北支冲刷，使左槽北支的航道条件得到改善，进一步稳定燕子窝水道的航道条件。主要建设内容为在心滩左侧修筑两道护底带，并对心滩左岸进行守护，方案布置如图 6.3.6 所示。数学模型预测表明，工程实施后，10年末左槽 4.5m 等深线贯通，最小宽度超过 300m，深槽交错态势得到抑制，航道条件得到较好的改善，如图 6.3.7 所示。

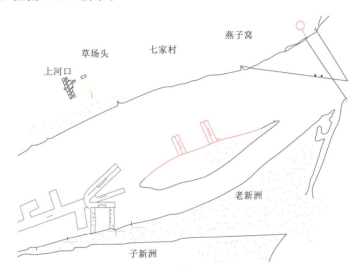

图 6.3.6　三峡水库坝下游燕子窝水道方案布置示意图

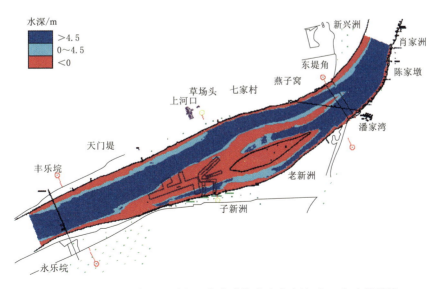

图 6.3.7　三峡水库坝下游燕子窝水道推荐方案实施后 10 年末等深线

6.4　小结

1）三峡水库变动回水区上段年内冲淤过程主要表现为：汛期淤积、汛后先冲后淤、蓄水期基本稳定，汛期及汛后淤积泥沙主要集中在消落期初期冲刷，但冲刷力度不大，泥沙输移集中在主航道，对部分河段航道条件造成不利影响。变动回水区中段年内冲淤过程为：汛期以淤积为主、汛后微淤、蓄水期至消落初期基本稳定、消落后期冲刷。河段重点浅滩表现为少量卵石累积性淤积，部分河段边滩发展，不断挤压主航道，航道尺度逐渐缩窄引起了碍航。变动回水区下段年内冲淤过程为：汛期至汛后淤积、蓄水期至消落初期基本稳定、汛前消落期冲刷。

2）三峡水库常年回水区河段由于水流条件较天然河段变化大，表现出明显的累积性淤积，目前淤积对航道条件影响主要集中在万州以上。三峡水库蓄水运用后，航道细沙累积性淤积发展较快，淤积量、范围、厚度等均较大，淤积主要发生在弯曲放宽、分汊放宽河段，淤积部位主要在弯道凸岸下首缓流区、汊道、江心洲洲尾。

3）针对三峡库区广阳坝险、浅滩、洛碛过渡段浅滩和长寿段险滩，提出了整治思路和相应整治方案。广阳坝段治理思路是解决低水位时航道尺度不足的问题，同时改善入口段的水流条件和出口处的通航条件。洛碛段治理思路为调顺上洛碛主航道，解决航道尺度问题，同时改善船舶航行条件，消除通行控制，并修复下洛碛滩面及岸坡。长寿段治理思路为开挖浅区，扩大航道有效尺度，通过改变深潭结构改善水流条件。

4）三峡水库蓄水运用以来，坝下游砂卵石河段淤沙浅滩航道条件明显改善。近期因受下游沙质河段枯水位大幅下降并溯源传递的影响，坡陡流急现象加剧，抗冲节点松动，出现卵石局部搬运现象。枝江及以下河段因枯水水位流量关系调整幅度过大，枯水补偿效应已不足以维持水深条件稳定，系统性出浅问题逐渐显现。宜昌枯水位近期基本保持稳定，$6000\mathrm{m^3/s}$ 左右的最小枯水流量暂时可保障葛洲坝船闸水深条件。

5）坝下游沙质河段中，分汊河段短汊发育现象明显，能够改变动力条件格局的工程措施可以限制短汊发育现象，但部分分汊河段不受控制的短汊发育现象会造成萎缩汊道的航道条件变差；弯曲河段出现凸冲凹淤现象，近期部分急弯段随之出现航道弯曲半径减小的不利变化；顺直段的冲淤调整与自身宽度及进口来流方向有关，边界横向展宽，或是来流方向的摆动，可能引发顺直段以深槽交错发展为主要表现形式的不利调整。

6）以宜昌至武汉河段航道 4.5m 尺度、武汉至安庆河段航道 6.0m 尺度作为目标尺度，对于重点碍航浅滩，宜通过修建整治建筑物调整中枯水滩槽形态，改善浅区水流条件，并结合疏浚提高航道尺度；对于一般碍航浅滩，可通过修建整治建筑物守护关键航道边界，防止航道条件变差；对于潜在碍航浅滩，可通过不利年份维护疏浚确保航道畅通。针对窑监大河段、七弓岭和燕子窝重点河段提出了整治方案，预测表明，方案实施后各水道航道条件均得到了有效改善，10 年末 4.5m 等深线均贯通，可以达到新航道标准下的航道治理目标。

参 考 文 献

［1］ 长江重庆航运工程勘察设计院. 三峡库区航道泥沙原型观测（2009—2019 年度）总结分析 ［R］. 重庆：长江重庆航运工程勘察设计院，2020.

［2］ 胡春宏. 三峡水库 175m 试验性蓄水十年泥沙冲淤变化分析 ［J］. 水利水电技术，2019，50（8）：18－26.

［3］ 长江航道规划设计研究院. 三峡-葛洲坝枢纽坝下砂卵石河段（宜昌至昌门溪）航道治理关键技术研究 ［R］. 武汉：长江航道规划设计研究院，2017.

［4］ 陈立，谢葆玲，崔承章，等. 对长江芦家河浅滩段演变特性的新认识 ［J］. 水科学进展，2000，11（3）：241－246.

［5］ 孙昭华，李义天，李明，等. 长江中游砂卵石河段坡陡流急现象成因及对策研究（Ⅰ）：发展趋势探析 ［J］. 泥沙研究，2007（5）：9－16.

［6］ 孙昭华，李义天，李明，等. 长江中游砂卵石河段坡陡流急现象成因及对策研究（Ⅱ）：治理对策探讨 ［J］. 泥沙研究，2007（5）：30－35.

［7］ 刘怀汉，茆长胜，李明. 长江中游芦家河水道碍航问题及治理对策 ［J］. 水运工程，2010（3）：112－116.

［8］ 长江航道规划设计研究院. 长江中游航道泥沙原型观测（2009—2019 年度）总结分析 ［R］. 武汉：长江航道规划设计研究院，2020.

［9］ 李明，胡春宏. 三峡水库蓄水运用后坝下游分汊型河道演变与调整机理研究 ［J］. 泥沙研究，2017，42（6）：1－7.

［10］ 长江航道规划设计研究院. 长江中游荆江河段航道整治工程昌门溪至熊家洲段工程可行性研究报告 ［R］. 武汉：长江航道规划设计研究院，2012.

［11］ 长江航道规划设计研究院，长江中游赤壁潘家湾河段燕子窝水道航道整治工程可行性研究 ［R］. 武汉：长江航道规划设计研究院，2014.

［12］ 长江航道规划设计研究院. 长江中游界牌河段航道整治二期工程可行性研究报告 ［R］. 武汉：长江航道规划设计研究院，2010.

［13］ 重庆交通大学. 长江上游广阳坝河段航道整治工程实体模型试验研究报告 ［R］. 重庆：重庆交通大学，2019.

［14］ 苏丽，刘辛愉，汪剑桥，等. 三峡水库变动回水区洛碛河段年内冲淤变化过程 ［J］. 水运工程，2018（4）：115－121.

［15］ 长江重庆航运工程勘察设计院. 长江上游朝天门至涪陵河段航道整治工程可行性研究报告 ［R］. 重庆：长江重庆航运工程勘察设计院，2019.

［16］ 长江航道规划设计研究院. 长江干线武汉至安庆段 6 米水深航道整治工程可行性研究报告 ［R］. 武汉：长江航道规划设计研究院，2017.

第 7 章

长江水沙变化对河流健康的影响

在河流上兴建具有调节能力的大型梯级水库，改变了坝下游河道的来水来沙过程，对水资源开发利用、防洪、航运、供水等河流社会服务功能将产生复杂的影响，同时也对水质和水生生境条件等产生作用，从而对河流健康产生影响。河流开发者和生态环境学家围绕河流健康问题开展了大量研究，包括水利工程治理开发与河流健康的关系，以及实现河流整体健康等重大问题，目前有些认识基本一致，有些认识上尚存在较大分歧。本章围绕长江上游干支流水库群建设下水沙变化新形势对长江河流健康的影响，通过资料收集整理、野外调查监测、室内模拟试验、数学模型计算、生态统计分析等技术方法，研究三峡水库磷等物质的循环规律、长江流域细泥沙生态作用，探讨长江水沙变化对河流主要功能影响、评价方法等问题。

7.1 长江水沙变化对河流主要功能的影响

7.1.1 对河势稳定性的影响

三峡水库的蓄水运用改变了上下游河道水沙条件，长江干流河床冲淤变化新特征引起河势稳定性变化，将对沿江水生态保护、港口、航道、供水及岸线等开发利用产生深远影响。

7.1.1.1 河床冲淤特征

（1）三峡水库库区及上游河道。

三峡水库蓄水运用以来，水库泥沙淤积主要集中在涪陵以下的常年回水区，根据长江水利委员会长江科学院的研究[1]，2003 年 3 月至 2017 年 10 月涪陵以下的常年回水区（涪陵至大坝长约 486.5km）淤积 15.575 亿 m^3，而变动回水区（江津至涪陵长约173.4km）冲刷 0.741 亿 m^3。

三峡库区两岸一般由基岩组成，岸线基本稳定。如图 7.1.1 所示，从库区断面淤积形态来看，三峡水库近坝段、臭盐碛、皇华城等库面开阔，断面淤积呈主槽平淤形态；在某些弯道处（如土脑子河），右岸主槽淤积；此外，在河道水面较窄的峡谷段和回水末端位置也会出现主槽冲刷现象[2]。

（2）坝下游河道。

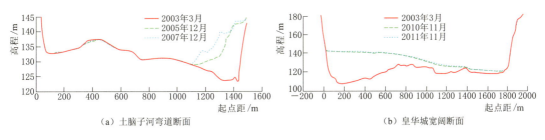

图 7.1.1　三峡库区变动回水区和常年回水区典型横断面

　　三峡水库蓄水运用以来，坝下游河道沿程冲刷剧烈（包括采砂影响），强烈冲刷河段逐渐下移，至河口已全程冲刷。在一系列河势控制工程、护岸工程的控制作用下，长江中下游河道平面形态变化不大，以河床冲刷下切为主。如图 7.1.2 所示，从断面冲淤变化看，宜昌河段主要冲刷部位在枯水河槽，断面形态朝窄深方向调整。荆江河段产生显著的冲刷，在单一段的边滩和一些江心洲的洲缘边滩产生显著冲刷。城陵矶至汉口河段在洲滩区域冲淤变化较大；也有由于天然地理位置及较好的边界条件，断面稳定少变。大通以下受潮汐影响趋于明显，局部段断面发生较大冲淤变化，如仪征河段左汊中部断面表现为持续的冲刷扩大，扬中河段三益桥过渡段右侧低滩冲刷，深槽右移。

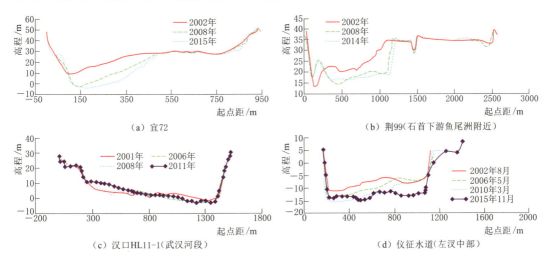

图 7.1.2　三峡水库坝下游河道典型横断面

7.1.1.2　河床稳定性

（1）稳定性指标。

　　长江中下游河床的稳定性可采用纵向稳定系数、横向稳定系数和宽深比等指标来表示[3]。河床纵向稳定性主要取决于泥沙抗拒运动的摩阻力与水流作用于泥沙的拖曳力的对比，纵向稳定性系数 φ_h 采用下式计算：

$$\varphi_h = \frac{d}{hJ} \tag{7.1.1}$$

式中：h 为平滩水深；d 为床沙平均粒径；J 为比降。

河道横向稳定性与河岸稳定密切相关，决定河岸稳定的因素主要是河道主流的走向及河岸土壤的抗冲能力。横向稳定性系数 φ_b 采用下式计算：

$$\varphi_b = \frac{Q_1^{0.5}}{J^{0.2} B} \tag{7.1.2}$$

式中：Q_1 为平滩流量；J 为比降；B 为平滩河宽。

进而，河床综合稳定系数可表达为

$$\varphi = \varphi_h (\varphi_b)^2 = \frac{d}{hJ} \left(\frac{Q^{0.5}}{J^{0.2} B} \right)^2 \tag{7.1.3}$$

（2）三峡水库蓄水运用后长江中下游河床稳定性分析。

窦国仁从理论上推导提出了河床活动指标 K_n 的计算公式[4]：

$$K_n = 1.11 \frac{Q_{洪}}{Q} \left(\frac{\beta^2 V_{0s}^2 S^2 Q}{k^2 \alpha^2 V_{0b}^2} \right)^{\frac{2}{9}} \tag{7.1.4}$$

式中：$Q_{洪}$ 为年出现频率为 2% 的洪水流量的多年平均值；Q 为平均流量；V_{0s}、V_{0b} 分别为悬沙、底沙的止动流速；S 为平均含沙量；α 为河岸与河底的相对稳定系数；β 为涌潮系数，可取 1.0；k 为常系数，一般取 3～5。

由式（7.1.4）可见，随着上游来沙减小，长江中下游水体含沙量 S 减小，加之三峡水库蓄水运用后年内流量的相对变幅 $\dfrac{Q_{洪}}{Q}$ 减小，河床活动指标 K_n 总体减小，对增强河床稳定性是有利的。

长江科学院姚仕明、黄莉、卢金友[5] 对三峡水库蓄水运用前后长江中下游河床稳定性进行研究，稳定系数年际间变化如图 7.1.3 所示。三峡水库蓄水运用后，顺直微弯河型稳定性大幅度提高，分汊河型稳定性也有所增大，而蜿蜒河型稳定性则未有增大。可见随着长江中下游河道河床冲刷下切，河床冲刷粗化现象显现，同时受两岸控制节点及堤防、护岸工程不断加强的影响，河床稳定性总体上表现为有所增强。

7.1.1.3　河势稳定性

（1）河道主槽走向变化及稳定性。

河道主槽稳定是河势稳定的基本保证。三峡水库蓄水运用以来，变动回水区汛期淤积，枯期冲刷，不呈累积性淤积趋势；常年回水区呈累积性淤积，深泓逐年淤积抬高，近坝段河床淤积抬高最明显，局部深泓淤高达 40～60m。

坝下游河道总体呈冲刷态势，深泓线平面上总体没有太大的变化，未发生长河段的深泓线大幅度摆动现象，但局部河段的深泓存在一定幅度的摆动，长江中游荆江河段关洲汊道进口主流左摆；三八滩右汊已成主泓且不断左移；突起洲公安河弯出口段深泓线左摆；长江下游世业洲汊道北汊中部深泓左移，落成洲汊道过渡段主流右移等。

（2）汊道变化及稳定性。

三峡水库蓄水运用以来，坝下游河道汊道分流比和滩槽格局出现一定幅度的调整。少数分汊河段出现支汊分流比减小的现象，见表 7.1.1，如长江中游燕子窝汊道、长江下游福姜沙汊道；部分分汊河段则显现了支汊河槽冲刷、缓步发展的态势，例如长江中游三八滩汊道、南门洲汊道、新洲汊道和长江下游的世业洲汊道。分析支汊冲刷发展的原因，主要是

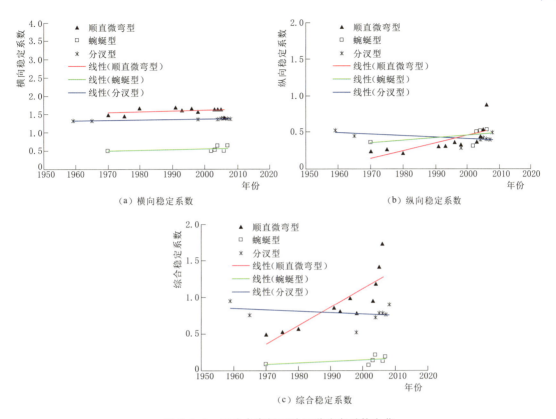

（a）横向稳定系数　　　　　　　　　　（b）纵向稳定系数

（c）综合稳定系数

图 7.1.3　三峡水库坝下游河道稳定系数变化

由于清水下泄、含沙量剧减，致使坝下游河道以冲刷为主，洲滩普遍都有一定程度的冲刷，甚至崩塌后退，造成分汊河道局部河床边界条件发生改变，进而引起支汊分流比有所增大。

表 7.1.1　　　　　　　　　　三峡水库坝下游河道典型分汊河段

所在河段	汊道名称	施测日期	全断面流量 /(m³/s)	主汊分流比 /%
荆江	三八滩汊道	2003 年 12 月	5470	66.00
		2009 年 2 月	6950	57.00
	南星洲汊道	2003 年 10 月	14900	67.00
		2005 年 11 月	10300	58.00
	监利汊道	2002 年 10 月	9330	92.00
		2005 年 11 月	8040	87.70
城陵矶至湖口	南门洲汊道	2001 年 2 月	8660	64.00
		2006 年 11 月	8470	50.70
	燕子窝汊道	2001 年 3 月	9930	82.70
		2005 年 2 月	10100	85.60
	新洲汊道	2002 年 2 月	8010	96.00
		2010 年 1 月	9960	95.60

续表

所在河段	汉道名称	施测日期	全断面流量 /(m³/s)	主汊分流比 /%
湖口至徐六泾	世业洲汉道	2003 年 6 月	35600	66.50
		2017 年 2 月	18310	60.40
	落成洲汉道	2003 年 6 月	35600	81.08
		2017 年 2 月	18310	81.30
	福姜沙汉道	2004 年 3 月	18200	79.70
		2017 年 2 月	18310	84.30

（3）岸滩稳定性。

三峡水库蓄水运用后，水库常年回水区洲滩以淤积为主，变动回水区洲滩有冲有淤。坝下游洲滩以冲刷萎缩为主。刘怀汉等研究指出[6]，三峡水库建库后荆江河道河床冲刷量从总体看冲刷主要集中在枯水河槽，但是上荆江枯水河槽以上滩地部分的冲刷占总冲刷量的比例从蓄水前的 1.6% 提高至蓄水后的 8.9%，下荆江枯水河槽以上滩地部分的冲刷也占了整个平滩河槽冲刷量的 21.6%。

三峡水库蓄水运用后，由于部分河段局部河势调整、洲滩冲刷、水流顶冲点发生变化以及近岸河床冲刷下切等原因，长江中下游崩岸的范围、频次和强度都有所加大，见表7.1.2。据湖北省荆州市长江河道管理局提供的资料，三峡水库蓄水运用前的 1987—2002年期间，荆江河段发生崩岸险情 91 处，崩长 65.55km，年均崩岸约 6 处，年均崩长4.4km；三峡水库蓄水运用后的 2003—2012 年期间，荆江河段发生崩岸险情 133 处，崩长 73.66km，年均崩岸约 13 处，年均崩长 7.4km。据长江委及沿江各省开展的崩岸巡查不完全资料统计：2003—2018 年长江中下游干流河道共发生崩岸 946 处，累计总崩岸长度 704.4km，年均崩长 47.0km。

表 7.1.2　　　三峡水库不同蓄水阶段坝下游河道崩岸情况统计

时　段	崩岸长度/km		崩岸处数	
	总　数	年　均	总　数	年　均
2003—2006 年	310.9	77.7	319	80
2007—2008 年	40.4	20.2	81	41
2009—2018 年	353.1	35.3	546	55
2003—2018 年	704.4	47.0	946	63

虽然坝下游河势总体基本稳定，但坝下游部分汉道出现支汊发展现象，长江中下游崩岸的范围、频次和强度都有所加大，长江中下游河势在今后较长一段时期内还将随着"清水下泄"而出现持续的冲刷，直至建立新的平衡之后，河势才能达到相对稳定。

综合三峡水库蓄水运用后河床、岸滩、河势的稳定性看，坝下游河床以冲刷下切为主，断面平均水深增大，断面过水面积增大，同时，河道冲刷，河床粗化逐渐表现出来，长江中下游河床总体稳定性与蓄水初期比略有增强。与此同时，随着部分河段局部河势调整、洲滩冲刷、水流顶冲点发生变化以及近岸河床冲刷下切等，长江中下游崩岸的范围、频次和强度都有所加大，对河势稳定产生不利影响。

7.1.2 对防洪能力影响

长江中下游平原地区是长江流域洪灾最为频繁、严重的地区，沿江两岸是经济社会发展的重要区域，洪水量大，加之河道宣泄能力不足，洪灾频繁、严重、历时长、损失大。经过 60 余载的防洪建设，长江中下游已初步形成以堤防为基础、三峡水库为骨干，其他水库和蓄滞洪区、河道整治工程及防洪非工程措施相配套的综合防洪减灾体系。

长江上游干支流水库修建后，引起水沙条件变化，其对防洪能力影响表现为：一是入库水沙条件变化对三峡水库防洪库容和库尾洪水位产生影响；二是水库拦蓄洪峰会减缓长江中下游的防洪压力，但清水下泄又会对中下游河道的泄流能力及堤防稳定性造成影响。

7.1.2.1 三峡水库防洪能力

因长江上游水库群修建及水土保持等作用，三峡水库实际运行的入库沙量仅为设计论证阶段沙量的 40%，三峡库区实际淤积量也仅为设计阶段计算值的 40% 左右，截至 2018 年，泥沙淤积仅占水库防洪库容的 0.56%，水库防洪库容损失很小。根据长江委水文局预测，未来 30 年三峡水库入库沙量在 0.5 亿～2.0 亿 t/a，平均约 1.0 亿 t/a，大多数年份输沙量在 1.0 亿 t 以下，低于 2003—2018 年入库泥沙 1.5 亿 t/a。预测表明，三峡水库防洪库容和调节库容均可长期保留。

对比三峡水库蓄水运用前后 1987 年 7 月、2010 年 7 月、2012 年 7 月三场相近洪水库区水面线（图 7.1.4），在寸滩洪峰流量 65000m³/s 左右且坝前水位相对较低时，建库前后寸滩至清溪场河段水面线基本重合。2012 年 7 月洪水洪峰流量略大于 1987 年和 2010 年，但三峡水库坝前水位相对较高，寸滩至清溪场河段水面线基本上平行于建库前的天然状况，寸滩至北拱（清溪场上游 26.3km）段水位仍表现为明显的河道特征。

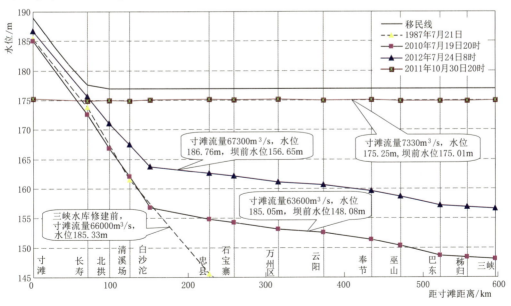

图 7.1.4 三峡水库建库前后寸滩至坝址河段水面线对比

综合来看，三峡水库蓄水运用后泥沙淤积对库容的影响目前还很小，水库防洪库容可长期保留，水库泥沙淤积尚未对重庆洪水位产生影响，这一结果与三峡水库蓄水运用后水库的淤积分布是相符的。

7.1.2.2　长江中下游河道防洪能力

（1）堤防洪水防御能力。

三峡工程建成前，荆江河段依靠堤防的洪水防御能力为不足 10 年一遇，若加上荆江地区蓄滞洪区运行，可防御 40 年一遇洪水（相应枝城洪峰流量约 80000m³/s），若遇更大的洪水，则无安全可靠的对策措施。随着以三峡水库为骨干的长江上游控制性水库群投入运行，长江中下游洪水防御能力有了较大的提高。对于荆江河段，洪水防御能力达到 100 年一遇，若加上蓄滞洪区，洪水防御能力可达 1000 年一遇；对于城陵矶河段，通过三峡水库调蓄，一般年份可不分洪；对于武汉河段，由于三峡水库调蓄城陵矶附近地区洪水调控能力的增强，提高长江干流洪水调度的灵活度，配合丹江口水库和武汉市附近蓄滞洪区运行，可避免武汉水位失控。

根据长江勘测规划设计研究有限责任公司的"大湖模型"，考虑 2016 年前已建成且对长江中下游防洪和水资源调度影响较大的长江上游干支流控制性水库（包括溪洛渡、向家坝、三峡等 21 座水库），遇 1954 年实际洪水，在现状江湖蓄泄能力条件下，长江中下游超额洪量总量可由三峡工程建成前 547 亿 m³减少为 325 亿 m³，超额洪量大为减少，如图 7.1.5 所示。其中荆江地区无须启用蓄滞洪区，城陵矶附近超额洪量由 436 亿 m³减少为 233 亿 m³，见表 7.1.3。

未来随着长江中下游河道持续面临少沙状态，长江中下游河道演变呈进一步冲刷态势，河道槽蓄容积增加，对长江中下游防洪形势及工程体系的调度运行产生有利影响。

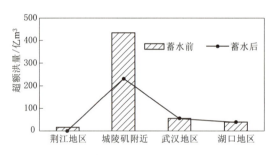

图 7.1.5　三峡水库蓄水运用前后坝下游超额洪量变化

表 7.1.3　　　　　　　　三峡水库坝下游超额洪量变化统计

区　　域	荆江地区	城陵矶附近	武汉地区	湖口地区	合计
现状超额洪量/亿 m³	0	233	53	39	325
2032 年超额洪量/亿 m³	0	205	67	40	312
变化值/亿 m³	0	−28	14	1	−13

（2）河道泄流能力。

河道泄流能力指高洪水条件下同流量下水位变化，在全球大型水库下游，一般来讲洪水位会表现出略有上升或变化不大的规律。三峡水库蓄水运用后，对同流量洪水位变化的认识尚未统一，存在洪水位下降[7]、变化不大或无明显上升[8]、上升趋势[9-10] 等不同看法。

图 7.1.6 为沙市、螺山、汉口、湖口等 4 个水文站的水位流量关系，由此可见，三峡

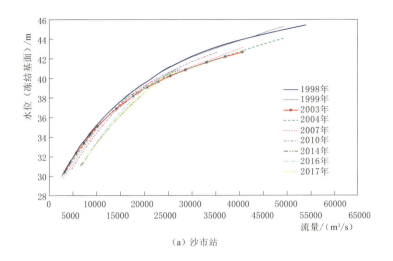

（a）沙市站

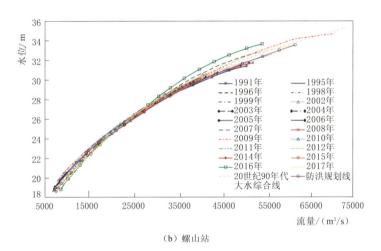

（b）螺山站

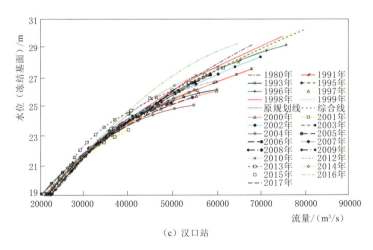

（c）汉口站

图 7.1.6（一）　三峡水库蓄水运用前后坝下游各控制水文站水位流量关系

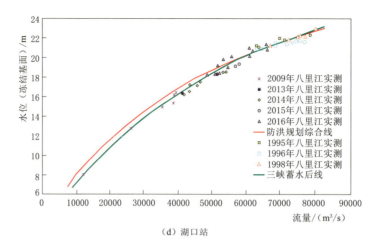

图 7.1.6（二）　三峡水库蓄水运用前后坝下游各控制水文站水位流量关系

水库蓄水运用以来，受不同水情条件影响，长江干流各控制站中高水的水位流量关系综合线在年际间随洪水特性不同而经常摆动，变幅较大，但均在以往变化范围之内，与 20 世纪 90 年代大水年份综合线相比变化趋势不明显。由于三峡水库蓄水运用以来长江中游大洪水较少，沙市站、螺山站、汉口站、湖口站中高水水位流量关系及其变化趋势还有待进一步积累资料进行分析。

（3）堤防稳定性。

三峡水库蓄水运用后，因清水下泄造成长江中下游河道冲刷下切，尤其是近坝的荆江河段近岸河床大幅度冲刷，水下坡比增加明显，崩岸现象明显加剧，是对堤防稳定性不利影响的最明显表现。

从崩岸发生的地点特征来看，崩岸以自然岸段崩塌为主转变为以护岸段崩塌为主，分析认为主要原因有两点：一是随着护岸工程实施，过去常发生崩塌的岸段基本受到护岸工程保护，但护岸工程也是动态工程，存在安全运行周期；二是三峡水库蓄水运用后，进入水库下游的泥沙大幅度减少，粒径也明显变细，河道总体出现累积性冲刷，近岸河床冲刷也因此而加剧，近岸河床变形对护岸工程的安全运行也会带来直接影响。此外，部分河段河势的调整也引发了崩岸现象的加剧。

近期典型崩岸主要有：黄冈长江干堤茅山团林段崩岸（2016 年 7 月 22 日）、洪湖长江干堤燕窝虾子沟崩岸（2017 年 4 月 19 日）、芜湖新大圩崩岸（2015 年 7 月）、扬中指南村崩岸（2017 年 11 月 8 日）。上述崩岸经及时抢护，均未对长江防洪安全造成影响。由于坝下游河床将经历长时期、大范围的剧烈冲刷，河道崩岸还会不断发生，应尽快建立崩岸预警和应急抢护长效机制，以便及时有效开展应急处理，保障防洪安全。

7.1.3　对通航条件的影响

长江干流航道从云南水富至长江口全长 2838km，如图 7.1.7 所示。三峡、向家坝、溪洛渡等水利枢纽蓄水运用后，改变了干流水沙条件，对干流通航条件产生了深远影响，其影响有利有弊，但总体上利大于弊。主要从航道维护尺度、设计最低通航水位、航道治

图 7.1.7　长江干流航道示意图

理和维护复杂性与难度等方面，分析水沙变化对通航条件的影响。

7.1.3.1　航道维护尺度

三峡水库蓄水运用前（2002 年），受河道自然特性、航道整治力度限制等因素影响，航道维护尺度总体较小，如图 7.1.8 和图 7.1.9 所示，库区维护水深 1.8～2.9m、维护宽度 40～60m，坝下游航道维护尺度总体较库区大，且维护尺度自上而下逐渐加大，维护水深 2.9～10.5m、维护宽度 80～300m。

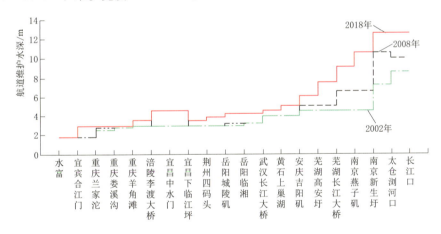

图 7.1.8　三峡水库蓄水运用前后长江干流航道维护水深变化

三峡水库蓄水运用后，库区水位抬升、坝下游枯水流量增加，加之陆续实施的航道整治效果和航道维护管理的加强，干流航道维护尺度得到不同程度增加，2018 年与 2002 年相比，库区航道维护水深增加 0～1.6m、维护宽度增加 0～90m，坝下游航道维护水深增加 0.5～6.0m、维护宽度增加 20～400m。

7.1.3.2　航道设计最低通航水位

（1）三峡大坝上游（水富至三峡大坝）。

三峡大坝上游河段设计最低通航水位受向家坝水利枢纽日调节和三峡水库回水共同影响，三峡水库蓄水运用后，上游主要站点的设计最低通航水位均有所增加，如图 7.1.10 所示，其中水富至重庆江津段设计最低通航水位抬高 0.14～0.23m。江津至三峡大坝段

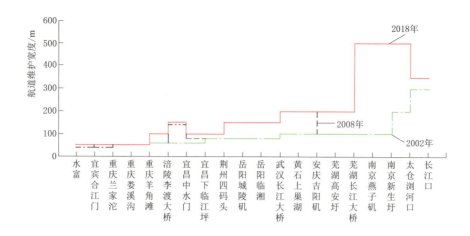

图 7.1.9 三峡水库蓄水运用前后长江干流航道维护宽度变化

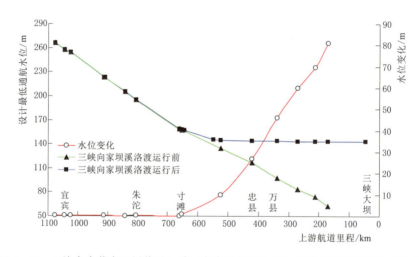

图 7.1.10 三峡水库蓄水运用前后上游（水富至三峡大坝）沿程设计最低通航水位变化

受三峡水库回水影响，设计最低通航水位抬高 0.82～81.11m。

（2）坝下游。

三峡水库蓄水运用后，坝下游河道枯水流量增加，通航流量高于蓄水前。但同时下游近坝段受到清水冲刷作用，枯水位又有所降落，设计最低通航水位变化复杂。据《长江干线航道水富—江阴河段设计最低通航水位计算与分析（2018—2025 年）》，三峡水库蓄水运行后（2020 年）坝下游设计最低通航水位与蓄水运用前比较如图 7.1.11 所示。由图可见，长江中游设计最低通航水位，宜昌至沙市段降落 0.35～1.70m，监利至湖口段抬高 0.91～2.02m；长江下游湖口至江阴段，枯水位因受径潮流共同影响，设计最低通航水位抬高 0.40～1.16m。

7.1.3.3 航道治理和维护的复杂性与难度

（1）三峡水库上游航道碍航滩险。

长江上游水富至宜昌段是典型的山区航道，通航条件受向家坝、三峡和葛洲坝等水利

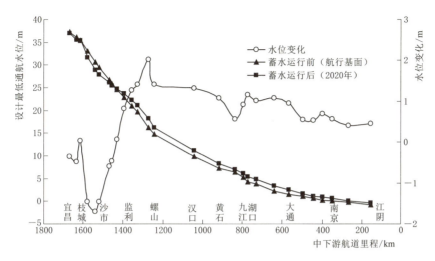

图 7.1.11　三峡水库蓄水运行后（2020 年）坝下游设计最低通航水位与蓄水运用前比较

枢纽运行影响。根据受枢纽影响程度的差异，上游航道可分为 5 个区段。上游水富至泸州段受向家坝枢纽非恒定泄流影响，滩险治理和维护的难度加大；泸州至江津段受向家坝枢纽影响减弱，滩险整治和维护与天然状况相当；江津至涪陵段为三峡水库变动回水区，上段消落期与天然河段类似，下段航道条件较好，但因主航道存在少量泥沙淤积，对航道条件造成不利影响；涪陵至三峡大坝段为三峡水库常年回水区，航深大幅加大，航道条件大为改善，暂不存在滩险整治问题；两坝间在中枯水期为库区航道，航道条件大为改善，汛期逐步成为天然状态，滩险整治难度与天然状况相当。

（2）坝下游航道碍航浅滩。

长江中游宜昌至湖口段属平原河流，河道蜿蜒曲折，局部河段主流摆动频繁，滩槽演变剧烈，有近 20 处碍航浅滩，遇特殊水文年时极易发生碍航、断航情况，历来是长江干流航道建设、维护的重点与难点，三峡水库蓄水运用后清水下泄又进一步加剧了中游河势及航道条件变化的复杂程度。长江下游湖口至长江口段水流平缓，河道开阔，航道条件较为优越。

坝下游宜昌至大埠街砂卵石河段受三峡水库下泄清水冲刷，河床冲刷加重，滩段枯水期"水浅、坡陡、流急"问题加剧；大埠街至城陵矶沙质河段河床下切、设计最低通航水位下降、滩槽格局不稳定，部分滩段撇弯切滩、冲滩淤槽，航道整治和维护难度加大；城陵矶至安庆段在三峡水库蓄水运用后，枯水流量增加，水深加大，航道条件总体较好，但部分弯曲河段出现"凸冲凹淤"现象，部分分汊河段汊道稳定性减弱、汊道进口出现不良浅滩形态，航道整治和维护难度加大；安庆以下河段航道条件总体较好，三峡水库蓄水影响体现在对主支汊分流比差异不明显的水道，出现主汊分流比下降的问题。

综上所述，长江上游三峡、向家坝、溪洛渡等水利枢纽蓄水运用后，改变了上下游河道水沙条件，给干流航道通航条件产生了深远影响，其对航道维护尺度、设计最低通航水位、航道治理和维护的复杂性与难度等影响有利有弊，但总体上利大于弊。随着上游水库群的陆续蓄水运用，向家坝水库、三峡水库枯水期下泄流量增加，同时随着航道部门陆续实施的航道整治工程效果的发挥，长江干流航道通航条件将在现有基础上更为改善。

7.1.4　对长江口淡水资源的影响

长江口呈三级分汊、四口入海的河势格局，如图 7.1.12 所示。长江口的淡水资源分布受外海盐水入侵的影响，盐水入侵的时空分布比较复杂，其特点是南支以下水域受到外海正面盐水入侵和北支倒灌盐水的共同威胁，如图 7.1.13 所示。影响长江口盐水入侵的因素众多，包括自然条件和人类活动，自然条件如径流、潮流、地形等，其中径流和潮流是影响长江口盐水入侵的主要因素。

三峡水库蓄水运用后，长江口盐度分布特征未发生根本性改变，但各月盐度均会因来水发生一定改变，下面采用长江口潮流盐度二维数学模型进行定量分析，模

图 7.1.12　长江口河势

型范围包括长江口、杭州湾及邻近海域。

图 7.1.13　长江口盐水入侵路径

7.1.4.1　临界入海流量

径流是影响盐水入侵的主要因素，因而选定临界流量以及低于临界流量天数占比作为评价指标之一。对于入海临界流量指标、低于临界流量天数占比指标，选用大通水文站实测径流流量。

（1）临界流量大小。

根据国家防汛抗旱总指挥部印发的《长江口咸潮应对工作预案》（2015 年 1 月）中的咸潮预警分级，认为发生盐水入侵的临界流量为 $15000\,\mathrm{m^3/s}$。

在每年的 9 月，三峡水库开始蓄水，使得 10 月和 11 月长江入海流量有明显的减小，平均流量分别减小 7600m³/s 和 3400m³/s。但由于这两个月本底流量较高，单从流量大小判断，即便有盐水入侵发生，程度也相对较弱。但在未来海平面上升，以及可能出现较低径流、较强潮动力与极端气象条件（如风暴潮）等不利因素的影响下，也可能发生较为严重的盐水入侵现象。

在盐水入侵较为严重的 1 月、2 月，由于大通流量相比于三峡水库蓄水运用前有较为明显的增加，平均流量分别增大 2700m³/s 和 2500m³/s，盐水入侵程度会相对减弱，但由于增加后仍在 15000m³/s 以内，因此，盐水入侵的发生仍有较高可能性；在 3 月，三峡水库下泄流量则有更为明显的增加，增加后流量接近 20000m³/s；在 4 月，与三峡水库蓄水运用前相比流量基本没发生较大改变，仅有 300m³/s 的减小。

（2）低于临界流量天数占比。

低于临界流量天数影响着盐水入侵的持续时间及发生次数。三峡水库蓄水运用前，流量低于咸潮预警临界值 15000m³/s 的天数超过了全部统计时间的 1/4，且有接近 10% 的天数流量低于 10000m³/s。三峡水库蓄水运用后，流量低于咸潮预警临界值 15000m³/s 的天数减少，占全部统计时间的 1/5，而低于 10000m³/s 的天数不到 1%（44d）。需要指出的是，这 44d 全部发生在 175m 实验性蓄水运用期前（2008 年 10 月前）。而在目前三峡水库蓄水状况下，还未出现日平均流量小于 10000m³/s 的情况，最小流量出现在 2014 年 2 月 1—20 日，大通站的日平均流量为 10800m³/s。通过以上分析发现，三峡水库蓄水运用后长江口低流量发生的频率（流量小于 15000m³/s）明显减少，而极低流量（流量小于 10000m³/s）尚未出现，由此判断三峡水库蓄水运用后长江口盐水入侵状况可以得到缓解。

7.1.4.2 河口淡水资源利用

社会服务功能是河流健康的重要方面之一，盐水入侵主要影响河口淡水资源的利用。在长江口的三大水源地中陈行水库水源地是最早建设的（建成于 1992 年），因此盐水入侵实测资料多。在 1994—2015 年期间，盐水入侵次数最多为 2001 年的 13 次，其次是 2009 年的 12 次，如图 7.1.14 所示，盐水入侵的次数并不能很明显地看出三峡水库蓄水运用带来的影响。从盐水入侵的天数看，每年受盐水入侵影响天数超过全年 1/5 的，均出现在 2003 年以前，2003 年以后未出现。

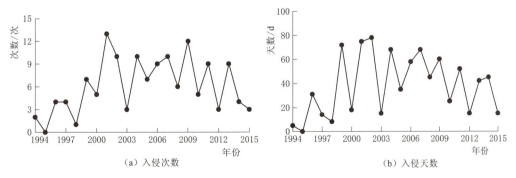

图 7.1.14 长江口陈行水库历年盐水入侵状况

2014 年后三个水库均已使用，其中 2014 年陈行水库和青草沙水库遭受盐水入侵影响较为严重，均达到 4 次，影响天数分别为 45d 和 39d。东风西沙水库在 2016 年和 2017 年均遭遇 2 次盐水入侵影响，影响天数均为 7d。

三峡水库蓄水运用以前，长江口盐水入侵相关实测资料较少，因此，仅依据实测数据很难分析出水沙变化对河口盐水入侵的影响，故仍结合数学模型计算结果进行分析。选定河口淡水资源面积占比、盐度特征值变化作为盐水入侵方面的评价指标。

（1）河口淡水资源面积占比变化。

河口淡水资源面积可表征盐水入侵的程度。长江口可利用的淡水资源主要集中在南支、南港、北港，因此将南支、南港、北港的淡水资源面积占比作为评价指标。饮用水相关规范规定，盐度低于 0.45‰的水域均为淡水。依据数学模型计算结果，总体表现为三峡水库蓄水运用后淡水资源面积大于蓄水前。对 10 月、11 月、4 月这三个月，虽然三峡水库蓄水运用后淡水资源面积有所减少，但变化在 5％以内，且蓄水前后均在 90％以上。而对 12 月、1 月、2 月这三个月，三峡水库蓄水运用后淡水资源面积占比均有明显增大，1 月、2 月增大超过了计算区域面积的 30％，12 月与 3 月也超过了 20％。

（2）盐度特征值变化。

同样依据数学模型计算结果，提取东风西沙水库、陈行水库、青草沙水库取水口逐时盐度过程。盐度特征值包括平均盐度和盐度超标时间占比。

平均盐度方面，三个水库取水口 10 月与 4 月各时刻盐度接近于 0，说明这两个月来水变化对水源地取水口盐度没有影响。11 月蓄水后各水源地取水口盐度有所升高，但由于本底盐度低，因此，月平均盐度也仅仅增加不到 0.05‰。12 月至次年 3 月，因来水量增大，取水口盐度有明显减少，减幅达 0.4‰～0.5‰，其中 1 月盐度减少最多，接近 0.5‰。

盐度超标时间为表征盐水入侵强度的另一重要指标。按盐度超标时间占比＝盐度高于 0.45‰时长／分析总时间进行统计。10 月、11 月、4 月三个水源地取水口在三峡水库蓄水运用前后均无盐度超标时刻出现。对盐水入侵最严重的 1 月，水源地取水口超标时间有 30％～50％的降低，降低最多的为陈行水库，从蓄水前的约 95％下降到蓄水后的约 45％。12 月水源地取水口超标时间有 10％～25％的降低，降低最多的为青草沙水库，从蓄水前的约 45％下降到蓄水后的约 20％。3 月青草沙水库取水口在三峡水库蓄水运用前后均无盐度超标时刻出现，东风西沙水库和陈行水库分别从蓄水前的时间超标约 40％和 10％，下降到无超标时间出现。

综上所述，长江口盐水入侵主要发生在枯季，径流、潮汐是主要影响因素。长江上游水库群运用后，枯季入海径流增大，总体上对缓解长江口盐水入侵有利，尤其是减轻了 1 月、2 月盐水入侵对淡水资源的影响，表现为南支、南港、北港等区域淡水资源面积占比扩大，东风西沙水库、陈行水库、青草沙水库等水源地平均盐度及盐度超标时间占比减小。但是，鉴于上游水库群 9 月左右开始蓄水，使得长江口入海流量减小，随着未来海平面的上升以及可能出现较低径流、较强潮动力与极端气象条件（如风暴潮）等不利因素的叠加影响，10 月和 11 月的长江口盐水入侵现象也可能较为严重，仍需引起重视。

7.2　长江水沙变化对磷输运的影响机制

磷是水体中重要营养和污染物质，随河川径流循环，是长江与河口生态环境的主要限制性因子[11]。在水库开发过程中，磷物质通量及其循环规律变化对水生态环境有着重要影响[12]。泥沙颗粒尤其细颗粒泥沙是河流中磷输运的主要载体，在泥沙输运过程中，泥沙颗粒与磷之间发生一系列复杂的相互作用，影响水体中泥沙吸附磷的空间分布与输移特征[13-14]，从而作用于河流水生态环境。本节分析三峡水库蓄水运用后细颗粒泥沙的时空变化特征，研究泥沙颗粒与磷的吸附作用，揭示了三峡水库蓄水运用后库区磷物质的循环规律。

7.2.1　细颗粒泥沙时空分布变化

三峡水库及上游水库群运行后，大量泥沙尤其是细颗粒泥沙淤积在库区，造成出库泥沙大幅减少。2003—2018 年三峡水库平均出库沙量为 0.35 亿 t，其中 2003—2013 年与 2014—2018 年分别为 0.45 亿 t 与 0.13 亿 t，与三峡水库建设前 1991—2002 年坝址处实测输沙量 3.57 亿 t 相比，2003—2018 年输沙量减幅达 90.2%。

三峡水库坝下游宜昌、汉口和大通三站的细颗粒泥沙输沙量见表 7.2.1，三站小于等于 0.1mm 的细泥沙比蓄水前分别减少了 2.69 亿 t、1.78 亿 t 和 2.15 亿 t，小于等于 0.05mm 的细泥沙比蓄水前减少了 2.20 亿 t、1.40 亿 t、1.58 亿 t。2017 年，粒径小于等于 0.05mm 的细泥沙三站分别下降了 99%、88%、86%，粒径小于等于 0.1mm 细泥沙分别下降了 99%、85%、84%。

表 7.2.1　　　　　　三峡水库坝下游主要控制站细颗粒泥沙年均输沙量统计

粒径/mm	不同时段及对比	宜昌站	汉口站	大通站
$d \leqslant 0.05$	三峡水库蓄水运用前/亿 t	2.21	1.59	1.84
	2017 年/亿 t	0.01	0.20	0.26
	变化量/亿 t	2.20	1.40	1.58
	变化率/%	−99	−88	−86
$d \leqslant 0.1$	三峡水库蓄水运用前/亿 t	2.71	2.07	2.56
	2017 年/亿 t	0.02	0.29	0.42
	变化量/亿 t	2.69	1.78	2.15
	变化率/%	−99	−85	−84

在悬移质输沙总量锐减的同时，三峡水库蓄水运用后坝下游水体中悬沙粒径有变粗的趋势，见表 7.2.2。蓄水前宜昌、汉口与大通三站悬沙中值粒径基本在 0.009mm，2017 年则分别为 0.010mm、0.019mm 和 0.016mm，宜昌断面变化不大，汉口和大通断面明显变粗。悬移质中细泥沙占比减少，粒径小于等于 0.1mm 细泥沙占比在三处监测站分别下降 5%、10%、20%，粒径小于等于 0.05mm 细泥沙颗粒累积百分比分别下降 5%、12%、18%，越往下游占比减幅越大。

表 7.2.2　　　　　　三峡水库坝下游主要控制站悬沙不同粒径泥沙占比统计

粒径/mm	不同时段	宜昌站	汉口站	大通站
$d \leqslant 0.05$	三峡水库蓄水运用前/%	45	40	43
	2017 年/%	40	28	25
$0.05 < d \leqslant 0.1$	三峡水库蓄水运用前/%	10	12	17
	2017 年/%	10	14	15
$d > 0.1$	三峡水库蓄水运用前/%	45	48	40
	2017 年/%	50	58	60
中值粒径	三峡水库蓄水运用前/mm	0.009	0.010	0.009
	2017 年/mm	0.010	0.019	0.016

7.2.2　细颗粒泥沙的磷吸附−解吸特性

泥沙、磷等生源物质是河流生态系统的物质基础，两者相互耦合[15]。三峡水库蓄水拦沙将长江上游河道由"天然河流"转变成"蓄水河流"，河流水动力向湖泊相水动力机制的变化改变了上下游泥沙条件[16-17]，同时也改变了与泥沙相耦合的磷物质输移规律。本节从泥沙与磷物质耦合的角度出发，在对三峡库区干流主要断面水体与底泥监测取样的基础上，开展库区泥沙对磷吸附−解吸特性室内试验，研究磷浓度与含沙量、泥沙粒径、河水磷浓度等关系及三峡水库坝前水库沉积物磷释放潜力，建立泥沙对磷的吸附等温综合模型。

（1）实验方法。

利用湿分法和干分法将采集的三峡库区泥沙分为 $0 \sim 30 \mu m$、$30 \sim 60 \mu m$、$60 \sim 100 \mu m$ 三组，配制不同含沙量、粒径及磷浓度溶液，放入恒温振荡箱持续振荡 24h 后，测定滤后水磷浓度，实验照片如图 7.2.1 所示，实验组次见表 7.2.3。利用经典 Langmuir 吸附模型对实验数据进行拟合，分析拟合效果，进而建立反映粒径、含沙量影响下的 Langmuir 吸附等温综合模型，采用 Nash - Sutcliffe 效率系数（E_{ns}）验证模拟值与实测值的一致性，用相对误差 R_e 来判断模拟结果的精确性。

图 7.2.1　泥沙对磷的吸附实验照片

（2）实验结果。

1）不同含沙量下泥沙对磷的吸附特征。泥沙对磷的吸附量 C_s 与吸附平衡磷浓度 C_w 呈正相关，且含沙量越大，达到饱和吸附磷的拐点磷浓度越小。三种含沙量分别得到不同的等温曲线，如图 7.2.2 所示，相关系数均为 0.96 以上，假设检验的 p 值均小于 0.001。

表 7.2.3 泥沙对磷的吸附特性实验组次

实 验 内 容	泥沙含量/(kg/m³)	泥沙粒径/μm	水体初始磷浓度/(mg/L)
不同含沙量下泥沙对磷的吸附特征	0.5、1.0、2.0	<30	0、0.01、0.1、0.2、0.5、1.0、1.5、2.0、2.5
不同粒径下泥沙对磷的吸附特征	1.0	0~30、30~60、60~100	0、0.01、0.1、0.2、0.5、1.0、1.5、2.0、2.5
河水磷浓度对泥沙吸附磷影响	在上述两组实验结束后，将溶液中泥沙进行分离并加入200mL原状水库水样		
坝前水库沉积物磷释放潜力	0.5、1.0、2.0	称取坝前水库沉积物干样	0、0.01、0.1、0.2

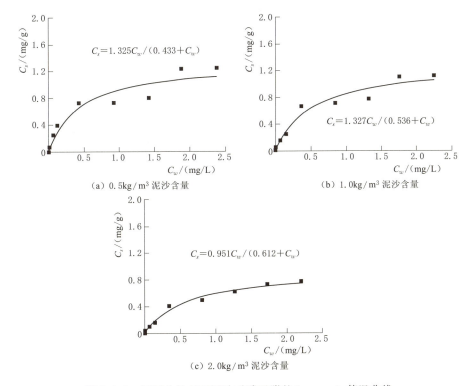

图 7.2.2   不同含沙量下泥沙对磷吸附的 Langmuir 等温曲线

2）不同粒径下泥沙对磷的吸附特征。$0\sim30\mu m$、$30\sim60\mu m$ 和 $60\sim100\mu m$ 三种粒径组的泥沙天然背景吸附量为 $0.026mg/g$、$0.018mg/g$、$0.016mg/g$，表明泥沙粒径越细，单位质量泥沙对磷的吸附量越大。三种粒径组泥沙分别得到不同的等温曲线，如图 7.2.3 所示，相关系数均为 0.97 以上，假设检验的 p 值均小于 0.001。

将含沙量、泥沙粒径作为参数，同时融入泥沙对磷的饱和吸附模拟计算式中，在典型 Langmuir 吸附等温式基础上，通过实验数据对参数进行分析，建立反映粒径、含沙量影响下的 Langmuir 吸附等温综合模型，即

$$C_s = \frac{0.041 D^{-1.266} S^{-0.274} C_w}{1 + 0.032 D^{-1.266} S^{-0.274} C_w} \tag{7.2.1}$$

式中：C_s 为吸附平衡时单位质量泥沙的吸附量，mg/g；S 为实验的含沙量，kg/m³；D

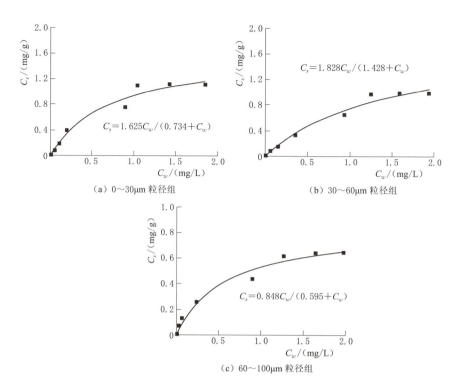

（a）0～30μm 粒径组

（b）30～60μm 粒径组

（c）60～100μm 粒径组

图 7.2.3　不同粒径组泥沙对磷吸附的 Langmuir 等温曲线

为泥沙平均粒径，μm；C_w 为平衡状态下水体磷浓度，mg/L。

运用拟合的综合模型进行了泥沙吸附磷含量的模拟计算，结果如图 7.2.4 和图 7.2.5 所示。经与 2019 年 4 月野外监测的泥沙吸附磷实测值相比，模拟值与实测值的一致性较好，E_{ns} 为 0.85，R_e 为 −10.4%，表明模拟值比实测值总体上偏小；与 2019 年 8 月实测值相比，表现为较高的一致性，E_{ns} 为 0.96，R_e 为 7.6%，表明模拟值比实测值偏高。总体上，综合模型计算的模拟值与实测值符合程度较高。

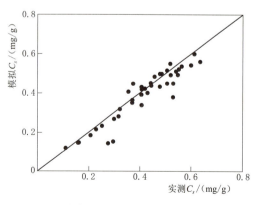

图 7.2.4　综合磷吸附模型模拟 C_s 值与 2019 年
4 月野外实测 C_s 值的比较

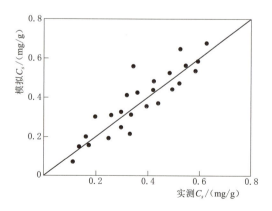

图 7.2.5　综合磷吸附模型模拟 C_s 值与 2019 年
8 月野外实测 C_s 值的比较

　　3）河水磷浓度对泥沙吸附磷影响如图 7.2.6 和图 7.2.7 所示。在小于 0.01mg/L 磷浓度处理组，泥沙表现为非饱和吸附；而在大于 0.01mg/L 磷浓度处理组，由于泥沙已处于饱和吸附状态，表现为磷释放。

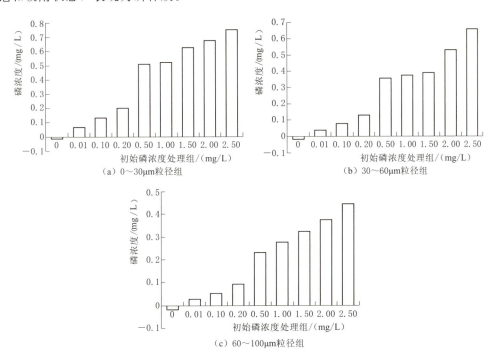

（a）0～30μm 粒径组　　　　　　　　　　（b）30～60μm 粒径组

（c）60～100μm 粒径组

图 7.2.6　河水磷浓度对不同粒径泥沙吸附磷的影响

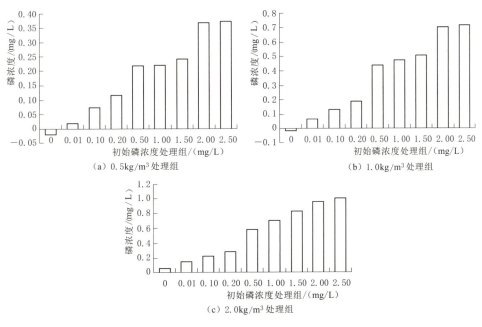

（a）0.5kg/m³ 处理组　　　　　　　　　　（b）1.0kg/m³ 处理组

（c）2.0kg/m³ 处理组

图 7.2.7　河水磷浓度对不同含量泥沙吸附磷的影响

4）坝前水库沉积物磷释放潜力，如图 7.2.8 所示。底泥释放磷浓度随着水中泥沙含量的升高呈增加趋势，且 0.5kg/m³、1.0kg/m³ 处理组受外部较高磷浓度的影响，底泥释放磷受到限制。而 2.0kg/m³ 处理组的底泥将使外部磷浓度继续升高。

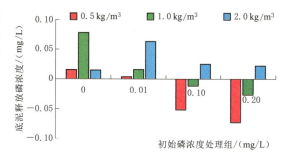

图 7.2.8　不同初始磷浓度下底泥对磷的释放

7.2.3　库区磷循环规律

基于前述建立的泥沙对磷的吸附等温综合模型，构建三峡库区磷循环过程模式，通过三峡水库来沙估算库区输入、输出磷通量，研究三峡水库蓄水运用后 2003—2016 年库区干流年际、年内磷物质含量、通量等循环规律。

（1）库区磷循环过程模式。

收集含沙量、粒径组成、河水磷浓度、流量等水文数据资料，结合前期泥沙吸附磷的定量关系模式，通过构建三峡库区输沙与磷浓度的一维关系模式，估算输入、输出和滞留总磷通量。

某断面一时段入库总磷通量为

$$TP_{in} = [f(\varphi, s, P_w)S_i + P_w Q_i]\Delta t \tag{7.2.2}$$

式中：i 为断面号；$f(\varphi, s, P_w)$ 为磷浓度估算函数，即前期研究得到的泥沙吸附磷综合模型；φ 为泥沙平均粒径；s 为含沙量；P_w 为河水磷浓度；S_i 为单位时间输沙量；Q_i 为平均径流量；Δt 为时段。

出库总磷通量为

$$TP_{out} = [f(\varphi, s, P_{out})S_{out} + P_{out}Q_{out}]\Delta t \tag{7.2.3}$$

式中：P_{out} 为出水断面河水磷浓度；S_{out} 为出水断面平均输沙量；Q_{out} 为出水径流量。

总磷在湖库中的净沉积通量，即绝对滞留量为

$$RET_a = TP_{in} - TP_{out} \tag{7.2.4}$$

滞留率，即相对滞留量为

$$RET_f = (TP_{in} - TP_{out})/TP_{in} \tag{7.2.5}$$

式中：TP_{in} 为入库总磷通量；TP_{out} 为出库总磷通量。

（2）磷浓度年际变化特征。

2003—2016 年期间，随着水库蓄水位上升，水库近坝和出库水域总磷浓度总体呈逐年下降趋势，如图 7.2.9 所示。如清溪场站年平均总磷浓度为 0.09～0.28mg/L，多年平均值为 0.21mg/L，2016 年总磷浓度为 0.09mg/L，较 2003 年总磷浓度下降了 48.2%，万县断面 2003—2016 年间总磷浓度下降幅度为 50%，表明越近坝首，总磷下降的趋势越明显。

2003—2016 年期间，总磷浓度沿程总体呈下降趋势，其中 2003—2011 年，总磷沿程减少的趋势随着蓄水位上升逐渐增强，在 175m 蓄水位运行期的 2011—2016 年，此趋势逐渐减弱，如 2007 年、2011 年和 2016 年，万县断面总磷较朱沱断面分别下降了 34%、

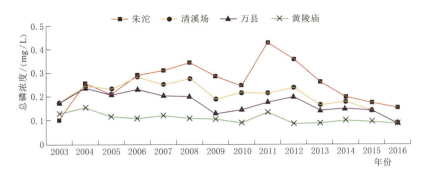

图 7.2.9 三峡库区干流各断面总磷浓度逐年变化

59%和 42%。

2003—2016 年期间，三峡库区干流水体颗粒态磷占总磷的比例普遍低于 50%，随水库蓄水位上升，颗粒态磷浓度及其占比逐年下降，如图 7.2.10 所示。如 2004 年（135m 蓄水位）、2008 年（156m 蓄水位）和 2016 年（175m 蓄水位），颗粒态磷占比均值分别为 34.4%、31.8%和 14.2%。

2003—2016 年，库区干流断面颗粒态磷浓度及其占比沿程下降，朱沱以下断面颗粒态磷占比均低于 50%，表明水库蓄水使库区颗粒态磷沿程沉积，减少了水体中颗粒态磷含量；随着蓄水位抬高，颗粒磷沿程减少的趋势有所减缓，如 2004 年和 2016 年万县断面颗粒态磷占比较朱沱断面分别减小了 48%和 23%。

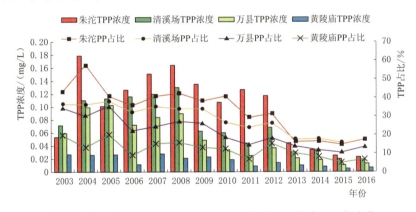

图 7.2.10 三峡库区干流各断面颗粒态磷浓度及其占比逐年变化

（3）磷浓度季节变化特征。

以 2004 年、2006 年、2010 年和 2016 年为典型年进行分析，年内总磷浓度总体表现为丰水期最大，越接近大坝，总磷浓度季节性变化越小，如图 7.2.11 所示；随着水库蓄水位抬高，总磷季节性变化趋势有所减弱；不同蓄水阶段，颗粒态磷浓度及比例丰水期最高；清溪场以下江段，不同水期各断面颗粒态磷占比均低于 50%，如图 7.2.12 所示。

（4）磷通量年际变化特征。

2003—2016 年期间，库区干流输送的总磷通量随蓄水位上升呈阶段性变化，2004—2006 年、2006—2008 年、2008—2016 年先下降后略有回升再逐年下降，但总体上呈逐年

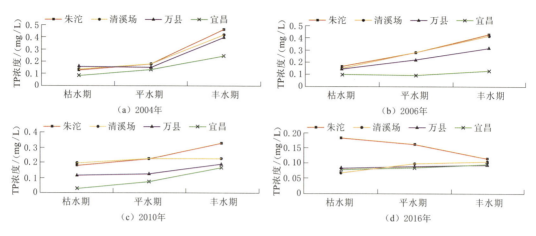

图 7.2.11　三峡库区干流各断面总磷浓度年内变化

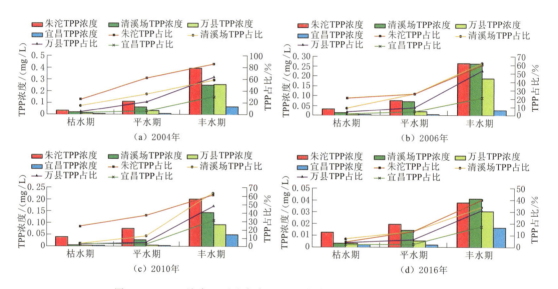

图 7.2.12　三峡库区干流各断面颗粒态磷浓度及其占比年内变化

减少的趋势，如图 7.2.13 所示。135m 水位运行期（2004—2006 年）总磷通量呈下降趋势，156m 水位运行期（2006—2008 年）总磷通量有所回升，并在实行 175m 试验性蓄水后的 2008 年达到高值。这是因为 2008 年年径流量与输沙量较 2006 年、2007 年有所增加，且 2008 年 9 月三峡水库开始 175m 试验性蓄水，水位升高导致入库水量滞留、泥沙量也有所增加，从而水库泥沙吸附态磷、溶解磷和总磷负荷增加，随后在 175m 蓄水阶段（2008—2016 年），由于入库沙量显著减少以及水库对泥沙及颗粒磷的滞留作用，总磷通量呈逐年下降趋势。2016 年，库区干流各断面总磷通量为 3.3 万～4.3 万 t，均值为3.8 万 t，较 2004 年 10.2 万 t 下降 62.8%，越往下游下降趋势越明显。2015 年，入库清溪场、中游万县、出库黄陵庙总磷通量较 2003 年分别减少 42%、39% 和 39%，说明三峡大坝对泥沙及颗粒态磷的滞留和拦截作用明显。

2003—2016 年期间，清溪场断面以下江段总磷通量沿程减少，经三峡大坝后出库总磷通量进一步减少，出库总磷通量明显小于入库通量，总磷入库通量为 3.7 万～15.2 万 t，多年均值为 8.8 万 t，出库通量为 3.3 万～7.9 万 t，多年均值为 4.9 万 t，说明三峡大坝对泥沙及颗粒态磷的滞留和拦截作用明显，减少了向库区下游磷的输出量。

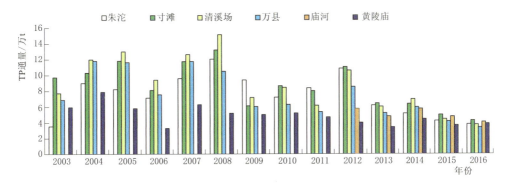

图 7.2.13　2003—2016 年三峡库区干流各断面总磷通量逐年变化

三峡水库蓄水运用后，2003—2016 年期间，水库对总磷表现为滞留作用，但 2013 年以来，随着蓄水位上升，水库对总磷的滞留效应有所减弱，如图 7.2.14 所示。2013—2016 年总磷的滞留效率为 31.6%，与 2004—2012 年滞留效率 47.3% 相比下降了 33.2%；水库对颗粒态磷也表现为滞留作用，滞留效率为 54.2%～89.0%，对溶解磷滞留效率较弱一些，滞留效率为 −29.2%～47.9%，但溶解磷增减状况对水库水体总磷的增减状况的影响更大。

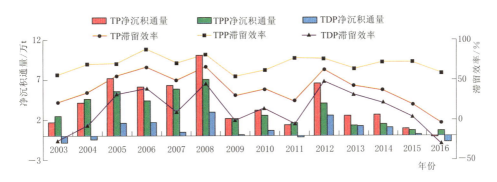

图 7.2.14　2003—2016 年三峡库区干流总磷和颗粒态磷滞留量及滞留效率逐年变化

（5）磷通量年内变化特征。

如图 7.2.15 所示，以 2004 年、2006 年、2010 年和 2016 年为典型年进行分析，库区干流年内输送总磷通量表现为丰水期最大，越近坝前，总磷通量的季节性变化越小，入库断面总磷通量季节性变化大于出库断面，随蓄水位抬高，总磷通量的季节性变化减弱。除 2010 年外，水库对总磷的滞留也主要发生在丰水期，且总磷滞留的季节性变化随着蓄水位上升而减弱，如图 7.2.16 所示。

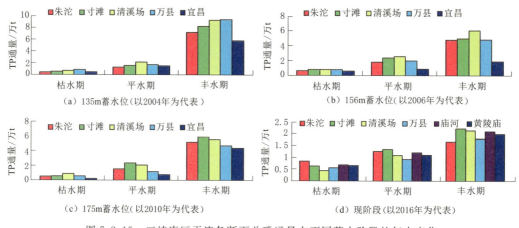

(a) 135m蓄水位（以2004年为代表）　　　　(b) 156m蓄水位（以2006年为代表）

(c) 175m蓄水位（以2010年为代表）　　　　(d) 现阶段（以2016年为代表）

图 7.2.15　三峡库区干流各断面总磷通量在不同蓄水阶段的年内变化

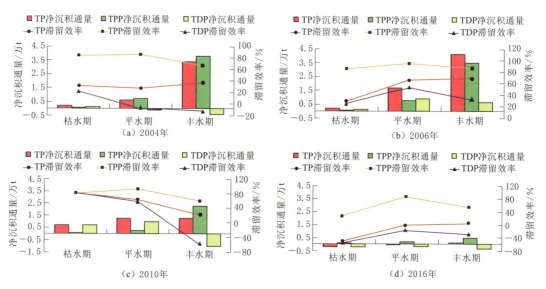

(a) 2004年　　　　　　　　　　(b) 2006年

(c) 2010年　　　　　　　　　　(d) 2016年

图 7.2.16　三峡库区干流总磷和颗粒态磷滞留量及滞留效率年内变化

7.3　长江水沙变化对河流健康的影响评价

7.3.1　河流健康评价方法和指标

7.3.1.1　河流健康内涵

综合国内外学者观点，研究认为：河流健康是生态价值与人类服务价值的统一体，具有生态完整性和恢复力的生态服务功能价值、为人类社会提供产品和服务的社会功能价值，两者相互统一，如图 7.3.1 所示。

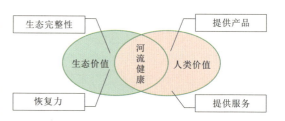

图 7.3.1　河流健康内涵示意图

河流健康评价方法从评价原理上可分为预测模型法和多指标评价法。本节采用国内外目前较为主流的多指标评价法，根据对河流健康内涵的理解，从自然河流状况、生态环境状况和社会服务状况三方面，筛选出长江河流健康评价的基础指标库，见表7.3.1。

表 7.3.1 　　　　　　　　　　长江河流健康评价基础指标库

序号	河流健康状况	河流健康指标	序号	河流健康状况	河流健康指标
1	自然河流状况	沿程断面悬浮含沙量	27	生态环境状况	营养状态指数
2		沿程断面水面比降	28		微生物群落多样性
3		沿程断面床沙粒径	29		床面生物膜量
4		河床稳定性	30		细含沙量
5		河势稳定性	31		浮游藻类含量
6		造床流量	32		鱼类多样性
7		滩槽形态	33		植物覆盖率
8		河槽容积	34		底栖生物
9		水域面积	35		珍稀水生物存活状况
10		优良河势保持率	36	社会服务状况	水库防洪库容
11		洪峰变化程度	37		设计最低通航水位变化值
12		超额洪量	38		通航水深保证率
13		高水位滩地糙率	39		航道维护水深
14		同流量水位变率	40		航道维护宽度
15		三峡水库库尾水位	41		航道弯曲半径
16		河道泄流能力	42		碍航滩险密度
17		河道槽蓄能力	43		碍航浅滩数量
18		入海径流量	44		碍航里程
19		低于临界径流天数占比	45		碍航滩险治理难易程度
20	生态环境状况	叶绿素浓度	46		景观舒适度
21		氨氮浓度	47		堤防稳定性
22		总悬浮物浓度	48		淡水资源面积占比
23		泥沙吸附磷通量	49		盐度特征值
24		总磷浓度	50		盐度超标时间占比
25		总氮浓度	51		水功能区水质达标率
26		水质等级			

7.3.1.2 　评价基础性指标库

从长江多种功能协调发展的基本思路入手，遵循整体性与层次性、科学性与代表性、简明性与可操作性、可比性与规范性、稳定性与动态性、定性与定量相结合等原则，选取水沙变化下长江河流健康影响评价指标作为基础指标体系，进一步细分为河道演变影响、防洪影响、通航影响、水质影响、生态影响5个层面，由37个指标组成，见表7.3.2。

表 7.3.2　　　　　　　　水沙变化下长江河流健康影响评价基础性指标库

序号	影响层面	指　　标	序号	影响层面	指　　标
1	河道演变影响	沿程断面特征值	20	通航影响	航道宽度
2		沿程断面水面比降	21		弯曲半径
3		沿程断面床沙粒径	22	水质影响	总磷浓度
4		河床稳定性	23		总氮浓度
5		河势稳定性	24		绿叶素浓度
6		造床流量	25		营养状态指数
7		滩槽形态	26		河口淡水资源面积占比
8		优良河势保持率	27		河口盐度特征值
9	防洪影响	洪峰变化程度	28		河口盐度超标时间占比
10		水库防洪库容	29		水功能区水质达标率
11		河道泄流能力	30	生态影响	生态需水满足度
12		超额洪量	31		微生物群落多样性
13		河槽容积	32		床面生物膜量
14		堤防达标率	33		植物覆盖率
15	通航影响	碍航滩险密度	34		鱼类多样性
16		碍航浅滩数量	35		底栖生物多样性
17		滩险整治和维护难度	36		细粒径泥沙含量
18		设计最低通航水位变化值	37		珍稀水生物存活状况
19		航道水深			

7.3.2　河流健康影响评价指标体系构建

7.3.2.1　评价指标体系架构

建立评价指标阶梯层次结构，分为目标层、准则层、要素层以及指标层 4 层。

第 1 层是目标层，即水沙条件变化对长江上、中、下游河流健康的影响。

第 2 层是准则层，分为驱动力、状态、影响 3 个方面。

第 3 层是要素层，驱动力层的要素层为生态文明建设、经济社会发展需求，状态层的要素层为自然条件、水利枢纽工程，影响层的要素层为河道演变影响、防洪影响、通航影响、水质影响、生态影响。

第 4 层是指标层，由每个准则层下若干具体指标构成。

水沙条件变化对长江上、中、下游河流健康影响指标有所不同，见表 7.3.3 ～表 7.3.5。

7.3.2.2　评价指标权重及计算

（1）指标权重的计算方法。

采用专家打分法与层次分析法相结合确定权重，专家打分法为发放专家调查问卷的形式，根据专家问卷调查结果采用层次分析法确定各指标权重。

表 7.3.3 水沙条件变化对长江上游河流健康的影响指标

目标层	准则层	要素层	指标层
水沙条件变化对长江上游河流健康的影响（A）	驱动力（B1）	生态文明建设（C1）	长江大保护（D1）
			水资源强监管与水生态补短板（D2）
		经济社会发展需求（C2）	长江经济带发展战略（D3）
	状态（B2）	自然条件（C3）	径流量变化（D4）
			输沙变化（D5）
		水利枢纽工程（C4）	上游水库群规模（D6）
	影响（B3）	河道演变影响（C5）	河床稳定性（D7）
			河势稳定性（D8）
		防洪影响（C6）	水库防洪库容（D9）
		通航影响（C7）	设计最低通航水位变化值（D10）
			滩险整治和维护难度（D11）
		水质影响（C8）	总磷浓度（D12）
			水功能区水质达标率（D13）
		生态影响（C9）	生态需水满足度（D14）
			珍稀水生物存活状况（D15）

表 7.3.4 水沙条件变化对长江中游河流健康的影响指标

目标层	准则层	要素层	指标层
水沙条件变化对长江中游河流健康的影响（A）	驱动力（B1）	生态文明建设（C1）	长江大保护（D1）
			水资源强监管与水生态补短板（D2）
		经济社会发展需求（C2）	长江经济带发展战略（D3）
	状态（B2）	自然条件（C3）	径流量变化（D4）
			输沙变化（D5）
		水利枢纽工程（C4）	上游水库群规模（D6）
	影响（B3）	河道演变影响（C5）	河床稳定性（D7）
			河势稳定性（D8）
		防洪影响（C6）	河道泄流能力（D9）
			超额洪量（D10）
		通航影响（C7）	设计最低通航水位变化值（D11）
			滩险整治和维护难度（D12）
		水质影响（C8）	总磷浓度（D13）
			水功能区水质达标率（D14）
		生态影响（C9）	微生物群落多样性（D15）
			床面生物膜量（D16）
			生态需水满足度（D17）
			珍稀水生物存活状况（D18）

表 7.3.5　　　　　　水沙条件变化对长江下游河流健康的影响指标

目标层	准则层	要 素 层	指 标 层
水沙条件变化对长江下游河流健康的影响（A）	驱动力（B1）	生态文明建设（C1）	长江大保护（D1）
			水资源强监管与水生态补短板（D2）
		经济社会发展需求（C2）	长江经济带发展战略（D3）
	状态（B2）	自然条件（C3）	径流量变化（D4）
			输沙变化（D5）
		水利枢纽工程（C4）	上游水库群规模（D6）
	影响（B3）	河道演变影响（C5）	河床稳定性（D7）
			河势稳定性（D8）
		防洪影响（C6）	河道泄流能力（D9）
			超额洪量（D10）
		通航影响（C7）	设计最低通航水位变化值（D11）
			滩险整治和维护难度（D12）
		水质影响（C8）	总磷浓度（D13）
			水功能区水质达标率（D14）
			河口淡水资源面积占比（D15）
			河口盐度特征值（D16）
			河口盐度超标时间占比（D17）
		生态影响（C9）	微生物群落多样性（D18）
			床面生物膜量（D19）
			生态需水满足度（D20）
			珍稀水生物存活状况（D21）

（2）评价指标权重确定。

最终确定的可量化筛选后的水沙条件变化对长江上、中、下游河流健康的影响指标权重汇总于表 7.3.6～表 7.3.8。

表 7.3.6　　　　　　水沙条件变化对长江上游河流健康的影响指标权重

要 素 层		指 标 层	
指　标	权重	指　标	权重
河道演变影响（C5）	0.22	河床稳定性（D7）	0.50
		河势稳定性（D8）	0.50
防洪影响（C6）	0.22	水库防洪库容（D9）	1.00
通航影响（C7）	0.14	设计最低通航水位变化值（D10）	0.48
		滩险整治和维护难度（D11）	0.52
水质影响（C8）	0.17	总磷浓度（D12）	0.37
		水功能区水质达标率（D13）	0.63

要 素 层		指 标 层	
指　　标	权重	指　　标	权重
生态影响（C9）	0.25	生态需水满足度（D14）	0.47
		珍稀水生物存活状况（D15）	0.53

表 7.3.7　水沙条件变化对长江中游河流健康的影响指标权重

要 素 层		指 标 层	
指　　标	权重	指　　标	权重
河道演变影响（C5）	0.24	河床稳定性（D7）	0.50
		河势稳定性（D8）	0.50
防洪影响（C6）	0.18	河道泄流能力（D9）	0.56
		超额洪量（D10）	0.44
通航影响（C7）	0.16	设计最低通航水位变化值（D11）	0.49
		滩险整治和维护难度（D12）	0.51
水质影响（C8）	0.19	总磷浓度（D13）	0.37
		水功能区水质达标率（D14）	0.63
生态影响（C9）	0.23	床面微生物群落多样性（D15）	0.19
		床面生物膜量（D16）	0.20
		生态需水满足度（D17）	0.28
		珍稀水生物存活状况（D18）	0.33

表 7.3.8　水沙条件变化对长江下游河流健康的影响指标权重

要 素 层		指 标 层	
指　　标	权重	指　　标	权重
河道演变影响（C5）	0.24	河床稳定性（D7）	0.50
		河势稳定性（D8）	0.50
防洪影响（C6）	0.17	河道泄流能力（D9）	0.58
		超额洪量（D10）	0.42
通航影响（C7）	0.18	设计最低通航水位变化值（D11）	0.42
		滩险整治和维护难度（D12）	0.58
水质影响（C8）	0.20	总磷浓度（D13）	0.14
		水功能区水质达标率（D14）	0.28
		河口淡水资源面积占比（D15）	0.27
		河口盐度特征值（D16）	0.14
		河口盐度超标时间占比（D17）	0.17

续表

要　素　层		指　标　层	
指　标	权重	指　标	权重
生态影响（C9）	0.22	床面微生物群落多样性（D18）	0.18
		床面生物膜量（D19）	0.20
		生态需水满足度（D20）	0.29
		珍稀水生物存活状况（D21）	0.33

7.3.2.3　指标定义及量化

这里包含河道演变影响、防洪影响、通航影响、水质影响、生态影响共5个方面的指标，见表7.3.9，具体指标含义如下。

表 7.3.9　　　　水沙变化下的长江河流健康影响层评价指标及其标准

评价指标	单位	标　准				
		5	4	3	2	1
河床稳定性		高	较高	一般	较弱	弱
河势稳定性		高	较高	一般	较弱	弱
水库防洪库容		很大	较大	一般	较小	小
河道泄流能力		很强	较强	一般	较差	差
超额洪量		很低	较低	一般	较高	高
设计最低通航水位变化值	m	$\geqslant 3.0$	$\geqslant 0.5$	$\geqslant -1.5$	$\geqslant -3.0$	< -3.0
滩险整治和维护难度		易	较易	中等	较难	难
总磷浓度	mg/L	0.01	0.025	0.05	0.1	0.2
水功能区水质达标率	%	$\geqslant 95$	$80\sim 95$	$60\sim 80$	$50\sim 60$	< 50
河口淡水资源面积占比	%	$\geqslant 80$	$\geqslant 60$	$\geqslant 40$	$\geqslant 20$	< 20
河口盐度特征值	‰	三个水源地取水口有两个以上最大盐度$\leqslant 0.45$	三个水源地取水口有且仅有一个最大盐度$\leqslant 0.45$	三个水源地取水口盐度最小值全部$\leqslant 0.45$‰且盐度最大值全部> 0.45	三个水源地取水口有且仅有一个最小盐度> 0.45	三个水源地取水口有两个以上最小盐度> 0.45
河口盐度超标时间占比	%	< 20	$\geqslant 20$	$\geqslant 40$	$\geqslant 60$	$\geqslant 80$
床面微生物群落多样性		$\geqslant 7$	$6\sim 7$	$5\sim 6$	$4\sim 5$	< 4
床面生物膜量	mg/g	$\geqslant 12$	$9\sim 12$	$6\sim 9$	$3\sim 6$	< 3
生态需水满足度	%	$\geqslant 65$	$\geqslant 45$	$\geqslant 35$	$\geqslant 15$	< 15
珍稀水生物存活状况		很好	较好	一般	差	极差

河床稳定性：一般包括横向稳定性指标、纵向稳定性指标和综合稳定性指标。

河势稳定性：因河流边界条件突变而引起河流系统变化程度的调节适应变化能力。

水库防洪库容：指水库防洪高水位至防洪限制水位之间的库容。

河道泄流能力：能够安全通过河槽中某一断面或河段而不发生漫溢或堤岸溃决等险情的最大流量。

超额洪量：指超过河道泄流能力以外的洪水量。

设计最低通航水位变化值：指设计所采用的允许标准船舶或船队正常通航的最低水位，长江干线航道为Ⅰ～Ⅲ级航道，通航保证率一般为98％。

滩险整治和维护难度：指上游水库群蓄水运用后，航道中原有急滩、险滩、浅滩等碍航滩险较天然情况时整治难度的变化。

总磷浓度：水样经消解后将各种形态的磷转变成正磷酸盐后测定的结果，《地表水环境质量标准》（GB 3838—2002）给出了相应的分级标准。

水功能区水质达标率：某水系水质达标的水功能区个数（河长、面积）与该水功能区评价总个数（总河长、总面积）的比率。

河口淡水资源面积占比：$\alpha = S_F / S$。其中 S_F 表示南支、南港、北港淡水资源总面积，S 表示南支、南港、北港总面积。盐度低于 0.45‰ 的水域均为淡水。

河口盐度特征值：长江口主要的水源地水库为青草沙水库、陈行水库和东风西沙水库，综合考虑三个水源地取水口的月最大值和最小值。

河口盐度超标时间占比：盐度超过 0.45‰ 时即不能作为饮用水的时间占比。

床面微生物群落多样性：通过 16SrRNA 基因测序等方法测得，用 Shannon 指数（H）等表征。

床面生物膜量：通过代谢作用分泌形成生物膜，可用烧失量（LOI）等指标表征。

生态需水满足度：采用蒙大拿法计算生态需水满足度，即评估年实测日流量的最小值与多年平均流量之比。

珍稀水生物存活状况：指流域内珍稀或特征水生生物的生存繁殖质量及维持影响生存的最低种群数量以上的状况。

参考相关行业、地区或国家标准、相关研究和专家意见，将水沙变化下的长江河流健康影响层指标采用 5 级分值评分。

7.3.3 长江河流健康的影响评价

7.3.3.1 对长江上游健康的影响评价

以长江上游重庆至宜昌河段为主要研究对象，评价三峡水库蓄水运用前（2003 年以前）、蓄水初期（2003—2010 年）和 2010 年至今各影响层指标变化（表 7.3.10）和要素层指标变化（表 7.3.11）。

（1）河道演变影响。

从 2003 年三峡水库蓄水运用以来，主河道的累积性淤积趋势并不明显，仅表现为零星淤积，而且淤积部位只是在局部河段近岸的回流区、缓流区内以及分汊放宽河道的支汊内。虽然该河段的河床稳定性在三峡水库蓄水运用后变差，但河势稳定性基本保持不变。

（2）防洪影响。

2003 年 6 月至 2017 年 12 月三峡水库年均淤积泥沙 1.14 亿 t，仅为论证阶段（1961—1970 年系列年预测成果）的 35％。从淤积沿高程分布看，145～175m 之间淤积总量仅占静

表 7.3.10　　　　　　　　水沙条件变化下长江上游各影响层指标评价值

影响层指标	指标 评 价 值			蓄水前后水沙条件变化对河流健康影响评价
	蓄水前（2003 年以前）	蓄水初期（2003—2010 年）	蓄水后期（2010 年至今）	
河床稳定性	4	3	3	变差
河势稳定性	3	3	3	变化不大
水库防洪库容	5	4	4	变差
设计最低通航水位变化值	3	4	5	变好
滩险整治和维护难度	3	4	5	变好
总磷浓度	2	2	1	变差
水功能区水质达标率	4	4	4	变化不大
生态需水满足度	4	3	3	变差
珍稀水生物存活状况	4	3	3	变差

表 7.3.11　　　　　　　　水沙条件变化下长江上游各要素层指标评价值

要素层	指标 评 价 值			蓄水前后水沙条件变化对河流健康影响评价
	蓄水前（2003 年以前）	蓄水初期（2003—2010 年）	蓄水后期（2010 年至今）	
河道演变影响	3.5	3	3	变差
防洪影响	5	5	5	保持不变
通航影响	3	4	5	变好
水质影响	3.26	3.26	2.89	变差
生态影响	4	3	3	变差

防洪库容（221.5 亿 m^3）的 0.56%。三峡水库蓄水运用对上游河段的防洪库容和调节库容基本没有产生影响。

（3）通航影响。

重庆江津至三峡大坝为三峡水库回水区，设计低水位较天然情况增加 0.82～81.11m。因此，设计最低通航水位变化值指标在三峡水库蓄水运用后明显好转。碍航滩险治理和维护难度在三峡水库蓄水运用后有所改善。

（4）水质影响。

根据监测结果，三峡库区干流断面重庆寸滩、涪陵清溪场和万州晒网坝的总磷平均值在 2006—2008 年和 2013—2015 年分别为 0.11mg/L 和 0.10mg/L，支流总磷浓度自 2006 年以来总体呈现上升趋势，介于Ⅱ类与Ⅲ类水之间。长江上游宜宾至宜昌河段的水功能区水质达标率为 80%～90%。

（5）生态影响。

根据寸滩站、武隆站、宜昌站 1956—2002 年同步观测资料统计，三峡区间（寸滩至宜昌区间）年均来水量为 393 亿 m^3。三峡水库蓄水运用后，长江上游来水偏枯，上游重庆至宜昌段的生态需水满足度为 37%，有所下降。长江上游各水利工程的建成均对该段水文情势、鱼类群落结构和生境等造成一定不利影响。

综上所述，除通航影响变好和防洪影响保持不变外，其余如河道演变影响、水质影响和生态影响都变差。因此，三峡水库蓄水运用前后对比，长江上游受影响总体而言变差，特别是蓄水初期表现更为明显。随着蓄水时间延长，影响略有好转。

7.3.3.2　对长江中游健康影响的评价

对长江中游健康影响的相应评价结果见表7.3.12和表7.3.13。

表7.3.12　　　　　　　　　水沙条件变化下长江中游各影响层指标评价值

影响层指标	指标评价值			蓄水前后水沙条件变化对河流健康影响评价
	蓄水前（2003年以前）	蓄水初期（2003—2010年）	蓄水后期（2010年至今）	
河床稳定性	3	3	3	变化不大
河势稳定性	3	3	3	变化不大
河道泄流能力	3	3	3	变化不大
超额洪量	3	4	5	变好
设计最低通航水位变化值	3	4	4	变好
滩险整治和维护难度	3	4	4	变好
总磷浓度	3	3	3	变化不大
水功能区水质达标率	4	4	4	变化不大
微生物群落多样性	4	4	3	变差
床面生物膜量	3	2	1	变差
生态需水满足度	4	4	4	变化不大
珍稀水生物存活状况	5	4	3	变差

表7.3.13　　　　　　　　　水沙条件变化下长江中游各要素层指标评价值

要素层	指标评价值			蓄水前后水沙条件变化对河流健康影响评价
	蓄水前（2003年以前）	蓄水初期（2003—2010年）	蓄水后期（2010年至今）	
河道演变影响	3	3	3	变化不大
防洪影响	3	3.44	3.88	变好
通航影响	3	4	4	变好
水质影响	3.63	3.63	3.63	变化不大
生态影响	3.85	3.6	2.88	变差

（1）河道演变影响。

三峡水库蓄水运用后，坝下游河床总体呈冲刷态势，由于受两岸护岸工程的控制，横断面的宽度总体变化不大，局部段略有展宽，局部河势有所调整，总体河床稳定性、河势稳定性与蓄水初期比总体相差不大。

（2）防洪影响。

三峡水库蓄水运用以来，长江干流控制站的中高水各年水位流量关系综合线年际间随洪水特性不同而经常摆动，变幅较大，但均在以往变化范围之内，三峡水库蓄水对长江中游的河道泄流能力影响变化不大。三峡工程建成后，长江中下游防洪能力有了较大的提高，超额洪量大为减少，荆江河段无须启用蓄滞洪区，对长江中游超额洪量的影响变好。

（3）通航影响。

长江中游宜昌至城陵矶段受三峡水库蓄水运用后，枯水流量增加，河床下切，通航流量高于蓄水前。综合看，三峡水库蓄水运用对长江中游河段设计最低通航水位变化值影响变好，降低了长江中游河段碍航滩险治理和维护难度。

（4）水质影响。

长江中游水环境监测中心给出的数据表明，2000—2007 年、2010—2014 年总磷浓度分别为 0.10～0.14mg/L、0.05～0.40mg/L，虽然有研究表明三峡水库蓄水导致"清水下泄"，一定程度上降低了水体中总磷的浓度，但对长江中游水体中总磷浓度的影响总体不大。功能区水质达标率也处在"良好"状态。

（5）生态影响。

长江中游各采样点的底泥微生物群落多样性指数有所下降。三峡水库蓄水运用对长江中游干流年径流量影响不大，对生态蓄水满足度影响变化不大。三峡水库蓄水对中游河段珍稀水生物存活状况的影响变差，渔获物种类、鱼类产卵规模减小。

综上所述，三峡水库蓄水运用后，对防洪影响和通航影响变好，对河道演变影响和水质影响不大，对生态影响稍有变差。

7.3.3.3　对长江下游健康影响的评价

以南京至长江口河段为主要研究对象，对长江下游健康影响的相应评价结果见表 7.3.14 和表 7.3.15。

表 7.3.14　　　　　　　　水沙条件变化下长江下游各影响层指标评价值

影响层指标	指 标 评 价 值			蓄水前后水沙条件变化对河流健康影响评价
	蓄水前（2003 年以前）	蓄水初期（2003—2010 年）	蓄水后期（2010 年至今）	
河床稳定性	4	4	5	变好
河势稳定性	3	3	3	变化不大
河道泄流能力	3	3	3	变化不大
超额洪量	3	4	5	变好
设计最低通航水位变化值	3	4	4	变好
滩险整治和维护难度	3	4	4	变好
总磷浓度	4	3	3	变差
水功能区水质达标率	4	3	3	变差
河口淡水资源面积占比	3	4	5	变好
河口盐度特征值	3	4	5	变好
河口盐度超标时间占比	3	4	5	变好
微生物群落多样性	4	4	3	变差

影响层指标	指标评价值			蓄水前后水沙条件变化 对河流健康影响评价
	蓄水前 （2003 年以前）	蓄水初期 （2003—2010 年）	蓄水后期 （2010 年至今）	
床面生物膜量	2	2	1	变差
生态需水满足度	4	4	5	变好
珍稀水生物存活状况	3	2	2	变差

表 7.3.15   水沙条件变化下长江下游各要素层指标评价值

要素层	指标评价值			蓄水前后水沙条件变化 对河流健康影响评价
	蓄水前 （2003 年以前）	蓄水初期 （2003—2010 年）	蓄水后期 （2010 年至今）	
河道演变影响	3.5	3.5	4	变好
防洪影响	3	3.42	3.84	变好
通航影响	3	4	4	变好
水质影响	3.42	3.58	3.58	变好
生态影响	3.27	2.76	2.56	变差

（1）河道演变影响。

三峡水库蓄水运用以后，该河段河床总体稳定性与蓄水初期比有逐渐增强的发展趋势，对河道河床的冲刷粗化会逐渐表现出来，河道的纵向稳定系数也逐渐增大。长江下游主流走向总体基本稳定，局部河势有所调整，河势稳定性受三峡水库蓄水的影响变化不大。

（2）防洪影响。

选取 2003 年、2012 年和 2016 年为代表年份，螺山站、汉口站枯水同流量水位均减小，大通站同流量水位变化不大。随着三峡水库及上游梯级水库群蓄水运用，水库库容的增加，对洪水调节能力进一步增加，超额洪量将进一步减小。

（3）通航影响。

下游航道条件较为优越，水流平缓，多分汊河道，下游湖口至江阴段受径潮流共同影响，设计低水位抬高 0.40～1.16m，影响变好。受三峡枯水流量加大影响，长江下游航道条件总体较好，滩险整治和维护难度影响变好。

（4）水质影响。

长江干流大通站 1962—1990 年总磷浓度为 0.11～0.15mg/L，泰州段 2006—2015 年总磷浓度为 0.075～0.081mg/L，下游总磷浓度呈减小趋势，水功能区水质达标率逐年提升。对各月进行综合考虑，三峡水库来水变化前健康状况为中，来水变化后为良，对长江河口淡水资源面积占比、河口盐度超标时间占比影响变好。

（5）生态影响。

长江下游各采样点的底泥微生物群落因河床冲刷粗化而多样性较低。三峡水库蓄水运用后长江下游河道床面生物膜量影响变差。三峡水库蓄水加上航道施工影响，对珍稀水生物存活状况的影响变差。

综上所述，三峡水库蓄水运用后，水沙变化对生态的影响有好有差，对河道演变影响、防洪影响、通航影响和水质影响都变好。因此，三峡水库蓄水运用前后相比，长江下游总体影响变好。

7.4　小结

随着以三峡水库为核心的上游控制性水库群投入运行，长江中下游河道洪峰削减、沙量锐减，对坝下游河道的演变、防洪、航道、长江口盐水入侵、生态等河流功能产生一定的影响：

1) 河床演变以冲刷下切为主，断面平均水深增大，对近坝的荆江河段堤防稳定性产生不利影响，但河床稳定性较蓄水初期逐渐增强。

2) 长江上游干支流水库群的投入运行，能有效地对上游流域的洪水进行削峰、错峰，提高流域整体防洪能力，尤其是荆江河段，洪水防御能力由三峡水库蓄水运用前的不足 10 年一遇提高至 100 年一遇；但坝下河床发生了长时间、长距离的冲刷，导致河道崩岸现象加剧，尤其是在近坝荆江河段，对堤防稳定性产生不利影响。

3) 对干流航道通航条件总体是改善的，但局部河段仍存在碍航风险，其中长江上游水富至泸州段航道条件变差，宜昌至大埠街砂卵石河段"水浅、坡陡、流急"问题加剧，大埠街至城陵矶沙质河段滩槽格局不稳增加了航道整治和维护的难度，城陵矶至安庆段出现部分弯道"凸冲凹淤"、部分汊道稳定减弱，安庆以下部分主支汊不明显水道的主汊分流比下降等问题。

4) 长江口盐水入侵总体缓解，但水库 10 月、11 月为蓄水期，入海流量减小，随着海平面上升及可能出现较低径流、较强潮动力与风暴潮等不利因素的叠加影响，盐水入侵仍需重视。

5) 室内试验结果显示：泥沙粒径越细，单位质量泥沙对磷的吸附量越大；泥沙含量越大，达到饱和吸附磷的拐点磷浓度越小；河水磷浓度对泥沙的吸附-解析的临界值为 0.1mg/L。2018 年洪、枯季库区干流断面磷浓度分别为 $0.065\sim0.124$mg/L 和 $0.061\sim0.084$mg/L，表明现状库区水体磷浓度对磷的吸附-解吸处于一个相对稳定的状态。

6) 三峡水库对总磷尤其是其中的颗粒表现为明显的滞留作用，库区干流及出库总磷通量逐年减少，随着水库运行滞留效应有所降低。库区干流及坝下水体总磷形态由颗粒态磷为主向以溶解态磷为主转变，近期库区干流各断面颗粒态磷比例均低于 50%。

7) 水沙变化对长江上、中、下游河流健康的影响综合评价结果表明，对上游河流健康的总体影响在三峡水库蓄水初期有所不利，除通航影响变好和防洪影响不大外，河道演变影响、水质影响和生态影响有所变差，蓄水后期至今逐渐好转。对长江中游的防洪和通航的影响有利，对河道演变和水质的影响不大，而对生态影响为负面。对长江下游生态影响为负面，对河道演变、防洪、通航和水质的影响都呈稳中向好的变化。

参 考 文 献

［1］ 张曙光，王俊. 长江三峡工程水文泥沙年报［R］. 武汉：流域枢纽运行管理局，长江水利委员会水文局，2017.

［2］ 曹广晶，王俊. 长江三峡工程水文泥沙观测与研究［M］. 北京：科学出版社，2015.

［3］ 林木松，唐文坚. 长江中下游河床稳定性系数计算［J］. 水利水电快报，2005，26（17）：25 - 27.

［4］ 窦国仁. 窦国仁论文集［M］. 北京：中国水利水电出版社，2003.

［5］ 姚仕明，黄莉，卢金友. 三峡、丹江口水库运行前后坝下游不同河型稳定性对比分析［J］. 泥沙研究，2016（3）：41 - 45.

［6］ 刘怀汉，黄召彪，高凯春. 长江中游荆江河段航道整治关键技术［M］. 北京：人民交通出版社，2015.

［7］ 姜加虎，黄群. 三峡工程对其下游长江水位影响研究［J］. 水利学报，1997（8）：40 - 44.

［8］ LI Yitian，SUN Zhaohua，LIU Yun，et al. Channel degradation downstream from the Three Gorges Project and its impacts on flood level［J］. Journal of Hydraulic Engineering，2009，135（9）：718 - 728.

［9］ 张曼，周建军，黄国鲜. 长江中游防洪问题与对策［J］. 水资源保护，2016，32（4）：1 - 10.

［10］ MEI Xuefei，DAI Zhijun，GELDER P H A J M，et al. Linking Three Gorges Dam and downstream hydrological regimes along the Yangtze River，China［J］. Earth and Space Science，2015，2（4）：94 - 106.

［11］ 范成新，王春霞. 长江中下游湖泊环境地球化学与富营养化［M］. 北京：科学出版社，2006.

［12］ YANG Z，WANG H，SAITO Y，et al. Dam impacts on the Changjiang（Yangtze）River sediment discharge to the sea：The past 55 years and after the three gorges dam［J］. Water Resources Research，2006，42（4）：W04407.

［13］ HANG W，JOSEPH H，KANDICE S，et al. Phosphorus fluxes at the sediment - water interface in subtropical wetlands subjected to experimental warming：A microcosm study［J］. Chemosphere，2013，90（6）：1794 - 1804.

［14］ 朱红伟，王道增，樊靖郁，等. 水体泥沙污染物起动再悬浮释放的物理过程和影响因素［J］. 中国科学（物理学 力学 天文学），2015，45（10）：18 - 28.

［15］ PENG J F，WANG B Z，SONG Y H，et al. Adsorption and release of phosphorus in the surface sediment of a wastewater stabilization pond［J］. Ecological Engineering，2007，31（2）：92 - 97.

［16］ 黄仁勇，张细兵. 三峡水库运用前后进出库水沙变化分析［J］. 长江科学院院报，2011，28（9）：75 - 79.

［17］ ZHU H，CHENG P，ZHONG B，et al. The mechanisms of contaminants release due to incipient motion at sediment - water interface［J］. Science China Physics，Mechanics & Astronomy，2014，57（8）：1563 - 1568.

第 8 章

三峡工程若干重大泥沙问题研究

基于前述三峡工程泥沙问题研究 6 个项目的研究成果，结合三峡工程当前关注的重要泥沙问题和三峡工程泥沙专家组组织的其他研究成果，综合分析得到了八方面的重要进展，提出了保障三峡工程高效安全运行的相关建议，为提高三峡工程综合效益和加强工程运行管理提供了科技支撑。

8.1 未来 30 年三峡入库沙量预测与水沙代表系列选取

近 20 年来，受降水、水土保持、水库拦沙和河道采砂等因素的影响，长江上游流域水沙产输条件发生了很大的改变，在入库径流量变化不大的条件下，入库沙量大幅减少。三峡水库的入库水沙条件是开展三峡工程泥沙问题研究的关键基础，社会各界对这一问题都十分关注。早在三峡工程论证阶段，泥沙研究所采用的水沙代表系列为"60 系列"[1]，张小峰等[2] 曾应用模糊数学分析方法论证了"60 系列"水沙选取的合理性。"十一五"期间，三峡工程泥沙专家组组织长江水利委员会水文局等单位论证提出了选取 1991—2000 年的径流量和输沙量系列作为 2008—2027 年入库水沙系列[3]，同时考虑了三峡上游水库的拦沙作用，即"90 建库系列"。2012 年以来，随着金沙江下游梯级水库等干支流大型水库的陆续建成，"90 建库系列"已不能满足新的环境条件要求，需要重新研究选取新的水沙代表系列，以期为新阶段三峡水库调度和泥沙问题相关研究提供必要的研究依据。

8.1.1 未来 30 年三峡水库入库沙量预测

（1）长江上游水沙来源区输沙量变化趋势。

未来 30 年三峡水库入库沙量为向家坝、横江、岷江、沱江、嘉陵江、乌江、向家坝—寸滩区间及三峡区间输沙量之和，同时考虑河道冲淤量。第 2 章研究表明，未来 30 年，向家坝、横江、高场、富顺、北碚、武隆水文站及向家坝—寸滩区间和三峡区间的输沙量分别为 200 万 t、950 万 t、2450 万 t、850 万 t、2500 万 t、340 万 t、1200 万 t、1700 万 t，河道冲刷贡献的泥沙量为 690 万 t，因此，未来 30 年三峡入库沙量为 10880 万 t。

（2）基于水库拦沙模型的输沙量变化趋势分析。

基于经验公式和概化模型计算的方法，对 2007 年前建成的水库（雅砻江二滩水库除外），剔除小库容水库和位于弱产沙区的水库等，最终选定参与拦沙计算的 55 座水库，对三峡入库沙量变化趋势进行分析计算。结果表明，未来 100 年在长江上游梯级水库群拦沙作用下，金沙江、岷江、嘉陵江和乌江流域每年的出口输沙量将长期维持在较低水平（金沙江 300 万 t/a、岷江 1300 万～1400 万 t/a、嘉陵江 1200 万 t/a、乌江 60 万 t/a），合计出口输沙量约 3000 万 t/a。在此基础上，考虑横江、向家坝至寸滩区间、三峡区间、沱江 2003—2012 年的平均输沙量分别为 547 万 t/a、1270 万 t/a、2330 万 t/a、210 万 t/a，合计 4357 万 t/a，可得到三峡入库沙量为 7360 万 t/a，即预计未来 30 年三峡水库入库沙量在 7000 万～8000 万 t/a 之间，如图 8.1.1 所示。

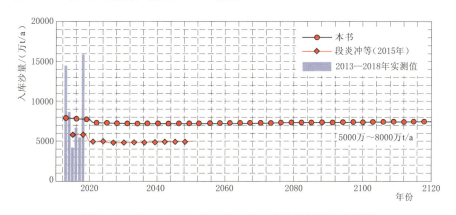

图 8.1.1   2013—2120 年三峡水库入库沙量年际变化预测

（3）未来 30 年三峡入库泥沙量变化范围。

根据气候变化特征，未来一段时间，长江上游降水量可能增大，极端降水事件出现的概率可能增加。未来 30 年三峡入库沙量计算结果的前提是不考虑意外因素，未来 30 年流域降水量会适当增加；若遇地震及强降雨等意外因素，入库沙量可能发生大的变化。

2015 年为长江上游流域小水小沙年，三峡入库泥沙（含三峡区间）为 4400 万 t。2018 年和 2020 年，长江上游发生特大暴雨洪水，且暴雨落区与汶川地震影响区高度重叠，导致沱江、涪江等流域来沙量大幅增加，而且这两个流域水库拦沙能力较弱，使三峡入库沙量大幅增加。若特大暴雨洪水或地震发生在向家坝、瀑布沟、构皮滩、亭子口等大型水库上游，由于已建水库巨大的拦沙作用，即使流域产沙量很大，对输沙量的影响也可能不大，三峡入库沙量也可能很小。

2018 年和 2020 年，强降雨均发生在汶川地震影响区，沱江、涪江的水库拦沙能力小，流域产沙量大，输沙量也大，其年度输沙量可能成为未来 30 年三峡入库沙量的极值。其中，考虑区间来沙，2018 年三峡入库沙量为 1.6 亿 t；2020 年 8 月三峡入库泥沙（不含三峡区间）为 1.41 亿 t，加上三峡区间，2020 年三峡入库沙量达到 1.94 亿 t。

综上所述，考虑到特殊大水年份输沙量较大，未来 30 年三峡入库（朱沱＋北碚＋武隆＋三峡区间）沙量在 0.5 亿～2.0 亿 t/a 之间，平均为 1.0 亿 t/a；一般年份三峡入库沙量小于 1.0 亿 t/a。

8.1.2   水沙代表系列的选取

水沙系列的选取按照以下七个方面的原则考虑[2]：选取实测水沙系列、水沙产输的下垫面条件尽量接近、能反映未来一段时期的水沙变化趋势、考虑悬移质泥沙粒径的变化、水沙组合类型较全且具有代表性、径流量和输沙量系列的确定应留有余地，以及考虑水文系列的周期性变化特征等。对代表性水沙系列选取分析如下：

（1）下垫面条件。

输沙量的变化除了受降水变化影响外，还受水库拦沙和水土保持等人类活动的影响，水库调蓄作用改变了水沙的自然变化过程。由于高强度人类活动的影响，水沙产输的下垫面条件发生了很大的变化，下垫面条件的变化必然引起入库水沙过程的变化和输沙量的变化。大型水库不仅拦截大量的泥沙，使粗颗粒泥沙数量减少，而且改变径流和泥沙的年内变化过程。考虑到金沙江下游水库拦沙作用巨大，溪洛渡、向家坝水库蓄水运用后三峡入库水沙量及地区组成发生了很大的变化。因此，这一下垫面条件的变化成为三峡入库水沙代表系列选取的主导因素，而代表性系列应选取实测水沙系列，则选择范围很小，为2013年之后实测水沙系列。

（2）实测水沙系列。

长江上游水沙资料记录较全的年份为1955—2019年，每一年均有相应的水沙过程记录。根据选取自然水沙系列的原则，未来30年水沙系列应在1955—2019年实测系列中选取。鉴于三峡工程论证阶段所采用的系列为20世纪60年代（1961—1970年）的连续系列，2008—2027年研究中采用"90系列"；2013年后，随着金沙江下游梯级水电站的陆续建成，水沙系列则可采用2013—2020年实测系列循环或待到2022年将系列更新为2013—2022年。

（3）水沙变化趋势。

水沙变化趋势主要决定于降水的变化，从水沙变化趋势看，三峡入库径流量无明显减小的趋势性变化，但1956—2019年，输沙量减小的趋势性变化很明显。因此，在选取径流量系列时使所选系列均值尽量与多年均值一致。

表8.1.1列出了各年代径流量和输沙量均值及相对于1955—2019年均值的距平百分数。其中，2013—2019年系列的平均径流量接近多年均值且比多年均值略大0.8%，作为未来30年的径流代表系列较为理想。输沙量变化的跃变分析表明，1991年前，三峡入库沙量有明显的变化。1991年后，长江上游输沙量的变化较为明显，特别是2013年金沙江下游水库蓄水运用后输沙量进一步减小。2013—2019年，寸滩站、武隆站年均径流量分别为3370亿 m^3 和467.5亿 m^3，与论证阶段相比，分别偏少约3%和6%；年均输沙量分别为6850万 t 和252万 t，分别减少约85%和92%，见表8.1.2。

此外，从水沙比值变化的情况看，由于长江上游径流量减小的趋势不明显，而输沙量减小的趋势明显，今后一段时间内输沙量占多年均值的比值一般会小于1，而且输沙量占多年均值的比值与径流量占多年均值的比值之比一般也会小于1。图8.1.2和图8.1.3分别点绘了寸滩+武隆+三峡区间和朱沱+北碚+武隆+三峡区间输沙量占多年均值的比值和输沙量占多年均值的比值与径流量占多年均值的比值之比的变化过程。由图可见，两个比值自1986年以来减小的趋势非常明显。1986年以前，两个比值一般大于1；而1986年后一般小于1，没有出现连续两年大于1的情况；而1990年后更是只有两年出现大于1的情况；2013年后，比值均小于0.5。从这个角度看，应取2013年以后的水沙作为代表性水沙系列。2013—2019年系列比多年均值小78.4%。

表 8.1.1　　　不同年份三峡入库（寸滩＋武隆＋三峡区间）水沙距平值统计

时　段	径　流　量		输　沙　量	
	均值/亿 m³	距平百分数/%	均值/亿 t	距平百分数/%
1956—1960 年	4144	−3.1	52450	29.2
1961—1970 年	4552	6.4	55580	36.9
1971—1980 年	4187	−2.1	47970	18.1
1981—1990 年	4432	3.6	55307	36.2
1991—2002 年	4287	0.2	39269	−3.3
2003—2012 年	4015	−6.1	21562	−46.9
2013—2019 年	4310	0.8	8777	−78.4

表 8.1.2　　　三峡水库上游主要水文站年均径流量和输沙量变化统计

项　　目		金沙江	岷江	嘉陵江	长江	乌江	长江
		屏山	高场	北碚	寸滩	武隆	宜昌
集水面积/km²		458592[2]	135378	156142	866559	83053	1005501
径流量/亿 m³	论证值[1]	1430	876	701	3490	496	4390
	1991—2002 年	1521	825	557	3374	515	4285
	与论证值变化率/%	6	−6	−21	−3	4	−2
	2003—2012 年	1391	789	659.8	3279	422.4	3978
	与论证值变化率/%	−3	−10	−6	−6	−15	−9
	2013—2019 年	1368	834.7	626.7	3370	467.5	4308
	与论证值变化率/%	−4	−5	−11	−3	−6	−2
输沙量/万 t	论证值	24300	5020	14000	46100	3170	52600
	1991—2002 年	25800	3690	3580	31400	1830	33100
	与论证值变化率/%	6	−26	−74	−32	−42	−37
	2003—2012 年	14200	2930	2920	18700	570	4820
	与论证值变化率/%	−42	−42	−79	−59	−82	−91
	2013—2019 年	155	1830	2600	6850	252	1430
	与论证值变化率/%	−99	−64	−81	−85	−92	−97
含沙量/(kg/m³)	论证值	1.7	0.57	2.11	1.32	0.64	1.2
	1991—2002 年	1.7	0.447	0.643	0.931	0.355	0.772
	与论证值变化率/%	0	−22	−68	−29	−44	−36
	2003—2012 年	1.0	0.4	0.4	0.6	0.1	0.1
	与论证值变化率/%	−40	−35	−79	−57	−79	−90
	2013—2019 年	0.01	0.22	0.41	0.2	0.05	0.03
	与论证值变化率/%	−99	−62	−80	−85	−92	−97

①　论证值为三峡工程论证阶段采用的水沙统计值。

②　经重新核算，自 2006 年起，屏山站集水面积由原来的 485099km² 更改为 458592km²。

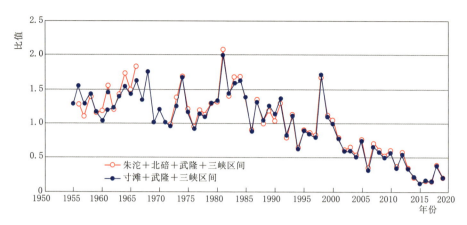

图 8.1.2　三峡入库输沙量与多年均值之比变化过程

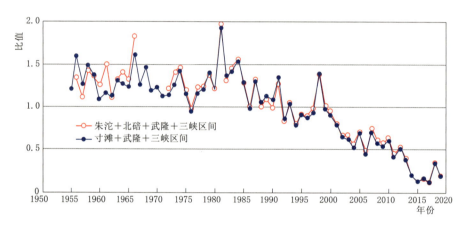

图 8.1.3　三峡入库输沙量/多年均值和径流量/多年均值之比变化过程

（4）悬移质泥沙粒径变化。

由于长江上游大型水库的拦沙作用，在流域输沙量大幅度减小的同时，悬移质泥沙粒径也变细。特别是 2013 年金沙江中下游水库蓄水运用后，金沙江来沙粒径明显变细，向家坝—寸滩河段河床冲刷加剧，泥沙变粗，但其所占比例较小，总体上三峡入库泥沙中值粒径变化不大，但粗颗粒泥沙含量有所降低，如表 8.1.3 和图 8.1.4 所示。

表 8.1.3　　　　　　　三峡入库主要控制站不同粒径级沙重百分数对比

范　围	时　段	沙重百分数/%			
		朱沱	北碚	寸滩	武隆
$d \leqslant 0.031\text{mm}$	2002 年前	69.8	79.8	70.7	80.4
	2003—2012 年	72.9	81.9	77.3	82.9
	2013—2019 年	76.6	82.6	80.4	80.4
$0.031\text{mm} < d$ $\leqslant 0.125\text{mm}$	2002 年前	19.2	14.0	19.0	13.7
	2003—2012 年	18.5	13.1	16.6	13.4
	2013—2019 年	17.7	15.2	15.7	17.1

续表

范　围	时　段	沙重百分数/%			
		朱沱	北碚	寸滩	武隆
$d>0.125\text{mm}$	2002 年前	11.0	6.2	10.3	5.9
	2003—2012 年	8.6	5.0	6.2	3.7
	2013—2019 年	5.7	2.2	3.8	2.5

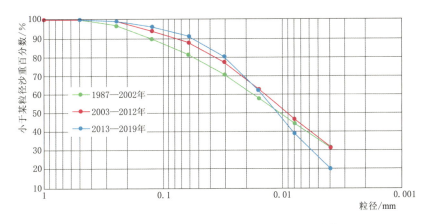

图 8.1.4　三峡库区寸滩站悬移质泥沙级配变化

（5）水沙组合类型。

水沙系列应包含不同类型的典型年。根据水沙的趋势性变化特征，可通过相对量（径流量和输沙量与多年均值的比值）的大小来确定大水大沙年及小水小沙年，比值大于 1 为大水大沙年，比值小于 1 为小水小沙年，约等于 1 为中水中沙年。在本书推荐的 2013—2020 年系列中，2015 年、2016 年、2017 年为小水小沙年；2013 年为小水大沙年；2014 年、2019 年为中水中沙年；2018 年、2020 年为大水大沙年。根据未来 30 年流域降水可能增加的判断，未来 30 年主要水沙年份为大水大沙年。因此，从水沙组合类型来看，2013—2020 年中，共包含 2 个大水大沙年、1 个小水大沙年、2 个中水中沙年、3 个小水小沙年。

为了分析本书推荐系列的代表性，表 8.1.4 和表 8.1.5 分别以入库代表站——寸滩站为分析对象，统计了推荐系列（2013—2020 年）的水沙特征值与多年平均对比情况。可见推荐系列的径流量为 3470 亿 m^3，较多年均值偏大 1%，输沙量为 8330 万 t，较多年均值偏小 76%，与未来 30 年水沙变化的预测趋势较为接近，说明推荐的水沙系列具有较好的代表性。

（6）库区淤积计算偏安全和水沙过程匹配。

从长江上游水沙变化趋势来看，未来 30 年三峡入库沙量可能小于"90 系列"和"00 系列"，考虑到 2001—2012 年系列为整个水沙系列径流量偏枯的系列，未来径流量可能增大。推荐的 2013—2020 年系列 8 年中，包含了 2 个大水大沙年、1 个小水大沙年，符合库区淤积量计算偏安全考虑的原则。而且，径流量与输沙量都选取实测系列，使径流量与输沙量相对应，也符合水沙过程相匹配的原则。

表 8.1.4　　　　　　　　　推荐水沙系列三峡库区寸滩站水沙特征值统计

年份	径流量 /亿 m³	输沙量 /万 t	最大流量 /(m³/s)	最大含沙量 /(kg/m³)	最小流量 /(m³/s)	最小含沙量 /(kg/m³)	水沙类型
多年平均	3440	35350	85700	13.7	2770	0.001	
2013	3140	12100	44900	6.41	3210	0.009	小水大沙
2014	3440	5190	47700	1.67	3360	0.008	中水中沙
2015	3040	3280	34800	1.28	3740	0.008	小水小沙
2016	3220	4250	28500	3.43	3760	0.007	小水小沙
2017	3300	3470	30600	2.36	3590	0.005	小水小沙
2018	3870	13300	59200	6.69	3130	0.006	大水大沙
2019	3580	6390	42400	2.34	3560	0.005	中水中沙
2020	4190	18700	77400	4.86	4010	0.004	大水大沙

注　2020 年 12 月采用 2019 年 12 月资料。

表 8.1.5　　　　　　　　推荐水沙系列三峡库区寸滩站水沙特征值与多年平均对比

时　段	径流量/亿 m³	径流量距平百分数/%	输沙量/亿 t	输沙量距平百分数/%
多年平均	3440		35350	
1953—1960 年	3530	3	50910	44
1961—1970 年	3690	7	47690	35
1971—1980 年	3290	−4	38250	8
1981—1990 年	3520	2	47970	36
1991—2002 年	3340	−3	33680	−5
2003—2012 年	3280	−5	18670	−47
2013—2020 年	3470	1	8330	−76

（7）水沙的周期性特征。

受太阳黑子活动的影响，长江流域水沙系列一般具有 10～14 年的周期性变化特征，考虑到 2013 年后入库沙量较小的状态，此变化特性可能要保持一段较长的时间。但是，近年来，暴雨洪水产沙现象频发，对三峡入库泥沙产生了较大的影响，2013—2020 年构成了一个具有较强典型性的周期序列。

8.1.3　关于水沙代表系列选取的说明

根据对长江上游来沙情况的判断，未来 30 年径流量与多年均值相当或略大，输沙量小于多年均值，平均输沙量大致与 2013—2020 年相当。为库区淤积计算偏安全起见，径流量系列均值略大于多年均值，输沙量系列取保守值。在未来 30 年内，输沙量会因以下因素的影响而发生变化。

（1）降水极值。

受全球变化的影响，极端天气事件发生频率将增加，局部暴雨洪水事件可能增加[4]，将导致输沙量的大幅度增加，但主要发生在局部区域，对整个上游区域的输沙总量影响不会很大；或者在未来某一两年可能出现输沙量大幅度增加的情况，但多年平均情况下输沙量的均值不会发生大的变化，降水/径流量变化仍是导致输沙量变化的重要原因，年输沙量仍会随降水/径流量的增减而发生增减变化。

（2）水库拦沙。

未来 30 年内，长江上游水库仍具有较大的拦沙能力。其中，金沙江、乌江具有很大的拦沙能力，泥沙几乎全被拦截；岷江和嘉陵江水库拦沙能力也较大，横江、沱江和涪江水库几乎无拦沙能力。当流域发生特大暴雨洪水，一些中小型水库或航电枢纽工程多年淤积的泥沙有可能集中下泄，使局部区域或局部时段的输沙量大幅度增加。

（3）水土保持。

长江上游的水土保持会持续发挥减沙作用，使流域来沙量减小。在降水强度较小的情况下，水土保持措施的减沙作用非常明显；当降雨强度达到某一阈值而引发滑坡和泥石流时，水土保持的作用将受到影响，可能会出现短时间内将前期淤积的泥沙集中冲刷，引起含沙量大幅增加的情况。

（4）其他因素。

当流域内社会、自然环境以及国家政策发生较大的调整（如地震会使局部区域的输沙量大幅度增加，国家政策、战略方面的调整）也会间接影响流域内输沙量的改变。

综上所述，根据上述水沙系列选取原则，三峡入库的代表性水沙系列宜选 2013—2022 年。由于目前水沙资料只到 2020 年，未来 30 年的水沙系列采用 2013—2022 年循环，待未来两年实测系列出现后，经对比论证后再最终确定。

8.2 三峡水库泥沙调控关键水位与排沙比控制指标

从 2009 年开始，三峡水库采取了提前蓄水、中小洪水调度、汛期水位上浮等优化调度措施[5]，提高了水库的综合效益。随着上游干支流更多水库建成运用，如何优化三峡水库运用与排沙措施，提出保证三峡水库长期有效库容合理的排沙比与库容损失控制指标，拓展工程综合效益，为三峡水库科学高效安全运行提供科技支撑，是三峡工程运用需要研究的重大技术问题[6]。

8.2.1 汛期泥沙调控关键水位

在新的入库水沙条件下，三峡水库泥沙淤积与运用方式的响应关系研究表明，汛期水沙调度对水库淤积总量影响相对较小，对有效库容内的淤积量影响相对较大，而有效库容淤积是影响水库长远发挥效益的关键[7]。因此，减缓水库淤积速度、提高水库综合效益的重点应是尽量减少有效库容的淤积损失，特别是减少发生入库沙量较大的洪水时有效库容的淤积损失。

针对三峡水库现状入库水沙条件，选取最大流量为 20000~60000m³/s 的 4 场典型洪水过程，模拟坝前水位为 145m、148m、150m、155m 时有效库容淤积量占总淤积量的比例及水库排沙比。典型洪水见表 8.2.1，模拟不同坝前水位时，各场次洪水的库容损失情况见表 8.2.2，点绘典型洪水水库有效库容淤积占比与坝前水位的关系如图 8.2.1 所示。

由图和表可见，坝前水位 150m 左右是控制有效库容损失的临界水位。当坝前水位在 150m 以下时，水库泥沙基本都淤积在死库容内，有效库容内基本没有淤积，当洪水流量较大时有效库容内甚至还有所冲刷；当坝前水位在 155m 以上，有效库容内将出现相当的淤积，淤积占总淤积比例达 6.9%～14.3%。

表 8.2.1　　　　　　　　三峡水库库容损失情况模拟的典型洪水过程

洪水过程	时　间	寸滩站水流泥沙参数			
		起始流量 /(m³/s)	最大流量 /(m³/s)	起始含沙量 /(kg/m³)	最大含沙量 /(kg/m³)
1	2016 年 7 月 6—11 日	14600	22800	0.099	2.06
2	2017 年 8 月 25—30 日	19600	29100	0.135	1.79
3	2018 年 7 月 2—8 日	25300	43700	0.455	1.76
4	2018 年 7 月 10—19 日	32100	57100	0.223	4.66

表 8.2.2　　　　　　　　三峡水库典型洪水计算库容损失情况　　　　　　　　　　%

洪水过程	汛　期　水　位							
	145m		148m		150m		155m	
	淤于有效库容泥沙比	淤于死库容泥沙比	淤于有效库容泥沙比	淤于死库容泥沙比	淤于有效库容泥沙比	淤于死库容泥沙比	淤于有效库容泥沙比	淤于死库容泥沙比
1	−8.6	108.6	−4.6	104.6	0.1	99.9	8.0	92.0
2	−10.4	110.4	−6.2	106.2	−2.0	102.0	6.9	93.1
3	−14.3	114.3	−6.9	106.9	−2.9	102.9	8.0	92.0
4	−25.7	125.7	−13.6	113.6	−1.0	101.0	14.3	85.7

　　4 场典型洪水水库排沙比与坝前水位的关系如图 8.2.2 所示。由图可见，水库排沙比随坝前水位的抬高而减小，除洪水过程 4 在坝前水位 148m 左右存在拐点外，其他 3 场洪水排沙比随坝前水位的变化没有明显拐点。

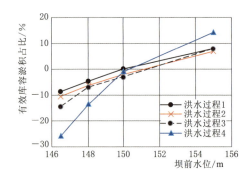

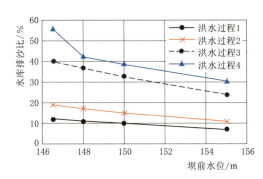

图 8.2.1　三峡水库典型洪水水库有效库容内泥沙　　　图 8.2.2　三峡水库典型洪水过程水库
淤积占比与坝前水位的关系　　　　　　　　　排沙比与坝前水位的关系

　　因此，从典型洪水有效库容损失情况来看，当出现入库沙峰时，应尽量控制坝前水位在 150m 以下，以减小水库有效库容淤积占比。当没在沙峰入库时，汛期控制水位可有所提高。

8.2.2 排沙比控制指标

既要提高三峡水库综合效益，同时又要尽量减小水库泥沙淤积，特别是要控制有效库容淤积损失，需要提出一个合理的排沙比控制指标，以便在水库运行中控制和评估水库排沙效果。由于入库泥沙与淤积一般主要集中在汛期几场洪水与沙峰期间，水库合理的排沙比控制指标应是汛期场次洪水排沙比控制指标比较合适。

针对典型洪水，点绘不同坝前水位情况下洪水过程排沙比与有效库容淤积占比间的关系，如图 8.2.3 所示。不同洪水都表现为排沙比大，则有效库容淤积少，甚至冲刷；排沙比小，则有效库容淤积多。点绘各场洪水有效库容不淤积的临界排沙比与最大流量之间的关系，如图 8.2.4 所示，基本呈直线关系。

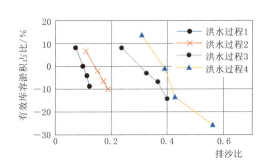

图 8.2.3　三峡水库典型洪水水库排沙比
与有效库容淤积占比的关系

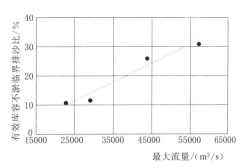

图 8.2.4　三峡水库典型洪水有效库容不淤积
的临界排沙比与最大流量的关系

针对典型洪水，模拟水库排沙比控制指标见表 8.2.3。即在水库运用中，入库流量越大的洪水，应控制水库排沙比越大。如入库流量 $20000\text{m}^3/\text{s}$ 左右，合适的排沙比在 10% 左右；入库流量 $40000\text{m}^3/\text{s}$ 左右，合适的排沙比在 30% 左右；入库流量 $60000\text{m}^3/\text{s}$ 左右，合适的排沙比在 40% 左右。实际运用过程中还应根据入库含沙量预报，在入库沙量大的特殊年份尽量降低坝前水位，增大出库排沙比。

表 8.2.3　　　　　　　　　　　　三峡水库排沙比控制指标

洪水过程	寸滩站水流泥沙参数		
	最大流量/(m^3/s)	最大含沙量/(kg/m^3)	排沙比控制指标/%
1	22800	2.06	10～11
2	29100	1.79	15～17
3	43700	1.76	32～36
4	57100	4.66	39～42

8.2.3 水库泥沙调控综合优化方案

8.2.3.1 泥沙调控的必要性

三峡水库蓄水运用以来，虽然入库泥沙量较初步设计大幅减小，水库淤积减缓，

2003—2019 年库区累计淤积泥沙 16.12 亿 m³，但年均淤积量仍然较大。175m 试验性蓄水运用以来，2008 年 10 月至 2019 年 10 月，库区累计淤积泥沙 8.182 亿 m³，年均淤积量 0.74 亿 m³，损失的库容折算成等价经济损失年均达几亿元。

2012 年向家坝水库蓄水运用以后，三峡入库沙量以向家坝以下支流和区间来沙为主，支流大洪水时的入库沙量仍然较大。如 2017 年横江洪水最大含沙量达 17.6kg/m³，2018 年三峡入库悬移质输沙量为 1.43 亿 t，寸滩站出现了 4.47kg/m³ 的沙峰，为三峡水库蓄水运用以来含沙量第二大值，2012 年 10 月至 2019 年 10 月年均淤积量仍有 0.55 亿 m³。因此，优化三峡水库"蓄清排浑"运行方式，减小水库泥沙淤积是三峡水库蓄水运用管理的需要。

从 2009 年开始，三峡水库运用方式进行了优化调整[8]，由于入库泥沙减少的有利条件，三峡水库泥沙淤积量比初步设计预测大幅减少，重庆主城区出现了冲刷，水库淤积形态得到了优化。与此同时，三峡水库运用方式优化调整，充分利用汛期洪水资源，大幅减轻了坝下游防洪负担，较好地满足了三峡和葛洲坝间中小船舶的通航需求，增加了发电量。三峡水库汛期水位动态变化承接汛后提前蓄水，有效减轻了 10 月蓄水对坝下游河道及洞庭湖与鄱阳湖的影响，缓解了水库蓄满与下游供水的矛盾，提升了水库蓄满率。针对长江上游梯级水库的不断投入运用，三峡枢纽 2019 年修订版调度规程又对水库运用方式做了新的调整。2020 年 6 月水利部批复了最新的 2019 年修订版调度规程，调度原则为"兴利调度服从防洪调度，发电调度与航运调度相互协调并服从水资源调度，协调兴利调度与水环境、水生态保护、水库长期利用的关系，提高三峡水利枢纽的综合效益"。

在新调度规程中对减少三峡水库淤积提出了明确要求，新调度规程中水资源调度部分提出"在有条件时实施有利于生态环境的调度，合理控制水库蓄泄过程，尽量减小水库泥沙淤积"，水资源调度方式中明确了消落期库尾减淤调度试验和汛期沙峰排沙调度试验。

三峡水库蓄水运用以来，持续开展了水沙观测，库区洪水与泥沙输移规律、水库淤积与排沙比等研究都建立在观测资料的基础上，得到的规律性认识是可靠的。在此基础上对水流泥沙数学模型进行了改进完善和详细验证，为开展水库减淤调度研究提供了可靠手段。三峡水库 2012 年、2013 年、2015 年、2019 年等分别开展了消落期库尾减淤调度试验，2012 年、2013 年、2018 年汛期分别开展了汛期沙峰排沙调度试验，积累了成功经验。因此，基于现阶段对三峡水库泥沙运动规律的认识、实践基础和研究成果，研究水库泥沙调控优化调度是有条件的。

8.2.3.2　泥沙调控综合优化结果

（1）综合优化评估模型。

综合考虑防洪、航运、发电、供水等多方面的需要，以防洪、航运、发电、泥沙为制约因素，建立三峡水库泥沙调控优化调度方案评估模型，为三峡水库优化调度方案的选择提供决策支持。在满足各约束条件下，综合评估优化目标为水库在中长期使用中综合效益最优。综合效益包括防洪效益、航运效益、发电效益、水库泥沙减淤效益。综合效益是一个多目标优化问题，各优化目标函数为发电量多、长江中下游分洪量少和值守成本低、航运断航时间短、水库泥沙淤积少，即

$$
\begin{cases}
W_f = \max \sum_{t=1}^{n} W_f(t) \\[2mm]
E_e = \max \sum_{t=1}^{t=n} E_e(t) \\[2mm]
T_n = \min \sum_{t=1}^{n} T_n(t) \\[2mm]
V_s = \min \sum_{t=1}^{n} V_s(t)
\end{cases}
\tag{8.2.1}
$$

式中：t 为综合效益优化计算时间；$E_e(t)$ 为发电量；$W_f(t)$ 为长江中下游防洪成本；$T_n(t)$ 为断航时间；$V_s(t)$ 为水库泥沙淤积量。

评价函数法是求解多目标最优化问题最基本和实用的方法[9]，为了避免由于各目标函数值之间存在数量级差异而导致的权系数作用失效，这里采用"中心化"处理方法，使各目标函数无量纲化。这样多目标问题就转化为一个单目标问题，即

$$
E = \sum_{t=1}^{t=n} \{ k_e [E_e(t) - \overline{E_e}]/\sigma_e - k_w [W_f(t) - \overline{W_f}]/\sigma_e
$$
$$
- k_n [T_n(t) - \overline{T_n}]/\sigma_n - k_s [V_s(t) - \overline{V_s}]/\sigma_s \}
\tag{8.2.2}
$$

式中：$\overline{E_e}$、$\overline{W_f}$、$\overline{T_n}$、$\overline{V_s}$ 分别为平均发电量、平均防洪成本、平均断航时间和水库平均淤积量；k_e、k_w、k_n、k_s 分别为发电权重、防洪权重、断航权重和水库淤积权重。

确定各目标函数的权重，主要是参考各目标对经济效益所做的贡献和重要程度不同确定相应的权重。当总分洪量小于 50 亿 m^3 时，防洪权重为 2.0；总分洪量为 50 亿～100 亿 m^3 时，防洪权重为 3.0；总分洪量为 100 亿～200 亿 m^8 时，防洪权重为 4.0；总分洪量大于 200 亿 m^3 时，防洪权重为 6.0。通航权重，只考虑水库下泄流量超过 $45000m^3/s$ 时的停航损失，断航以日为单位计算，目标通航权重为 0.05。发电权重与发电量有关，发电权重一般取 0.25。不同运行方案带来泥沙淤积不同，按死库容和有效库容内的泥沙淤积给予不同的水库淤积权重，死库容内水库淤积权重为 0.3，有效库容内水库淤积权重为 1.0。

（2）综合优化结果。

综合评估优化目标为水库在中长期使用中防洪效益、航运效益、发电效益、水库泥沙减淤效益综合效益最优，综合优化模型求解的方案组合中包括了汛限水位 4 个方案、提前蓄水 3 个方案、沙峰调度 5 个方案和城陵矶补偿调度 5 个方案。不同方案组合综合目标函数值相差较大，目标函数值最大的方案与目标函数值最小的方案比相差 19.2，各分项目标项差别见表 8.2.4。其中，年均发电量少 7 亿 kW·h，年均分洪量少 6.3 亿 m^3，水库年均淤积量少 985 万 m^3，断航时间少 0.5d。目标函数值最大组合方案为汛期水位 148m、汛后蓄水时间 9 月 1 日、汛期实行沙峰调度、对城陵矶补偿调度控制水位为 160m。

表 8.2.4　　　三峡水库优化调度综合目标函数值最大与最小方案目标分项比较

目标项	汛期最高水位 /m	年分洪量 /亿 m³	年发电量 /(亿 kW·h)	断航天数 /d	年淤积 /万 m³	综合目标值
最大方案	164.48	4.7	1142	3.6	7657	19.2
最小方案	160.98	11.0	1149	4.1	8642	0

综合优化结果表明，目标函数值最大组合方案的汛期水位 148m 对保持三峡水库的长期有效库容有利，50 年内水库有效库容年均损失率只有 0.2‰。根据新的调度规程，当汛期不需要防洪时，三峡水库水位浮动上限是 148m，目标函数值最大组合方案的汛期水位是规程允许的上限。从泥沙淤积情况来看，汛期水位上浮至 150m 对水库有效库容淤积没有明显影响，未来随着长江中上游防洪能力的增强，综合效益最优的汛期水位上浮范围可进一步提高。

根据新的调度规程，当汛期对城陵矶进行防洪补偿调度时，三峡水库水位一般按 155m 控制，特殊情况下可提高至 158m。从泥沙淤积来看，汛期水位 155m 时有效库容内淤积占总淤积比明显增大，因此，城陵矶防洪补偿调度控制水位与水库有效库容泥沙淤积控制水位要求是基本一致的。

8.2.3.3　水沙调控指标

（1）汛前消落期库尾减淤调度和汛期沙峰排沙调度。

开展汛前消落期库尾减淤调度和汛期沙峰排沙调度的相关研究和实践已有近十年，最新调度规程中也提出了"消落期，在协调综合利用效益发挥的前提下，结合水库消落过程，当上游来水和库水位利于库尾走沙时，可进行库尾减淤调度试验"；"汛期，结合水沙预报，当预报寸滩站含沙量符合沙峰排沙调度试验条件时，可择机启动沙峰调度试验"；"开展水库泥沙试验前需编制库尾减淤调度试验方案、沙峰排沙调度试验方案，报长江委批准后，根据调度指令执行，结束后及时总结经验"。可见，目前消落期库尾减淤调度和汛期沙峰排沙调度试验操作方案仍处于探索阶段，需要根据每次水沙情况制定。

本节针对金沙江下游梯级水电站蓄水运用以后未来很长时间内三峡入库沙量以向家坝以下支流和区间来沙为主的水沙新形势，初步提出了三峡水库消落期库尾减淤调度和汛期沙峰排沙调度试验方案。

消落期库尾减淤调度：是否开展消落期库尾减淤调度受库尾前期淤积量和消落期入库水沙条件等因素的影响。当三峡库尾没有需要冲刷的前期累积淤积或者入库水沙条件不满足时，则不需要开展消落期库尾减淤调度试验。在坝前水位 160～162m，寸滩流量 7000m³/s 左右时可择机开展库尾减淤调度，可考虑通过开展三峡水库与上游水库群联合调度，来满足三峡水库消落期库尾减淤调度所需的寸滩流量条件。

汛期沙峰排沙调度：三峡水库是否开展汛期沙峰调度受入库水沙条件和防洪、航运等因素的影响。若开展沙峰排沙调度，寸滩入库水沙条件应满足流量大于 25000m³/s、沙峰含沙量 2.0kg/m³ 以上，以沙峰入库后第 3 天开始调控增加排沙效果最好，沙峰期入库含沙量与沙峰前入库含沙量之比大，则调控增加排沙比的幅度也大。

上述方案可为制定汛前消落期库尾减淤调度和汛期沙峰排沙调度操作方案提供参考，建议根据新的枢纽调度规程，结合防洪、生态、航运等调度要求，充分利用现有水文气象预报技术，进一步研究制定汛前消落期库尾减淤调度和汛期沙峰排沙调度操作方案。

（2）三峡水库汛期水位上浮范围。

典型洪水沙峰过程水库泥沙淤积模拟表明，当坝前水位在150m以下时，泥沙基本都淤积在死库容内，有效库容内基本没有淤积；当坝前水位在155m以上时，有效库容内都出现了淤积。

根据新的调度规程，当汛期不需要防洪时，三峡水库水位浮动上限是148m。从泥沙淤积情况看，汛期水位上浮至150m对水库有效库容淤积没有明显影响，未来随着长江中上游防洪能力的增强，为了提高综合效益，当不需要防洪时，建议三峡水库汛期水位上浮范围可以进一步提高至150m。

（3）汛期场次洪水排沙比控制指标。

坝前水位和入出库流量是影响三峡水库排沙比的最主要因素，排沙比与流量成正比关系，与水位成反比关系。由于年际间入库水沙差别较大，水库年排沙比变化也较大。2012年以来典型洪水过程水库淤积模拟表明，场次洪水有效库容不淤积的临界排沙比与最大流量之间基本呈直线关系，因此，建议依据场次洪水的流量大小确定合理的排沙比大小，流量越大的洪水过程，应控制水库排沙比越大，具体控制指标见表8.2.3。实际运用过程中还应根据入库含沙量预报，确定汛期场次洪水排沙比控制指标，针对入库沙量大的特殊年份，应尽量降低坝前水位，增大出库排沙比。

综上所述，在新的水沙条件下，坝前水位150m左右是三峡水库控制场次洪水在有效库容内淤积的关键水位，并提出了场次洪水排沙比控制指标，需要进一步研究制定三峡水库泥沙调控综合优化调度操作方案，充分发挥工程综合效益，同时尽量减小水库淤积，保障水库长期使用。

8.3　新水沙条件下三峡水库长期有效库容预测

保持长期有效库容是三峡工程的核心问题之一，三峡工程论证阶段和运行后采用不同时期的水沙条件进行了模拟预测。入库水沙条件、水库运行方式和数学模型精度是影响三峡水库长期有效库容预测结果的3个重要因素。本节根据新水沙条件和不同运用方式，采用修改完善后的一维水流泥沙数学模型，对三峡水库长期有效库容进行了新的预测。

8.3.1　预测方法与模拟方案

8.3.1.1　水流泥沙数学模型

三峡水库长期有效库容，从三峡工程论证阶段就开始研究，主要是采用一维非恒定流不平衡输沙水流泥沙数学模型模拟预测[10]。三峡水库蓄水运用后，"十二五"国家科技支撑课题"三峡水库和下游河道泥沙模拟与调控技术"，开展了三峡水库非均匀不平衡输沙规律研究，首次揭示了三峡水库泥沙絮凝、排沙比变化等规律，采用三峡水库运用后实测资料对水流泥沙数学模型进行了验证，并改进了三峡水库及下游河道泥沙模拟技术[11]，提高了模拟精度，但未进行长期库容预测。本节为了重新预测三峡水库长期有效库容，在"十二五"水流泥沙数学模型改进完善的基础上，根据与丹江口水库等类比分析结果，进一步改进完善了一维水流泥沙数学模型冲淤模拟过程中的断面形态调整模式,提高了长期有效库容预测的可靠性,具体见第 3 章。此外,还根据最新观测资料,重新率定了三峡水库糙率,使之更符合三峡水库蓄水运用的实际情况。

8.3.1.2　计算条件

三峡工程设计阶段水库泥沙淤积计算均采用的是 1961—1970 年典型水沙系列,年均入库泥沙 5.1 亿 t。考虑到 20 世纪 90 年代以来,长江上游来沙量出现了大幅减少,"十五"和"十一五"期间,三峡工程泥沙专家组确定采用 1991—2000 年典型水沙系列研究三峡水库蓄水运用后泥沙问题,但未作长期预测。

"十二五"期间,三峡工程泥沙问题研究继续采用了 1991—2000 年典型水沙系列,考虑溪洛渡水库、向家坝水库运用 10 年后,上游在修建乌东德、白鹤滩梯级水库时,向家坝水库下游支流上水库的拦沙作用也进行了适当考虑,但只预测了水库运用 50 年的库容变化。

本书为了反映上游干支流梯级水库的影响,模型计算范围为乌东德库尾攀枝花—三峡坝址,长约 1800km。乌东德、白鹤滩水电站采用建库前空库大断面地形进行计算,溪洛渡水库、向家坝水库、向家坝坝址—朱沱、三峡水库采用 2015 年实测大断面。三峡库区包括了嘉陵江、乌江、綦江、木洞河、大洪河、龙溪河、渠溪河、龙河、小江、梅溪河、大宁河、沿渡河、清港河、香溪河等 14 条支流。

(1)悬移质入库泥沙。

模拟研究范围为干支流进口边界,来水过程使用 1991—2000 年实测系列,沙量过程则考虑了 1990 年以来的沙量变化趋势和其上游水库的拦沙影响,对 1991—2000 年实测来沙过程进行修正,同时还考虑了区间沙量。研究中考虑了金沙江中游梯级水库、雅砻江梯级水库、岷江梯级水库、嘉陵江梯级水库、乌江梯级水库分别对金沙江攀枝花站、雅砻江小得石站、岷江高场站、嘉陵江北碚站、乌江武隆站的拦沙影响。由干支流入库和三峡库区区间沙量相加得

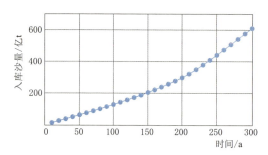

图 8.3.1　三峡累计入库沙量变化过程

到的三峡累计入库沙量过程如图 8.3.1 所示,入库沙量总体随时间呈增加趋势,第 1 个 100 年年均入库沙量 1.27 亿 t,第 2 个 100 年年均入库沙量 1.70 亿 t,第 3 个 100 年年均入库沙量 3.13 亿 t,300 年总入库沙量 610 亿 t。

(2)推移质入库泥沙。

通过重构一种基于非均匀卵石推移质颗粒输移随机过程模拟方法,实现天然或清水冲刷后长河段、长时段卵石推移质输移过程与三峡入库推移质沙量预测模拟。在此基础上,通过水槽试验观测与成果分析,寻求到泥沙补给变化下推移质输沙率随时间衰减过程表达方式——Logistics 方程:

$$\frac{\mathrm{d}Q_b}{\mathrm{d}t} = -\beta \frac{1}{T^*} Q_b \left(1 - \frac{Q_b}{Q_b^*}\right) \tag{8.3.1}$$

式中：Q_b 为推移质输移量，kg/s；Q_b^* 为推移质输移能力，kg/s；T^* 为推移质冲刷交换时间，s；$\beta\dfrac{1}{T^*}$ 为衰减指数。

采用上述方法，三峡库尾卵石推移质输移量与趋势预测结果如图 8.3.2 所示。由图可见，寸滩站 2012 年以来的推移质输移量预测与实际基本一致，预测未来入库推移质输移量基本维持 2012 年以来水平。

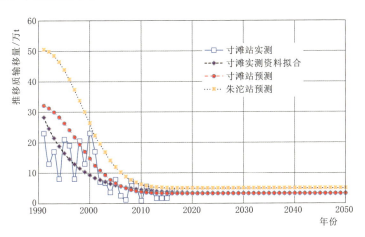

图 8.3.2　三峡库尾卵石推移质输移量与趋势预测

8.3.1.3　模拟方案

三峡水库长期有效库容预测，考虑了两种水库运用方案。

（1）方案 1 为 2019 年现行方案：乌东德和白鹤滩水库按规划设计运用方式，溪洛渡、向家坝水库按《长江水利委员会关于溪洛渡和向家坝水库 2019 年联合蓄水计划的批复》运用方式。三峡水库按《水利部关于三峡水库 2019 年试验性蓄水实施计划的批复》运用方式和《水利部关于 2019 年长江流域水工程联合调度运用计划的批复》的调度方式。

（2）方案 2：乌东德、白鹤滩、溪洛渡、向家坝水库运用同现行方案，三峡水库采用 8.2 节的综合优化方案。

8.3.2　预测结果

8.3.2.1　淤积过程

三峡水库从 2016 年开始继续运用 300 年内，不同时期方案 1 和方案 2 库区累积淤积量见表 8.3.1 和图 8.3.3。继续运用 100 年末和 300 年末，方案 1 库区累积淤积量为 54.4 亿 t 和 165.2 亿 t，方案 2 为 69.6 亿 t 和 201.2 亿 t。300 年方案 1 和方案 2 年均淤积量分别为 0.55 亿 t 和 0.67 亿 t，淤积速度前 50 年和后 50 年较快，中间时段淤积相对较慢，如图 8.3.4 所示，与入库泥沙量变化和淤积过程中库容变小有关。

8.3.2.2　淤积分布

表 8.3.2 为两方案计算未来 300 年干流库区分段淤积量，图 8.3.5 为计算未来 300 年沿程累积淤积量。由表和图可见，不同方案计算沿程累积淤积量分布是基本相似的，计算

表 8.3.1　　　三峡水库不同运行方案计算未来 300 年库区总淤积量

运用年数/a	总淤积量/亿 t		运用年数/a	总淤积量/亿 t	
	方案 1	方案 2		方案 1	方案 2
50	36.8	42.8	250	125.5	155.5
100	54.4	69.6	300	165.2	201.2
150	68.5	88.4	年均	0.55	0.67
200	86.8	111.1			

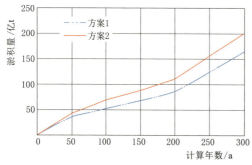

图 8.3.3　三峡水库累积淤积过程

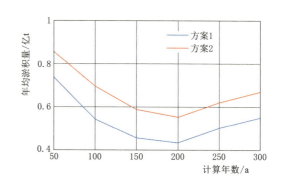

图 8.3.4　三峡水库未来 300 年年均
淤积量变化过程

150 年内淤积主要出现在坝址以上约 440km 范围内，即丰都至坝址库区，丰都以上至重庆河段略有冲刷，重庆以上至朱沱河段基本稳定。200 年后淤积范围明显上延，至计算 300 年时，上延至坝址以上约 600km 范围，即重庆附近。

表 8.3.2　　　三峡水库不同方案计算未来 300 年干流库区分段淤积量

运行年数/a	方案	淤 积 量/亿 m³				
		朱沱—寸滩	寸滩—清溪场	清溪场—万县	万县—大坝	朱沱—大坝
50	方案 1	−0.20	−1.20	1.58	25.92	26.11
	方案 2	−0.20	−1.13	5.71	27.08	31.46
100	方案 1	−0.25	−1.17	3.84	33.70	36.12
	方案 2	−0.26	−0.94	8.67	41.33	48.80
150	方案 1	−0.27	−0.98	7.03	38.10	43.88
	方案 2	−0.29	−0.63	13.47	47.02	59.57
200	方案 1	−0.30	−0.65	11.44	44.10	54.60
	方案 2	−0.33	0.05	19.24	54.65	73.61
250	方案 1	−0.34	0.90	22.17	57.58	80.31
	方案 2	−0.37	2.55	31.72	69.69	103.59
300	方案 1	−0.34	3.45	33.80	68.54	105.44
	方案 2	−0.33	6.95	44.52	81.37	132.52

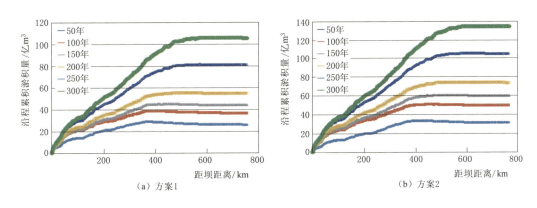

（a）方案1　　　　　　　　　　（b）方案2

图 8.3.5　三峡水库不同方案计算未来 300 年沿程累积淤积量

图 8.3.6 为三峡水库未来 300 年两方案计算淤积量差值沿程分布，由图可见，未来 100 年内，两方案的淤积量差主要出现在距坝约 400km 以内，随着运行时间的增加，淤积量差向上游发展，至 300 年时，已发展到距坝约 600km，即重庆以下。

三峡库区沿程深泓线变化如图 8.3.7 所示。从形态上看，以三角洲淤积形态为主，随着三峡水库运用年份的增加，三角洲淤积体不断向坝前推进且洲面抬高。

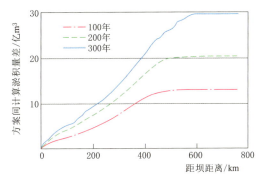

图 8.3.6　三峡水库方案 2 与方案 1
计算淤积量差值沿程分布

8.3.2.3　长期有效库容

表 8.3.3 为三峡水库未来 300 年两方案计算库容损失情况，图 8.3.8 和图 8.3.9 分别为两方案计算水库有效库容和死库容内淤积量变化过程。由表可见，两方案库区泥沙淤积主要在 145m 高程以下，145～175m 有效库容范围占比相对较小。

由图 8.3.8 可见，有效库容内淤积速度在 200 年内变化不大，200 年后明显加快，主要是由于入库沙量增加的原因。按三峡水库设计有效库容 221.5 亿 m^3 考虑，计算 100 年内，各方案有效库容年均损失率不到 1‰，方案 2 年均损失率为 0.26‰，100～200 年时，年均损失率增至 0.34‰；200～300 年时，年均损失率增大至 0.91‰，其中 250～300 年时达 1‰。计算 300 年时，方案 1 和方案 2 在有效库容内淤积量分别为 19.96 亿 m^3 和 33.35 亿 m^3，方案 2 比方案 1 多淤积 13.39 亿 m^3，多淤约 67%，有效库容保留率分别为 91% 和 85%，与论证阶段和初步运行阶段预测运行 100 年时有效库容保留率基本相当[12-14]。

由图 8.3.9 可见，死库容内淤积速度在 200 年内呈减缓趋势，200 年后随着入库沙量的增大而明显加快。计算 300 年时，方案 1 和方案 2 在死库容内淤积量分别为 104.35 亿 m^3 和 131.54 亿 m^3，方案 2 比方案 1 多淤积 27.19 亿 m^3，多淤约 26%。

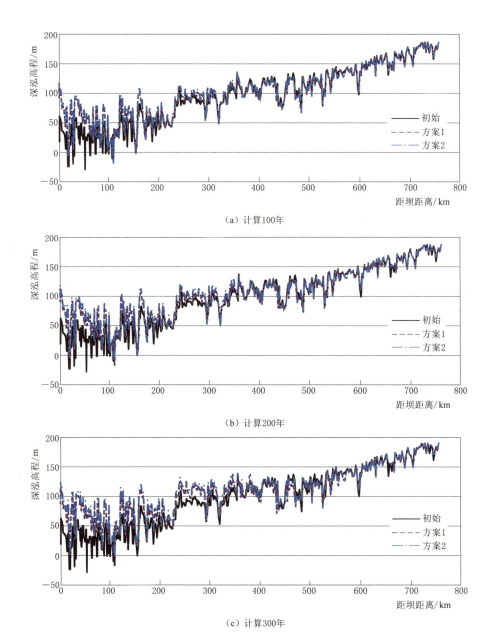

（a）计算 100 年

（b）计算 200 年

（c）计算 300 年

图 8.3.7　三峡水库未来 300 年深泓线变化过程

表 8.3.3　　　　　三峡水库未来 300 年不同方案计算库容损失情况

方　案	库容损失/亿 m³					
	计算 100 年		计算 200 年		计算 300 年	
	145m 以下	145～175m	145m 以下	145～175m	145m 以下	145～175m
方案 1	39.33	1.92	57.30	6.39	104.35	19.96
方案 2	52.09	5.66	76.71	13.16	131.54	33.35

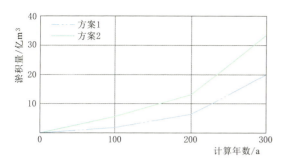

图 8.3.8 三峡水库未来 300 年两方案计算水库
有效库容淤积量变化过程

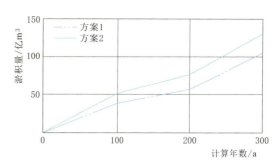

图 8.3.9 三峡水库未来 300 年两方案计算水库
死库容淤积量变化过程

图 8.3.10 为两方案计算干流库区有效库容内淤积量沿程分布。由图可见，计算至 200 年时，有效库容内淤积主要发生在距坝 300～500km 库段内。计算至 300 年时，有效库容内主要淤积范围扩展至距坝约 600km 库段内，即重庆以下，重庆以上仍基本没有淤积。

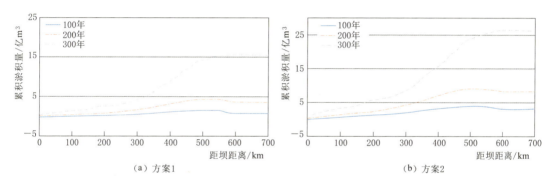

（a）方案1   （b）方案2

图 8.3.10 三峡水库未来 300 年计算水库有效库容内累积淤积量沿程分布

图 8.3.11 为两方案计算干流库区有效库容内累积淤积量差值沿程分布。由图可见，计算至 200 年时，两方案有效库容内淤积量差也主要发生在距坝 300～500km 库段内。计算至 300 年时，两方案有效库容内淤积量差扩展到距坝约 600km 库段。

图 8.3.12 为两方案计算干流库区死库容内累积淤积量沿程分布。由图可见，两方案在不同时段，死库容内淤积都主要发生在距坝 400km 内，400～450km 范围淤积较小，450km 以上基本没有淤积。

图 8.3.13 为两方案计算干流库区死库容内累积淤积量差值沿程分布。由图可见，计算至 100 年时，两方案死库容内淤积量差主要发生在距坝约 400km 库段内。计算至 200 年时，两方案死库容内淤积量

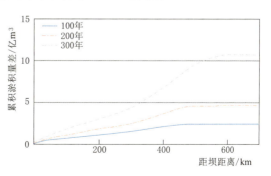

图 8.3.11 三峡水库未来 300 年两方案计算干流
库区有效库容内淤积量差值沿程分布

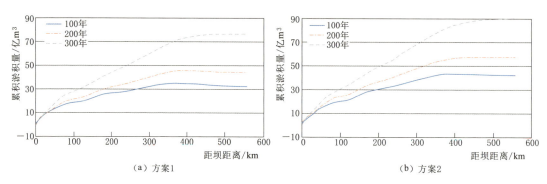

（a）方案1　　　　　　　　　　　　（b）方案2

图 8.3.12　三峡水库未来 300 年两方案计算干流库区死库容内累积淤积量沿程分布

差出现范围扩展到距坝约 500km 库段。计算至 200 年以后，两方案在死库容内的淤积相差已不大，说明此时运行方案不同对死库容内的淤积已无明显影响，主要影响有效库容内淤积。

8.3.2.4　排沙比变化

三峡水库未来 300 年排沙比变化见表 8.3.4 和图 8.3.14。由表和图可见，未来 150 年三峡水库排沙比增加较快，如方案 2，排沙比由 0～50 年的平均 31.0％增加到了 101～150 年时的平均 77.1％；151～250 年，由于入库沙量增加和入库泥沙级配变粗，三峡水库排沙比变化不大；250 年之后排沙比又开始增加。

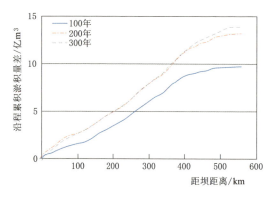

图 8.3.13　三峡水库未来 300 年两方案计算干流库区死库容内累积淤积量差值沿程分布

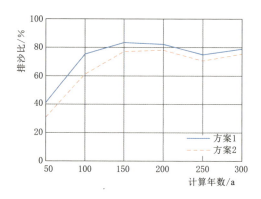

图 8.3.14　三峡水库未来 300 年排沙比变化过程

表 8.3.4　　　　　　　　三峡水库未来 300 年不同运行方案排沙比变化

运用年数/a	方　案　1			方　案　2		
	入库沙量/亿 t	出库沙量/亿 t	排沙比/％	入库沙量/亿 t	出库沙量/亿 t	排沙比/％
1～50	60.98	25.13	41.2	60.98	18.88	31.0
51～100	66.66	50.15	75.2	66.66	40.71	61.1
101～150	76.28	63.62	83.4	76.28	58.79	77.1
151～200	93.14	76.67	82.3	93.14	72.70	78.1
201～250	142.74	106.61	74.7	142.74	100.85	70.7
251～300	170.15	134.03	78.8	170.15	128.02	75.2

综上所述，新水沙条件下按现行优化调度方式运行，三峡水库有效库容能够长期保持，计算 300 年时有效库容保留率为 91％。

8.4 未来 30 年三峡入库卵砾石推移质来沙量预测及其对航道的影响

随着长江上游和一级支流梯级水电工程的修建，三峡入库卵石推移质来源大幅度减少，主要集中在长江干流宜宾至重庆河段的河床干流泥沙补给。鉴于入库推移质沙量的变化，基于 2010 年以来重点河段航道疏浚区的河床地形变化实测资料与 GPVS 原型观测数据，分析了三峡库尾航槽卵石推移质运动特性。采用分段递推求解方法预测了 2050 年三峡入库推移质来沙量水平及推移质冲淤对重点航道的影响。研究成果对于现有碍航浅滩的维护治理及库区航道通过能力的提高具有指导性作用。

8.4.1 三峡入库推移质来源

受支流梯级水库拦截或支流来沙量较少等影响因素，三峡入库推移质主要来源于长江干流宜宾至重庆河段。金沙江及岷江、沱江、綦江、嘉陵江、乌江等主要支流，受梯级水库拦截作用推移质大幅减小，河道内以悬移质输移为主，如图 8.4.1 所示。长江上游一级支流赤水河没有水库拦截作用，但由于河床由不可冲刷的基岩或红黏土组成，推移质数量较小，对三峡入库推移质量贡献较小。

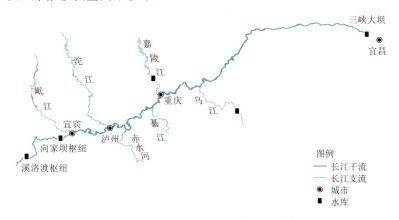

图 8.4.1　长江上游干支流及主要水库分布

8.4.2 入库卵砾石推移质输移特性

8.4.2.1 卵砾石输移实时监测系统开发

重庆交通大学自主研发了压力法与音频法耦合的卵砾石输移实时监测系统（GPVS）[13]，由压力观测系统和声学观测系统同步协同工作，与传统采样器相比，具有采样频率高、有线信号传输距离远、可回收等特点。

测量时，将设备埋设在河床上，当卵石输移量较小且设备未被掩埋时，声学法精度高，起主要作用。声学系统采用的是声学间接记录法，原理示意如图 8.4.2 所示，将金属上面板作为谐振器，拾音器与谐振器采用刚性连接，拾音器能录制卵石冲击上面板的声音信号。由于不同粒径卵石所产生的音频信号的特征不同，一般来说，粒径越大，所产生的音频信号的幅值越大，能量越大，可建立卵石碰撞产生的音频幅值与卵石粒径大小的关系，并进一步计算推移质输沙率。

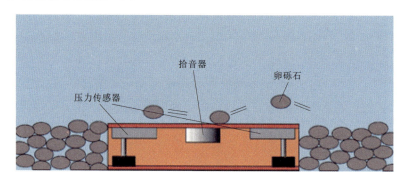

图 8.4.2　GPVS 音频采集原理示意图

当设备被卵石掩埋后，音频测量系统失效，压力观测系统起主要作用。GPVS 压力测量系统的核心部分是位于上方钢板下的压力传感器，共安放四个，分布在仪器的四角，与钢板刚性连接，同时支撑起整个结构。两种信号经传输线传输至信号采集终端，终端可实时显示观测数据。

8.4.2.2　三峡水库库尾卵石运动特性观测

自三峡水库 175m 试验性蓄水运用以来，库尾部分典型河段发生了卵砾石淤积碍航的问题，而其中胡家滩、三角碛、猪儿碛、广阳坝、洛碛、码头碛等六个河段淤积较为明显，因此，在这六处滩险投放 GPVS 设备，观测卵石的输移情况，分析卵石输移特性。

（1）GPVS 监测卵石沙波运动特性。

三峡水库 175m 试验性蓄水运用以来，消落期（3—6 月）为库尾段主要走沙期；2015 年、2016 年采用高保真水下音频记录仪在三角碛段（长江上游航道里程 667.0～675.0km）进行卵砾石输移原型观测。基于三峡水库变动回水区卵石推移质输移力学模型数值模拟关于滩险河段流速分布、推移质输移带等结果，选择推移质输移概率大的断面，分别确定六个典型浅滩 GPVS 投放位置。

根据现有的研究成果以及本研究试验的结果分析，水沙参数一般选取无量纲数，主要有以下几项。

1）水流强度：

$$\Theta = \tau_b / \left[(\gamma_s - \gamma) D \right] \tag{8.4.1}$$

式中：τ_b 为水流切应力；γ_s 为泥沙比重；γ 为水的比重；D 为河床物质组成，均匀沙以中值粒径计。

2）推移质输沙强度：

$$\Phi = \frac{g_b}{\gamma_s}\sqrt{\frac{\gamma}{\gamma_s - \gamma}gD^3} \tag{8.4.2}$$

式中：g_b 为单宽输沙率，kg/(s·m)；g 为重力加速度，取 $9.8\mathrm{m/s^2}$。

3）沙粒雷诺数：

$$Re_* = U_* D / \upsilon \tag{8.4.3}$$

式中：υ 为水流黏度，一般取 $0.000001\mathrm{m^2/s}$；U_* 为摩阻流速，m/s。

单宽水流功率无量纲数：

$$\omega_* = q_* J = \frac{UH}{\sqrt{gD^3}}J \tag{8.4.4}$$

式中：U 为断面平均流速，m/s；H 为断面平均水深，m；J 为比降。

根据 GPVS 原型观测数据，结合三峡库尾段航道水沙模型计算的典型滩段水流参数，由所选水沙参数计算得到各对应滩段的单宽水流功率无量纲数。将 GPVS 测得的压力信号进行处理后得到的卵石堆积高度与单宽水流功率无量纲数对比分析，如图 8.4.3 所示。由于卵石运动与水流条件变化存在滞后现象，根据产生沙垄的判别条件 $\omega_* \geqslant 0.32$，由图 8.4.3 可知，在胡家滩 4 月 14—19 日 ω_* 先增加后降低，卵石运动由 4 月 14 日堆积高度缓慢减小，至 4 月 19 日骤然增加，再缓慢减少，4 月 22 日再次出现陡增陡减情况。在猪

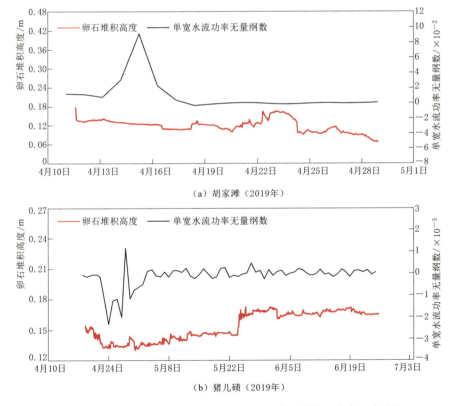

（a）胡家滩（2019年）

（b）猪儿碛（2019年）

图 8.4.3　GPVS 监测的三峡库尾胡家滩与猪儿碛卵石沙波运动过程

儿碛 4 月 13—22 日 ω_* 先增加后降低，卵石运动由 4 月 24 日堆积高度缓慢增加，至 4 月 29 日骤然增加，再减少；5 月 22 日再次出现陡增陡减情况。

基于 GPVS 原型观测实测资料分析，三峡库尾推移质存在卵石沙波运动的形式，但由于天然河流中卵石输移带、路径、水流条件等关系极为复杂，关于库尾卵石沙波运动特性参数还有待进一步深入研究。

（2）卵石运动床面形态特征。

根据历年三峡库尾疏浚区实测地形资料及相关研究成果，分析了占碛子、三角碛、上洛碛、王家滩等典型碍航滩险的各时段间河床冲淤变化，进一步探索了航槽内卵石运动规律。

1）占碛子。占碛子水道位于重庆羊角滩至江津河段（航道里程 713～720km），在里程 715.8km 处有浅滩占碛子，水道位于三峡库区末端。大中坝将长江分为两汊，占碛子位于左汊，为主航道，中洪水期右汊分流。

如图 8.4.4 和图 8.4.5 所示，2016—2017 年期间，占碛子碛翅河床整体表现为有冲有淤，多个时间段内表现出了较为明显的波浪形态，波长变化在 20～40m 之间，波高变化为 0.8～1.6m，局部零星区域冲淤深度超过 1.2m。

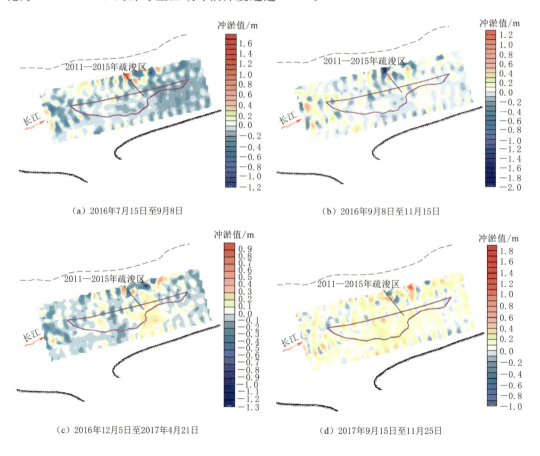

（a）2016年7月15日至9月8日　　（b）2016年9月8日至11月15日

（c）2016年12月5日至2017年4月21日　　（d）2017年9月15日至11月25日

图 8.4.4　三峡库区占碛子冲淤变化

2）三角碛。三角碛水道位于长江上游航道里程 667.0～675.0km。该河段航道弯曲，三角碛江心洲将河道分为左右两槽，右槽为主航道，为川江著名枯水期弯窄浅滩，航道弯曲狭窄。右槽淤积的卵石常得不到有效冲刷，枯水期阶段易形成碍航浅区。

2015 年消落期、汛期以及 2017 年汛末时段，三角碛碛翅河床整体表现为有冲有淤，疏浚区附近表现出较为明显的波浪形态，波长在 30～40m 之间，波高变化为 0.6～1m，如图 8.4.6 和图 8.4.7 所示。

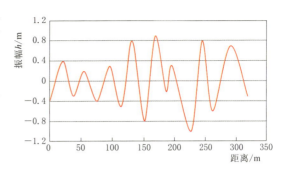

图 8.4.5　三峡库区占碛子典型地形波浪形态
（2016 年 12 月 5 日至 2017 年 4 月 21 日）

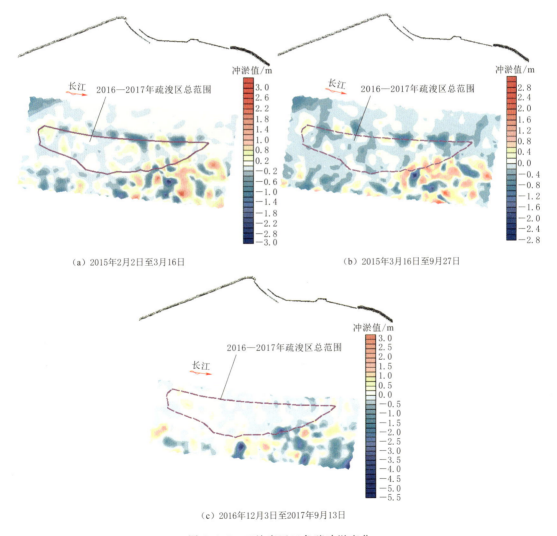

（a）2015年2月2日至3月16日　　　　　　　（b）2015年3月16日至9月27日

（c）2016年12月3日至2017年9月13日

图 8.4.6　三峡库区三角碛冲淤变化

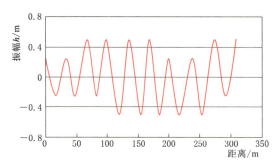

图 8.4.7　三峡库区三角碛典型地形波浪形态
（2016 年 12 月 3 日至 2017 年 9 月 13 日）

3）上洛碛。上洛碛位于长江上游航道里程 604.5～606.5km，紧邻洛碛镇。上洛碛上游是南坪坝，长约 3km，宽 0.8km，位于江中偏右岸，将河道分为左右两槽，右槽较顺直。河段中部微弯，碛翅突出江心，伸向右岸，与右岸褡裢石、野鸭梁等礁石形成浅窄弯槽，为枯水期著名的弯浅险槽。三峡库区上洛碛冲淤变化如图 8.4.8 所示。

2015—2018 年消落期和汛期时段，上洛碛碛翅疏浚区内河床地形表现出较为明显的波浪形态，波长在 40～60m 之间，波高变化为 0.8～1.6m。局部零星区域最大冲淤深度超过 1m，如图 8.4.9 所示。

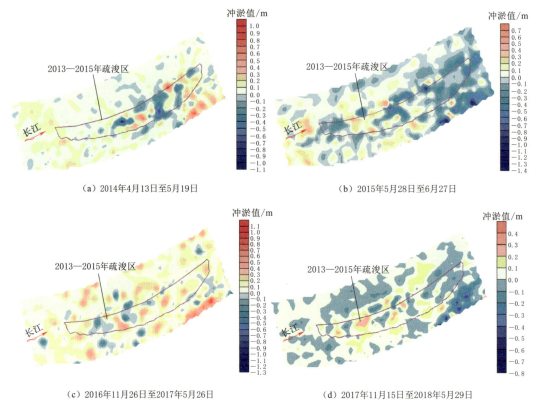

图 8.4.8　三峡库区上洛碛冲淤变化

4）王家滩。王家滩位于长寿水道，长江上游航道里程为 586.3～587.6km。河段属三峡变动回水区，河道微弯，河床地形复杂，是川江著名的"瓶子口"河段。河心忠水碛纵卧江中，分航槽为二，左为柴盘子，右为王家滩。忠水碛碛翅伸出，缩窄航槽，其中右汊航槽受泥沙淤积及复杂河道特性的影响，碍航情况较为突出。

2013 年和 2014 年消落期时段，王家滩右槽忠水碛碛翅疏浚区河床地形表现出较为明显的波浪形态，波长在 32~65m 之间，波高变化为 1.2~1.5m，如图 8.4.10 和图 8.4.11 所示。

在消落期前占碛子地形最大波高约 0.5m，三角碛最大波高约 0.4m，上洛碛最大波高约 0.8m，王家滩最大波高约 0.85m。统计各河段航槽疏浚区地形平均波长与该时段时间末点的平均水深呈一定线性关系，平均波长 $\lambda \approx 5h$，如图 8.4.12 所示。

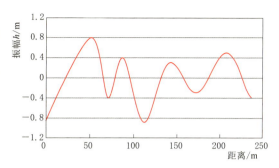

图 8.4.9　三峡库区上洛碛典型地形波浪形态
（2014 年 4 月 13 日至 5 月 19 日）

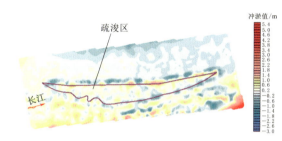

（a）2013年4月9日至5月25日

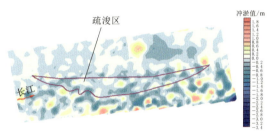

（b）2014年11月8日至2015年5月24日

图 8.4.10　三峡库区王家滩（忠水碛）冲淤变化

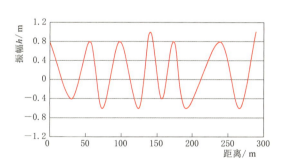

图 8.4.11　三峡库区王家滩典型地形波形态
（2013 年 4 月 19 日至 5 月 25 日）

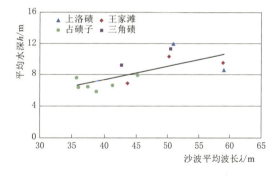

图 8.4.12　三峡库区地形波长与平均水深关系

8.4.2.3　三峡入库卵石推移质沙量变化

由于三峡水库上游梯级水库的拦蓄作用，入库推移质总量减小明显，基于 GPVS 实测数据，估算了三峡库尾的卵石推移质输移量。

（1）入库沙量年际变化。

关于三峡入库输沙总量的原型测量，长江委水文局作了详细分析。寸滩站 2003—2012 年、2013—2018 年径流量与 1950—1990 年相比，年均径流量由 3516 亿 m^3 减小为 3279 亿 m^3 和 3336 亿 m^3，减幅分别为 6.7% 和 5.1%；悬移质输沙量由 46000 万 t 减小为

18700 万 t 和 6930 万 t，分别减小 59.4％和 84.9％。2013—2018 年与 2003—2012 年比较，寸滩站径流量增加约 1.7％，而输沙量减小约 62.9％。

图 8.4.13 为寸滩站 1991 年以来年推移质变化情况。至 2017 年寸滩站沙质推移质输沙量为 0.0135 万 t，较 2003—2016 年均值（1.28 万 t）减小了 99％，寸滩站砾卵石推移量为 3.75 万 t，与 2003—2016 年均值（3.67 万 t）相比基本不变，略增多 2％。

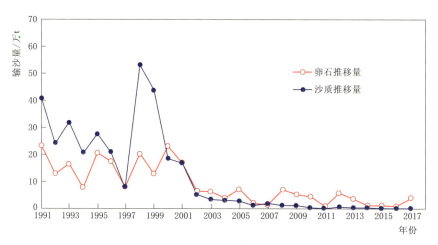

图 8.4.13　三峡库区寸滩站沙质与卵石推移质年际变化过程

（2）GPVS 观测卵石推移质输沙量推算。

水流在单位时间内消耗的能量即水流功率，其临界值可以用来表征卵石推移质的起动条件。水流功率越大，单位时间内能够作用在卵石推移质上的能量也越高，从而使卵石推移质的输移强度越强。将水流功率记为 W_*，则 W_* 的表达式为

$$W_* = \frac{q_c J}{\sqrt{g \left(\frac{\gamma_s - \gamma}{\gamma} D \right)^3}} \tag{8.4.5}$$

式中：q_c 为单宽流量；J 为水面坡降；g 为重力加速度；γ_s 为卵石容重；γ 为水的容重；D 为卵石粒径。

当卵石粒径 D 一定时，W_* 与 q_c 和 J 成正比。

利用声学法观测库尾六个滩段，计算每天的卵石推移质输移量过程线，如图 8.4.14 所示。横轴为时间，纵轴为每天经过 GPVS 上面板的卵石输移量，同时展现了各个输移量与观测点对应的水流功率关系曲线。由图可见，根据音频信号计算得到的胡家滩观测点日输沙量为 15.15～284.86kg，平均输沙量为 119.23kg/d。三角碛观测点日输沙量为 1145.39～440.41kg，平均输沙量为 735.52kg/d。猪儿碛 1 号观测点日输沙量为 37.86～79.52kg，平均输沙量为 63.68kg/d。猪儿碛 2 号观测点日输沙量为 35.85～74.07kg，平均输沙量为 64.02kg/d。广阳坝观测点日输沙量为 113.00～1159.67kg，平均输沙量为 409.36kg/d。洛碛 1 号观测点日输沙量为 151.53～642.64kg，平均输沙量为 418.68kg/d。洛碛 3 号观测点日输沙量为 346.19～782.99kg，平均输沙量为 528.25kg/d。码头碛观测点日输沙量为 3.06～7530kg，平均输沙量为 699.62kg/d。对测量断面的卵石年输移量进行

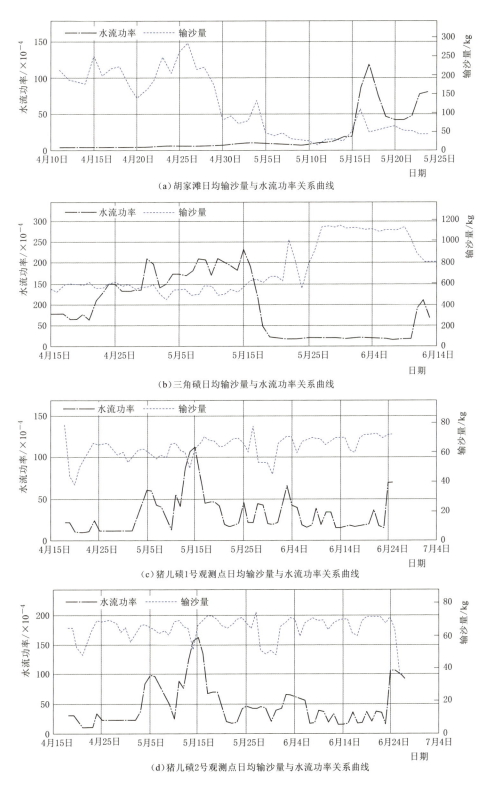

（a）胡家滩日均输沙量与水流功率关系曲线

（b）三角碛日均输沙量与水流功率关系曲线

（c）猪儿碛1号观测点日均输沙量与水流功率关系曲线

（d）猪儿碛2号观测点日均输沙量与水流功率关系曲线

图 8.4.14（一） 三峡库区典型滩险输沙量与水流功率关系

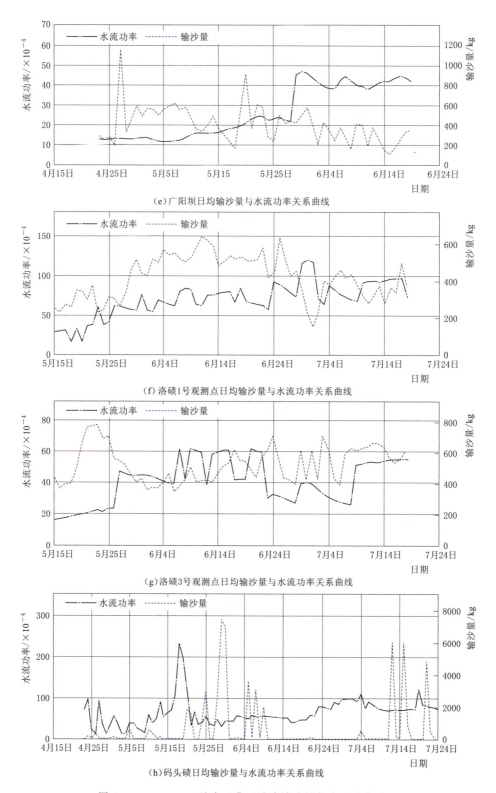

（e）广阳坝日均输沙量与水流功率关系曲线

（f）洛碛1号观测点日均输沙量与水流功率关系曲线

（g）洛碛3号观测点日均输沙量与水流功率关系曲线

（h）码头碛日均输沙量与水流功率关系曲线

图 8.4.14（二）　三峡库区典型滩险输沙量与水流功率关系

初步估算，以测量点的日均输沙量与断面卵石输移带宽度、每年输移时长等参数进行卵石年输移量估算，推算断面卵石推移质输沙量在 1 万～5 万 t/a 之间。

8.4.3　入库卵石推移质沙量变化与趋势预测

随着长江上游和主要支流梯级水电工程的修建，三峡入库推移质的上游来源大幅度减少，泥沙补给与输沙能力都受限制，预测未来三峡入库推移质输沙量变化非常重要。本节采用 Logistics 方程，预测至 2050 年三峡入库卵石推移质输沙量。

（1）泥沙补给与输沙能力双重限制下的推移质输沙量预测方法。

预测采用基于 Logistics 方程的推移质输沙分段递推模拟方法，通过系列水槽试验观测与长江上游河段实测资料的验证说明，其计算输沙量总体趋势和实际情况是吻合的，能反映出长江上游河段推移质运动受泥沙补给与推移质输移能力双重限制下推移质输移量时空分布的本质特征：

$$\frac{\mathrm{d}Q_b}{\mathrm{d}t} = -\beta\,\frac{1}{T^*}Q_b\left(1 - \frac{Q_b}{Q_b^*}\right) \tag{8.4.6}$$

式中：Q_b 为推移质输移量，kg/s；Q_b^* 为推移质输移能力，kg/s；T^* 为推移质冲刷交换时间，s；$\beta\dfrac{1}{T^*}$ 为衰减指数。

（2）三峡库尾河道卵石推移质输移量与趋势预测。

采用式（8.4.6）预测三峡库尾卵石推移质输移量变化趋势，结果如图 8.4.15 所示。由图可见，寸滩站卵石推移质的来量与 2012 年以来的来量基本一致，因此，预测至 2050 年的三峡入库卵石推移质来沙量基本维持在 2012 年以来三峡入库卵石推移质来沙量水平，朱沱站平均约 5 万 t/a。

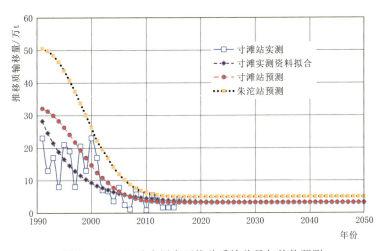

图 8.4.15　三峡库尾卵石推移质输移量与趋势预测

8.4.4　入库推移质对航道的影响

根据未来三峡入库推移质变化趋势，采用数学模型模拟预测了朝天门至涪陵段未来

30 年泥沙冲淤对航道的影响，如图 8.4.16 所示。该段位于三峡变动回水区，主要表现为冲刷，但幅度不大。预测 30 年河道泥沙冲淤量为 -275.4 万 m^3，淤积最大 2.4m，出现在黄角滩（航道里程 651km）。进一步统计了重点河段未来 30 年泥沙冲淤变化过程的参数指标，获得三峡库尾重庆至涪陵段主要淤积部位及淤积参数，见表 8.4.1，重点河段（广阳坝、大箭滩、洛碛、长寿、青岩子）航槽内泥沙输移淤积的参数见表 8.4.2。变动回水区段不会出现新的淤积部位，洛碛、长寿、青岩子等重点河段推移质最大淤积厚度为 0.36~1.12m，对现有航道通航影响集中在航道边界 10~100m 范围。

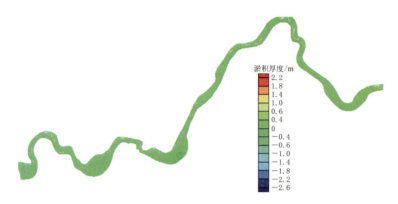

图 8.4.16　天然情况下 30 年后三峡库区朝天门至涪陵段泥沙冲淤分布

表 8.4.1　　　　　　　　三峡库尾重庆至涪陵段主要淤积部位及相关参数统计

位置 （航道里程/km）	长度 /m	宽度 /m	最大淤积 厚度/m	面积 /万 m^2	淤积量 /万 m^3	总淤积量 /万 m^3
黄角滩（651）	500	206	2.4	4.15	3.94	
笑滩（647）	942	137	1.29	5.16	1.65	
明月沱（628）	572	113	1.13	2.07	0.66	
白石壤（608）	281	134	1.15	1.88	0.61	
下洛碛（600）	205	107	1.3	1.09	0.71	14.83
小滩嘴（596）	491	111	1.89	1.91	1.37	
扇沱（590~594）	691	177	2.01	5.02	4.91	
观音滩（583）	563	164	1.01	2.77	0.53	
莲子碛（578）	674	125	1.28	2.31	0.45	

表 8.4.2　　　　　　　　三峡库尾重庆至涪陵段重点河段航槽泥沙淤积参数统计

航道	位置	最大淤积厚/m	淤积部位	影响范围	航道里程/km
广阳坝	飞蛾碛	0.98	航槽右边界	右槽边界 20m	637
大箭滩	冷饭碛	0.65	航槽右边界	右槽边界 10m	622
洛碛	中挡坝	1.12	航槽左边界	左槽边界 12m	601
	上洛碛	0.45	航槽左边界	左槽边界 30m	605

航道	位置	最大淤积厚/m	淤积部位	影响范围	航道里程/km
长寿	观音滩	1.01	航槽内	左槽边界97m	582
	扇沱	2.01	航槽内	左槽边界81m	593
青岩子	读书滩	0.46	航槽内	右槽边界92m	558
	龙须碛	0.36	航槽内	左槽边界101m	566

综上所述，未来30年预测结果表明，三峡入库卵石推移质沙量将维持在2012年以来水平，约5万t/a，变动回水区段不会出现新的淤积部位，对现有航道通航影响集中在航道边界附近。

8.5 三峡水库中小洪水调度优化与方案评估

三峡水库175m试验性蓄水阶段实施的中小洪水调度，减轻了长江中游的防洪压力，与此同时，受汛期坝前水位抬升、下泄流量过程变化的影响，库区及坝下河道也随之发生着响应和调整。第4章研究表明，坝下游河道冲淤调整引发的河道阻力增加，使得坝下游河道洪水河槽相同过水面积的过洪能力萎缩，对防洪可能产生不利影响；通过恢复荆江河段漫滩流量的发生频率，可以抑制植被发育，缓解洪水河槽过洪能力的萎缩；在此基础上，提出了坝下河道维持漫滩洪水出现概率的流量过程控制指标。考虑到近年来长江上游来流明显偏枯的实际情况，本节探讨三峡水库中小洪水调度优化的可行性，并综合考虑防洪、上下游泥沙冲淤的影响，开展不同中小洪水调度方案评估。

8.5.1 中小洪水调度优化可行性

为减小坝下游洪水河槽阻力、维持漫滩洪水出现概率，在本书提出的三峡水库中小洪水调度推荐方案中，下泄流量控制指标要求平均每两年需施放一次较大量级洪水过程，每次枝城站流量大于36400m³/s天数不少于18d。该项控制指标系根据三峡水库蓄水运用前多年平均情况（1950—2002年）提出的，由于三峡水库蓄水运用以来上游来水处于中等偏枯的情况，即使是直接采用入库流量过程，近期水文序列也难以满足控制下游漫滩概率不减小的指标以及其施放频率。而同时，三峡水库的实际调度加剧了该条件的不满足程度，在现状中小洪水调度条件下，仅有2012年满足大于36400m³/s（宜昌流量35500m³/s，下同）的流量在18d以上，大于36400m³/s的流量的总天数由入库水文条件下的104d减少为68d。在近期水文条件下，如何满足下泄流量控制指标是三峡水库中小洪水调度优化的直接需求。

在2009—2018年入库流量系列条件下，可以发现，2013年、2014年大于36400m³/s的流量虽未满18d，但均在10d以上。而且，从现状中小洪水实际调度情况来看，汛期坝前水位多在160m以下，平均水位在150m左右，上述调度方式还有进一步优化的空间。通过进一步的水库调度方式优化，有望实现满足大于36400m³/s的天数不少于18d的要求。

　　从长江上游洪水过程来看，来水峰型偏瘦，一次洪水过程多在 3～5d，一般不超过 7d，整个汛期存在多次 30000m³/s 以上的洪峰过程。在考虑中短期洪水预报的前提下，在库水位较低时，对洪峰过程进行拦蓄并按下游漫滩流量级别进行控泄，有利于满足下游漫滩概率维持的要求。以 2013 年、2014 年为例，汛期均出现了多次超过 30000m³/s 的洪峰过程，其中 2013 年洪峰主要出现在 7 月中下旬，2014 年出现在 7 月下旬和 9 月上旬。如果根据径流预报，对于未来 5～7d 的洪水量级有所判断，可对洪水过程进行拦蓄，如图 8.5.1 所示，按下游漫滩流量级别进行控泄（这里按宜昌站 35500m³/s 控泄），延长下泄该流量级洪水的持续时间。该过程中，坝前水位最高未超过 155m，能够保障库区防洪安全。通过上述调度的优化，2013 年、2014 年宜昌站 35500m³/s 流量的持续时间分别增长到 18d、20d。

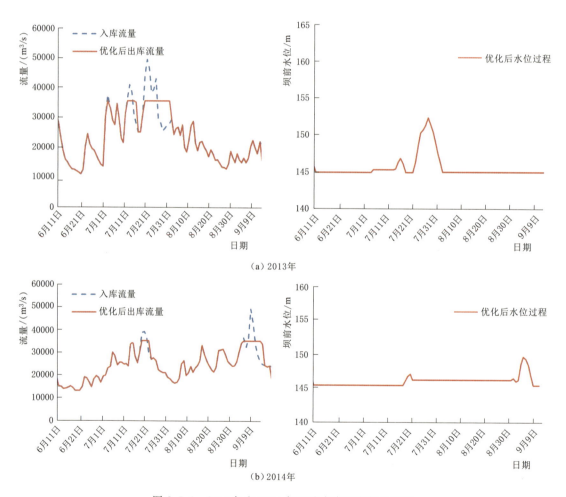

(a) 2013年

(b) 2014年

图 8.5.1　2013 年和 2014 年三峡水库调度优化过程

　　根据三峡库水位变化与下泄流量增量关系，在坝前水位 146～160m 的范围内，水位每下降 1m，下泄流量增加 5800～8300m³/s。对于来水中等、缺乏较大洪峰过程的年份，可以进一步考虑在坝前水位较低时拦蓄 25000～35500m³/s 级别的洪水，形成人造洪峰过程，以满足下游漫滩概率维持的要求。如果来水在 30000m³/s 附近，按坝前水位每天下降 1～0.6m 即可保证下泄流量在 35500m³/s。而且，随着金沙江下游梯级水库的建成投运，梯级整体防洪能力大幅提升，为该种调度方式提供了防洪保障。

8.5.2　中小洪水调度比较方案设置

根据第 4 章提出的防洪约束及下泄流量控制指标，设计了 4 种三峡水库洪水调度对比方案，见表 8.5.1。

表 8.5.1　　　　　　　三峡水库中小洪水调度计算方案集及主要控制条件

方　案	汛期坝前水位控制条件	汛期下泄流量控制条件	汛后蓄水时间	备　注
方案 1	145m	55000m³/s	9 月 10 日	设计调度方式
方案 2	145m	42000m³/s	9 月 10 日	荆江减压中小洪水调度
方案 3	—	—	—	实际中小洪水调度
方案 4	148～150m	36400m³/s 以上天数不少于 5%	9 月 10 日	优化中小洪水调度

方案 1 是三峡水库初步设计调度方式，发生 55000m³/s 以下洪水时水库不进行调节。采用 2008—2017 年径流系列，利用水库调度图进行调度计算，但汛后蓄水时间为每年 9 月 10 日。方案 2 是基于三峡水库初步设计调度提出的比较调度方式，重点考虑了减轻荆江河段的防洪减压，控制汛期下泄流量不超过 42000m³/s（该流量下沙市水位不超过设防水位），但未考虑对城陵矶附近的补偿。方案 3 是三峡水库实际中小洪水调度情况，2010—2017 年直接采用实际的坝前水位和下泄流量过程，而 2008 年、2009 年坝前水位和下泄流量过程按现状调度标准进行调度后得到。方案 4 是同时考虑中小洪水调度的汛期坝前水位控制条件和下泄 36400m³/s 以上流量不少于 5% 的条件。从实际调度结果来看，由于 2008—2017 年系列整体偏枯，下泄 36400m³/s 以上流量不少于 5% 的要求难以精确达到，实际入库流量过程中大于 36400m³/s 以上流量也在 3% 以下，调度过程中尽量维持该比例。从汛期（6 月 10 日至 9 月 10 日）坝前平均水位大小来看，方案 3＞方案 4＞方案 2＞方案 1，方案 3 汛期平均水位在 150m 以上，较方案 1 汛期坝前水位抬升约 5m。

8.5.3　不同中小洪水调度方案对库区及坝下游冲淤的影响

8.5.3.1　不同中小洪水调度方案对库区冲淤的影响

图 8.5.2 给出了 4 种方案下三峡库区泥沙分段累积淤积变化，方案 3 库区淤积量最大，方案 4 次之，方案 2 与方案 1 淤积量最小。计算 30 年末，方案 3 累积淤积量较方案 4、方案 2、方案 1 分别增加了 6.8%、7.3%、10%，说明中小洪水调度对库区淤积的影响不大。

分河段来看，受上游来沙较少的影响，库区上段特别是朱沱—清溪场河段河道以冲刷为主，方案 3 冲刷最小，方案 1 冲刷最大；清溪场—万县河段为常年回水区的上段，泥沙大量淤积，也是各方案差异较大的区域，方案 3 淤积量最大，方案 1 最小；万县—大坝河段，方案 3 淤积相对较少，而方案 1 则淤积相对较大。对比来看，中小洪水调度情况下，由于汛期坝前水位相对较高，泥沙淤积部位偏上，泥沙淤积向坝前推进的速度较设计调度工况慢。

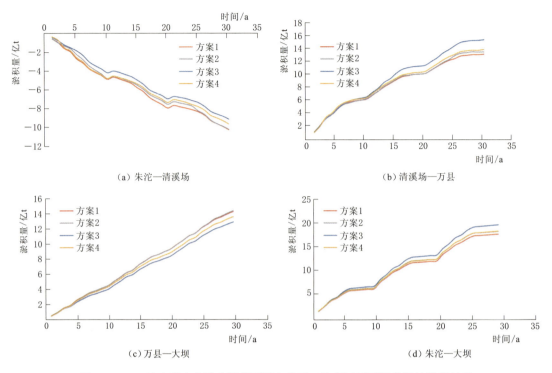

图 8.5.2　三峡水库中小洪水调度不同方案下三峡库区不同河段泥沙淤积过程

8.5.3.2　不同中小洪水调度方案对坝下游河道冲淤的影响

图 8.5.3 给出了坝下游各河段不同方案冲刷过程的对比，各计算方案下，坝下河道冲刷自上而下发展。计算前 10 年，冲刷主要集中在宜昌—城陵矶河段；计算 20～30 年，宜昌—城陵矶河段冲刷速率有所减弱，城陵矶—汉口、汉口—大通河段冲刷加剧。

计算 30 年末，有无中小洪水调度相比（方案 1、方案 3）宜昌—大通河段冲刷量相差最大为 0.42 亿 t，占总冲刷量的 1.65%，说明中小洪水调度对于下游河道冲刷过程影响不大。

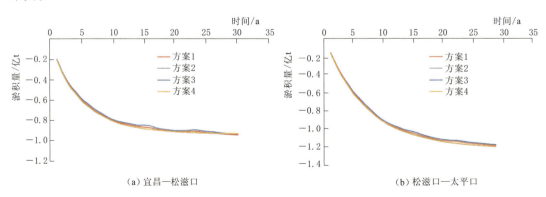

图 8.5.3（一）　三峡水库中小洪水调度不同河段各方案冲刷过程

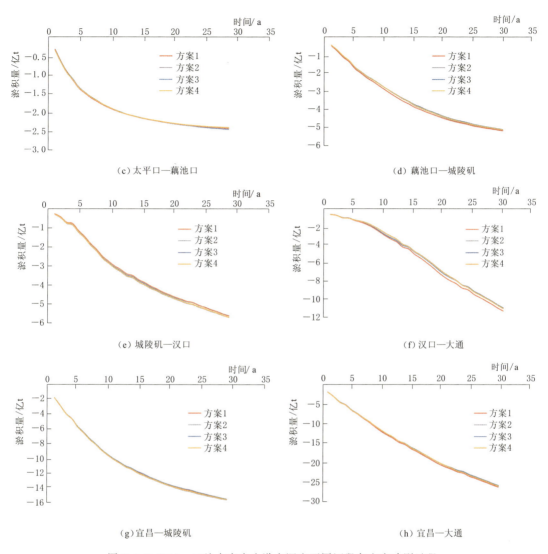

图 8.5.3（二）　三峡水库中小洪水调度不同河段各方案冲刷过程

8.5.4　中小洪水调度方案综合评估

8.5.4.1　风险分析方法及评价指标

中小洪水调度方案的风险分析，首先要进行风险识别和确定风险指标，风险定义如下：

$$R(x)=[R_1(x),\cdots,R_i(x),\cdots,R_p(x)] \tag{8.5.1}$$

$$R_i(x)=\dfrac{\sum\limits_{i=1}^{T}Z_{i,t}(x)}{T} \tag{8.5.2}$$

式中：$R(x)$ 为风险评价指数；$[R_1(x),\cdots,R_i(x),\cdots,R_p(x)]$ 为各类风险的评价指标，

$i = 1, 2, \cdots, p$；x 为影响各分类风险指标的自变量；$Z_{i,t}(x)$ 为计算第 t 时段第 i 类风险评价的评价指示函数；T 为调度周期内计算时段总数。

根据三峡水库功能及已有研究经验识别主要风险评价指标，考虑到三峡水库中小洪水调度要求、防洪安全及泥沙许可，选取水库自身防洪安全、下游防洪安全、库区地质安全、水库库容损失、水库蓄满保障、下游漫滩概率维持等指标为风险评价因子。各因子的风险评价指示函数计算如下。

（1）水库自身防洪风险。

中小洪水调度会导致水库汛期坝前水位提升，一旦遭遇较大洪水，可能会给水库自身防洪安全带来风险。建立指示函数如下：

$$Z_{1,t} = \begin{cases} 1 & x_{1,t} \in U_1 \\ 0 & x_{1,t} \in S_1 \end{cases} \tag{8.5.3}$$

式中：$Z_{1,t}$ 为第 t 时段水库自身汛期防洪风险指示函数；$x_{1,t}$ 为第 t 时段的水库坝前水位，m；S_1 为防洪安全运行水位范围，m，由于 2008—2017 年来水量级相对较小，均未超过 100 年一遇，水库从 150m 水位起调，遭遇 100 年一遇 1954 年、1981 年、1982 年和 1998 年型洪水时，水库最高洪水位为 166.47m，这里确定 S_1 取值范围为 166.47～175m；U_1 为防洪风险运行水位范围。

（2）坝下游防洪风险。

三峡水库中小洪水调度的目的之一是缓解水库下游防洪压力。基于这一考虑，建立指示函数如下：

$$Z_{2,t} = \begin{cases} 1 & x_{2,t} \geqslant S_2 \\ 0 & x_{2,t} < S_2 \\ 1 & x_{3,t} \geqslant S_3 \\ 0 & x_{3,t} < S_3 \end{cases} \tag{8.5.4}$$

式中：$Z_{2,t}$ 为第 t 时段水库下游防洪指示函数；$x_{2,t}$ 为第 t 时段沙市水位，m；S_2 为沙市保证水位，45m；$x_{3,t}$ 为第 t 时段城陵矶水位，m；S_3 为城陵矶保证水位，34.4m。

当 S_2、S_3 任一不满足时，即认为坝下游存在防洪风险。

（3）水库库区地质风险。

考虑调度会给水库库区岸坡带来的崩塌风险，建立指示函数如下：

$$Z_{3,t} = \begin{cases} 1 & (x_{3,t} - x_{3,t-1}) < U_1 \\ 0 & \text{其他} \end{cases} \tag{8.5.5}$$

式中：$Z_{3,t}$ 为第 t 时段水库库区地质风险指示函数；$x_{3,t}$ 为汛期第 t 时段的水库坝前水位；U_1 为汛期水库水位日下降控制值，按已有研究成果取 0.6m。

（4）水库库容损失风险。

考虑中小洪水调度导致的水库库容损失风险，建立指示函数如下：

$$Z_{4,t} = \begin{cases} 1 & x_{4,30} \geqslant S_4 \\ 0 & x_{4,30} < S_4 \end{cases} \tag{8.5.6}$$

式中：$Z_{4,t}$ 为 30 年末水库库容损失风险指示函数；$x_{4,30}$ 为 30 年末水库防洪库容损失率，采用 30 年末 145～175m 高程范围的淤积量占防洪库容的比值计算；S_4 为三峡水库库容损失容许率，参考已有水库淤积计算成果，取为 1％。

（5）水库未蓄满风险。

考虑到水库未蓄满风险，建立指示函数如下：

$$Z_{5,t} = \begin{cases} 1 & x_{5,t} \in U_2 \\ 0 & x_{5,t} \in S_5 \end{cases} \tag{8.5.7}$$

式中：$Z_{5,t}$ 为第 t 时段水库蓄满风险指示函数；$x_{5,t}$ 为 10 月 30 日前水库坝前最高水位，m；S_5 为汛末水库蓄满水位范围，m，取 $S_5 = [174.5, 175]$；U_2 为未蓄满水位范围，m，取 $U_2 = [144.5, 174.5]$。

（6）坝下游漫滩概率维持风险。

为了维持坝下游河道洲滩一定程度的漫滩概率，抑制洲滩植被生长，避免洪水河槽阻力增大泄流能力下降，采用枝城流量超过 36400m³/s 的天数，建立指示函数如下：

$$Z_{6,t} = \begin{cases} 1 & x_{6,t} \leqslant S_6 \\ 0 & x_{6,t} > S_6 \end{cases} \tag{8.5.8}$$

式中：$Z_{6,t}$ 为第 t 时段水库下游洲滩漫滩风险指示函数；$x_{6,t}$ 为第 t 时段下泄流量；S_6 为荆江河段漫滩流量。

8.5.4.2 三峡水库中小洪水调度风险评估

基于 2008—2017 年系列，根据 4 种方案下的坝前水位过程、下泄流量过程、库区淤积情况以及下游洪水演进计算成果，对各方案风险指标进行计算。在下游漫滩概率维持风险计算时，采用下泄超过 36400m³/s 天数与天然入库流量超过 36400m³/s 天数差值占汛期天数的比值来确定，差值越大，风险越大。

表 8.5.2 给出了各方案下三峡水库调度风险计算结果，由表中不同调度方案的风险率变化可知：

防洪方面，各调度方案对于三峡水库自身防洪安全均无明显不利影响；对于坝下游城陵矶水位超保情况，方案 1 和方案 2 的风险较大，为 0.54％～0.65％，而方案 3 和方案 4 由于考虑了对城陵矶的补偿调度，风险相对较小，为 0.21％。这说明，在不增加水库自身安全风险条件下，方案 3 和方案 4 能有效减小坝下游防洪风险。

库区地质风险方面，汛期中小洪水调度下水位变化更为频繁，对库岸地质安全更为不利，其风险较设计调度方式增加 11.5％。方案 4 与方案 3 相比，汛期中小洪水控制水位较低，水位拦蓄高度有限，方案 4 在水库地质风险方面优于实际调度方案。

从坝下游河道漫滩概率维持风险来看，方案 3 风险最大，而方案 2、方案 4 风险最小，方案 4 与方案 3 相比，风险低 4.9％。

在水库库容损失风险方面，由于各方案下（30 年）水库泥沙淤积量差距不大，且淤积主要集中常年库区，而防洪库容内的库容损失均在 1％以内，可以认为各方案库容损失风险率均为 0。

各方案水库汛后均可蓄满，蓄满风险率均为 0。其中方案 1 和方案 2 汛末起蓄水位维持在 145m；而方案 3 和方案 4 由于拦蓄中小洪水，其起蓄水位略高，方案 3 平均为 155.09m，而方案 4 平均为 153.2m。汛后起蓄水位较高有利于水库尽快蓄水，蓄满时间相对较短。

综合 4 个方案风险率变化可知，方案 4 在防洪、减少库区地质灾害、维持下游漫滩概率等方面表现突出，整体相对较优。

表 8.5.2　　　　　**三峡水库中小洪水不同调度方案风险**

计算结果（2008—2017 年系列）　　　　　　　　　　　%

调度方案	水库自身防洪风险	下游防洪风险	库区地质风险	水库库容损失风险	水库蓄满风险	下游漫滩概率维持风险
方案 1	0	0.65	0.7	0	0	2.17
方案 2	0	0.54	3.2	0	0	0.22
方案 3	0	0.21	12.2	0	0	5.33
方案 4	0	0.21	2.0	0	0	0.43

综上所述，为缓解中小洪水调度对坝下游河道阻力增加、泄洪能力减小、河道萎缩的影响，对中等来水年份，在库水位较低时拦蓄 $25000 \sim 35500 \mathrm{m}^3/\mathrm{s}$ 的洪水，形成人造洪峰过程，可以实现下泄流量控制天数目标（枝城大于 $36400 \mathrm{m}^3/\mathrm{s}$ 天数不少于 18d）；在年际间采用较长时间尺度控制（5 年内施放 2～3 次），能够满足坝下河道洪水施放频率的要求。中小洪水调度优化方案对水库淤积和坝下游河道冲淤影响较小，防洪风险可控。

8.6　新水沙条件下三峡水库坝下游河道演变与河势变化

三峡水库蓄水运用后，受上游水土保持减沙、干支流水电枢纽蓄水拦沙及河道采砂等因素共同影响，坝下游水沙情势发生了显著改变，冲刷向下游发展速度较预期要快，对防洪安全、航道安全、生态安全及河势稳定等带来深远影响，分析三峡水库坝下游河道演变趋势十分必要。

8.6.1　宜昌至枝城河段

宜昌至枝城河段两岸受到山丘阶地控制，部分河岸实施了护岸工程，三峡水库蓄水运用前河段河势基本稳定，蓄水运用后岸线和滩槽格局变化不大，河势仍保持基本稳定。2003 年三峡水库蓄水运用以来，宜昌至枝城河段产生了累积性冲刷，其中宜都河段的冲刷强度显著大于宜昌河段，蓄水后的 15 年内河床冲刷速率逐渐趋缓，如图 8.6.1 所示；通过河床的冲刷，大部分边滩和洲滩萎缩变小，近期已渐趋稳定。平滩河槽中冲刷的主要部位集中在枯水河槽，其中又以深槽部位的冲深展宽和深泓线的下切最为明显，断面形态的冲深调整沿程增大，河床形态向宽深比减小的窄深方向发展；宜昌河段河床已粗化为卵石夹沙，宜都河段河床组成粗颗粒占比增大较快。随着河床粗化形成的抗冲保护层增多，预计宜昌至枝城河段冲刷强度继续减小，至 2030 年左右冲刷强度不到 1 万 $\mathrm{m}^3/(\mathrm{km} \cdot \mathrm{a})$，冲淤基本平衡，如图 8.6.2 所示，河道将向相对稳定的态势发展，河床的稳定性与蓄水初期比将相对增强。

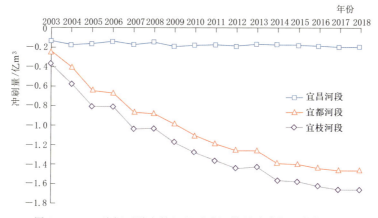

图 8.6.1　三峡坝下游宜枝河段平滩河槽累计冲淤量变化过程

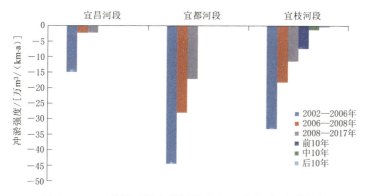

图 8.6.2　三峡坝下游宜枝河段未来 30 年河床冲刷强度

8.6.2　荆江河段

荆江河段以藕池口为界分为上、下荆江。上荆江受边界条件和历年抛石护岸工程的控制，总体河势相对稳定。下荆江两岸抗冲性较差，经过多年河势控制工程的实施，河势得到初步控制。三峡水库蓄水运用后，荆江河段冲刷幅度和强度远大于蓄水前，滩槽关系和洲滩变化的部位较多，局部河势变化较大并处于强烈的调整过程。

（1）未来相当长时间内河床仍保持较强的冲刷态势。

2003 年三峡水库蓄水运用以来，荆江河床发生剧烈冲刷，2002—2018 年平滩河床累计冲刷量为 11.38 亿 m³，如图 8.6.3 所示，年平均冲刷量为 0.71 亿 m³/a。从冲刷沿程分布来看，上、下荆江冲刷量分别占总冲刷量的 60%、40%。随着三峡上游干支流水库群陆续兴建及运用，三峡水库下泄水流含沙量在一个长时段内仍保持较低水平。预测表明，荆江河段未来 30 年河床冲淤变化仍表现为单向冲刷趋势，累计冲刷量为 17.63 亿 m³，年均冲刷强度为 16.9 万 m³/(km·a)，如图 8.6.4 所示，略小于 2002—2018 年的 20.5 万 m³/(km·a)。未来 30 年荆江河段前 10 年、中 10 年、后 10 年冲刷强度分别为 18.7 万 m³/(km·a)、17.7 万 m³/(km·a) 和 14.3 万 m³/(km·a)，冲刷强度沿时程呈逐渐减小趋势，但量值仍较大，表明荆江河段未来 30 年冲刷尚未达到平衡状态。

图 8.6.3　坝下游荆江河段平滩河槽累计冲淤量变化过程

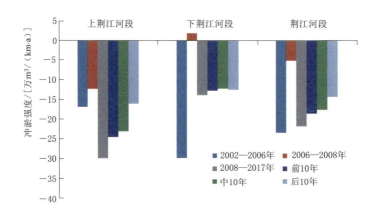

图 8.6.4　坝下游荆江河段未来 30 年河床冲刷强度

（2）整体河势趋于稳定。

由于河道平面形态变化受到限制，整体河势趋于稳定，局部河势仍有不同程度的调整，调整比较大的河段主要有沙市河弯太平口心滩段和三八滩段、石首河弯段、铺子湾至洪水港微弯段、熊家洲至城陵矶段。据不完全统计，截至 2019 年 12 月，荆江累计完成护岸长度 388.8km，其中上荆江 181.0km，下荆江 207.8km，已护工程占岸线总长约 56%；2019 年汛后监测荆江河道崩岸段（包括已护工程水毁段）长约 29.0km，仅占岸线总长的 4%。

三峡水库蓄水运用后，"清水"下泄引起枯水河槽冲刷的同时，中高水以上河道地貌，如边滩和江心洲，也发生冲刷萎缩，重点集中在洲滩的头部和凸岸侧的边缘处，有 30 余处之多。变化最大部位是上荆江太平口心滩至三八滩段及下荆江石首河段和熊家洲至城陵矶段。前者不仅洲滩冲刷强烈，而且主支汊易位；后者随着高边滩崩退，深泓位置发生大幅度偏向摆动，均对河势造成不稳定影响。"十一五"和"十二五"时期荆江河段开展了较大规模的航道整治工程[14]，对上述中、枯高水位以上已经发生或正在崩退的洲滩实施了重点部位的护岸、护滩等守护工程，总体上遏止"清水"下泄对滩体冲刷。因此，荆江河道两岸和洲滩受人类干预措施的影响增强了其稳定性，加强了河道边界控制作用，预计在未来较长时期河道总体河势仍维持目前主流走向。

（3）重点河段河势变化。

1）上荆江。洋溪河弯段位于上荆江首端，河道分布有关洲江心洲。三峡水库蓄水运用前，关洲洲头砂卵石低滩时而在高水位漫滩时而受到水流冲刷，洲尾在遭遇大水年份发生淤积，平面形态变化较小；左右两汊分流比年内呈周期变化，当流量大于 22000m³/s，左汊分流大于右汊，反之则小于右汊。三峡水库蓄水运用后，关洲左汊年际间出现持续性冲刷，冲刷部位主要在中下段（含采砂影响），断面展宽冲深，当流量大于 18000m³/s时，右汊分流比超过 50%，比 2003 年前扩大了约 4000m³/s。2014 年，在关洲左汊进口建设护滩带和潜坝，目的是对左汊进行枯期限流，但未改变左右两汊分流比年内周期变化特征。随着关洲汊道进口段左岸深槽刷深展宽，2018 年后上游枝城大桥左岸附近一带岸线持续崩退，更有利于关洲左汊汛期进流，预计关洲汊道左右汊年内分流比将进一步发生变化。

芦家河心滩段由江中卵石碛将河道分为左右两汊，左汊为沙泓，右汊为石泓。三峡水库蓄水运用前半个多世纪年内沙、石两泓为交替航道，枯期沙泓常因得不到充分冲刷而碍航。三峡水库蓄水初期，芦家河心滩段河床冲刷下切，左汊（沙泓）以冲深为主，右汊（石泓）冲刷主要表现为横向展宽发展，冲刷右岸上百里洲岸滩，引起偏洲前沿岸线大幅度崩退。2015 年，在芦家河卵石碛坝洲体上建设由护滩带组成的鱼嘴工程，右汊（石泓）修建护底带；2018 年，对偏洲林家垴一带岸线进行新护。根据有关研究成果，未来10 年末，在现有河道边界条件下芦家河心滩段和松滋口口门河段整体河势变化不大，岸线及深泓位置总体上基本稳定。

枝江微弯段江中分布有董市洲，洲滩中上部有多处串沟，左汊为支汊，右汊为主汊。三峡水库蓄水运用初期，董市洲左右汊均冲刷，其中右汊冲刷幅度大于左汊，右缘下部边滩冲刷后退。2010 年，对董市洲上部低滩和尾部边滩进行护滩守护，采用锁坝封堵串沟，并对洲尾右缘进行了护岸。预计董市洲汊道仍保持现有分流格局，汊道进口昌门溪以下未守护段可能因近岸河床下切影响岸坡稳定。

江口弯曲段由柳条洲、江口洲汊道组成，两汊道右汊为主汊，左汊为支汊。三峡水库蓄水运用前，两洲滩均受冲刷而萎缩，以江口洲为甚，但主支汊格局尚属稳定。三峡水库蓄水运用初期，柳条洲洲头和右缘冲刷崩退，江口洲右缘逐年崩退，洲滩大幅缩小，主流在江口洲段呈现复凹坐弯态势。2010 年，在柳条洲洲尾右缘新建护岸工程，右岸吴家渡边滩实施了护滩带，加上两岸已建护岸工程，目前基本控制主流线的平面摆动，未来变幅不大。

浣市河弯段以下为沙质河床，河道内火箭洲、马羊洲洲体历年变化较小，左支右主汊道关系较稳定。三峡水库蓄水运用后，右汊近岸深槽进一步冲刷，右汊河床中间隆起沙包高程受冲刷有所降低，右岸滩槽高程差增大，未来浣市河弯贴主流段岸坡稳定性可能降低，对已有护岸工程安全运行带来一定的风险。

太平口心滩段为长顺直过渡段，南、北两槽在心滩两侧交替变化。2004 年主泓走北槽，引起左岸学堂洲近岸河床冲刷与岸线崩退。2006 年后，主流复回南槽。三峡水库蓄水运用初期，太平口心滩总体上呈滩面高程降低、滩体萎缩且下移之势，与此同时南槽冲刷向下发展，引起太平口以下的腊林洲大范围崩岸。2013 年，对腊林洲中上段进行全面守护，目前该段河道岸线已稳定，但由于河道已展宽，河床稳定性变差，太平口心滩与南北槽冲淤变化均较大，该段河势在未来一个时期仍处调整之中，太平口心滩将随长直过渡段主流左右摆动而冲淤消长。

三八滩分汊段在 20 世纪 80 年代至 90 年代末，三八滩滩体形态完整，其中 1991 年以边滩地貌依附右岸，并在洲尾右侧形成较深倒套，左汊过流占主导地位。1993 年三八滩右侧倒套贯通后开始了右汊发育进程。1996 年、1998 年、1999 年大水后加剧三八滩右汊向左扩展以及三八滩冲刷萎缩。三峡水库蓄水运用后，左汊河床有冲有淤，冲刷向三八滩一侧发展，河宽增大；右汊则大幅向左侧侵蚀，右侧因上游腊林洲崩塌泥沙下移落淤形成大边滩形态。三八滩汊道段尽管在 2004 年和 2005 年汛前实施了两期应急守护工程、2008 年采用护底排结合抛石守护工程的建设，但仅仅是维持三八滩现存滩体，滩槽不良形态未得到根本性改善，该段河势仍处于剧烈的调整变化中。

金城洲分汊段自 1998 年以来主、支汊格局相对稳定，左汊为主汊。2002—2008 年左右汊相对稳定，滩面略有抬高，滩槽形态良好；2013—2018 年，金城洲左侧滩体出现大幅度冲刷，左汊河槽向宽浅方向发展，水流有趋直之势。该段曾在 2007 年、2010 年先后实施了瓦口子水道航道整治控导工程及瓦马航道整治工程，在金城洲左汊中上段布置护滩带以增强洲滩稳定性，限制枯期过流量。工程实施后初期效果较明显，其后随着上游河势工程失效以及洲尾右侧倒套向上发展，该段有向不利河势发展的趋势。

公安河弯段在三峡水库蓄水运用前的演变主要表现为受突起洲上游长顺直展宽过渡段主流摆动的影响，马家嘴边滩、突起洲、文村夹边滩呈此冲彼淤的变化规律。突起洲左汊在 1998 年以前枯期基本断流，其后直至 2004 年呈发展之势。2006—2010 年，先后在靠近左岸汊道进口、左汊中上部、突起洲右缘上部实施了护滩带守护工程，遏制了左汊的发展，相对稳定了突起洲汊道河势。三峡水库蓄水运用后，公安河弯深槽刷深展宽，2004 年 20m 深槽全线贯通，突起洲汊道汇流后主流偏向右岸，突起洲右缘下段和左岸青安二圣洲边滩受到强烈冲刷，岸线崩退。2014 年以来，陆续对突起洲尾段和青安二圣洲边滩部分岸线实施护岸工程，稳定了河道平面形态。目前，该段突起洲左汊尾段依然存在 25m 深槽倒套，当左汊进口有水流漫溢时形成较大的局部纵向比降，可能加剧左汊倒套溯源冲刷，危及左岸文村夹岸线稳定和荆江大堤安全。

20 世纪 50 年代至今，郝穴河弯段主流均经杨家厂自右向左至祁家渊一带过渡，然后经过灵黄、郝龙险工段进入郝穴以下的展宽段。三峡水库蓄水运用后，在周天水道航道控导工程及南五洲下段护岸工程共同作用下，水流由左岸郝穴过渡右岸南五洲覃家渊一带后复至左岸新厂附近进入下荆江石首河段。目前，该顺直段主流走向已基本稳定，未来河势变化将主要取决于南五洲张家榨至覃家渊段、蛟子渊右缘中下段和新厂附近岸线是否保持稳定。

2）下荆江。石首河弯段位于下荆江进口端，河床演变主要表现为洲滩冲淤消长交替变化及过渡段主流的频繁摆动，具有上下游、左右岸关联性很强的变化特性。1996—2010 年，河道内主要有三大崩岸区，分别为上游天星洲左缘中下段、中游向家洲、下游北门口边滩，该期间为石首河弯近期演变最剧烈时期，大范围大幅度的崩岸是导致河势调整的最主要因素。1998年大水后，先后实施了向家洲、北门口边滩及天星洲左缘3处主流顶冲部位护岸工程以及倒口窑心滩、藕池口心滩、陀杨树边滩护滩工程，河道平面形态得到初步控制。预计该段陀杨树边滩及倒口窑尾段附近主流仍有较大幅度摆动，北门口过渡至北碾子湾深泓居中偏右，顶冲点将有所下移。

北碾子弯段河势与上游石首河弯河势变化紧密相关，北门口水流顶冲点的下移直接影响该段主流走向。经过一系列护岸、护滩、丁坝等河道治理措施，2002—2016年该段河势相对稳定，主流紧贴岸线局部位置发生了崩塌，清水下泄将有助于碾子湾深槽与寡妇夹深槽之间的浅滩冲刷。

调关、中洲子及荆江门弯道段近期演变主要表现为凸岸边滩冲刷，主流撇弯。三峡水库蓄水运用后，调关、中洲子及荆江门弯道段水流均有趋直和顶冲点下移之势，即弯道进口凸岸边滩逐年冲刷后退，弯道进口过渡段主流下挫，主流顶冲点下移，深泓逐渐向凸岸摆动。上述"切滩撇弯"现象可能与三峡水库蓄水运用后下泄径流过程变化和含沙量大幅减小有关，预计下荆江弯道段尤其急弯段仍将维持目前滩槽演变态势，顶冲点下移将加剧迎流段局部深泓冲刷，2018年10月实测调关弯道矶头稍下处荆122断面、中洲子弯道下段石9断面深泓高程为2003年以来最低。

鹅公凸至杨家弯段为微弯长顺直段，河势良好，深泓多年来贴右岸下行。三峡水库蓄水运用后枯水河槽冲深展宽，2002—2016年15m深槽左缘向左岸平均扩宽约100m，在塔市驿对岸附近左移达180m，断面形态由偏V形向偏U形发展，冲刷后的滩槽形态仍然分明，左岸局部高滩可能因近岸河床冲刷引发岸线崩塌。

监利河弯段在历史时期具有汊道周期性兴衰交替的演变特性。20世纪90年代初，乌龟洲汊道完成了主支汊移位转化，即左汊由主汊萎缩为支汊，右汊则发育为主汊，至今仍维持绝对主汊地位。三峡水库蓄水运用以来，监利河弯段最显著的变化是乌龟洲右缘大幅崩退，右汊展宽，深泓左移下切，汊道汇流后顶冲点由原来铺子湾处上移至太和岭一带，期间乌龟洲前沿心滩位置善徙多变，左汊也明显冲刷。2009—2011年，对乌龟洲洲头心滩、洲首、洲体右缘进行了守护，清除太和岭附近江中乱石堆，乌龟洲汊道平面形态得到基本控制，2011年后河势基本稳定。今后值得注意的是，随着乌龟洲右缘深槽冲刷上延下移继续扩大且深泓冲深，该段护岸工程的稳定性将进一步降低，太和岭顶冲夹角过大，增大该处已护工程安全运行的风险。

铺子湾至洪水港微弯段由天子一号和天星阁两个微弯组成，该段河势变化与上游乌龟洲汊道右汊出流顶冲位置的移位、两岸高滩崩岸关系紧密。三峡水库蓄水运用以来，受太和岭挑流影响，右岸丙寅洲高滩发生剧烈崩岸，铺子湾下段深泓大幅左摆，天子一号过渡段滩槽冲淤演变强度增大，2013年此处形成三槽首尾交错并列形态，高滩冲刷泥沙在其下端淤涨为一小江心滩，航道条件极度恶化。2014年对两岸崩塌区新建了护岸工程，在丙寅洲附近深槽护底区设置抛石堰坎，限制右槽发展，工程实施后过渡段浅滩范围、高程均有所减小，但滩槽形态依然处于变化中。天星阁微弯段受护岸工程控制，三峡水库蓄水运用后弯曲形态总体变化较小，主要表现为凹岸撇弯淤滩和凸岸边滩冲刷后退。该段今后河势主要变化仍体现在天子一号以上过渡段主流的摆动引起滩槽形态的较大调整。

盐传套顺直段 2003 年前河势变化的主要特点是由右向左过渡段主流上提下移，引起左岸盐传套一带岸线崩退时有发生。三峡水库蓄水运用后，该段河床发生较强冲刷，中枯水河槽冲深展宽，平滩流量下左岸高滩、右岸边滩也受到水流冲刷，主流摆动幅度加大。2013 年以来，该段左岸未护段进行了全面守护，右岸广兴洲边滩新建护滩带、护岸工程，河道边界条件得到较好控制，预计未来河势不会发生大的变化。

熊家洲至城陵矶段位于下荆江尾闾，直接受洞庭湖基面顶托和消落影响，河道平面摆动较为频繁，河势变化人。三峡水库蓄水运用后，该段演变与 2003 年前比较有 3 个较大的变化：一是熊家洲右汊两侧岸线崩退，河床发育较快，分流能力有所增大；二是受弯道间过渡段主流摆动影响，七弓岭、观音洲、荆河脑 3 个弯道段刷滩、切滩和撇弯现象较为明显，一般表现在凸岸边滩上游侧发生较大幅度的冲刷，凹岸槽部则相应淤积，形成依岸或傍岸的狭长边滩或小江心滩；三是主流贴岸且未守护段崩岸强度较大，八姓洲西侧以下至其凸咀、七姓洲西侧以下至其凸咀、荆河脑边滩均发生大范围崩岸，河道凸岸向更弯曲、向下蠕动方向发展，八姓洲东、西两侧狭颈（30m 高程）平均间距至 2016 年减小到不足 400m，遭遇不利水文年份发生自然裁弯的可能性增加。2016 年后，八姓洲西侧的关键部位、观音洲弯顶以下迎流段、部分险工段实施了新护和加固护岸工程，初步抑制了河道的进一步弯曲。目前，八姓洲、七姓洲凸岸附近岸线仍在继续崩退，未来该段七弓岭、观音洲、荆河脑弯道水流仍具有趋直和顶冲点下移之势，七弓岭弯道下段局部岸坡受河床下切、水位变幅等影响存在岸坡稳定系数小于安全值的隐患[15]。

8.6.3　城陵矶至大通河段

城陵矶至大通河段为宽窄相间的江心洲分汊河道，因河床边界条件、来水来沙条件与河道特性的差异，以湖口为界，上游段河型以顺直分汊型、微弯分汊型为主，下游段则以弯曲型、鹅头型汊道居多，且河床稳定性弱于上游。受两岸山体、阶地和护岸工程约束，以及河道内护滩工程、限流工程的控制，不同河型分汊河段主流随着来水来沙条件的变化而小幅摆动，汊道内深槽上提下移、洲滩分割合并、滩槽交替发展等河床冲淤演变强度有所降低，总体河势保持相对稳定态势。

（1）未来 30 年河床仍继续冲刷。

2003 年三峡水库蓄水运用以来，不仅宜昌至城陵矶河段受到强烈的冲刷，城陵矶以下的分汊河道也发生了明显的冲刷。2002—2018 年，城陵矶至大通河段平滩河槽累计冲刷量为 15.3 亿 m^3，其中城陵矶至汉口段、汉口至湖口段、湖口至大通段分别占 31%、41%、28%，沿程各河段冲刷强度基本相当，为 11 万～12.6 万 $m^3/(km \cdot a)$，均小于宜枝河段和荆江河段 [17.2 万～20.5 万 $m^3/(km \cdot a)$]。三峡水库蓄水运用初期（2003—2012 年），城陵矶至大通河段河床有冲有淤，以冲为主，年均冲刷量较小；2013 年后，强冲刷带由上至下发展至该河段，冲刷强度显著增大，2013—2018 年城陵矶至汉口段、汉口至湖口段、湖口至大通段冲刷强度分别为 31.2 万 $m^3/(km \cdot a)$、25.7 万 $m^3/(km \cdot a)$、17.2 万 $m^3/(km \cdot a)$，表明目前该河段仍处于强烈冲刷状态。据数学模型计算预测，未来 30 年城陵矶至大通河段仍将以较大强度持续冲刷，累计冲刷量为 19.84 亿 m^3，城陵矶至汉口段、汉口至湖口段、湖口至大通段悬移质冲刷量分别为 6.37 亿 m^3、6.34 亿 m^3、

7.13 亿 m³，各段冲刷速率总体上沿时程呈减弱的趋势。

（2）河道朝稳定性增强的方向发展。

经过河道（航道）治理，两岸河漫滩及高大完整江心洲边界条件得到了控制，绝大多数分汊河段平面形态基本稳定，河道进一步朝稳定性增强的方向发展；少数分汊河段进口分流区、汊道内、汇流区河床冲淤变化较大，汊道滩槽格局、分流形势仍处于调整变化之中。

岳阳河段沿江两岸分布众多节点，对河型形成和河道平面形态起着控制作用，除界牌河段外多年河势较为稳定。河道内自上而下沿程分布有仙峰洲、南阳洲、新淤洲、南门洲等江心洲。仙峰洲受江湖汇流影响或为心滩或为边滩形态，呈冲淤交替变化，2001 年白螺矶以上左岸边滩发育，至 2016 年边滩尾部已形成高程为 20m、长约 3km 的倒套，仙峰洲边滩具有内槽冲刷、滩面淤积再成为分汊之势，仍遵循洲体切割、向下移动、分散、解体再在上游形成边滩周期性演变规律。南阳洲汊道左支右主分流格局较为稳定，三峡水库蓄水运用后，右汊冲刷发展，洲头和洲体右缘有所崩退，为遏制向不利河势方向发展，2013 年实施了南阳洲洲头鱼骨型护滩带工程、洲体右缘守护工程，预计今后该汊道仍然保持良好的滩槽形态。界牌河段自 1994 年实施枯水双槽方案整治以来，滩槽冲淤幅度仍较大，过渡段浅滩变化频繁。目前河道上段已形成分汊形态，右槽为主汊，与下段新淤洲汊道右汊（主汊）衔接较好。该段上部江心滩稳定性较差，加上 13 道丁坝坝首附近水流紊乱形成的局部冲刷坑对河床地形扰动，预计未来该段河道演变仍十分复杂。

陆溪口河段中洲基本并岸已转化为新洲双汊汊道。2001—2016 年，新洲右汊进口段冲深发展，左汊随着中州右缘中下段崩退有坐弯之势，其右侧（新洲左缘）一带淤涨为大边滩且尾部发育倒套；2004 年，对新洲滩头和中洲中部崩岸区实施守护工程，汊道形态得到初步控制。目前已形成洪季主流走新洲右汊、中枯水主流位于新洲左汊的双汊分流格局，今后需注意的是在新洲左汊中下段展宽过程中已发育大边滩，有进一步发生切滩成江心滩的趋势。

嘉鱼河段自上而下分布有护县洲、白沙洲、复兴洲、燕子窝心滩。护县洲、复兴洲枯季基本断流，其洲体左缘岸线为白沙洲右汊右侧的边界条件。2003 年三峡水库蓄水运用以来，白沙洲汊道右汊（支汊）冲深展宽，左汊（主汊）进口处淤积为较完整大边滩，左汊中枯河槽有萎缩之势；燕子窝心滩滩面高程较低，对水流控制作用较弱，尽管 2015 年实施了滩头守护工程和右汊限流工程，目前汊道水流分散漫滩形势仍未得到根本改善。预计随着护县洲、复兴洲左缘岸线崩退，白沙洲右汊将有进一步发展趋势，其分流比增大可能对改善燕子窝心滩左汊进流创造有利河势条件。

簰洲湾河段团洲汊道平面形态多年较稳定，左汊为主汊，右汊为支汊，不同流量下左、右汊分流比相差较大。2003 年三峡水库蓄水运用以来，团洲汊道段洲体、汊道内河床冲淤变化不大，今后仍会保持这一相对稳定分汊格局。

武汉河段由上段铁板洲汊道、中段白沙洲汊道和下段天兴洲汊道组成。三峡水库蓄水运用前，铁板洲两汊呈左淤右冲缓慢变化之势。2001—2016 年，铁板洲洲头前沿淤涨出面积与铁板洲洲体几乎相当的江心滩，洲头与心滩之间有牛轭型串沟，如果串沟淤积，则左汊朝淤积方向发展，如冲深贯通则演化为三汊分汊河型。白沙洲汊道 2003 年后左汊过流断面扩大,右汊变化不大,同期白沙洲洲头及左侧高滩冲刷后退,洲体面积明显萎缩,将减弱对进入武桥水道水流的控制作用,武桥水道航槽位置、航向未来仍将处于不稳状态。天兴洲汊道自20世纪50年代右汊转为主汊以来,一直处于发展态势。2001年,洲头为自左向右的横向水流所切割,有形成串沟和洲头心滩之势,2010年实施了洲头守护工程,2011年以后已连为一体。目前天兴洲洲体总体稳定,未来仍将保持左(汊)衰右(汊)兴的演变趋势。

叶家洲河段牧鹅洲并岸形成边滩后,已成为滩槽形态较稳定弯道。2003年后,枯水河槽向左大幅拓展,2018年在牧鹅洲边滩右侧区新建护滩带,预计该段河势仍将保持基本稳定,主流仍沿右岸深槽下行。

团风河段叶路洲已并于左岸,现为双汊河道,左汊为支汊,右汊为主汊。2001年,三峡水库蓄水运用前,由于右汊水流不断向左侧罗湖洲、西河铺岸线侵蚀,汊道展宽已至2km,右侧人民洲边滩持续发育。2005年后,对罗湖洲、西河铺岸线进行防护和加固,实施了罗湖洲洲头和人民洲边滩护滩守护工程,今后团风河段不再会出现洲体平移周期性变化,右(汊)强左(汊)衰是该段汊道演变的主要趋势。

鄂黄河段河道内汊道主要有德胜洲汊道和戴家洲汊道。德胜洲在三峡水库蓄水运用前左侧边滩已受到冲刷切滩,形成小江心滩。2001—2016年,德胜洲滩体由低矮潜心滩淤高为形态较完整江心洲,左汊5m深槽上伸下延,冲深并向右侧展宽,该时期汊道左侧并未出现明显淤积。预估德胜洲汊道如果在其左汊不实施其他整治工程前提下,仍将遵循滩槽原横向演变的模式作周期性变化,只是上游输沙量大幅减少会增大周期演变的时间。戴家洲汊道进口段长浅滩冲淤变化大以及戴家洲右缘崩退引起右汊展宽是导致该汊道不稳定的主要因素。2009年、2012年分期对戴家洲洲头、右缘岸线及寡妇矶上游滩进行守护,2018年对戴家洲已建鱼骨坝进行延长,同时加固戴家洲右缘已护工程,河道边界条件基本得到控制,戴家洲汊道仍将维持左汊淤积、右汊冲刷的缓慢发展趋势。

韦源口河段进、出口分布有牯牛沙边滩、蕲州心(边)滩。牯牛沙边滩自20世纪80年代中期以来,年际间冲刷后退、高程降低,枯水河道向宽浅方向发展,2001—2006年有冲刷加剧之势。2009年和2013年,陆续对牯牛沙边滩实施护滩带守护和加固工程,目前5m等高线边滩沿护滩带首部淤成一片,枯水河槽缩窄明显,预计牯牛沙水道过渡段仍将保持良好浅滩形态。蕲州汊道历年滩槽冲淤幅度大,2001—2016年,该汊道经历了由依附左岸蕲州潜心滩通过水流切滩、滩面淤长发展到傍左岸江心洲的演变过程。2017年,在蕲州汊道上游右岸李家洲边滩实施了护滩工程,今后蕲州右汊因进流受到限制可能会发生淤积,重回傍岸或依岸边滩形态。

田家镇河段鲤鱼洲在三峡水库蓄水运用前30多年多以左岸边滩形态依存,至2006年内槽冲刷已发展为小江心洲,左汊为主汊。2015年,采用一纵四横梳齿型护滩带对鲤鱼洲进行守护,其后滩体总体上朝滩首方向淤涨,2016年已形成较完整5m等高线洲体,2018年对鲤鱼洲已建护滩带进行加高。鉴于鲤鱼洲滩面高程明显小于两岸河漫滩,中高位低含沙水流刷滩可能引起洲体冲淤变化,鲤鱼洲不稳定因素依然存在,继而影响南北两槽航道条件。

龙坪河段新洲汊道平面形态自20世纪60年代以来变化较小,至今仍保持左(汊)次右（汊）主的发展趋势。该段演变特点主要表现为新洲前沿心滩受横向水流切割冲淤多变以及汊道汇流区附近深泓摆动频繁。2011 年和 2018 年，分期对徐家湾边滩筑建护滩工程，实施了新洲右缘、左岸蔡家渡护岸工程，稳定了河道边界，有利于汊道汇流处过渡段航槽稳定。

　　九江河段由人民洲汊道段、张家洲汊道段和上下三号洲汊道段组成。人民洲汊道段在 2011 年前其左汊总体上表现淤积，右汊为主汊，平面形态也较为稳定。2011 年后，受上游河势调整影响，人民洲左汊冲刷发展较快，至 2016 年，自左汊进口处至长江九江二桥之间显现一条较强的冲刷带，汊道出口下游左侧边滩已切割新的心滩。2018 年，在人民洲头已建滩脊坝前沿上修建一纵一横两道护滩带，限制左汊枯水进流，人民洲未来汊道格局将仍以右汊分流为主，左汊短时期不因限流工程而出现大幅萎缩。张家洲汊道洲体经过多年守护，平面形态基本稳定。2003—2016 年，张家洲洲头心滩、官洲头部、官洲汊道进出口深槽及官洲夹均发生不同程度冲刷，尤其以张家洲右缘上段近岸河床冲刷为甚，平均下切近 5m；官洲汊道上浅区深泓总体上有朝偏右方向发展且官洲夹深槽有继续冲深的趋势。2018 年，在已建航道整治工程基础上实施了张家洲洲头护滩、官洲洲头低滩梳齿坝加高、官洲左侧护滩带、官洲夹护底带等工程，预计张家洲汊道左支右主分流形势和主航槽位于官洲左汊的河势格局将长期保持不变，今后需重点关注张家洲右缘上段岸坡稳定性变化。上三号洲已并于左岸，其向上延伸的洲头在 2001 年前已切割形成洲头心滩并呈淤积之势，期间在心滩不同部位多次遭横向水流切割，冲淤变化大，形态不稳。下三号洲左、右汊道 2003 年后均发生冲刷，洲头低滩和洲体左缘中上段冲刷尤为明显。2016 年在上三号洲四洲圩边滩窜沟上部建设两条护滩带以促进窜沟泥沙淤积，采用护滩带对下三号洲上部左缘进行守护，目前上、下三号洲主流走向基本稳定，未来新洲前沿心滩冲淤变化仍有反复，滩体稳定性较差，不利于下游河势稳定。

　　马垱河段受护岸工程和右岸多处山矶控制，三峡水库蓄水运用以来，除棉船洲洲头、左汊进口处及汇流区左岸线等局部地段冲淤变化较大外，棉船洲汊道平面和滩槽形态基本稳定。2009 年和 2011 年，先后对棉船洲右汊（主汊）内下段瓜子号、上段顺子号两江心洲洲体及左槽实施了护滩工程和限流工程；2018 年，为提高航道标准继续完善顺字号汊道已建航道工程，包括加高、守滩和左槽潜坝等，目前右汊滩槽形态总体上朝良好趋势发展。由于上游小孤山与彭郎矶对称节点对棉船洲汊道进口水流走向的控制作用较强，河道边界和形态有利于右汊左槽进流，预计马垱南水道仍维持枯水双槽形势，顺子号北槽护底工程限流效果将十分有限。

　　东流河段由上至下顺列老虎滩、棉花洲、玉带洲等洲滩，其中玉带洲已与棉花洲并洲，形成了老虎滩和棉花洲上下相连两汊道。20 世纪 90 年代中期以后，棉花洲右汊发展为主汊，同时期主流走老虎滩左汊。2003 年三峡水库蓄水运用以来，针对老虎滩汊道左岸边滩发育展宽、老虎滩滩体急剧冲刷萎缩、右汊（东港）冲深展宽，以及棉花洲汊道洲头低滩冲淤频繁、右缘边滩大幅崩退、右汊与老虎滩左汊之间过渡段明显淤积等发展不利河势格局，陆续开展了一系列航道整治工程，采取工程措施守护左岸边滩、老虎滩滩体、棉花洲洲头、玉带洲洲头及串沟、玉带洲右缘岸线，河道稳定性有所增强。目前，东港的发展仍在持续，在含沙量大幅减小、河床普遍冲刷的情况下，该段汊道河势是否发生新的变化有待观察。

安庆河段以皖河口为界分为官洲汊道段和鹅眉洲汊道段。官洲汊道在西江堵汊和培文洲并岸后，尽管期间汊道内清节洲和余棚洲不时被水流切割形成冲沟，但中枯水位以上汊道主要形态仍为两汊，即清节洲左汊为主汊，右汊为支汊。2003—2016 年，右汊进口复生洲岸线冲刷崩退，过流能力有所提升；官洲尾至广成圩江岸冲刷部位进一步下延，左岸广成圩向右岸杨家套的主流过渡段随之下移，加剧小闸口段岸线冲刷。鹅眉洲汊道有潜洲、鹅眉洲和江心洲并列江中形成三汊分流格局，其中左汊为主汊，中汊次之，右汊分流比为最小。历史上潜洲和鹅眉洲之间关联演变遵循年际间滩槽横向平移周期性变化规律，2001—2016 年，潜洲和鹅眉洲左缘崩退，潜洲右缘淤积展宽，有复演历史滩槽转化之势，期间 2010 年实施了潜洲头部护滩和中汊护底工程，但仍未有效改变滩槽向右平移演变的趋势。2017 年，在已建工程基础上对潜洲前沿低滩新建护滩带，加高中汊护底工程，进一步抑制中汊过流能力。可以预计在工程作用下鹅眉洲汊道左汊主导地位将有所提升，中汊护底工程以下段河床短时期仍将保持左（潜洲右侧）淤右（鹅眉洲左侧）冲态势。

太子矶河段拦江矶以下江中铜铁洲将水流分成左右两汊，右汊为主汊，右汊内分布有新玉板洲、稻床洲。铜铁洲汊道枯水河槽基本处于自然边界状态，受拦江矶及其以上凹入岸线导流作用和来水来沙条件影响，今后汊道仍保持现有左支右主分流格局，右汊内铜铁洲洲头右侧附近新玉板洲、稻床洲潜心滩、东西两港深槽冲淤频繁，稳定性仍较差。

贵池河段由左至右并列分布兴隆洲、长沙洲、凤凰洲、碗船洲，其中凤凰洲、碗船洲已并洲，分河道为左、中、右三汊。2003 年三峡水库蓄水运用以来，右汊呈继续萎缩态势；中汊为主汊，呈发展状态，汊道两侧均发生不同程度崩岸，形成上下交错深槽和过渡浅滩；左汊随进口水流右偏冲刷兴隆洲，洲滩面积减小，滩面高程降低，兴隆洲与长沙洲之间的河槽处于发展态势。2017 年，对长沙洲洲头及右缘、兴隆洲洲头、凤凰洲左缘进行守护，兴隆洲右槽建设两道护底带。预估随着河道边界进一步稳定，贵池河段三汊分流形势相对稳定，左、中汊分流比在一定时期仍将反复调整。

大通河段自上而下分布有铁板洲、和悦洲，主流长期走左汊。2001—2016 年期间，铁板洲洲头低滩冲淤变化较大，总体上向下、朝右侧方向发展。未来该段仍维持左、右汊相对稳定河势，铁板洲洲头低滩可能遭受横向水流切割，发育为较大的沟槽。

8.6.4　大通至长江口河段

大通至长江口河段为感潮河段，受上游来水来沙及下游潮汐的作用，水沙动力条件和河床演变复杂。三峡水库蓄水运用以来，该河段总体表现为单向累积性冲刷，冲刷强度有所增大，2001—2018 年河床冲刷量为 20.4 亿 m³，其中大通至江阴段冲刷量为 13.1 亿 m³，江阴以下冲刷量为 7.3 亿 m³；河段内大部分汊道滩槽形态相对稳定，汊道分流比变化不大，少数汊道如铜陵河段成德州汊道、马鞍山河段小黄洲汊道、镇扬河段世业洲和和畅洲汊道、扬中河段落成洲汊道，因上游河势及滩槽冲淤的变化或工程措施影响引起分流比的小幅度调整。

以 2016 年为初始地形，采用 2008—2017 水沙系列年，开展了未来 30 年大通至长江口河段二维水沙数学模型计算预测，冲淤演变成果分析如下。

（1）未来 30 年河床仍继续冲刷。

根据数学模型预测，未来 30 年，大通至长江口河段仍处于冲刷状态，累计冲刷量为 27.61 亿 m³，其中大通至江阴段冲刷量为 13.16 亿 m³，江阴以下冲刷量为 14.45 亿 m³，冲刷强度随时程呈明显减小趋势，但各河段尚未达到冲刷平衡。

（2）滩槽形态整体变化不大。

大通至长江口河段各河段滩槽形态整体变化不大，冲淤分布具体表现为：铜陵河段成德州左汊、隆兴洲右汊有冲刷发展，顺安河口等一些弯顶段局部呈现凹淤凸冲的特性。马鞍山河段江心洲左汊有所发展，小黄洲左汊仍呈现冲刷的趋势。南京河段梅子洲右汊略有冲刷，左汊深槽冲淤相间；潜洲尾部略有冲刷，潜洲左右侧近岸处略有淤积；南京大桥区域段随着上游冲刷下泄泥沙的落淤，总体有所淤积；龙潭水道近岸河床冲淤进一步趋小，深槽以纵向下切为主。镇扬河段总体呈现冲淤交替的态势，冲淤变化较大区域主要集中在和畅洲左汊潜坝上下游局部，冲刷幅度较大。扬中河段落成洲右汊略有冲刷；天星洲中下段右缘总体表现冲刷，天星洲夹槽二桥港附近有所冲刷，焦土港附近则有所淤积；禄安洲进口上段总体淤积，禄安洲右汊变化较小，略有冲刷。澄通河段双涧沙沙体淤积抬高，潜堤掩护区域内均为淤积；靖江边滩略有淤积，万福港对岸小心滩有所冲刷；福北水道进口、丹华港一线开挖航槽、焦港—如皋港一线，以及福中水道旺桥港—和尚港一线航槽、南通水道进口—龙爪岩一线主槽均有所淤积；狼山沙东水道出口段总体表现为冲刷，相邻航槽内则有所淤积；通州沙西水道有冲有淤，进口段航槽有所淤积，通州沙潜堤右缘有所冲刷，且冲刷幅度较大；通州沙、狼山沙沙体冲淤变化较小，一期整治工程掩护区及梳齿坝内总体有所淤积；新开沙总体有所冲刷，新开沙夹槽下段则有所淤积。长江口河段北支冲淤变化整体小于南支，北支进口处略有淤积，中段略有冲刷，北支入海口处略有淤积；徐六泾河段、南支主槽、北港下段与南港的冲刷态势将持续，主槽水深不断增加；白茆沙、扁担沙、新浏河沙、江亚南沙的沙体整体呈现淤积的态势，但扁担沙的沙体之间存在冲刷现象，形成串沟；北槽在深水航道整治工程的作用下，坝田淤积，主槽略有冲刷；南槽入口段冲刷较为严重，南汇边滩出现淤积。

（3）典型汊道分流比将有所调整。

大通至长江口河段典型汊道分流比随着河床地形冲淤发生相应的调整，未来 30 年末，大通至江阴段洪季、枯季分流比变化幅度在 2% 以内，见表 8.6.1；江阴以下在洪季、枯季大潮条件下各汊道分流比与本底比较有增有减，见表 8.6.2，其中澄通河段汊道分流比变化幅度较小，长江口河段相对较大，变幅小于 4%。

表 8.6.1　　　　　三峡坝下游大通至江阴段汊道不同流量汊道分流比

河　段	流量/(m³/s)	初始地形		30 年末地形		右汊分流比变幅/%
		左汊分流比/%	右汊分流比/%	左汊分流比/%	右汊分流比/%	
马鞍山河段江心洲	16500	86.36	13.64	85.64	14.36	0.72
	57500	90.36	9.64	88.98	11.02	1.38
镇扬河段世业洲	16500	40.19	59.81	38.22	61.78	1.97
	57500	41.35	58.65	40.54	59.46	0.81

河　段	流量/(m³/s)	初始地形		30 年末地形		右汊分流比变幅/%
		左汊分流比/%	右汊分流比/%	左汊分流比/%	右汊分流比/%	
镇扬河段和畅洲	16500	65.10	34.90	66.00	34.00	−0.90
	57500	64.50	35.50	64.90	35.10	−0.40
扬中河段落成洲	16500	77.20	22.80	76.50	23.50	0.70
	57500	75.40	24.60	74.20	25.80	1.20

表 8.6.2　　　　　　　　三峡坝下游江阴以下河段汊道洪、枯季分流比变化

位　置	洪季落潮/%			枯季落潮/%		
	本底	30 年末	变化	本底	30 年末	变化
福北水道	78.20	78.06	−0.14	78.07	78.43	0.36
福南水道	21.80	21.94	0.14	21.93	21.57	−0.36
如皋左汊道	27.21	28.23	1.02	29.60	30.41	0.81
浏海沙水道	72.79	71.77	−1.02	70.40	69.59	−0.81
通州沙东水道进口	88.22	86.57	−1.65	89.02	86.87	−2.15
通州沙西水道进口	11.78	13.43	1.65	10.98	13.13	2.15
白茆沙北水道	27.22	26.17	−1.05	26.96	25.11	−1.85
白茆沙南水道	68.62	69.87	1.05	70.43	72.28	1.85
南港	44.30	42.80	−1.50	48.80	46.90	−1.90
北槽	46.80	49.20	2.40	43.50	47.30	3.80

综合所述，从三峡坝下游河道不同粒径组泥沙恢复过程来看，未来宜昌至监利段各粒径组泥沙仍然以沿程恢复为主，但恢复数量将大幅减少；螺山以下中、粗泥沙将持续恢复，沿程恢复速度进一步增大。预计宜昌至枝城河段冲刷强度将继续减小，至 2030 年左右基本接近平衡，河床稳定性相对蓄水初期有所增强。荆江及以下河段未来 30 年仍将继续冲刷，荆江及城汉河段冲刷速率总体上将呈减弱的趋势。

8.7　三峡水库坝下游河道冲刷效应与治理对策

三峡水库蓄水运用后，长江中下游来水来沙条件发生改变，坝下游河道经历长时间、长距离的冲刷发展过程，河势发生一定的调整，对防洪、航运、沿江基础设施等都将产生影响，需要系统分析这些冲刷效应，探讨对策。

8.7.1　堤防安全与崩岸

8.7.1.1　河道冲刷与崩岸

2003—2018 年期间，长江中下游干流河道共发生崩岸险情 946 处，总长度 704.4km，见表 8.7.1。在 2003—2006 年围堰发电期间，长江中下游干流河道崩岸长度与处数均较大；之后随着河道对新水沙条件的逐步适应调整，特别是护岸工程的实施，在 2006—

2008 年初期蓄水期间，崩岸总体情势趋缓；175m 试验性蓄水运用后，2008—2012 年期间，由于水库调蓄能力增强，除 2009 年崩岸处数有所增加外，其他年份崩岸总体情势仍趋缓；2013 年上游向家坝水库运用后，进入坝下游干流河道含沙量进一步减少，除 2014 年崩岸总体情势有所增加外，其他年份崩岸总体情势较为稳定，一般情况下大水年崩岸长度与处数有所增加。根据 2019 年泥沙公报数据，该年度长江中下游干流崩岸处数为 20 处，崩岸长度 5.1km，崩岸总体情势进一步趋缓。

表 8.7.1　　　　　　　　三峡工程不同蓄水阶段坝下游河道崩岸情况统计

时　段	崩岸长度/km		崩岸处数	
	总数	年均	总数	年均
2003—2006 年	310.9	77.7	319	80
2007—2008 年	40.4	20.2	81	41
2009—2018 年	353.1	35.3	546	55
2003—2018 年	704.4	47.0	946	63

2016 年以来，三峡坝下游卵石夹砂河段冲刷初步趋于平衡，但沙质河段冲刷强度仍未有减弱，强冲刷引起坝下游沙质型河床局部河段产生较大的河势调整，主流摆动移位频繁。由于强冲刷主要集中在枯水河槽，近岸河床持续冲刷致使岸坡横向坡比不断加大，加上河势变化改变了近岸河床水动力条件，一旦量变引起质变，不可避免地对堤岸的稳定性造成较大不利的影响，甚至引起大规模的岸线崩塌[16]。以下荆江石首河段为例，受上游河势变化的影响，石首河段弯道顶冲点大幅度下移，北门口下段近岸深槽冲刷，贴流未护段逐年崩退，自 2003 年三峡水库蓄水运用以来石首河段北门口以下岸线累计崩长约 5km，断面（S12+000）处最大崩退约 160m，如图 8.7.1 和图 8.7.2 所示。长江中下游干流河道河岸土质松散，覆盖层较厚，一次大的崩岸崩宽可达数十米至数百米，外滩较窄的堤段一次崩岸即可危及堤防安全，对地区防洪安全构成极大威胁。

（a）桩号 9+000～11+000　　　　（b）桩号 9+000～11+000　　　　（c）桩号 11+000～12+200

图 8.7.1　三峡坝下游石首河段北门口中下段崩岸及护岸

需要特别注意的是，坝下游冲刷沿程发展对现有护岸薄弱段或未守护段岸坡稳定带来的潜在隐患不容忽视。近年来城陵矶以下河段冲刷有所加剧，诱发多处大尺度崩岸险情发生，如 2017 年 4 月长江干堤洪湖虾子沟发生崩区长 75m、崩区最宽约 22m、距堤脚最近 14m 的崩岸险情；2017 年 11 月扬中河段指南村一带江岸坍失 540m，最大进深 190m，主江堤最大坍入 51m；2020 年 12 月长江干堤洪湖中下沙角未护段发生长约 900m、最大崩

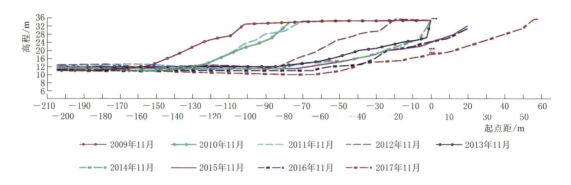

图 8.7.2　三峡坝下游石首河段北门口下段未护断面（S12+000）岸线崩退过程

宽 60m 崩岸险情。

8.7.1.2　洪水位变化与泄流能力

坝下游宜昌至武汉河段主要控制站平滩流量以上水位沿时程变化情况如图 8.7.3 所示。1990 年以来，宜昌站流量为 30000m³/s、40000m³/s、45000m³/s 时除部分年份水位明显抬高外，均无明显变化趋势；流量为 50000m³/s 时，1990—2002 年水位均无明显变化；2003—2020 年期间水位有抬高的现象。枝城站流量为 30000m³/s、40000m³/s 时，1990—2010 年期间该流量下水位均无明显变化，2011—2020 年期间水位下降；流量为 50000m³/s、55000m³/s，水位变化趋势不明显。沙市站流量为 25000m³/s、30000m³/s、35000m³/s 时，1990—2010 年期间水位均无明显变化，2011—2020 年期间水位有下降的现象；流量为 40000m³/s、45000m³/s 时，水位变化趋势不明显。螺山站流量为 40000m³/s、45000m³/s、50000m³/s 和 55000m³/s 时，水位变化趋势不明显，大水年同流量下的水位一般高于中水和枯水年份。汉口站 40000m³/s 流量时水位变化趋势不明显，流量为 50000m³/s、55000m³/s 和 60000m³/s 时，在 1990—2002 年期间水位无明显变化，2003—2020 年期间以上水位有增高迹象。大通站流量为 50000m³/s、60000m³/s、70000m³/s、75000m³/s，水位变化趋势不明显。

长江中下游洪水位变化复杂，影响因素众多。以宜昌站和汉口站为例，分析洪水位变化的主要因素如下。

宜昌站：洪水位下降的因素主要为河床冲刷，2002—2018 年期间宜枝河段平滩河槽累计冲刷 1.67 亿 m³，平均冲深 1.8m，此外沙市站水位大幅降低，对宜昌站下降具有一定传递作用。洪水位抬高的因素主要为：①河床粗化，本河段由蓄水前沙质型河床基本转为卵石夹砂河床，宜昌站床沙中值粒径由 2002 年汛后的 0.18mm 变为 2017 年汛后的 43.1mm，增大水流运动阻力；②河床护底加糙工程，遏制葛洲坝枢纽下游近坝河段河床下切和枯季期水位下降。综合以上因素，宜昌站洪水位略有上升。

汉口站：洪水位下降的因素主要为河床冲刷，2002—2019 年期间武汉河段平滩河槽累计冲刷 1.54 亿 m³，平均冲深 1.1m。洪水位抬高的因素主要为：①区间入汇，包括汛期汉口至九江河段支流入汇、沿程排涝能力提升等；②武汉河段建改大量桥梁、码头工

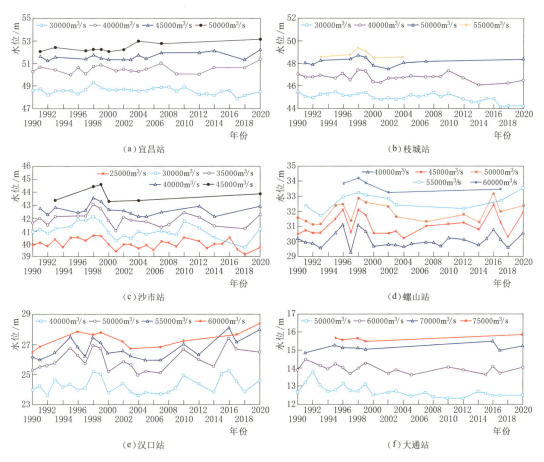

图 8.7.3　1990 年以来三峡坝下游主要水文站同流量下水位变化

程、江滩整治工程等，行洪断面面积有所减小；③洲（边）滩植被，大量洲滩上生长大量芦苇、矮草等，2020 年汛期实测数据显示芦苇显著降低水流流速。

由上面分析可知，三峡水库蓄水运用后，长江中下游典型水文站中宜昌站、汉口站洪水位出现抬高的迹象，枝城站、沙市站洪水位则略有下降的现象，其他站点洪水位变化趋势不明显。

8.7.2　航道变化与稳定

长江中下游河道沿程冲刷发展，不同河势条件下对航道条件的影响不尽相同。对于河宽较小、洲滩边界稳定的河段，河道冲深较为显著，航道水深明显改善；对于河宽较大、河道平面形态尚未稳定的河段，高滩崩退、边心滩冲刷萎缩、支汊发育、枯水位下降等现象较为普遍，对局部河段航道条件带来不利影响。以下结合不同典型河段演变特征分析航道条件变化情况。

8.7.2.1　高滩崩塌河段

对于高滩崩塌河段，冲刷造成河道展宽，主流分散，江心浅包发育，对航槽水深不利，并影响下游河势及滩槽格局稳定。以石首河段藕池口水道为例（图 8.7.4），该水道洲滩演变复杂，可动性强，洲滩演变受到多方面因素的影响，近年来航道条件好坏与江中滩体（藕池口心滩、倒口窑心滩、陀阳树边滩）的变化密切相关。藕池口心滩（新生滩）是随着石首河弯左岸崩岸、河道扩宽而形成的江心滩，此滩随着主流的摆动而发生消长变化。三峡水库蓄水运用后，由于上游过渡段主流下移，天星洲左缘、倒口窑心滩左缘、向家洲边滩头部冲刷较明显，左汊江面扩大，淤积形成新的倒口窑心滩，目前石首河弯在枯水期呈现三汊分流的局面。航道整治工程实施后，河道两侧洲滩岸线逐步稳定，航道条件得到了改善。但倒口窑心滩对开一带区域河道宽度依然较大，为局部浅包的淤涨提供了空间，该处航槽位置易变，在不利水文年中仍存在碍航可能。

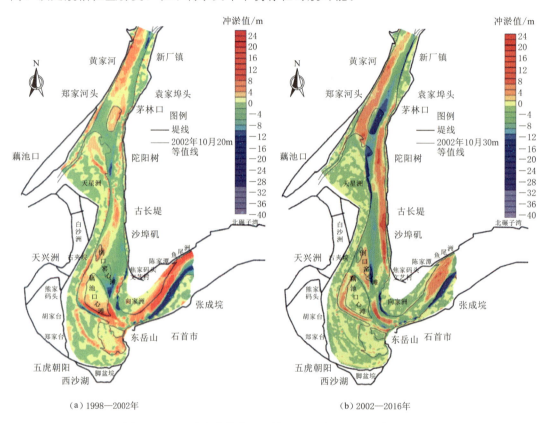

(a) 1998—2002年　　　　　　　　　(b) 2002—2016年

图 8.7.4　三峡水库蓄水运用前后坝下游石首河段冲淤分布

8.7.2.2　边滩冲蚀河段

顺直河段或弯曲河段两岸常发育形态较完整、高程较低的边滩，边滩冲刷、下移和形态散乱，部分急弯段切滩撇弯，导致深槽淤积或位置移动，航道稳定性差、尺度不足等现象时有发生。以下荆江调关弯道段和熊家洲至城陵矶河段为例（图 8.7.5），三峡水库蓄水运用以来，连心垸及中洲子弯道均发生不同程度的切滩撇弯现象，即弯道进口凸岸边滩逐年冲刷后退，弯道进口过渡段主流下挫，弯道主流顶冲点下移，深泓逐渐向凸岸摆动，2006—2011 年连心垸及中洲子弯道深泓线向凸岸摆动距离分别达 540m 和 400m，弯顶下段凸岸边滩有所淤积。熊家洲至城陵矶河段在弯道凹岸岸线已守护的条件下，荆江门、七弓岭和观音洲弯道发生切滩撇弯演变现象，引起七姓洲、八姓洲凸岸部分岸线在 2002—

2016年期间整体向下平移80~100m。上述急弯段水流撇弯后，主航槽位置摆动，航道弯曲半径变小，航槽不稳定性加大，碍航情况时有发生。

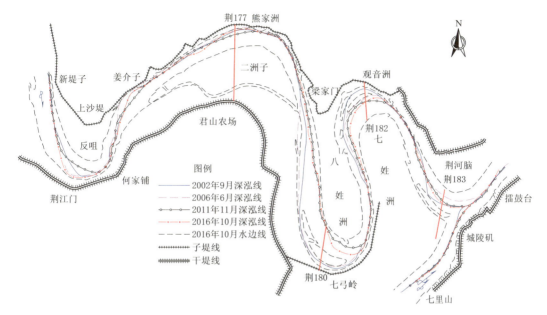

图8.7.5　三峡坝下游熊家洲至城陵矶河段深泓线平面变化

8.7.2.3　心滩萎缩或切滩河段

汊道河段江心洲前沿心滩萎缩或切滩，往往改变汊道进口分流条件，引起航道尺度不足。以安庆水道为例，鹅眉洲汊道潜州头部低滩和中汊发展，左汊进口浅区航道条件变差。航道整治一期工程实施后，初步控制了潜洲与鹅眉洲之间的中汊发展，左汊进口航道条件恶化的趋势得到有效遏制，但中洪水期控制效果不明显，且潜洲洲头冲刷明显，低滩小幅后退，导致左右汊分流点下移、分流区放宽的同时，浅区部位的单宽流量较小，导致浅区退水期冲刷不足，浅区航道水深富余量较小。

又以澄通河段福北水道为例，近年来航道水深受双涧沙洲体冲淤演变影响较大。由于双涧沙沿程存在北至南的越滩流，洲体冲淤变化及窜沟发育直接影响到安宁港至青龙港沿程的分流变化，越滩流提前进入福中水道及浏海沙水道，引起福北水道深槽输沙动力减弱，安宁港至青龙港河床局部淤浅，12.5m航槽宽度有时不足200m。2011年实施了双涧沙滩面窜沟封堵工程，滩面形态相对完整，但福北水道进口段的漫滩分流现象仍然存在，其深槽稳定性仍将受到一定影响[17]。

8.7.2.4　支汊发展的分汊河段

对于支汊发展的分汊河段，主汊航道淤积萎缩，有时还出现边滩挤压航槽，造成航道条件恶化。以镇扬河段和畅洲水道为例，左右汊水流动力条件强弱分明，左汊发展而右汊衰退，右汊内沿程河床抬高、过水断面面积减小，加上右岸征润洲尾滩逐年向下淤积延伸，河床抬高及边滩的淤涨挤压致使航道水深和航宽逐渐减小，无法满足12.5m深水航道的通航要求[18]。

此外，伴随枯水河槽沿程冲刷，坝下游枯期同流量下水位持续下降，但三峡水库枯水期补水作用明显，对航道条件的改善是直接的、明显的。三峡坝下游各站点最枯水位相对航行基面变化值对比结果见表 8.7.2，2008 年以来沿程各站中除宜昌站个别年份和沙市站以外，其余各站的最枯水位均超过现行航行基面。可见伴随河段的大幅冲刷，坝下游沿程枯期水位流量关系的调整，三峡水库枯水流量补偿作用在相当大的程度抵消了河道冲刷引起的枯水位下降。但值得注意的是，沙市站水位由于荆江河段冲刷强度大，削弱了三峡枯水补偿作用，实际运行水位低于现行航行基面，且有加速下降趋势，对维持航道水深可能产生不利影响。

表 8.7.2　　　　　三峡坝下游各站点最枯水位相对航行基面变化值对比

站　　点		宜昌	枝城	沙市	监利	螺山	汉口	大通
现行航行基面（黄海）/m		37.21	35.30	29.35	20.92	14.72	9.91	1.41
最枯水位相对航行基面变化值/m	2008 年	−0.47	0.16	−0.58	1.25	2.16	1.69	0.84
	2009 年	−0.14	0.36	−0.39	1.61	2.40	2.03	0.99
	2010 年	−0.17	0.44	−0.48	1.60	2.15	1.45	1.11
	2011 年	0.11	0.39	−0.16	1.78	2.55	2.52	1.37
	2012 年	−0.16	0.35	−0.56	1.82	2.51	2.21	1.27
	2013 年	−0.03	0.68	−0.81	1.84	2.43	1.71	1.04
	2014 年	0.10	0	−0.70	1.76	2.32	1.52	0.94
	2015 年	0.12	0.57	−0.73	1.93	2.49	1.90	1.21
	2016 年	0.23	0.57	−1.14	1.84	2.89	2.58	2.30
	2017 年	0.27	0.61	−1.11	1.66	2.09	1.79	1.42
	2018 年	0.16	0.55	−1.47	1.75	2.16	1.84	1.51

注　正值表示抬高，"−"表示降低。

8.7.3　沿江重要基础设施安全

三峡水库蓄水运用以来，随着坝下游河道沿程冲刷发展，局部河段河势调整和岸线崩退，不仅威胁长江防洪、供水、航运安全和河势稳定，也给沿江基础设施布局、产业承接转移、岸线保护和利用带来影响，尤其是对部分穿河工程、港口码头工程、取排水口等涉水重要基础设施的安全运行带来不利影响。

8.7.3.1　隧道、输油管道、管廊等地下穿河工程

根据《长江干线过江通道布局规划（2020—2035 年）》，长江中游干流最大城市武汉市已建长江公铁隧道 5 条，到 2035 年规划建设 10 条；长江下游南京市已建成长江隧道 5 条，到 2035 年规划建设 7 条。三峡水库蓄水运用以来，高强度持续冲刷使得河床下切，对公铁隧道、输油管道、管廊等地下穿河工程的潜在威胁将日益加剧。例如武汉地铁 7 号线隧道工程，由于过江断面冲刷超出预期，导致设计应急变更，需加大隧道埋深，如图 8.7.6 所示。

8.7.3.2　港口码头

河床冲刷有利于维持码头前沿水深，保证通航和靠泊安全，但高强度或者持续的冲刷

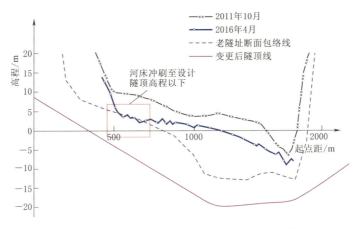

图 8.7.6　武汉地铁 7 号线隧道工程过江断面冲刷对比

可能会增加崩岸风险，影响港口码头岸坡稳定及安全运行。如长江下游扬州段河道 2009 年以来深泓普遍冲深，2014 年六圩弯道 9 号丁坝下游江滩塌陷，2015 年嘶马弯道东一丁坝段坍江，2017 年 8 月及 10 月苏豪船厂码头发生坍江，苏北油库码头坍失，尤其是 2020 年发生了自 1998 年以来最大洪水，局部近岸崩退较明显，高滩坡比变陡，丁坝群局部坡度甚至达 1∶1.2，远陡于块石护岸工程的自然稳定坡度，金陵船厂等大型涉水设施河底前沿大幅下切，刷深至桩基出露，对沿江码头工程安全运行造成了严重威胁，如图 8.7.7 所示。

（a）苏豪船厂前沿江滩坍塌现状

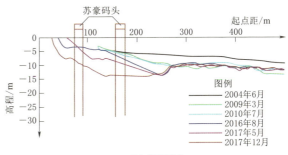

（b）断面变化

图 8.7.7　长江扬州段苏豪航厂码头坍江及断面变化

　　分汊河道支汊冲刷发展的同时，往往引起主汊衰退，近岸淤积使得码头前缘以及航道水深减小，不利于船舶进港，对港口的正常运行不利，淤积严重时会威胁到港口的安全运行。如镇江港世业洲右汊近期呈缓慢萎缩的态势，左岸中下段洲体右缘边滩淤涨下延，右岸镇江港高资港区及龙门港区近岸河床呈淤积态势，其中高资港区上段淤厚达 10m，高资港区下段及龙门港区淤厚约 5m，直接影响所在港区深水岸线的利用，如图 8.7.8 所示。

8.7.3.3　取排水设施

　　长江干流沿线取排水口构筑物一般位于河道较稳定的岸边，靠近主流，有优良的水深

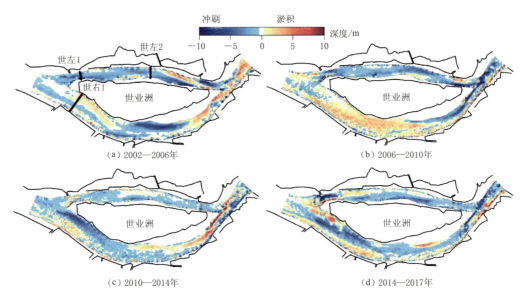

图 8.7.8　三峡坝下游世业洲右汊右岸镇江港近期淤积情况

条件。但由于来水来沙、上游河势变化以及人类活动等因素，部分取水口构筑物附近河床或岸坡出现较明显的冲刷或淤积，影响取排水口设施的安全运行。如张家港市长江新海坝水源地取水口位于澄通河段中段浏海沙水道中部、如皋中汊交汇处九龙港上游附近的河道右侧。受上游福姜沙段双涧沙、福南、福中、福北水道河势、冲淤变化以及上游来水来沙、下游潮流作用的影响，该段河道河势及滩槽冲淤变化较大，浏海沙水道南岸受水流的冲刷不断后退，2013 年 7 月深槽刷深到 $-71.4\mathrm{m}$，2014 年实施老海坝节点综合整治工程，2016 年近岸深槽最深点高程为 $-61.7\mathrm{m}$，新海坝水源地取水口附近河床持续冲刷将对其构筑物自身的安全带来隐患和影响。

取排水口附近河床因所在河段河势调整可能发生较大范围的淤积，当引水口门河床高于闸室底板高程时，取排水口设施正常运行将受到制约。如 20 世纪 90 年代前下荆江郝穴河段主流贴左岸荆江大堤下行，距郝穴镇以下 5km 处的颜家台闸取水保证率较高，随着对岸南五洲左缘一带岸线崩塌后退，河面展宽，主流由左偏中，再加上取水口上游一侧实施了丁坝束槽航道整治工程，加剧了取水口口门处河床淤积（图 8.7.9），如今颜家台闸在中水位以下取水已十分困难。

8.7.4　治理对策

长江中下游河道是沿江地区经济社会发展的重要支撑。近年来，随着以三峡水库为核心的长江干支流控制性水库群蓄水运用，长江中下游河道水沙条件、河床冲淤演变和江湖关系等发生了新的变化，不同程度地暴露护岸薄弱段或未护段出现崩

图 8.7.9　三峡坝下游颜家台闸取水口淤塞现状

岸险情、局部航道条件恶化、涉水工程受损等问题，依然威胁防洪安全、航运安全，以及沿江重要基础设施运行安全，仍需要进一步加强原型观测资料分析与河道治理。以下就推进崩岸治理、维护航运通畅和保障沿江基础设施运行安全三个方面提出对策措施。

（1）推进崩岸治理。

《长江中下游干流河道治理规划（2016年修订）》对长江中下游16个重点河段和14个一般河段提出了河道治理方案，近期规划实施新护工程735.75km、护岸加固工程918.35km。2016年，水利部、国家发展改革委等联合印发《加快长江中下游崩岸重点治理实施方案》，明确了重点治理项目包括《三峡后续工作总体规划》宜昌至湖口重点河段河势及岸坡影响处理项目及172项重大水利工程湖口以下重点河段河道崩岸治理项目，治理工程长度共计990km。目前，宜昌至湖口、湖口以下重点河段治理项目建设多数已完成并发挥了保障河岸稳定和堤防安全的重要作用，安庆河段、铜陵河段、芜湖河段等重点河段综合治理项目前期工作正在持续推进。

鉴于三峡后续工作规划确定的总体目标任务尚未全面完成，加上三峡后续规划重点任务之一的长江中下游重点影响区的影响处理面临许多新情况、新问题、新要求，为妥善解决长江中下游重点影响区的新问题，水利部启动了三峡后续工作规划修编工作，以适当延长规划实施时间，调整完善规划内容，为继续组织做好三峡后续工作提供规划依据。2020年11月，长江委提出《三峡后续工作规划（2021—2025年）实施意见》（报批稿），将长江中下游岸坡影响处理约600km治理工程纳入三峡后续工作2023—2025年实施项目库。因此，对2023—2025年拟实施项目应抓紧加快前期工作，在充分论证的基础上优先安排对防洪安全有重要影响的险工、险段治理，优先实施宜昌至湖口段重点河段河势控制工程，维护河势稳定；持续开展长江中下游河道原型观测分析，掌握河势调整动态，优化崩岸治理布局；开展坝下游崩岸治理工程实施效果评价，分析护岸工程适应性，进一步研发、完善河道护岸工程新技术，提高护岸工程新材料、新技术应用比例，推动兼顾防护与生态效果的新式护岸技术发展，适应长江生态环境大保护需求。此外，还需加强重点崩岸险工段近岸河床冲淤变化过程监测，深化细化河岸稳定性综合评估和风险等级划分，建立中下游河道崩岸监测预警体系，避免崩岸险情处理的被动性和滞后性；建立中下游干流河道巡查监测机制、崩岸先抢后补的应急抢护机制，以及护岸工程岁修加固长效机制，实现河道"静态"治理向"动态"治理的转变。

（2）维护航运通畅。

长江中下游干线航道经过20多年来的大规模建设，通航条件明显改善，航道尺度提前实现《长江干线航道总体规划纲要》确定的2020年规划标准。2021年，白鹤滩水电站首批机组正式投产发电，标志长江干流上游水库群建设已基本完成长江流域综合规划目标。长江上游大型水库群联合运用改变了坝下游水沙过程，会长时期引起坝下游河道与水沙相适应的河床冲淤调整，主要表现为滩槽形态多变、航槽不稳。长江中游受上游水库群蓄水运用的影响早，持续时间长，航道条件难以稳定，局部河段甚至出现新的航道问题；长江下游江面宽阔，洲滩汊道众多，河道演变强度较中游剧烈，航道条件稳定性较差。

长江中下游干线航道治理，在维持当前长江中下游干线航道尺度的前提下，总体上遵循"固滩稳槽、适当调整"的治理原则，利用三峡水库蓄水运用后"清水下泄"的有利条件，引导和归顺水利冲刷主航槽，改善航道条件的同时，对有利滩槽形态进行控制。对于近坝段砂卵石河段，局部疏浚改善卵石浅滩航深不足问题，同时采取工程措施对关键节点部位河床进行守护，避免浅滩治理对宜昌枯水位产生不利影响；对于沙质河段，守护关键洲滩，调整不良滩槽形态，控制汊道分流。

长江中下游各浅滩碍航程度和演变特点各异，治理思路需区分对待。重点碍航水道演变剧烈复杂，滩槽形态不良，航道问题突出，建议确定目标尺度下航路走向，采取调整控制措施，塑造优良的滩槽形态，提高航槽水深；一般碍航水道整体滩槽格局较好，仅局部水域航深不足，航道条件与目标航道尺度存在一定差距，建议立足目前滩槽形态，因势利导，采取工程措施调整局部滩槽形态，加大浅滩冲刷力度，改善航道条件；潜在碍航水道滩槽格局与航道条件较好，满足目标尺度要求，但存在洲滩崩退萎缩、支汊有所发展、河道趋于宽浅等不利变化趋势，建议采取守护工程措施遏制河道不利变化的进一步发展，保持当前优良滩槽格局，维持较好的航道条件。

（3）加强沿江重要基础设施安全监测。

针对武汉河段、南京河段等长江中下游干流重要的城市河段，开展地下穿河工程线位上下游河床地形的定期监测，在大水年汛后应加强河床冲刷跟踪分析，重点关注河床最深点变化以及深泓摆动情况，评估隧道、输油管道等设施在河道持续冲刷条件下的安全风险，必要时采取相应防护措施。对于处于冲刷区域附近的码头、取排水口等涉水工程，因河床冲刷导致其构筑物结构的失稳可能性增大，应加强取水构筑物附近河床及安全措施的监测工作，结合构筑物具体的设置情况采取应对措施，当构筑物附近河床的单向冲刷幅度超过 5m 时，做好应急处理措施。

8.8　细颗粒泥沙减少对长江河流生境的影响

泥沙输运是河流生态环境功能的重要载体之一，对河流生境有重要作用。泥沙与氮磷等生源物质之间具有不同程度的亲和性，悬移质沉降将吸附的氮磷带入沉积物，影响沉水植物和底栖动物的群落分布和结构。沉积物颗粒大小影响吸附和解吸生源物质的作用程度，细颗粒泥沙携带的表面电荷和矿物组成影响水域中分布的水生动植物种类和密度，研究长江上游水库群建成运用后细颗粒泥沙减少对河流生境的影响具有重要意义。

8.8.1　泥沙与河流生境的关系

河流生境是河流中动植物及微生物赖以生存的环境，狭义上指河流水生物种（群）的栖息地。泥沙为水生物提供栖息空间和营养物质，对河流生境有重要作用。结合典型泥沙指标对水生动植物的生态学意义，构建了河流生境指标体系，见表 8.8.1。结合分析徐六泾断面上游福山水道附近滩涂的底泥与植物分布现场调查资料和徐六泾站 2010—2018 年的泥沙资料，徐六泾站粒径 0.025~0.038mm 的泥沙占比 69%，对生境敏感的泥沙指标有含沙量和粒径，水质指标有 pH 值、电导率、氯化物、溶解氧、氨氮、总氮、总有机碳、水温、高锰酸盐指数、透明度及叶绿素 a。

表 8.8.1　　　　　　　　　　　　河 流 生 境 指 标 体 系

分　类		指　标
泥沙指标	沉积物	泥沙级配、D_{50}、颗粒比表面积、容重、$D<0.1mm$ 的细泥沙含量、矿物组成
	悬移质	级配、D_{50}、含沙量、沉速、颗粒比表面积、输沙率、$D<0.1mm$ 的细泥沙含量、矿物组成
河道形态及水动力	几何特征	河宽与湿周、水深、水下地形
	水文及水力学	流量、流速、水温
水质指标	水化学	pH 值、总氮、总磷、氨氮、溶解氧、盐度、氯化物、叶绿素 a、透明度、高锰酸盐指数、电导率、总有机碳
	沉积物	孔隙水总氮、总磷、DO、pH 值、盐度

应用回归分析探究了各指标间的关系，如图 8.8.1 所示，可见总磷浓度、高锰酸盐、叶绿素 a 与含沙量具正相关性，总氮、氨氮、透明度与含沙量具负相关性。

相关矩阵	透明度	水温	叶绿素a	总有机碳	pH值	电导率	氯化物	溶解氧	氨氮	总磷	总氮	高锰酸盐指数	含沙量	流量
透明度	1.000	−0.153	−0.042	0.039	0.405	0.345	0.140	0.214	−0.001	−0.176	−0.029	0.131	−0.131	−0.149
水温	−0.153	1.000	0.139	0.116	0.088	−0.344	−0.251	−0.980	−0.071	−0.362	−0.331	0.097	0.318	0.698
叶绿素a	−0.042	0.139	1.000	0.171	−0.060	0.069	0.002	−0.165	0.116	0.125	−0.127	0.221	0.277	0.253
总有机碳	0.039	0.116	0.171	1.000	−0.114	0.049	0.345	−0.108	0.358	0.023	−0.065	0.299	0.199	0.169
pH值	0.405	0.088	−0.060	−0.114	1.000	0.219	0.152	−0.070	−0.038	−0.091	−0.189	−0.135	0.089	0.062
电导率	0.345	−0.344	0.069	0.049	0.219	1.000	0.299	0.386	0.277	−0.016	0.373	0.051	−0.220	−0.401
氯化物	0.140	−0.251	0.002	0.345	0.152	0.299	1.000	0.266	0.327	0.158	0.049	−0.069	−0.148	−0.388
溶解氧	0.214	−0.980	−0.165	−0.108	−0.070	0.386	0.266	1.000	0.068	0.304	0.318	−0.123	−0.385	−0.730
氨氮	−0.001	−0.071	0.116	0.358	−0.038	0.277	0.327	0.068	1.000	0.191	0.106	−0.012	−0.208	0.032
总磷	−0.176	−0.362	0.125	0.023	−0.091	−0.016	0.158	0.304	0.191	1.000	0.068	−0.087	0.183	−0.130
总氮	−0.029	−0.331	−0.127	−0.065	−0.189	0.373	−0.049	0.318	0.106	0.068	1.000	0.170	−0.299	−0.184
高锰酸盐指数	0.131	−0.097	0.221	0.299	−0.135	0.051	−0.069	−0.123	−0.012	−0.087	0.170	1.000	0.284	0.258
含沙量	−0.131	−0.318	0.277	0.199	0.089	−0.220	−0.148	−0.385	−0.208	0.183	−0.299	0.284	1.000	0.454
流量	−0.149	0.698	0.253	0.169	0.062	−0.401	−0.388	−0.730	0.032	−0.130	−0.184	0.258	0.454	1.000

图 8.8.1　河流生境各主要指标相关矩阵

采用主成分分析（principal component analysis，PCA）方法进行分析。5 个主成分组成及贡献率分别为：PC1（溶解氧、总磷、水温、流量）26.025%，PC2（高锰酸盐指数、叶绿素 a、含沙量）13.942%，PC3（氯化物、总有机碳、氨氮）12.087%，PC4（透明度、pH 值、电导率）9.831%，PC5（总氮）8.954%。其中 PC1 代表水体的富营养化程度及水体的物理特性，相关联的指标有总磷、水温、溶解氧、流量，其与季节相关性大，PC1 的波动可以反映全年水体营养化程度随季节的变化；PC2 代表水体耗氧类有机物，相关联的指标有含沙量、高锰酸盐指数、叶绿素 a，PC2 的波动可反映泥沙指标对河流初级生产力的影响；PC3 代表水体污染程度，相关联的指标有氯化物、总有机碳、氨氮，PC3 的波动可反映氯化物含量对水生动植物生境的影响；PC4 代表水体光学及酸碱度，相关联的指标有透明度、pH 值、电导率，PC4 的波动可反映透明度、pH 值及电导率对水生动植物生境的影响；PC5 代表水体富营养化程度，相关联的指标有总氮，总氮过高时水体中产生的 NH_3 也会变多，对鱼类产生危害，PC5 的波动可反映总氮对水生动植物生境的影响。

含沙量的影响排在第二成分组，含沙量对鱼类也有较为明显的影响。长江中游干流葛洲坝下 5km 的范围内为中华鲟产卵场，而宜昌到城陵矶段有四大家鱼产卵场 11 处，产卵规模约占全江总产量的 42.7%。中华鲟产卵期为 10 月上旬至 11 月中旬，四大家鱼产卵期为 4—6 月，产卵期对水温、流速、流量、含沙量和水位等水文水力学条件具有较强的敏感性。研究表明[19]，含沙量在 0.3kg/m³ 以下时中华鲟产卵适宜度指数最高，含沙量在 0.2～0.3kg/m³ 之间孵化适宜度最好，含沙量在 0.3～1.1kg/m³ 之间四大家鱼产卵适宜度指数最高，如图 8.8.2 所示。实测资料显示，三峡水库蓄水运用前 1991—2002 年宜昌 10—11 月、4—6 月多年平均含沙量分别为 0.23～0.58kg/m³ 和 0.09～0.89kg/m³，2003—2011 年分别降至 0.007～0.03kg/m³ 和 0.007～0.04kg/m³，三峡水库蓄水运用后含沙量大幅降低，对中华鲟和四大家鱼产卵与孵化产生不利影响。

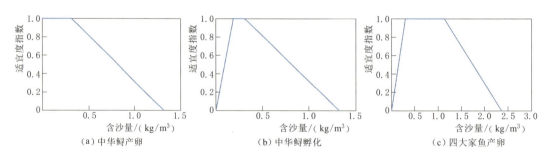

图 8.8.2　中华鲟与四大家鱼适宜度指数与含沙量的关系

8.8.2　对主要污染物的影响

水环境中生物可利用磷包括水中溶解的活性磷和吸附于泥沙的颗粒态磷。溶解活性磷是水域生态系统中初级生产者可直接利用的形态，通常情况下藻类等浮游植物优先摄取溶解活性磷。当稀释、生物摄取或地球化学过程等作用使水中磷的含量降低到一定水平时，被泥沙吸附的颗粒态磷可通过解吸、溶解或在某些产酸微生物的作用下释放出来，转化为溶解活性磷被生物所利用，这部分颗粒态磷（吸附态磷）称为潜在生物可利用磷，是生物可利用磷的重要储库。水体泥沙中吸附态磷含量的变化及其与生物活动的关系，对了解水体营养结构和水体生产力水平具有重要意义。

8.8.2.1 库区总磷和吸附态磷浓度通量变化

长江上游水库群陆续建成运行后，三峡水库上游来沙量锐减，蓄水运用后2003—2013年及2014—2018年入库沙量均值较蓄水运用前1991—2002年的3.57亿t分别减少了46.7%和79.8%。此外，三峡大坝的拦截导致上游来沙在坝前沉积，打破了自然河流的水文径流与泥沙输运过程，大量泥沙的沉降携带了大部分颗粒态磷沉积在坝前水库底部，库区细颗粒泥沙浓度下降，但占比上升，对磷的影响程度较大。2003—2016年，总磷入库通量为3.7万~15.2万t，出库通量为3.3万~7.9万t，库区干流磷通量逐年减少，其中出库磷通量减幅达36.0%，总磷的库区滞留率为31.6%~47.3%。

2008年，长江上游水库群运行前，三峡库区入库总磷污染负荷通量为10.82万t（不考虑区间污染负荷），出库总磷污染负荷通量为3.19万t，入库量明显大于出库量；2014—2018年，上游水库群运行后，三峡库区入库总磷污染负荷通量为4.37万t（不考虑区间污染负荷），较上游水库群运用前呈明显下降趋势；出库总磷污染负荷通量为4.67万t。上游水库群运行后，随着上游入库来沙量的减少，库区入库总磷污染负荷通量相应地呈明显减少的趋势，出库总磷通量变化不大，入出库总磷通量基本相当。

三峡库区主要干支流历史巡测数据资料统计分析结果表明，总磷浓度和吸附态磷浓度呈显著正相关，4月三峡库区吸附态磷浓度占总磷浓度的48.23%，10月三峡库区吸附态磷浓度占总磷浓度的44.87%，综合4月和10月三峡库区吸附态磷浓度占总磷浓度的46.47%；总体上目前库区吸附态磷和溶解态磷各占一半左右。综合吸附态磷和总磷相关关系分析成果，2008年三峡库区入库吸附态磷通量为5.03万t，出库通量为1.48万t，入库量明显大于出库量，见表8.8.2。上游水库群运行后2014—2018年，三峡库区入库吸附态磷通量年均值为1.98万t，较2008年呈明显下降的趋势，出库吸附态磷污染负荷通量为2.01万t。随着上游入库来沙量的减少，库区吸附态磷污染负荷通量与总磷污染负荷通量变化趋势基本一致，入库呈明显减少的趋势，出库吸附态磷通量变化不大，入出库吸附态磷通量基本相当。

表 8.8.2　　　　　　　**三峡水库主要控制站吸附态磷污染负荷通量统计**　　　　　单位：万 t

年份	朱沱	北碚	武隆	入库合计	黄陵庙
2008	4.34	0.24	0.45	5.03	1.48
2014	1.91	0.34	0.43	2.68	2.47
2015	1.59	0.20	0.32	2.11	1.91
2016	1.26	0.23	0.31	1.80	2.01
2017	0.93	0.30	0.29	1.52	2.39
2018	1.40	0.20	0.17	1.77	1.81
2014—2018 平均值	1.42	0.25	0.30	1.97	2.01

8.8.2.2 库区总磷和吸附态磷浓度时空分布特征

长江上游水库群运行前，2008 年库区总磷浓度洪季要高于枯季。枯季总磷与吸附态浓度均值的变化范围分别为 0.058～0.121mg/L 和 0.023～0.048mg/L；洪季分别为 0.089～0.328mg/L 和 0.039～0.142mg/L。从空间分布上来看，总磷和吸附态磷浓度从上游到下游呈沿程递减的趋势。上游变动回水区主要受洪季上游来水来沙影响，总磷浓度为 0.250～0.328mg/L，吸附态磷浓度为 0.090～0.142mg/L；常年回水区总磷浓度变化相对较小，基本在 0.1mg/L 以内，吸附态磷浓度较小，基本在 0.05mg/L 以内。

随着向家坝、溪洛渡等上游水库的运行，上游来沙进一步减少，上游来水的总磷浓度也进一步降低。2018 年枯季总磷和吸附态磷浓度均值分别为 0.061～0.084mg/L 和 0.026～0.036mg/L；洪季分别为 0.065～0.124mg/L 和 0.026～0.049mg/L；明显低于水库群运行前。空间分布上，三峡库区总磷和吸附态磷浓度总体处于相对比较低的水平，洪季略高于枯季；枯洪季库区干流的空间分布差异较小，分布变化趋势不明显。但库区部分支流的总磷浓度和吸附态磷浓度要高于干流浓度，如小江、汤溪河、磨刀溪以及香溪河等。支流的总磷浓度和吸附态磷浓度均值一般为 0.100～0.150mg/L 和 0.040～0.070mg/L，如图 8.8.3 所示。

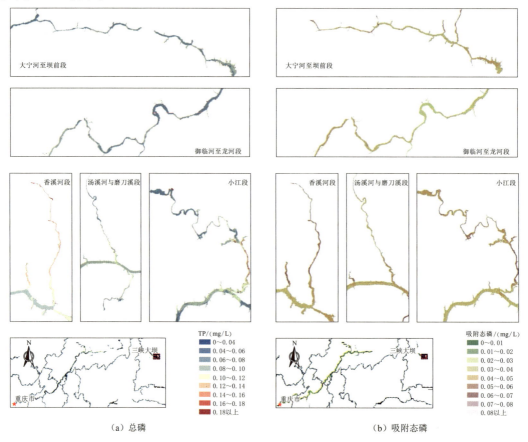

（a）总磷　　　　　　　　　　　　　　（b）吸附态磷

图 8.8.3 2018 年三峡水库洪季（5—10 月）总磷和吸附态磷浓度空间分布

8.8.2.3 入、出库氮磷比变化特征

三峡库区形成的人造湖泊效应减少了出库总磷通量，而泥沙淤积对氮作用较弱，因而水库拦磷对磷和氮具有分选作用，三峡水库蓄水后，坝前、出库水体总氮浓度变化不大，导致坝前、出库水体氮磷比较蓄水前明显增大，随时间呈上升趋势。1998—2002 年三峡工程运行前，磷输移通道畅通，水体氮磷比为 6.2～9.3；2003—2012 年三峡水库蓄水运用后，出库氮磷比为 13.0～20.9，高于坝前水体氮磷比 11.3～17.3，仍处在适宜藻类繁殖条件范围（10～25）内。出库磷通量的下降，将打破下游河流氮磷营养盐平衡，其长期影响现在还难以评估。2019 年丰水期万州—庙河近坝段与出库水体氮磷比达到 30.4，已超过藻类繁殖的氮磷比最佳范围，表明磷成为控制长江中下游富营养化的关键限制因子。同时，2019 年以来长江"三磷"专项排查整治有效遏制了工业磷污染源，对降低三峡库区磷负荷起到了有利作用，库区总磷负荷下降有可能引起出库氮磷比呈进一步上升趋势。

根据中国生态环境状况公报，1998 年以来长江流域水质总体趋势向好。2003 年以前，Ⅰ～Ⅲ类水占比为 72%，2002 年最低，为 52%，随后占比小幅上升，2007 年后占比超过 80%，2012 年后一般占比在 88%。

分析近年来长江中下游重要水文断面（宜昌、汉口、九江、大通、南京和徐六泾）总磷与氨氮变化趋势，发现 2004 年以来，宜昌、汉口、九江和大通断面的总磷浓度均呈增长趋势，九江、大通断面的氨氮浓度也略微升高，而南京断面的总磷和氨氮浓度有所降低，徐六泾断面的氨氮浓度也略有降低。

对比分析宜昌（南津关）、汉口断面 1997—2002 年、2003—2012 年和 2013—2017 年三个时段的实测资料表明：在含沙量大幅度减小的背景下，南津关的总磷浓度有所降低，尤其是 2003—2012 年期间，但汉口断面的总磷浓度逐年增加，这主要由下游河道污水排放和支流汇入沿程补给引起。南津关和汉口断面的总氮浓度均逐年升高，说明主要是受区间排放的影响，与上游来水来沙变化的相关性不高。

水体中污染物浓度会随着含沙量、流量的增加而略有升高，上游来水来沙变化会在一定程度上影响长江中下游的污染物浓度，但相关性较差，长江中下游沿程分布着武汉、九江、南京等城市，其点源排放对河流水质有更为重要的影响，同时中游洞庭湖与鄱阳湖也具有一定的调节作用，可见上游水沙变化对长江中下游污染物浓度的影响有限。

8.8.3 对床面生物膜的影响

水沙输移及微地形演变的物理过程、营养盐和污染物质随泥沙输移的化学过程，以及水体中及床面处各类生物过程，形成"水沙-营养盐-床面微生物/生物膜-浮游植物-底栖动物-鱼类"的复杂链式/网状结构等，都影响着水生生态。其中，生物膜是泥沙、微生物及胞外聚合物等组成的微生态系统，是床面基础生产力的重要组成部分，在上述复杂水生生态系统中起着承上启下的作用，连接着水环境与水生生物。水沙变化导致床面物理结构的变化，影响生物膜生长并产生相应的环境效应。

8.8.3.1 生物膜生长规律

在实验室条件下，通过控制营养、水动力、基底等条件，模拟泥沙颗粒表面生物膜的

生长过程，采用马弗炉（550℃条件下加热 8h）测定样品烧失量，作为生物膜量的表征。结果表明：生物膜生长通常呈现"缓慢增长—迅速增长—达到最大值—缓慢减少—趋于平衡"的规律，如图 8.8.4 所示。细颗粒泥沙比表面积大，容易吸附微生物和营养盐，相同条件下的生物膜生长量更多；水流速度越大，对应的表面剪切强度越大，易导致生物膜的脱落，从而影响生物膜生长，故低流速条件下的生物膜生长量更多。

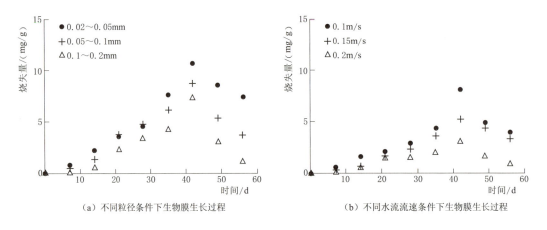

（a）不同粒径条件下生物膜生长过程　　　　　（b）不同水流流速条件下生物膜生长过程

图 8.8.4　不同粒径和水流条件下生物膜生长过程

床面生物膜生长还会受到泥沙淤积覆盖和冲刷等的影响。基于水沙输移模型，进一步构建冲淤条件下的生物膜生长模型，计算得到的床面生物膜生长呈现出与实验一致的规律。

8.8.3.2　三峡水库坝下游典型河段的床面生物膜变化

荆江河段是长江干流四大家鱼的重要产卵场，分布有长江监利段四大家鱼国家级水产种质资源保护区、长江天鹅洲白鳍豚国家级自然保护区。三峡水库蓄水运用以来，受入、出库沙量减少和航道整治工程等人类活动影响，荆江河段发生了较大幅度的冲刷。2002 年 10 月至 2018 年 10 月，荆江河段平滩河槽累计冲刷泥沙量为 113814 万 m^3，年均冲刷量为 7113 万 m^3/a；深泓平均冲刷深度为 2.96m，最大冲刷深度为 17.8m。

河道冲刷不利于床面生物膜量的积累，进而影响其环境生态功能。以枝城断面为例，枝城断面长期处于较快的冲刷状态，导致床面生物膜量较少，仅在冲刷速率相对较慢的 2002—2007 年间存在少量的生物膜量（约 2mg/g），且因河床粗化，生物膜量也逐年略有减小，如图 8.8.5 所示。随着河道冲刷向下游发展，长江下游也会逐渐出现床面生物膜量减少的现象。

相对于库区，坝下游河段床面生物膜量相对较少，对应的床面微生物总量也相对较少，导致坝下游河段由微生物所控制的环境生态功能低于库区。长江干流重庆—九江河段的床面微生物高通量测序数据表明，受坝下游河道持续冲刷等因素的影响，坝下游各站点的微生物群落丰富度和多样性较低，而随后沿程逐渐升高。同时，对比分析三峡水库蓄水前后床面微生物群落结构的演变规律可知，下游河床冲刷导致生境单一，坝下游站点的微生物群落分布变得更不均匀。

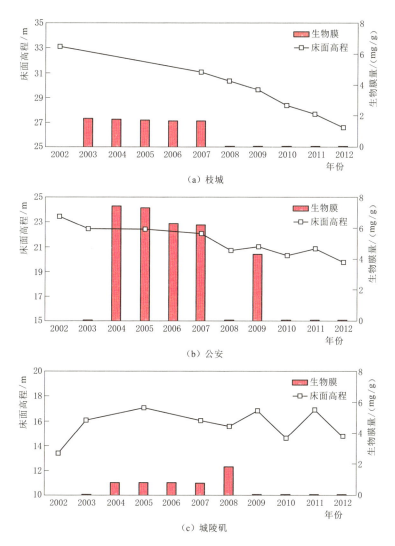

图 8.8.5　三峡坝下游三个典型断面的床面平均高程及生物膜量变化

8.8.4　对库区及坝下干流水生态的影响

8.8.4.1　水沙变化对三峡库区水生态影响分析

近年来，三峡水库屡次出现以富营养化和藻类水华爆发为代表的水生态环境问题，其中藻类具有一定的代表性，因此，本节针对表征库区藻类的叶绿素 a 浓度时空分布特征进行分析，并在此基础上分析来沙、吸附污染物（磷）与其之间的响应关系，进一步分析新水沙条件对三峡水库水生态的影响。

（1）库区实测叶绿素 a 浓度分布。

三峡水库自 2003 年蓄水运用以来，水库干流水质整体维持在Ⅱ～Ⅲ类水平，较蓄水前基本保持稳定并略有好转。干流库区万州、云阳以及巫山站 2011—2018 年逐月叶绿素 a 的实测资料如图 8.8.6（a）所示。可以看出，万州、云阳、巫山三站叶绿素 a 浓度均值

分别为 $1.02\mu g/L$、$1.29\mu g/L$ 和 $2.93\mu g/L$，从上游至下游呈现略上升的趋势。总体三峡库区叶绿素 a 浓度处于一个比较低的水平，仅在夏季叶绿 a 浓度略有升高。

但自三峡水库蓄水运用后支流回水区（库湾）水质明显下降，并在部分支流库湾出现了显著的藻类水华现象，尤其在香溪河、神农溪、大宁河、小江等一级支流库湾内最为严重。典型一级支流小江叶绿素 a 浓度［图 8.8.6（b）］要远大于库区干流的监测值。从年内变化过程来看每年夏季的叶绿素 a 浓度基本均大于 $20\mu g/L$，且在 2014 年夏季爆发了比较严重的蓝藻，叶绿素 a 浓度高达 $302.46\mu g/L$；小江近年来时有水华爆发现象，水体的富营养化状况不容乐观。

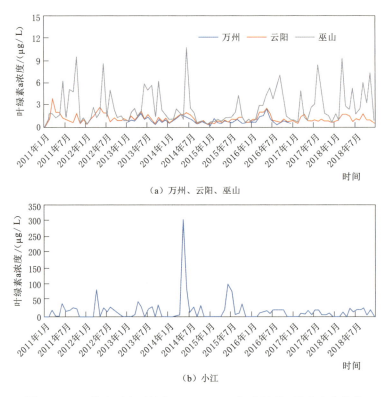

(a) 万州、云阳、巫山

(b) 小江

图 8.8.6　三峡库区主要站点 2011—2018 年叶绿素 a 浓度变化趋势

（2）库区叶绿素 a 浓度空间分布。

目前水质监测断面主要分布在水库干流，支流系统的历史数据资料尚比较缺乏，据相关研究表明，三峡库区支流的富营养化问题较干流相对突出，部分支流常有水华爆发现象，这对三峡水库整体的水生态健康产生影响。因此，为进一步获取库区支流叶绿素 a 浓度的空间分布状况，构建了三峡库区叶绿素 a 浓度遥感反演模型，成果可对库区干、支流整体水生态状况进行对比分析。

2017 年 4 月 6—25 日和 2017 年 10 月 13—24 日开展了两次三峡水库水体星地准同步实验。其中，4 月的外业实验从重庆市区开始往下游至宜昌秭归，对长江三峡库区进行水质、光谱同步采样，采集了香溪河、九畹溪、太平溪、大溪河等入库支流以及官渡口、沱口、清溪场等干流断面数据。获取的水质参数主要有叶绿素 a 浓度和总氮、总磷浓度等。

10 月的外业实验由宜昌开始往上游至重庆万州区，获取水质参数主要为叶绿素 a 浓度和总氮、总磷浓度等。

　　结合 2017—2019 年叶绿素 a 浓度遥感反演结果来看，长江上游水库群运行后，库区干流叶绿素 a 浓度总体上空间分布差异性较小，与实测资料分析结果基本一致，叶绿素 a 浓度均值基本在 $10\mu g/L$ 以内，如图 8.8.7 所示；但库区部分支流的叶绿素 a 浓度要高于干流，如小江、汤溪河、磨刀溪、大宁河以及香溪河等，支流叶绿素 a 浓度和干流叶绿素 a 浓度分布呈明显的空间差异性，支流的叶绿素 a 浓度 4 月之后均值一般在 $20\mu g/L$ 以上。

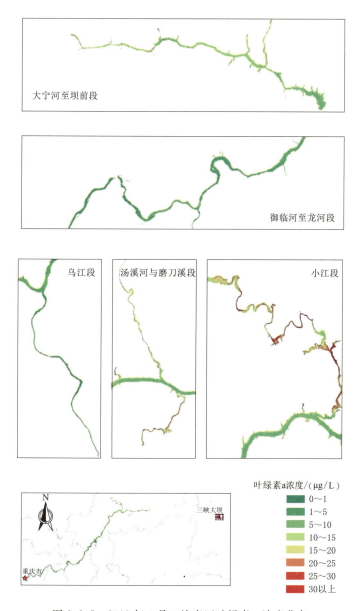

图 8.8.7　2018 年 4 月三峡库区叶绿素 a 浓度分布

（3）对库区水生态的影响分析。

根据实测资料和遥感反演结果分析，长江上游水库群运行后，总体上库区干流叶绿素 a 浓度处于较低水平，且库区干流上下游差异不显著。结合三峡库区干流浊度、吸附态磷以及叶绿素 a 浓度的相关关系分析成果来看：库区干流浊度与吸附态磷浓度呈显著的正相关，上游水库群运行后库区来沙显著降低的同时，库区吸附态磷浓度也随之呈现降低的趋势；但库区干流吸附态磷与叶绿素 a 浓度之间无明显的相关性，这主要由于库区干流作为河道型水库，水流流速相对较快，不利于藻类聚集繁殖，虽然库区吸附态磷的含量不低，但其仍然不是藻类生成的限制性因子。随着上游水库群的运行，库区干流来沙和吸附态磷浓度明显降低，吸附态磷等营养物质在库区的累积进一步减小，有利于库区潜在生物可利用磷的累积减小，进一步使库区营养水平呈现一定程度下降的趋势，将有益于库区干流水生态的健康。

但对于支流，浊度和吸附态磷、吸附态磷和叶绿素 a 浓度之间均存在一定的正相关关系，库区部分支流的浊度、吸附态磷、叶绿素 a 浓度要明显高于干流，如小江、汤溪河、磨刀溪以及香溪河等，支流和干流呈明显的空间差异性，如图 8.8.8 所示。随着库区支流水位的升高，支流回水区水流速度减缓，水交换速率降低，输送氮磷等营养物质的能力降低，上游来水来沙携带的吸附态磷随着泥沙沉积富集在库区支流中，表层水体受光照时间充裕，浮游植物大量繁殖，当藻类等浮游植物生长时消耗掉大量的磷的同时，沉积下来的固态磷又逐渐释放出来，形成一个新的磷平衡，使得水体中的总磷浓度和吸附态磷浓度保持一个较高的水平，水体中潜在生物可利用磷也同时保持一个较高的水平。由于支流吸附态磷等营养物质在库区进一步地累积，使支流水体富营养化有加剧的趋势。

8.8.4.2　水沙变化对坝下游河道水生态影响分析

上游来水来沙变化会一定程度影响长江中下游的污染物浓度，但长江中下游武汉、九江、南京等城市的点源排放，以及支流汇入和湖泊调节等，对河流水质有更为重要的影响。

清水下泄导致下游河道冲刷、床面粗化[20]，影响床面稳定性和底质条件，进而影响生物膜生长和底栖动物生存等。一方面，坝下河道的大幅度冲刷不利于床面基础生产力生物膜量的积累，减少了底栖动物的食物来源，进而对下游河道水生态系统造成不利影响。另一方面，水沙变化引起洲滩等局部河段的河势调整，会影响鱼类等水生生物的栖息环境；长江上游水库群蓄水运用后，坝下游河道的洪水过程减弱，中小洪水调度后尤其明显，从而导致长江中下游河道的漫滩概率减小，影响鱼类等水生生物的栖息环境以及河流的横向物质交换等。

三峡水库坝下游干流河道的剧烈冲刷引起坝下河道水文情势变化，导致通江湖泊江湖关系改变[21]。受长江干流河段冲刷、水位下降等影响，中游通江湖泊江湖关系呈现新的情势，如长江向洞庭湖的分流量减小、对鄱阳湖的顶托效应减弱，导致湖泊水面面积减小，出现枯水提前和时间增长等问题，水生生态系统退化。

水沙变化还会直接或间接影响水生生态系统中的其他元素，如通过水温、流量过程变化等影响鱼类产卵；改变水体透明度，影响浮游植物生长；影响底栖动物、沉水植物等的生境条件等。

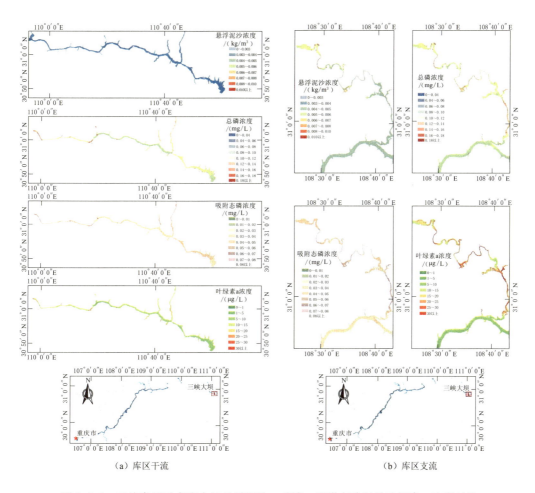

图 8.8.8　三峡库区干支流小江悬浮泥沙、总磷、吸附态磷以及叶绿素 a 浓度对比

　　综上所述，长江上游水库群建成运行后，随着三峡入库沙量的减少，三峡库区入库总磷污染负荷通量相应呈明显减少的趋势，出库总磷通量变化不大。由于泥沙淤积对氮作用较弱，因而水库对磷和氮具有分选作用，导致三峡出库水体氮磷比随时间呈上升趋势。长江中下游的污染物浓度也在一定程度受上游来水来沙变化影响，但相关性较差，主要受长江中下游沿程排放影响。三峡水库坝下游河道冲刷、床面粗化，不利于床面基础生产力生物膜量的积累，减少了底栖动物的食物来源，进而对下游河道水生态系统造成不利影响。

8.9　建议

　　基于前述各章研究取得的新成果和新认识，就三峡水库蓄水运用管理优化和需要进一步研究的问题提出如下建议。

　　（1）进一步加强典型水库和低水头航电枢纽淤积观测与调查。

1994 年，水利部国际合作与科技司组织开展了长江上游四川（含重庆）、云南、贵州等地区 1 万余座大中小型水库淤积情况的调查研究，收集了宝贵的第一手资料，为工程建设期三峡工程泥沙问题研究打下了坚实基础。迄今近 30 年来，长江上游产输沙环境和条件发生了显著变化，很多水库上下游并无泥沙监测资料，由于长江上游下垫面条件相差很大，这种估算难免造成一定的误差，因此，有必要开展水库淤积调查。建议对嘉陵江干流及其支流涪江、渠江，沱江等流域的低水头航电枢纽和中小型水库进行典型调查，对重要的水库进行地形观测，以进一步分析研究水库的拦沙作用、淤积平衡年限及其对三峡入库泥沙的影响，为深入研究 2018 年、2020 年等类似大洪水高强度输沙对三峡水库的影响、及时提出对策措施等提供科学依据。

（2）明确三峡水库场次洪水排沙比控制指标与关键控制水位。

2003 年三峡水库蓄水运用以来，长江上游主要水文站及三峡入库径流量集中度减小，输沙量集中度增大，主要集中在大洪水期间，为开展泥沙调度提供了有利条件。从泥沙淤积看，汛期水位上浮至 150m 对水库有效库容淤积没有明显影响，没有大洪水时，三峡水库汛期水位控制在 148～150m 区间是合适的，遇特殊的大水多沙年份，应尽量降低坝前水位，增加排沙量。建议根据新的枢纽调度规程，结合防洪、生态、航运等调度要求，充分利用现有水文气象预报技术，进一步研究制定汛前消落期库尾减淤调度和汛期沙峰排沙调度操作方案，提出梯级水库群沙峰过程排沙精细化调度模式，明确场次洪水排沙比控制指标，进一步优化三峡水库"蓄清排浑"运行方式，减轻三峡水库泥沙淤积，延长水库群使用寿命。

（3）实践与进一步优化三峡水库中小洪水调度方案。

本书研究已经获得了中小洪水调度对坝下游河道演变、河道行洪能力及河道萎缩影响的认识，提出了优化三峡水库中小洪水调度的对策，建议在未来实际调度中进行实践。坝下游河道洪水河槽阻力增大、河道过洪能力萎缩的完整机制与长期趋势尚待进一步深入研究，应继续深入研究避免坝下游河道萎缩的三峡水库中小洪水调度控制指标及方案，包括与"枝城流量大于 36400m³/s 的持续时间在 18d 以上"等效的控制指标，以及来水偏枯的情况下，如何人为塑造出库洪峰过程等，进一步优化完善三峡水库中小洪水调度方案。

（4）加强极端水情下三峡变动回水区航道演变与应对。

2020 年为大洪水年，汛期坝前持续高水位与入库特大洪峰，引起水库变动回水区过去的稳定航道（如鱼洞水道等）出现显著淤积，导致 3m 航道等深线自三峡水库蓄水运用以来首次出现未贯通现象，造成船舶出浅碍航。新航道标准下，针对极端特殊水情，库区航道条件变化及后续泥沙对航道的影响问题及应对措施需要开展深入研究。

（5）加强坝下游河道演变的生态环境效应研究。

坝下游河道沿程持续冲刷，引起床面粗化、床面营养物质减少、微生物多样性降低、中低滩及岸坡坍塌等。同时河道、航道等治理工程使得河床边界及河道局部流态进一步复杂，影响浮游动植物的生境和栖息度。为了更好落实长江大保护的要求，回应社会的广泛关注，建议进一步开展坝下游河道演变对水生动物生境和岸滩生态影响研究，加强泥沙和污染物的耦合、输移及其生态环境效应研究。

参 考 文 献

［1］ 国务院三峡工程建设委员会办公室泥沙课题专家组，中国长江三峡工程开发总公司工程泥沙专家组. 长江三峡工程泥沙问题研究（2001—2005）：第1卷［M］. 北京：知识产权出版社，2008.

［2］ 张小峰，陈志轩，刘峻德. 三峡水库水沙典型年典型系列选取研究［C］//水利部长江水利委员会水文测验研究所. 三峡水库来水来沙条件分析研究论文集. 武汉：长江水利委员会，1991.

［3］ 长江水利委员会水文局. 三峡工程泥沙问题"十一五"研究项目《三峡水库近期（2008—2027年）入库泥沙系列分析》［R］. 武汉：长江水利委员会水文局，2009.

［4］ 水利部应对气候变化研究中心. 有关气候变化及其影响的国际项目与计划［J］. 中国水利，2008（2）：69-74.

［5］ 潘庆燊，陈济生，黄悦，等. 三峡工程泥沙问题研究进展［M］. 北京：中国水利水电出版社，2014.

［6］ 胡春宏，方春明. 三峡工程泥沙问题解决途径与运行效果研究［J］. 中国科学：技术科学，2017，47（8）：832-844.

［7］ 郑守仁. 三峡水利枢纽工程安全及长期使用问题研究［J］. 水利水电科技进展，2011（8）：1-7.

［8］ 周曼，徐涛. 三峡水利枢纽多目标优化调度及其综合效益分析［J］. 水力发电学报，2014，33（3）：55-60.

［9］ 彭杨，李义天，张红武. 水库水沙联合调度多目标决策模型［J］. 水利学报，2004（4）：1-7.

［10］ 水利部长江水利委员会. 长江三峡水利枢纽初步设计报告（第九篇） 工程泥沙问题研究［R］. 武汉：长江水利委员会水文局，1992.

［11］ 胡春宏，李丹勋，方春明，等. 三峡工程泥沙模拟与调控［M］. 北京：中国水利水电出版社，2017.

［12］ 国务院三峡工程建设委员会办公室泥沙专家组，中国长江三峡集团公司三峡工程泥沙专家组. 长江三峡工程泥沙问题研究（2006—2010）：第2卷［M］. 北京：中国科学技术出版社，2013.

［13］ 臧彤，田蜜. 卵砾石输移压力实时监测系统设计与实现［J］. 广东水利水电，2020（5）：79-83.

［14］ 陈怡君，江凌. 长江中下游航道工程建设及整治效果评价［J］. 水运工程，2019，551（1）：6-11.

［15］ 余文畴. 长江河道探索与思考［M］. 北京：中国水利水电出版社，2017.

［16］ 长江水利委员会. 长江中下游干流河道演变年报［M］. 武汉：长江出版社，2019.

［17］ 姚仕明，岳红艳，何广水，等. 长江中游河道崩岸机理与综合治理技术［M］. 北京：科学出版社，2016.

［18］ 栾华龙，余文畴. 长江下游澄通河段九龙港节点控制作用变化趋向研究［J］. 水利水电快报，2020，41（2）：22-26.

［19］ 李建，夏自强，戴会超，等. 三峡初期蓄水对典型鱼类栖息地适宜性的影响［J］. 水利学报，2013，44（8）：892-900.

［20］ 乐培九，朱玉德，程小兵，等. 清水冲刷河床调整过程试验研究［J］. 水道港口，2007，28（1）：23-29.

［21］ 胡春宏，阮本清，张双虎. 长江与洞庭湖鄱阳湖关系演变及其调控［M］. 北京：科学出版社，2017.